CHANGJIANG JI SISHUI TIJIQUN YINGXIANG XIA
DONGTING HU SHUIWEN QINGSHI FENXI YANJIU

长江及四水梯级群影响下洞庭湖水文情势分析研究

主编◎向朝晖　刘晓群

河海大学出版社
HOHAI UNIVERSITY PRESS
·南京·

图书在版编目（CIP）数据

长江及四水梯级群影响下洞庭湖水文情势分析研究/
向朝晖，刘晓群主编. --南京：河海大学出版社，
2022.11

ISBN 978-7-5630-7807-3

Ⅰ.①长… Ⅱ.①向… ②刘… Ⅲ.①长江流域－上
游－梯级水库－影响－洞庭湖－水文情势－水文分析
Ⅳ.①P333

中国版本图书馆 CIP 数据核字（2022）第 219310 号

书　　名/长江及四水梯级群影响下洞庭湖水文情势分析研究
书　　号/ISBN 978-7-5630-7807-3
责任编辑/曾雪梅
特约校对/薄小奇
封面设计/徐娟娟
出版发行/河海大学出版社
地　　址/南京市西康路 1 号（邮编：210098）
电　　话/(025) 83737852（总编室）　　　(025) 83722833（营销部）
　　　　　(025) 83787103（编辑室）
经　　销/江苏省新华发行集团有限公司
排　　版/南京月叶图文制作有限公司
印　　刷/南京玉河印刷厂
开　　本/787 毫米×1092 毫米　1/16
印　　张/24.25
字　　数/462 千字
版　　次/2022 年 11 月第 1 版
印　　次/2022 年 11 月第 1 次印刷
定　　价/198.00 元

本书编委会

主　编：

　　向朝晖　　刘晓群

编委会：

湖南省洞庭湖水利事务中心

　　沈新平　谢　石　朱诗好　沈宏晖　汤小俊　钟艳红
　　李志军　周北达　刘　添　赵　敏　赵登峰　仰雨菡
　　谭　霞　刘泽民　田　方

湖南省水利水电科学研究院

　　伍佑伦　纪炜之　盛　东　蒋婕妤　王在艾　赵文刚
　　宋　雯　吕慧珠　唐　瑛　王　灿　顿佳耀　唐　瑶
　　肖　寒　鲁瀚友　彭丽娟　刘思凡　金兴华　陈旺武

前　言

　　洞庭湖作为当前长江中游重要的通江湖泊，因分流调蓄长江洪水具有不可替代的作用而成为世界焦点。其"优"在湖在水在洲，而"忧"亦在湖在水在洲。长江及湘资沅澧四水梯级水库相继建设后，洞庭湖水沙发生了很大变化，新江湖关系形成了新的水文情势，防汛抗旱及水生态环境也发生了根本性转变。本书以相关资料为依据，统计特征，对长江及四水梯级群影响下洞庭湖水文、冲淤变化进行初步分析，为研究、治理、开发、保护、利用洞庭湖提供统一的水文、地形基础，在洞庭湖水安全生态中"去忧护优"，做好长江大保护，守护好美丽的洞庭湖。

　　1989年湖南省水利水电厅编印了内部资料《洞庭湖水文象统计分析》，其水文系列为1951—1988年。以此为基础，本书将水文系列延长至2020年，增补四水尾闾和区间河流的部分测站资料，形成洞庭湖长系列水文成果。考虑调弦口1958年控制、1967—1972年荆江裁弯、1980年葛洲坝水电站运行、2003年三峡水库运行等阶段性条件变化带来的江湖关系演变，分段统计分析洞庭湖的变化特征，以资全球关注洞庭湖之益。

目　录

第一章　综述 ･･ 001

第二章　资料收集及说明 ････････････････････････････････ 004

  2.1　水文测站 ･･･････････････････････････････････････ 004

  2.2　洞庭湖地形 ･････････････････････････････････････ 006

  2.3　高程系统 ･･･････････････････････････････････････ 006

  2.4　说明 ･･･ 007

第三章　区域概况 ･･･････････････････････････････････････ 008

  3.1　地形地貌 ･･･････････････････････････････････････ 008

  3.2　气象特征 ･･･････････････････････････････････････ 010

  3.3　河网水系 ･･･････････････････････････････････････ 011

    3.3.1　长江 ･･････････････････････････････････････ 011

    3.3.2　四口河系 ････････････････････････････････ 012

    3.3.3　洞庭湖及洪道 ････････････････････････････ 014

    3.3.4　四水 ･･････････････････････････････････････ 020

    3.3.5　其他河流 ････････････････････････････････ 023

  3.4　水库工程 ･･･････････････････････････････････････ 024

    3.4.1　长江水库群 ･･････････････････････････････ 024

    3.4.2　四水水库群 ･･････････････････････････････ 025

    3.4.3　水库群的作用与影响 ･････････････････････ 031

  3.5　江湖关系 ･･･････････････････････････････････････ 032

    3.5.1　历史演变 ････････････････････････････････ 032

    3.5.2　1949 年以来的通江湖泊围垦 ･････････････ 035

    3.5.3　围垦和水库群作用下的江湖关系 ･････････ 037

第四章　洞庭湖洪水特性 ････････････････････････････････ 038

  4.1　洪水特性 ･･･････････････････････････････････････ 038

4.1.1　长江洪水 ·· 038

4.1.2　四水洪水 ·· 039

4.1.3　洪水遭遇 ·· 040

4.2　典型洪水 ··· 044

4.2.1　1860 年洪水 ······································ 044

4.2.2　1870 年洪水 ······································ 045

4.2.3　1931 年洪水 ······································ 045

4.2.4　1935 年洪水 ······································ 045

4.2.5　1949 年洪水 ······································ 046

4.2.6　1954 年洪水 ······································ 046

4.2.7　1981 年洪水 ······································ 048

4.2.8　1995 年洪水 ······································ 048

4.2.9　1996 年洪水 ······································ 048

4.2.10　1998 年洪水 ····································· 049

4.2.11　2016 年洪水 ····································· 051

4.2.12　2017 年洪水 ····································· 051

4.2.13　2020 年洪水 ····································· 053

第五章　洞庭湖水沙特征 ·································· 055

5.1　径流特性 ··· 055

5.1.1　长江干流径流量变化 ·························· 055

5.1.2　三口径流量变化 ······························ 061

5.1.3　四水径流量变化 ······························ 066

5.1.4　总入湖径流量变化 ···························· 071

5.1.5　出湖径流量变化 ······························ 072

5.1.6　湖区主要测站径流量变化 ···················· 074

5.2　泥沙特性 ··· 075

5.2.1　长江干流泥沙量变化 ·························· 075

5.2.2　四口输沙量变化 ······························ 081

5.2.3　四水来沙量变化 ······························ 086

5.2.4　出湖泥沙量变化 ······························ 090

5.2.5　湖区主要测站泥沙量变化 ···················· 091

5.3　水位特性 ··· 092

　5.3.1　长江干流水位特征 ································ 092

　5.3.2　四水水位特征 ··································· 093

　5.3.3　湖区主要测站水位特征 ·························· 097

第六章　洞庭湖面积、容积 ································ 098

　6.1　洞庭湖面积、容积 ······························· 098

　6.2　冲淤变化对面积、容积影响 ······················ 099

第七章　结论与展望 ····································· 103

　7.1　结论 ·· 103

　　7.1.1　江湖关系变化 ······························· 103

　　7.1.2　城陵矶水位变化 ····························· 104

　　7.1.3　洞庭湖面积、容积变化 ······················· 104

　7.2　建议 ·· 104

参考文献 ··· 106

附表1　水文、水位测站一览表 ···························· 110

　1-1　长江及四水水文、水位测站一览表 ················· 110

附表2　水位、流量、洪量、泥沙统计表 ···················· 111

　2-1　控制站水位流量最高及最低值统计表 ··············· 111

　2-2　出入湖控制站逐年年径流量统计表 ················· 113

　2-3　长江中游控制站逐年年径流量统计表 ··············· 117

　2-4　四口组合各时段洪水量统计表 ····················· 120

　2-5　四水组合各时段洪水量统计表 ····················· 123

　2-6　洞庭湖总入湖各时段洪水量统计表 ················· 126

　2-7　七里山各时段洪水量统计表 ······················· 129

　2-8　出入湖控制站逐年年输沙量统计表 ················· 132

　2-9　长江中游控制站逐年年输沙量统计表 ··············· 135

附表3　江湖各站分期统计表 ······························ 138

　3-1　长江中游控制站水、沙分期统计表 ················· 138

　3-2　洞庭湖进出湖水、沙分期统计表 ··················· 139

　3-3　三口分期平均分流比、分沙比 ····················· 140

　3-4　三口逐年径流量、输沙量占枝城百分比 ············· 141

附表 4　单站水位流量历年特征值表 ·················· 145

　4-1　宜昌站水位流量历年特征值表 ·················· 145

　4-2　枝城站水位流量历年特征值表 ·················· 152

　4-3　沙市（二郎矶）站水位流量历年特征值表 ·················· 155

　4-4　新厂站水位流量历年特征值表 ·················· 158

　4-5　石首站水位历年特征值表 ·················· 161

　4-6　监利站水位流量历年特征值表 ·················· 163

　4-7　莲花塘站水位历年特征值表 ·················· 166

　4-8　螺山站水位流量历年特征值表 ·················· 168

　4-9　汉口（武汉关）站水位流量历年特征值表 ·················· 171

　4-10　新江口站水位流量历年特征值表 ·················· 177

　4-11　沙道观站水位流量历年特征值表 ·················· 180

　4-12　瓦窑河（二）站水位历年特征值表 ·················· 183

　4-13　弥陀寺站水位流量历年特征值表 ·················· 185

　4-14　黄山头（闸上）站水位历年特征值表 ·················· 188

　4-15　黄山头（闸下）站水位历年特征值表 ·················· 189

　4-16　董家垱站水位流量历年特征值表 ·················· 190

　4-17　康家岗站水位流量历年特征值表 ·················· 192

　4-18　管家铺站水位流量历年特征值表 ·················· 195

　4-19　三岔河站水位流量历年特征值表 ·················· 198

　4-20　调弦口站水位历年特征值表 ·················· 201

　4-21　湘潭站水位流量历年特征值表 ·················· 204

　4-22　长沙站水位历年特征值表 ·················· 207

　4-23　靖港站水位历年特征值表 ·················· 209

　4-24　橾梨站水位流量历年特征值表 ·················· 209

　4-25　罗汉庄站水位流量历年特征值表 ·················· 212

　4-26　螺岭桥站水位流量历年特征值表 ·················· 214

　4-27　宁乡（二）站水位流量历年特征值表 ·················· 216

　4-28　桃江（二）站水位流量历年特征值表 ·················· 217

　4-29　益阳站水位流量历年特征值表 ·················· 220

　4-30　桃源站水位流量历年特征值表 ·················· 223

　4-31　常德（二）站水位流量历年特征值表 ·················· 226

4-32	石门站水位流量历年特征值表	229
4-33	津市站水位流量历年特征值表	232
4-34	合口站水位历年特征值表	235
4-35	临澧站水位流量历年特征值表	235
4-36	澧县（二）站水位历年特征值表	236
4-37	沔泗洼站水位流量历年特征值表	236
4-38	官垸站水位流量历年特征值表	238
4-39	自治局（三）站水位流量历年特征值表	241
4-40	大湖口站水位流量历年特征值表	244
4-41	汇口站水位流量历年特征值表	247
4-42	石龟山站水位流量历年特征值表	250
4-43	安乡站水位流量历年特征值表	253
4-44	肖家湾（二）站水位历年特征值表	257
4-45	南县（罗文窖）站水位流量历年特征值表	259
4-46	南咀站水位流量历年特征值表	262
4-47	沙湾站水位历年特征值表	265
4-48	小河咀站水位流量历年特征值表	267
4-49	牛鼻滩站水位历年特征值表	270
4-50	周文庙站水位历年特征值表	271
4-51	甘溪港站水位流量历年特征值表	273
4-52	沙头（二）站水位流量历年特征值表	274
4-53	杨堤站水位流量历年特征值表	277
4-54	湘阴站水位流量历年特征值表	280
4-55	草尾站水位流量历年特征值表	284
4-56	东南湖站水位历年特征值表	287
4-57	沅江（二）站水位历年特征值表	288
4-58	杨柳潭站水位历年特征值表	290
4-59	营田站水位历年特征值表	291
4-60	伍市站水位流量历年特征值表	293
4-61	鹿角（二）站水位历年特征值表	293
4-62	注滋口（三）站水位历年特征值表	295
4-63	岳阳站水位流量历年特征值表	297

4-64　城陵矶（七里山）站水位流量历年特征值表 ················· 300

附表5　单站含沙量输沙率历年特征值表 ················· 303

5-1　宜昌站含沙量输沙率历年特征值表 ················· 303

5-2　枝城站含沙量输沙率历年特征值表 ················· 306

5-3　沙市（二郎矶）站含沙量输沙率历年特征值表 ················· 309

5-4　监利站含沙量输沙率历年特征值表 ················· 310

5-5　螺山站含沙量输沙率历年特征值表 ················· 314

5-6　汉口（武汉关）站含沙量输沙率历年特征值表 ················· 317

5-7　新江口站含沙量输沙率历年特征值表 ················· 320

5-8　沙道观站含沙量输沙率历年特征值表 ················· 323

5-9　弥陀寺站含沙量输沙率历年特征值表 ················· 326

5-10　董家垱站含沙量输沙率历年特征值表 ················· 329

5-11　康家岗站含沙量输沙率历年特征值表 ················· 329

5-12　管家铺站含沙量输沙率历年特征值表 ················· 332

5-13　三岔河站含沙量输沙率历年特征值表 ················· 335

5-14　湘潭站含沙量输沙率历年特征值表 ················· 338

5-15　桃江（二）站含沙量输沙率历年特征值表 ················· 341

5-16　桃源站含沙量输沙率历年特征值表 ················· 344

5-17　石门站含沙量输沙率历年特征值表 ················· 347

5-18　官垸站含沙量输沙率历年特征值表 ················· 350

5-19　自治局（三）站含沙量输沙率历年特征值表 ················· 352

5-20　大湖口站含沙量输沙率历年特征值表 ················· 354

5-21　石龟山站含沙量输沙率历年特征值表 ················· 356

5-22　安乡站含沙量输沙率历年特征值表 ················· 359

5-23　南县（罗文窖）站含沙量输沙率历年特征值表 ················· 362

5-24　南咀站含沙量输沙率历年特征值表 ················· 365

5-25　小河咀站含沙量输沙率历年特征值表 ················· 368

5-26　沙头（二）站含沙量输沙率历年特征值表 ················· 371

5-27　草尾站含沙量输沙率历年特征值表 ················· 371

5-28　城陵矶（七里山）站含沙量输沙率历年特征值表 ················· 374

综　述

　　洞庭湖是长江最为重要的湖泊和湿地区域,总集水面积约 130 万 km²,是我国径流量最大的淡水湖泊、长江中下游不可替代的洪水调蓄湖泊和水源地,其广袤的湖泊和充沛的水资源孕育了丰富的生物资源和开放的水运通道。

　　洞庭湖区以洞庭湖为中心,包括长江中游荆江河段以南、湘资沅澧四水尾闾控制站以下、高程在 50 m 以下的广大平原、湖泊水网区,总面积 20 109 km²。北接松滋、太平、藕池、调弦四口分泄的长江荆江来水,西、南汇集湘、资、沅、澧四水,还有汨罗江、新墙河等小支流汇入,经湖泊调蓄后,由城陵矶注入长江。洞庭湖水域包括东洞庭湖、南洞庭湖、目平湖、七里湖 4 个天然湖泊及 8 条洪道,其中东洞庭湖由磊石山至七里山,南洞庭湖由小河咀至磊石山,目平湖由三角堤至小河咀,七里湖由小渡口至石龟山,四个湖泊面积之和为 2 625 km²。

　　四口及四水汇流在洞庭湖调蓄,复杂的来水和庞大的河网条件给湖区造成了巨大的防洪压力。湖区洪水组成复杂,四口洪水峰多、量大,历时长,汛期为 5—10 月,入湖最大组合流量多出现在 7—9 月,最大 15 d 洪量、最大 30 d 洪量均出现在 1954 年,分别为 332 亿 m³、613 亿 m³;四水属山溪性河流,峰型偏瘦,历时短,汛期为 4—9 月,入湖最大组合流量多出现在 5—7 月,最大 15 d 洪量出现在 2017 年,为 406 亿 m³,最大 30 天洪量出现在 1954 年,为 619 亿 m³。四口与四水总入湖最大组合流量也多出现在 5—7 月,其中最大 15 d、30 d 洪量均出现在 1954 年,分别为636 亿 m³、1 133 亿 m³。

　　洪水来源复杂加上螺山卡口泄流能力有限,导致洞庭湖防洪问题异常突出。自 20 世纪 50 年代以来,荆江河段实施人工裁弯,葛洲坝、三峡水库等长江梯级群建成,湘资沅澧四水东江、凤滩、柘溪、五强溪、江垭、皂市等水库相继运用,均对洞庭湖入湖洪水起到了削减洪峰的作用。1954 年以来至三峡运用前,莲花塘水位 4 次超过防洪控制水位,三峡运用后仅 2020 年超过防洪控制水位。

　　长江干流三峡以上主要水库、水电站工程中具有防洪调蓄能力的主要有30 座,总库容达 1 566 亿 m³,防洪库容 519 亿 m³,其中金沙江 10 座(梨园、阿海、金安桥、龙开口、鲁地拉、观音岩、乌东德、白鹤滩、溪洛渡、向家坝),雅砻江3座(两河口、锦屏一级、二滩),岷江4座(下尔呷、双江口、瀑布沟、紫坪铺),嘉陵江4座(碧口、宝珠寺、亭子口、草街),乌江7座(洪家渡、东风、乌江渡、构皮滩、思林、沙沱、彭水),以及长江三峡、葛洲坝。四水现已建成主要防洪控制性水库22座,总库容达300亿 m³,防洪库容42.5亿～45.7亿 m³,其中湘江流域11座(涔天河、双牌、欧阳海、东江、青山垅、洮水、酒埠江、水府庙、株树桥、官庄、黄材),资江流域2座(六都寨、柘溪),沅江流域6座(白云、凤滩、五强溪、竹园、黄石、托口),澧水流域3座(江垭、皂市、王家厂)。

长江以三峡水库为核心的梯级水库群的调度运用,使得江湖关系发生较大变化。一是三口分水分沙显著降低:与1951—1958年相比,由于荆江裁弯和葛洲坝水库运行,1981—2002年三口分流分沙比由35%(1 612亿 m³)、43%(2.30亿 t)分别降低至15%(685亿 m³)、19%(0.866亿 t);由于三峡工程运行,2003—2020年三口分流分沙比分别为12%(498亿 m³)、21%(0.087 3亿 t)。二是非汛期城陵矶水位不断降低。三是湖区湖网湖泊已不再具备当时的水量条件,河湖萎缩,既有的水资源配置工程保证率下降,水质恶化,水生生物环境向陆生转化,复杂的湖泊生态系统向较为简单方向发展。

四水大中型水库梯级群陆续建成后,年输沙量下降明显,但年径流量变化不大。湘潭、桃源、桃江、石门站多年平均输沙量分别较东江水库、五强溪水库、柘溪水库、江垭水库及皂市水库运用前降低47%、81%、77%、81%;湘潭、桃源站多年平均径流量分别较东江水库、五强溪水库运用前增大5.9%、3.8%,桃江、石门站较柘溪水库、江垭水库及皂市水库运用前降低3%左右。

水库群的运用缓解了一般洪水条件下区域防洪压力,但洞庭湖防洪问题未出现根本变化。2002年洪水,枝城15 d洪量为547亿 m³,四水洪量为338亿 m³,螺山最大流量为67 400 m³/s,城陵矶莲花塘最高洪水位达34.57 m;2020年洞庭湖流域连续4次强降雨引发的洪水与长江5次编号洪水在洞庭湖"碰头"并组合叠加,长江四口入洞庭湖流量一度达到12 500 m³/s,枝城15 d洪量为591亿 m³,四水洪量为296亿 m³,螺山最大流量为55 900 m³/s,城陵矶莲花塘最高洪水位达34.59 m。三峡运行前后的2002年、2020年两场洪水,枝城15 d洪量量级相当,莲花塘水位均超过防洪蓄洪控制水位34.4 m,二者仅相差0.02 m。而长江来水1954年15 d洪量为805亿 m³,比2002年多258亿 m³,比2020年多214亿 m³(考虑三峡调蓄的92亿 m³),且1954年洪水延续100 d,当年分洪量为1 023亿 m³,洪量更大,分蓄洪任务更重。

　　以往江湖关系、水沙变化研究多以长江为主,将洞庭湖区间的洪水、径流和泥沙等简化处理,实际上,洞庭湖与长江之间复杂的江湖水沙交换关系影响着区域洪水灾害防治、水资源利用和水环境水生态安全,是洞庭湖与荆江水问题的核心。本研究收集整理了长江干流宜昌至汉口、洞庭湖区、湘资沅澧四水尾闾和汨罗江、新墙河等区间河流的长系列水文成果,在此基础上考虑调弦口控制、荆江裁弯、1981年葛洲坝水电站运行、2003年三峡水库运行等江湖关系的阶段性变化条件,对长江中游、入出湖水位、流量、洪量、泥沙进行分时段、分期组合统计,探究了长江及四水梯级影响下洞庭湖水文情势变化,以期为整个长江中下游防洪布局科学决策提供基础条件,在国家民族复兴的进程中谨慎考虑洞庭湖水安全涉及的方方面面,在长江大保护背景下推进洞庭湖治理、保护和开发。

第二章

资料收集及说明

2.1　水文测站

本研究统计了长江中游宜昌至汉口段、洞庭湖及四水共 64 个水文测站的资料,其中长江中游 9 站、四口水系 11 站、四水水系 17 站、洞庭湖区间 27 站(如表 2-1 所示)。

表 2-1　水文测站及高程系统换算表

序号	水系	河名	站名	集水面积（km²）	主要测验项目	冻结高程减56黄海(m)	冻结高程减85黄海(m)
1	长江	干流	宜昌	1 005 501	水位、流量、含沙量	2.14	2.07
2		干流	枝城	1 024 131	水位、流量、含沙量	2.15	2.05
3		干流	沙市(二郎矶)	—	水位、流量、含沙量	2.21	2.15
4		干流	新厂	1 032 206	水位、流量	1.8	1.78
5		干流	石首	—	水位	2.08	2.01
6		干流	监利	1 033 274	水位、流量、含沙量	2.14	2.07
7		干流	莲花塘	—	水位	2.03	1.94
8		干流	螺山	1 294 911	水位、流量、含沙量	2.03	1.99
9		干流	汉口(武汉关)	1 488 026	水位、流量	2.08	2.11
10	松滋河	西支	新江口	—	水位、流量、含沙量	2.17	2.09
11		东支	沙道观	—	水位、流量、含沙量	2.09	2.01
12		西支	瓦窑河(二)	—	水位	2.07	1.98
13	虎渡河	干流	弥陀寺	—	水位、流量、含沙量	2.03	1.98
14		干流	黄山头(闸上)	—	水位	2.18	—
15		干流	黄山头(闸下)	—	水位	2.18	—
16		干流	董家垱	—	水位、流量、含沙量	1.81	1.72
17	藕池河	西支	康家岗	—	水位、流量、含沙量	2.09	2.02
18		东支	管家铺	—	水位、流量、含沙量	2.09	2.02
19		中支	三岔河	—	水位、流量、含沙量	1.81	1.76
20	调弦河	华容河	调弦口	—	水位	—	2.43

续表

序号	水系	河名	站名	集水面积 （km²）	主要测验项目	冻结高程减 56黄海(m)	冻结高程减 85黄海(m)
21	湘江	干流	湘潭	81 638	水位、流量、含沙量	2.28	2.19
22		干流	长沙	—	水位	2.28	2.19
23		干流	靖港	—	水位	2.41	2.32
24		浏阳河	槊梨		水位、流量	—	1.8
25		捞刀河	罗汉庄		水位、流量	—	0.04
26		捞刀河	螺岭桥		水位、流量	—	25.86
27		沩水	宁乡(二)		水位、流量	—	0.02
28	资江	干流	桃江(二)	26 704	水位、流量、含沙量	2.34	2.25
29		干流	益阳		水位	2.13	2.04
30	沅江	干流	桃源	85 223	水位、流量、含沙量	1.98	1.89
31		干流	常德(二)		水位、流量	1.91	1.82
32	澧水	干流	石门	15 307	水位、流量、含沙量	2.09	2.00
33		干流	津市	17 549	水位、流量	2.18	2.09
34		干流	合口	—	水位		2.00
35		干流	澧县(二)	—	水位		2.16
36		道水	临澧		水位、流量		0.00
37		道水	沔泗洼		水位、流量		5.35
38	西洞庭湖	松滋西支	官垸	—	水位、流量、含沙量	2.41	2.32
39		松滋中支	自治局(三)		水位、流量、含沙量	2.07	1.98
40		松滋东支	大湖口		水位、流量、含沙量	2.29	2.20
41		五里河	汇口		水位、流量	2.16	2.07
42		澧水洪道	石龟山		水位、流量、含沙量	2.13	2.1
43		松澧合流	安乡		水位、流量、含沙量	2.28	2.27
44		松虎合流	肖家湾(二)		水位	1.8	1.74
45		藕池中支	南县(罗文窖)		水位、流量、含沙量	2.13	1.94
46		西洞庭 北端	南咀		水位、流量、含沙量	1.94	1.85
47		目平湖	沙湾		水位	1.9	1.81
48		西洞庭 南端	小河咀		水位、流量、含沙量	1.96	1.87
49		沅江洪道	牛鼻滩		水位	—	1.97
50		沅江洪道	周文庙		水位	1.78	1.69

续表

序号	水系	河名	站名	集水面积 (km²)	主要测验项目	冻结高程减 56黄海(m)	冻结高程减 85黄海(m)
51	南洞庭湖	甘溪港	甘溪港	—	水位、流量	2.08	1.97
52		资江洪道	沙头(二)	—	水位、流量、含沙量	2.08	1.97
53		毛角口河	杨堤	—	水位、流量	1.81	1.7
54		湘江东支	湘阴	—	水位、流量	2.08	1.98
55		草尾河	草尾	—	水位、流量、含沙量	1.81	1.72
56		黄土包河	东南湖	—	水位	2.32	2.19
57		万子湖	沅江(二)	—	水位	2.04	1.95
58		南洞庭湖	杨柳潭	—	水位	1.99	1.90
59		横岭湖	营田	—	水位	2.04	1.95
60	汨罗江	干流	伍市	—	水位、流量		0.00
61	东洞庭湖	东洞庭湖	鹿角(二)	—	水位	2.06	1.97
62		藕池东支	注滋口(三)	—	水位	1.80	
63		洞庭湖口	岳阳	—	水位、流量	2.03	1.94
64		洞庭湖口	七里山	—	水位、流量、含沙量	2.03	1.94

2.2 洞庭湖地形

本研究收集了1952年、1978年、1995年、2003年的洞庭湖地形资料。其中1952年为1∶25 000实测地形图,1978为1∶10 000航测地形图,1995、2003年为1∶10 000实测地形图。

2.3 高程系统

(1)1956黄海高程基准:简称"56黄海",是以青岛验潮站1950—1956年验潮资料算得的平均海水面为零点起算的高程系统,水准原点设在青岛市观象山,高程为72.289 m。

(2)1985国家高程基准:简称"85黄海",是以青岛验潮站1952—1979年验潮观测资料,按中数法计算10个同年验潮周期的平均海水面的平均值为零点起算的中国国家高程系统。水准原点高程为72.260 m。

(3)冻结高程:各水文(位)站水准点在引测过程中存在误差,在初测与复测之间、平差前后及高程系统的改变,都会使测站水准点高程数据发生变动,为保持各站历年水位观测资料前后高程系统的一致性,采取将首次测量的水准点高程数据"冻结"的办法,每次重复测量或平差后,只记载并刊布与首次数据间的插值。即水准点首次高程数据所对应的基面,实为每站所独有的基面,与绝对高程接近,但其插值每站不同。

水文测站高程系统换算见表 2-1。

除特别说明,本研究数据均采用冻结高程。

2.4 **说明**

▶插补值:参考《洞庭湖水文气象统计分析(1989)》资料或相关因素插补计算的数值。

区域概况

研究区域为宜昌至汉口长江干流段及洞庭湖流域,地处长江中游地区,地域辽阔、地势低洼、河道蜿蜒曲折,属亚热带季风气候,四季分明,降雨较丰,水系纵横交错,洪涝灾害频繁。具体位置如图3-1所示。

3.1 地形地貌

长江中下游干流、长江支流汉江中下游及洞庭湖、鄱阳湖、巢湖、太湖等水系属于我国地势第三阶梯。长江自枝城至城陵矶河段为荆江段,左岸为江汉平原,右岸为洞庭湖平原,两岸平原广阔,地势低洼,其中下荆江河道蜿蜒曲折,有"九曲回肠"之称;城陵矶以下至湖口主要为宽窄相间的藕节状分汊河道,总体河势稳定。

洞庭湖流域地形东、南、西三面环山,西北高,东南低,为北部敞口的马蹄形盆地,湖体呈近似"U"形。东以幕阜山、罗霄山等山脉与鄱阳湖水系为界,山峰海拔多在500～1 000 m之间,少数在1 500 m以上;南以南岭山系与珠江水系为界,山峰海拔为1 000 m上下,高峰在1 600～2 200 m之间;西以武陵、雪峰山脉与乌江、清江水系为界,山峰海拔一般为1 000 m以下,高峰可超过1 500 m;北边滨临长江荆江段。

洞庭湖区四周有桃花山、太阳山、太浮山等海拔500 m左右的岛状山地突起,环湖丘陵海拔在250 m以下,滨湖岗地低于120 m者为侵蚀阶地,低于60 m者为基座和堆积阶地;中部是由湖积、河湖冲积、河口三角洲和外湖组成的堆积平原,海拔大多在25～45 m,呈现水网平原景观。

湘江流域地形特点为西南高、北东低,东安至洞庭湖入口河流落差95 m。河源至永州萍岛属中低山地貌,两岸峰险山峻、谷深林密,河道顺直,一般为"V"形河谷,河谷宽110～140 m,河床坡降0.45‰～0.90‰;萍岛至衡阳为中游河段,两岸为低山—丘陵地貌,河谷台地发育,逐渐开阔,呈"U"形,河谷宽250～600 m,河床坡降0.18‰～0.29‰;衡阳至洞庭湖入口为下游河段,两岸为丘陵—平原地貌,河

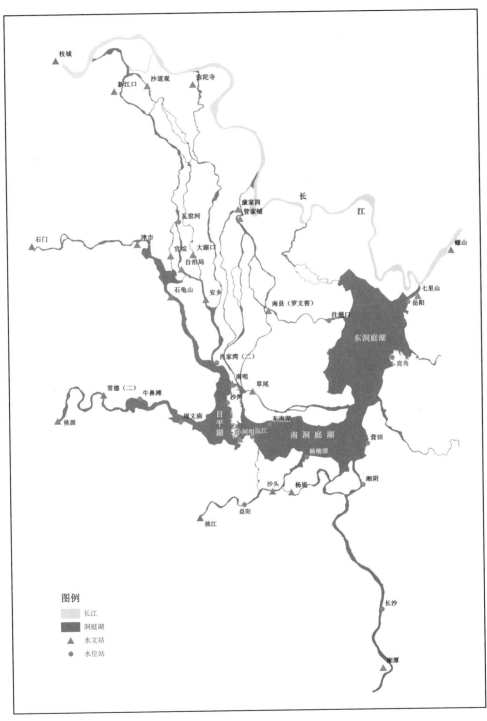

图 3-1　研究区域

道蜿蜒曲折,河谷开阔,河谷宽 500～1 000 m,河床坡降 0.045‰～0.083‰。

资江流域地势西南高、东北低。资江武冈以上为河源段,平均坡降 5‰。武冈至小庙头为上游,平均坡降 0.53‰。小庙头至马迹塘之间为中游地区,大部为高山峻岭,平均坡降 0.5‰。马迹塘至益阳为下游,主要为冲积相堆积平原,区内地势辽阔、平坦,河道为"U"形宽谷,平均坡降 0.3‰。

沅江流域呈南北长、东西窄、自西南斜向东北的矩形,地势上跨越我国第二、第三级阶梯,总体上西南高、东北低,地形高差较大,流域上游分布苗岭山脉,两侧分布武陵山、雪峰山两大山脉。洪江以上为沅江上游,多为高山峻岭,海拔 1 000 m 左右,河谷深切,岸坡陡峭,河宽 50～150 m,平均坡降 1.01‰;洪江至凌津滩为中游,以低山丘陵为主,但沅陵至五强溪为 90 km 的峡谷,河谷宽 500～1 000 m,平均坡降 0.34‰;凌津滩以下为下游,河谷开阔,阶地发育。

澧水流域南以武陵山与沅江为界,西北以湘鄂丛山与清江分流,东临洞庭湖,地势西北高、东南低。桑植县城以上为上游,两岸高山峻岭,山峰高程多在 1 000～2 000 m 之间;桑植至石门为中游,河流穿行于峡谷与山间盆地之中,深潭与急滩交互出现,山岭高程 400～1 400 m,河床坡降 0.754‰;石门至小渡口为下游,地势平缓开阔,丘陵岗地零星分布,高程 35～50 m,河床坡降 0.204‰;小渡口以下属尾闾,为广阔的平原,地面高程 30～40 m。

3.2 气象特征

长江中下游地区四季分明,冬冷夏热,雨热同季,季风气候十分明显,年平均气温 16～18℃,夏季最高气温在 40℃左右,冬季最低气温在零下 4℃左右。流域内降水较丰富,多年平均年降水量约 1 100 mm,降水量由东南向西北递减。降水年内分配不均,年际变化较大。

洞庭湖区属中北亚热带湿润气候区。多年平均气温 16.6～17.10℃;区内平均年降水量 1 290 mm,由东南向西北呈递减趋势,降水日数 142 d,年蒸发量 1 258.3 mm。洞庭湖汛期在 4—9 月,主汛期在 6—8 月,7 月出现年最高水位次数最多,占 64.2%。

湘江流域属亚热带湿润地区。多年平均气温 17.1～18.1℃,中游稍高,下游稍低,多年平均降水量 1 271.6～1 400.6 mm,中、下游相差不大,最大日降水量 150～217.41 mm,以衡阳市最大;多年平均年蒸发量 1 271.5～1 495.2 mm。每年 4—8 月为汛期,其中最高洪水位 5 月出现次数最多,占 34.2%。

资江流域属中亚热带季风湿润气候区,多年平均气温 16.2～17.1℃,中、下游无明显差别;多年平均降水量 1 272.5～1 691.8 mm,以安化为界,其沿上游呈递增之势;多年平均年蒸发量 1 117.6～1 367.9 mm,以邵阳市居首位(属衡邵丘陵干旱区);年最高洪水位多出现在 4—8 月,主要集中在 5—7 月,其中 6 月出现次数最多,占 33.3%。

沅江流域属副热带气候区。多年平均气温 16.5～17℃,以沅陵为界,中游稍高于下游;多年平均降水量 1 294.8～1 426.6 mm,沅陵、桃源最大;多年平均年蒸发量 1 161.4～1 317.2 mm,中游大于下游;最高水位多出现在 4—8 月,占全年的94.7%,主要集中在 5—7 月,占全年的 81.9%,其中 6 月出现次数最多,占 33.3%。

澧水流域属中亚热带季风湿润气候区。多年平均气温 16.3～16.7℃,中、下游无明显差别;年平均降水量 1 254～1 396.9 mm,中游最大,下游最小;多年平均年蒸发量在 1 119.7～1 382.8 mm 之间,桑植最小;年最高洪水位多出现在 5—9 月,占全年的 97.5%,主要集中在 6—8 月,占全年的 79%;其中 6 月出现次数最多,占 38.6%。

3.3　河网水系

研究区域水系包括长江、四口河系、洞庭湖、四水及其他区间直接入湖河道。

3.3.1　长江

长江与洞庭湖直接相关的有荆江河段和城汉河段,涉及湖南的河道长度为163 km。

荆江河段上起湖北枝城,下至湖南城陵矶,全长 347.20 km,河道呈西北—东南走向。以藕池口为界,荆江分为上荆江与下荆江,上荆江长约 171.70 km,河段较为稳定,属微弯分汊型河道;下荆江全长 175.5 km,为典型蜿蜒型河道,有"九曲回肠"之称。此河段中,涉及湖南的河段均为下荆江,上起华容县五马口,下至城陵矶,河道长度为 76.8 km。

城汉河段上起湖南城陵矶,下至湖北汉口武汉关,全长 235.60 km,除簰洲湾河段呈"S"形弯道外,其余多为顺直河段,江面开阔,但两岸多山丘、石嘴、矶头,距离城陵矶约 20 km 处有著名的界牌河段。此河段中,涉及湖南的河段为城陵矶至铁山嘴河段,长 65.25 km。

3.3.2 四口河系

四口河系是荆江向洞庭湖分流河道,包括松滋河、虎渡河、藕池河和调弦河,全长 956.30 km,两岸均为堤防,两堤之间河道空间面积为 376.40 km²(表 3-1)。

表 3-1 四口河系基本情况表

河名 主流	河名 支河	河名 串河	洪道范围	河道长(km)	湖南省河道长(km)	湖北省河道长(km)
松滋河			松滋口—松滋大口	22.7		22.7
	松东河		松滋大口—新开口	137.2	49.5	87.7
	松西河		松滋大口—张九台	119.2	36.3	82.9
	松中河		青龙窖—小望角	33.2	33.2	
	松虎合流段		新开口—肖家湾	21.2	21.2	
		莲支河	松东肖家嘴—松西沙子口	6		6
		官支河	松东同丰尖—松东蒲田嘴	23		23
		中河口河	中河口—中河口	2		2
		葫芦坝串河	松东下河口—松西尖刀嘴	5.3	5.3	
		苏支河	松西双河场—松东港关	10.6		10.6
			彭家港—澧水洪道	6.5	6.5	
			濠口—澧水洪道	14.9	14.9	
虎渡河			太平口—新开口	136.1	44.9	91.2
藕池河	藕池东支		王蜂腰闸—华容县流水沟	94.3	67.3	27
	藕池西支		王蜂腰闸—南县下柴市	70.4	51.5	18.9
	藕池河中支		黄金咀—南县新镇州	74.7	62.1	12.6
		鲇鱼须河	华容县殷家洲—南县九都	27.9	27.9	
		陈家岭河	南县陈家岭—南县葫芦咀	24.3	24.3	
		沱江	南县城关—中支北河口	41.2	41.2	
调弦河	北支		调弦口—六门闸	60.7	48	12.7
	西支		护城—罐头尖	24.9	24.9	
合计				956.3	559.0	397.3

注:数据来源于《洞庭湖区综合规划》。

(1) 松滋河

松滋河是由松滋口分流入湖的洪道,为 1870 年长江大洪水冲开南岸堤防形成。松滋口到大口河段长度为 22.70 km。松滋河在大口分为东西二支。西支在湖北省内自大口经新江口、狮子口到杨家垱，长约 82.90 km，从杨家垱进入湖南省后在青龙窖分为官垸河和自治局河；官垸河自青龙窖经官垸、濠口、彭家港于张九台汇入自治局河，长约 36.30 km；自治局河又称为松滋河中支，自青龙窖经三岔垴、自治局、张九台于小望角与东支汇合，长约 33.2 km。东支在湖北省境内自大口经沙道观、中河口、林家厂到新渡口进入湖南省，长约 87.7 km；东支在湖南省境内部分又称为大湖口河，由新渡口经大湖口、小望角在新开口汇入松虎合流段，长约 49.5 km。松虎合流段由新开口经小河口于肖家湾汇入澧水洪道，长约21.2 km。

此外还有 7 条串河分别为：沙道观附近西支与东支之间的串河莲支河，长约 6 km；南平镇附近西支流向东支的串河苏支河，长约 10.6 km；曹咀垸附近松东河支汉官支河，长约 23 km；中河口附近东支与虎渡河之间的串河中河口河，长约 2 km；尖刀咀附近东支和西支之间的葫芦坝串河（瓦窑河），长约 5.3 km；官垸河与澧水洪道之间在彭家港、濠口附近的两条串河，分别长约 6.5 km、14.9 km。

(2) 虎渡河

虎渡河入口为太平口，从太平口分泄江水，经弥陀寺、黄金口，至黑狗垱，松滋东支由河口汇入，再经黄山头南闸进入湖南境内。经大杨树、董家垱、陆家渡，至小河口与松滋河汇合后经松虎合流段汇入西洞庭，虎渡河全长约 136.1 km。

(3) 藕池河

藕池河入口藕池口位于长江干流新厂水位站下游约 10 km、湖北省石首市和公安县交界的天心洲附近。1852 年藕池溃口未加修复，至 1860 年长江大水，溃口以下逐渐冲成大河，即成藕池河系。藕池河支流较多，入口为康家岗及管家铺二口，其下又分为若干支流。从其分合关系，习惯分东支、中支、西支三条支流，跨越湖北公安、石首和湖南南县、华容、安乡五县(市)，洪道总长约 332.8 km。

藕池东支经管家铺、老山咀、黄金咀、江坡渡、梅田湖、扇子拐、南县城、九斤麻、罗文窖、北景港、文家铺、明山头、胡子口、复兴港、注滋口、刘家铺、新洲注入东洞庭湖，全长 94.3 km。东支至华容县集成安合垸北端殷家洲分出汊河，往东经鲇鱼须、宋家咀、沙口、县河口至九斤麻，全长 27.9 km，称鲇鱼须河。东支到九斤麻与鲇鱼须河汇合后又一支往南，一支往东，呈"X"形；往南的称沱江(已经建闸控制)，经乌咀、小北洲、中鱼口、沙港市、三仙湖、八百弓，至茅草街东侧入南洞庭湖，全长 41.2 km；往东自九斤麻以下称注滋口河，为藕池东支主流。

藕池西支，又称安乡河或官垱河，自康家岗沿荆江分洪区南堤经官垱、曹家铺、麻河口、鸿宝局、下柴市、厂窖、三岔河至下狗头洲，全长 70.4 km。

藕池中支全长 74.7 km,自黄金咀经团山寺至陈家岭分为东、西两支,东支为主流,称施家渡河;西支陈家岭河长约 24.3 km,经过南鼎垸后,在华美垸尾端两支相汇后南下,经荷花咀、下游港,至下柴市与藕池西支相汇,又经三岔河,至茅草街西侧与澧水合流入目平湖。

(4) 调弦河

调弦河又称华容河,是由调弦口分流入湖的洪道,于蒋家进入湖南华容县,至治河渡分为西、北两支,北支经潘家渡、罐头尖至六门闸入东洞庭湖,全长约 60.7 km;西支经护城、层山镇至罐头尖与北支汇合,南支汉河长 24.9 km。1958 年调弦口已建灌溉闸控制。

3.3.3 洞庭湖及洪道

3.3.3.1 湖泊与洪道

洞庭湖的地势西高东低,自西向东形成一个倾斜的水面。洞庭湖水域范围包括东洞庭湖、南洞庭湖、目平湖、七里湖 4 个天然湖泊(长度计 201.3 km)和 8 条主要洪道(长度计 236.1 km),长度合计 437.4 km。详见表 3-2。

表 3-2　洞庭湖水域范围及长度表

分区	湖泊/洪道名称		起点	终点	河长（km）
西洞庭	七里湖		澧县小渡口	石龟山水文站	29.3
	澧水洪道		石龟山水文站	汉寿县三角堤	38.0
	目平湖		汉寿县三角堤	小河咀水文站	44.2
	沅江洪道		常德市德山枉水口	汉寿县坡头	53.5
南洞庭	南洞庭湖		小河咀水文站	汨罗市磊石山	78.2
	草尾河洪道		沅江市胜天	沅江市北闸	49.8
	资江洪道	芷湖口河	益阳市甘溪港	湘阴县杨柳潭	28.6
		甘溪港河	益阳市甘溪港	沅江市沈家湾	20.7
		毛角口河	湘阴县毛角口	湘阴县临资口	3.6
	湘江洪道	东支	湘阴县濠河口	湘阴县斗米咀	21.1
		西支	湘阴县濠河口	湘阴县古塘	20.8
东洞庭	东洞庭湖		汨罗市磊石山	七里山水文站	49.6
合计	4 湖 8 洪道				437.4

依据 1995 年地形,考虑水面比降,城陵矶水位为 33.5 m 时,洞庭湖天然湖泊面积为 2 625 km²,容积为 167 亿 m³。依据 2003 年实测地形图量算的洞庭湖天然湖泊面积和容积详见表 3-3。

表 3-3　洞庭湖天然湖泊面积、容积统计表(2003)

城陵矶(七里山)水位	面积(km²)	容积(亿 m³)	城陵矶(七里山)水位	面积(km²)	容积(亿 m³)
27	1 364.76	25.25	31	2 450.13	98.42
28	1 838.31	40.99	32	2 525.79	121.72
29	2 127.29	57.91	33	2 567.21	147.08
30	2 328.86	77.74	34	2 589.52	172.92

3.3.3.2　堤垸区主要水系

堤垸区主要水系指湖区堤防保护区的 4 大撇洪河和常年水面面积 1 km² 以上的内湖(表 3-4、表 3-5)。洞庭湖撇洪河将沿湖丘陵地带山水汇集后,沿渠汇集垸内涝水排往外河(湖),一般撇洪河出口均建闸控制,其水位既受上游来水影响,又受出口外河水位的影响。本书主要介绍冲柳撇洪河、涔水撇洪河、南湖撇洪河、烂泥湖撇洪河。

(1)冲柳撇洪河

冲柳撇洪河工程主要是将太阳山、白云山一带丘岗区自流入湖的山水及垸内渍水,按高水高排、低水低排,高低分家,先自排、再蓄洪、后电排的原则,分别从苏家吉、南碛等地排入沅水。整个工程分为高水和低水区,共保护鼎城、武陵、津市、西洞庭、贺家山、万金障六个区、市、农场的 41 万亩[①]耕地。干渠长度 55.40 km,撇洪面积总计 554 km²。

(2)涔水撇洪河

涔水为松澧大圈内撇洪河,松澧大圈位于洞庭湖西北部,为洞庭湖重点防洪保护区,属澧水尾闾的冲积平原。涔水发源于王家山及燕子山,干渠全长约 72.43 km,撇洪面积总计 1 144 km²,地跨临澧、澧县、津市、津市监狱。

(3)南湖撇洪河

南湖撇洪河上起常德市鼎城区谢家铺镇,下至常德市汉寿县蒋家嘴镇,干渠全长 50.50 km,于蒋家嘴汇入目平湖。南湖撇洪河沿途拦截谢家铺、沧水、严家河、

---

① 1 亩 = 1/15 hm²。

太子庙、崔家桥、龙潭桥、纸料洲等 7 条支流山洪，撤洪面积总计 968 km²，其中沧水撤洪面积最大，为 287.3 km²。

（4）烂泥湖撤洪河

烂泥湖撤洪河工程位于大众北端，原设计撤洪面积 734.6 km²，实际撤洪面积 690 km²，撤洪河干流自赫山区罗家嘴至乔口出湘江，全长 37.49 km，出口建有乔口防洪闸。沿途有南岳塘河（45.9 km²）、稠木院河（17.2 km²）、沧水铺河（120 km²）、泉交河（221 km²）、干角岭河（6 km²）、侍郎河（186 km²）、汤家冲河（6 km²）、朱良桥河（62.3 km²）8 条支流汇入。

表 3-4　撤洪河水系情况表

垸名	撤洪河名	干流起止点		撤洪面积 (km²)	干渠长度 (km)
		起点	终点		
沅澧垸	冲柳撤洪河	八宝湖	苏家吉	554	55.40
松澧垸	涔水撤洪河	临澧官亭闸	小渡口	1 144	72.43
沅南垸	南湖撤洪河	谢家铺	蒋家嘴	968	50.50
烂泥湖垸	烂泥湖撤洪河	光坝	乔口	690	37.49
合计				3 482	215.82

（5）主要内湖

当前洞庭湖主体水域面积大于 1 km² 的内湖共 94 处，水域总面积560.98 km²。具体内湖情况见表 3-5。

表 3-5　内湖基本情况表

序号	名称	市	所在地	湖泊编码（水普）	常年水面面积（km²）	主体水域面积（km²）
1	大通湖	益阳市	南县、沅江市、大通湖管区	FE077	79.4	79.09
2	东湖	岳阳市	湘阴县	FE212	3.2	25.66
3	东湖	岳阳市	华容县	FE085	24.2	25.66
4	毛里湖	常德市	津市	FE132	25.7	23.9
5	珊珀湖	常德市	安乡县	FE155	18.9	17.39
6	北民湖	常德市	澧县	FE059	13.3	13.67
7	南湖	岳阳市	岳阳楼区	FE139	13.8	13.31
8	柳叶湖	常德市	武陵区	FE119	9.07	10.26
9	坪桥湖	岳阳市	岳阳县	FE220	11.3	10.22

续表

序号	名称	市	所在地	湖泊编码（水普）	常年水面面积（km²）	主体水域面积（km²）
10	冶湖	岳阳市	临湘市	F6080	10.6	10.12
11	黄家湖	益阳市	资阳区、沅江市	FE106	12.6	9.68
12	大明外湖	岳阳市	岳阳县	FE208	6.64	9.59
13	西湖	常德市	津市	FE179	9.52	9.53
14	胭包山湖	常德市	沅江市、汉寿县	FE192	11.2	9.36
15	烂泥湖	益阳市,岳阳市	益阳赫山区、岳阳湘阴县	FE086	12.3	9.32
16	白泥湖	岳阳市	云溪区	F6072	9.4	9.28
17	占天湖	常德市	武陵区	FE202	7.12	9.2
18	牛屎湖	常德市	鼎城区	FE147	8.18	9.07
19	安乐湖	常德市	汉寿县	FE043	11.2	9.02
20	芭蕉湖	岳阳市	岳阳楼区、云溪区	F6071	10.4	8.7
21	塌西湖	岳阳市	华容县	FE163	9.24	8.43
22	龙池湖	常德市	汉寿县	FE121	8.22	8.22
23	大荆湖	岳阳市	华容县	FE075	9.93	7.6
24	团头湖	长沙市	望城区、宁乡市	FE171	8.03	7.18
25	八形汉内湖	益阳市	沅江市	FE045	3.94	6.51
26	太白湖	常德市	汉寿县	FE164	5.61	5.34
27	白芷湖	常德市	鼎城区	FE053	6.84	5.23
28	松杨湖	岳阳市	云溪区	F6077	4.05	5.04
29	瓦缸湖	益阳市	沅江市	FE172	2.95	4.84
30	鹿角湖	益阳市,岳阳市	赫山区、湘阴县	FE125	4.88	4.74
31	土硝湖	常德市	鼎城区	FE071	4.47	4.68
32	浩江湖	益阳市	沅江市	FE095	5.78	4.5
33	青泥湖	常德市	汉寿县	FE152	4.32	4.46
34	冲天湖	常德市	鼎城区	FE168	3.89	4.15
35	马公湖	常德市	澧县	FE130	3.76	4.07
36	西湖	岳阳市	华容县	FE177	8.48	3.92

续表

序号	名称	市	所在地	湖泊编码（水普）	常年水面面积（km²）	主体水域面积（km²）
37	杨家湖	常德市	澧县	FE195	4.02	3.58
38	洋溪湖	岳阳市	云溪区、临湘市	F6079	3.26	3.52
39	沉塌湖	岳阳市	华容县	FE068	3.91	3.5
40	涓田湖	岳阳市	临湘市	F6076	4.01	3.37
41	南湖撇洪湖	常德市	汉寿县	FE141	4.18	3.3
42	洋沙湖	岳阳市	湘阴县	FE196	3.75	3.23
43	下宝塔湖	岳阳市	岳阳县	FE226	3.05	3.04
44	德兴湖	益阳市	资阳区	FE080	3.6	2.95
45	宋鲁湖	常德市	澧县	FE162	2.7	2.93
46	牛氏湖	岳阳市	华容县	FE148	4.17	2.84
47	白泥湖	岳阳市	湘阴县	FE048	2.77	2.79
48	范家坝湖	岳阳市	湘阴县	FE091	2.49	2.64
49	下采桑湖	岳阳市	君山区	FE182	3.42	2.59
50	肖家湖	常德市	鼎城区、汉寿县	FE186	2.47	2.58
51	东风湖	岳阳市	岳阳楼区	FE084	2.69	2.29
52	三叉港湖	岳阳市	湘阴县	FE154	2.69	2.22
53	蔡田湖	岳阳市	华容县	FE063	2.51	2.19
54	杨坝垱	常德市	津市市	FE194	2.18	2.15
55	罗帐湖	岳阳市	华容县	FE128	2.84	2.11
56	中山湖	岳阳市	临湘市	F6081	3.83	2.07
57	酬塘湖	岳阳市	湘阴县	FE072	2.21	2.04
58	城北湖	常德市	汉寿县	FE069	2.15	2.02
59	团湖	岳阳市	君山区	FE170	3.58	2.01
60	大榨栏湖	益阳市	沅江市	FE079	2.61	1.99
61	悦来湖	岳阳市	君山区	FE201	1.09	1.94
62	赤眼湖	岳阳市	华容县	FE070	2.16	1.87
63	北萍湖	益阳市	赫山区	FE060	1.99	1.82
64	肖家湖	岳阳市	云溪区	F6078	2.42	1.75
65	南门湖	益阳市	资阳区	FE142	2.27	1.74

续表

序号	名称	市	所在地	湖泊编码（水普）	常年水面面积（km²）	主体水域面积（km²）
66	谢家湖	常德市	鼎城区	FE187	1.66	1.73
67	滑泥湖	常德市	汉寿县	FE104	1.77	1.72
68	洪合湖	益阳市	资阳区	FE101	1.61	1.64
69	万石湖	岳阳市	岳阳县	FE174	1.47	1.63
70	梅溪湖	长沙市	岳麓区	FE216	1.09	1.58
71	北套湖	岳阳市	岳阳县	FE207	1.51	1.57
72	东湾湖	岳阳市	华容县	FE088	1.63	1.56
73	上宝塔湖	岳阳市	岳阳县	FE223	1.42	1.47
74	北港长湖	益阳市	沅江市	FE057	3.13	1.41
75	毗湖口湖	益阳市	资阳区	FE191	1.4	1.39
76	七星湖	岳阳市	君山区	FE151	1.93	1.38
77	北湖	岳阳市	君山区	FE058	2.62	1.37
78	刘家湖	益阳市	资阳区	FE117	1.58	1.35
79	樊溪湖	常德市	鼎城区	FE090	1.34	1.34
80	黄荆湖	益阳市	资阳区	FE107	2.48	1.29
81	大溪湖	常德市	汉寿县	FE078	1.18	1.24
82	义合金鸡垸哑湖	岳阳市	湘阴县	FE198	1.27	1.23
83	上琼湖	益阳市	沅江市	FE159	1.88	1.22
84	吉家湖	岳阳市	岳阳楼区	FE110	1.29	1.16
85	下荆湖	岳阳市	湘阴县	FE227	1.14	1.11
86	南湖汊	常德市	澧县，津市	FE140	1.25	1.09
87	刘家湖	常德市	汉寿县	FE118	1.13	1.08
88	方台湖	岳阳市	君山区	FE092	1.41	1.08
89	田珍湖	常德市	津市市	FE167	1.37	1.07
90	鹤龙湖	岳阳市	湘阴县	FE097	5.24	1.07
91	夹洲哑河湖	岳阳市	湘阴县	FE213	1.07	1.02
92	定子湖	岳阳市	临湘市	F6074	1.52	1.02
93	黄盖湖	岳阳市	湖北赤壁市、湖南临湘市	F6070	65.7（含湖北）	35.71（湖南）
94	牛浪湖	常德市	湖北公安县、湖南澧县	FE219	15.5（含湖北）	4.69（湖南）

3.3.4　四水

湘、资、沅、澧四水均汇入洞庭湖,总集水面积约 23.0 万 km^2,干流及出口控制站以下主要支流总河长 4 263 km(表 3-6)。

表 3-6　湘资沅澧四水主要支流水系情况表

水系	河名	流域面积(km^2)	河长(km)	河流平均坡降‰
合计		229 724	4 263	
湘江	湘江	94 721	948	0.19
	浏阳河	4 244	224	0.49
	捞刀河	2 540	132	0.70
	沩水	2 673	134	1.22
	八曲河	343	50	0.58
	沙河	652	59	1.22
	石渚河	84.2	23	2.46
资江	资江	28 211	661	0.46
	桃花江	409	54	2.55
	沾溪河	263	44	2.81
	牛潭河	20.3	9	6.45
	七星河	41	15.1	10.60
	新桥河	79.3	20	1.98
	志溪河	631	67	1.21
沅江	沅江	89 833	1 053	0.49
	延溪	442	48	1.73
	白洋河	1 739	106	1.79
	陬溪	275	46	0.55
	枉水	487	58	0.81
澧水	澧水	16 959	407	1.01
	道水	1 363	105	0.75

注:数据来源于第一次全国水利普查河流数据。

(1) 湘江

湘江是长江七大支流之一、洞庭湖水系四大河流之一,也是湖南省境内最大的河流。湘江在永州萍岛以上分东西两源,东源为正源。东源又名潇水,发源于蓝山县野狗岭南麓,流经蓝山县江华瑶族自治县、道县、双牌县、零陵区,流域面积为

12 099 km²;西源发源于广西灵川县海洋山,在全州县斗牛岭流入湖南,流域面积为 9 242 km²。东西两源在萍岛汇合后,经永州市冷水滩区、衡阳市、株洲市、湘潭市、长沙市至湘阴县的濠河口注入洞庭湖。江、湖之水共经岳阳市于城陵矶汇入长江。湘江干流在萍岛(潇水河口)以上为上游,萍岛至衡阳市为中游,衡阳市以下为下游。湘江流域面积94 721 km²,河长约 948 km,平均坡降 0.19‰。

浏阳河为湘江下游主要支流之一,位于湖南东部,界于渌水与捞刀河之间。浏阳河发源于湘赣交界的大围山,分南北两源,其北源大溪河为正源,集水面积为 1 285 km²,河长 86.8 km,平均坡降 1.62‰;南源名小溪河,集水面积为782 km²,河长 108 km,平均坡降 2.35‰。南、北两源在双江口汇合后始称浏阳河,流向大致自东向西,流经浏阳市区、枨冲镇、普迹镇、镇头镇,长沙县金洲村、仙人市村,长沙市东山街道、㮾梨街道、花桥、洪山庙,在长沙市北郊落刀咀处汇入湘江。流域面积 4 244 km²,河长 224 km,平均坡降 0.49‰。

捞刀河,又名捞塘河、潦浒河,为湘江出口左岸一级支流,发源于浏阳市石柱峰北麓的社港镇周洛村,流经浏阳市社港镇、龙伏镇、沙市镇、北盛镇和永安镇,长沙县春华镇和黄花镇,长沙市开福区捞刀河街道,于长沙城北洋油池汇入湘江。流域面积 2 540 km²,河长 132 km,平均坡降 0.70‰。

沩水河,又名“沩水”,古名“玉潭江”,为湘江下游左岸一级支流,发源于湖南省宁乡市扶玉山,自西向东流经宁乡市区、双江口,于望城区高塘岭街道注入湘江。流域面积 2 673 km²,河长 134 km,平均坡降 1.22‰。

八曲河,为沩水的一级支流,发源于长沙市岳麓区甄家岭,经牛皮冲、寺圹、良金桥、增福桥,由望城区高塘岭街道白马巷汇入沩水。流域面积 343 km²,河流长度 50 km,平均坡降 0.58‰。

沙河下游亦称霞凝河,源于汨罗市分水坳,经三姊桥、高家坊至长沙市桥驿镇界耙山入望城区境,京广铁路平行于东侧。流域面积 652 km²,河长 59 km,平均坡降 1.22‰。

石渚河源于长沙市望城区与湘阴县交界之九峰山南麓,经望城区茶亭镇、铜官街道,流域面积 84.2km²,河长 23 km,平均坡降 2.46‰。

(2) 资江

资江为洞庭湖水系四大河流之一,位于湖南省中部。流域形状南北长、东西窄,地势西南高、东北低。资江自邵阳县双江口以上分西、南两源,西源赧水流域面积 7 103 km²,较南源夫夷水大 56%,河长 188 km,较南源短 24.2%,习惯上以西源赧水作为资江主源。南源夫夷水发源于越城岭北麓,广西资源县境,向北流经湖南省新宁县、邵阳县至双江口;西源赧水发源于城步县境雪峰山东麓,向东北流经武冈市、隆回县至邵阳县双江口与南源夫夷水汇合,始称资江,经邵阳、冷水江、新化、安化、桃江、益阳等县市至甘溪港后汇入洞庭湖。沿途主要支流有蓼水、平溪、辰溪、邵水、石马江、大洋江、油溪、渠江、泔溪、沂溪、桃花江等支流。资江流域面积 28 211 km²,河长约 661 km,平均坡降约 0.46‰。

桃花江又称獭溪,是资江一级支流,发源于桃江县柘石塘,于桃江县桃花江镇入资江。集水面积 409 km²,河长 54 km,平均坡降 2.55‰。

沾溪河源于松木塘镇,流经双江口、胡家湾等地,在贺家坪村河嘴注入资江。流域面积 263 km²,河长 44 km,平均坡降 2.81‰。

七星河又名杨家坳水,发源于桃江县浮邱山,流经棋台上、桃花江公社、白云庵以及杨家坳等地,于桃花江镇汇入资江。流域面积 41 km²,河长 15.1 km,平均坡降 10.6‰。

牛潭河是资江一级支流,起源于益阳县羊牯漂,流经益阳县王家冲、郭家冲,后经桃江县朱木村、陈家冲于台子北流入资江。流域面积 20.3 km²,河长 9 km,平均坡降 6.45‰。

新桥河发源于汉寿县青山岭,流经汉寿县颜家庙、锡文庙及益阳县双江口、荒田洲及瓦窑坪等地,于益阳市杨家洲入资江。流域面积 79.3 km²,河长 20 km,平均坡降 1.98‰。

志溪河是资江的一级支流,经赫山区泥江口、龙光桥、新市渡、谢林港、会龙山乡镇办事处入资江,流域面积 631 km²,全长 67 km,平均坡降 1.21‰。

(3) 沅江

沅江南源龙头江,源出贵州都匀市斗篷山北中寨,又称马尾河。北源重安江,发源于贵州省麻江县平越。两源流至贵州凯里市汉河口汇合后,称清水江,由芷江县銮山入湖南境,至洪江市托口镇与渠水汇合后,称沅江。流经芷江、会同、洪江、中方、溆浦、辰溪、泸溪等县,至沅陵折向东北,经桃源、常德注入洞庭湖。沅江全长 1 053 km,流域面积 89 833 km²,平均坡降 0.49‰。流域内河网发育,支流较多,湖南境内 5 km 以上的河流有 1 491 条。沅江自源头至洪江市黔城镇属上游,多高山深谷。黔城镇至沅陵为中游,为丘陵地区。沅陵以下称下游,桃源以下为冲积平原。常德德山为沅江河口,德山以下为沅江的尾闾。沅江流域南北较长,东西较窄。左岸支流较多,主要有潕水、辰水、武水、酉水。右岸主要有渠水、巫水、溆水。由于沅江流域多崇山峻岭,坡度大、峡谷多、滩险多、水流湍急。

延溪河是沅江一级支流,发源于桃源县迥龙山,流经蓝家桥、三里溪水库、三阳港以及深水溪等地,于桃源县城汇入沅江。流域面积 442 km²,河长 48 km,平均坡降 1.73‰。

白洋河位于湖南省常德市桃源县境内,呈南北走向,源出慈利县云竹山,经龙潭河入桃源黄石水库,出大坝后在九溪镇左纳九溪、右纳理公港,东流至漆河镇(支流麻溪河在漆河镇汇入白洋河)、涴溪河乡,纳麻溪,南经枫树维吾尔族回族乡于延泉村入沅江。流域面积 1 739 km²,河长 106 km,平均坡降 1.79‰。

陬溪河是沅江一级支流,发源于桃源、石门、临澧交界的大垭口,途经桃源彭家湾、马鬃岭以及柳浪坪等地,于常德河洑镇汇入沅江。流域面积 275 km²,河长 46 km,平均坡降 0.55‰。

枉水在常德境内南,东西二源均出自九龙山麓,至草坪镇两汊港汇合,经陬山、草坪、斗姆湖镇响水、二里岗、茅湾至德山注沅江。德山原名枉山(又名枉人山),因枉水而得名。屈原第二次流放时经枉水去辰溪、溆浦,留下了"朝发枉渚兮,夕宿辰阳"的名句。流域面积 487 km²,全长 58 km,平均坡降 0.81‰。

(4) 澧水

澧水流域位于湖南省西北部,西、南以武陵山与沅江为界,北以湘鄂丛山与清水江分流,东临洞庭湖,南北窄而东西长,地势则西北高东南低。澧水有南、中、北三源,以北源为主,发源于湖南省桑植县杉木界,流经桑植、张家界、慈利、石门、临澧、澧县、津市等县市,于小渡口注入西洞庭湖。小渡口以上干流流域面积 16 959 km²,全长 407 km,河流坡降 1.01‰。流域内集雨面积大于 10 km²、河长 5 km 以上的各级支流有 326 条,大于 1 000 km² 的较大支流有溇水、溪水、道水,分别于慈利、三江口、道河口汇入澧水。主要支流除道水从澧水右岸汇入外,其余多在左岸,两岸流域面积很不对称,左岸约占 80%。

道水系澧水下游一级支流,发源于慈利五雷山,流经两河口、石门稻王峪、夏家巷、白洋湖、临澧县城、沔泗洼、澧县大岩厂,从道河口注入澧水,流域面积 1 363 km²,河长 105 km,平均坡降 0.75‰。

3.3.5 其他河流

除湘江、资江、沅江和澧水等四水以外,洞庭湖区间河流主要有汨罗江、新墙河、沧水等。

汨罗江发源于江西省修水县梨树㘫,流经修水县,于平江县长寿街入湖南省境,经黄旗段、长乐街,至汨罗县磊石山注入东洞庭湖,干流长 252 km,流域总面积 5 540 km²,其中湖南省内面积为 5 265.3 km²,河流平均坡降 0.50‰。

新墙河发源于平江县宝贝岭,流经平江县硬树坪、板江、洞口,岳阳县平头铺、中洲、王家台、宗湖祠、望云台、上大堤、晏岩村、王家方和何家段,于岳阳荣家湾入洞庭湖,流域总面积 2 347 km²,干流长 101 km,河流平均坡降 0.96‰。

浣水是洞庭湖四口水系松西河的支流,位于湖北省西南部和湖南省西北部交界处,属湖北省松滋市西南部。发源于湖北五峰清水湾,集水面积 1 975 km²,河长 163 km,河流平均坡降 1.98‰,处于暴雨区范围内,雨量充沛。

3.4 水库工程

3.4.1 长江水库群

长江流域已建成大型水库(总库容在 1 亿 m³ 以上)300 座,总调节库容 1 800 余亿 m³,防洪库容约 775 亿 m³。

长江三峡以上主要水库水电站工程有 30 座,包括金沙江中游的梨园、阿海、金安桥、龙开口、鲁地拉、观音岩,雅砻江的两河口、锦屏一级、二滩,金沙江下游的乌东德、白鹤滩、溪洛渡、向家坝,岷江的下尔呷、双江口、瀑布沟、紫坪铺,嘉陵江的碧口、宝珠寺、亭子口、草街,乌江的洪家渡、东风、乌江渡、构皮滩、思林、沙沱、彭水,以及长江三峡、葛洲坝(如图 3-2 所示)。30 座水库总库容 1 566 亿 m³,防洪库容 519 亿 m³(详见表 3-7)。

表 3-7 长江上游流域水库群参数表

序号	水系名称	水库名称	正常蓄水位 (m)	兴利库容 (亿 m³)	防洪库容 (亿 m³)	装机容量 (MW)	建设情况
1	金沙江	梨园	1 618	1.73	1.73	2 400	已建
2		阿海	1 504	2.38	2.15	2 000	已建
3		金安桥	1 418	3.46	1.58	2 400	已建
4		龙开口	1 298	1.13	1.26	1 800	已建
5		鲁地拉	1 223	3.76	5.64	2 160	已建
6		观音岩	1 134	5.55	5.42/2.53	3 000	已建
7		乌东德	975	30.2	24.4	10 200	已建
8		白鹤滩	825	104.36	75	16 000	已建
9		溪洛渡	600	64.62	46.51	13 800	已建
10		向家坝	380	9.03	9.03	6 400	已建

续表

序号	水系名称	水库名称	正常蓄水位（m）	兴利库容（亿 m³）	防洪库容（亿 m³）	装机容量（MW）	建设情况
11	雅砻江	两河口	2 865	65.6	20	3 000	已建
12		锦屏一级	1 880	49.11	16	3 600	已建
13		二滩	1 200	33.7	9	3 300	已建
14	岷江	下尔呷	3 120	19.24	8.7	540	拟建
15		双江口	2 500	19.17	6.63	2 000	在建
16		瀑布沟	850	38.94	11/7.3	3 600	已建
17		紫坪铺	877	7.74	1.67	760	已建
18	嘉陵江	碧口	704	1.46	0.83/1.03	300	已建
19		宝珠寺	588	13.4	2.8	700	已建
20		亭子口	458	17.32	14.4	1 100	已建
21		草街	203	0.65	1.99	500	已建
22	乌江	洪家渡	1 140	33.61		600	已建
23		东风	970	4.91		570	已建
24		乌江渡	760	9.28		630	已建
25		构皮滩	630	29.02	4.0	3 000	已建
26		思林	440	3.17	1.84	1 050	已建
27		沙沱	365	2.87	2.09	1 120	已建
28		彭水	293	5.18	2.32	1 750	已建
29	长江	三峡	175	165	221.5	22 500	已建
30		葛洲坝	66	0.86		2 715	已建

3.4.2 四水水库群

依据《湖南省水库名录》，截至 2020 年 10 月 31 日，全省已建成并运行的水库共 13 737 座，总库容 545.45 亿 m³。其中，大(1)型水库 8 座，大(2)型水库 42 座；中型水库 366 座；小(1)型水库 2 022 座，小(2)型水库 11 299 座。

四水主要水库 71 座(包含规划及在建水库)，其中已建成主要防洪控制性水库 22 座，含湘江流域 11 座(双牌、欧阳海、东江、水府庙、涔天河、洮水、酒埠江、青山垅、黄材、株树桥、官庄)，资江流域 2 座(柘溪、六都寨)，沅江流域 6 座(五强溪、凤滩、黄石、竹园、白云、托口)，澧水流域 3 座(江垭、王家厂、皂市)。此外，湘江航电枢纽作为湘江重要控制工程，也是湘江主要调蓄水库。具体见图 3-3 至 3-6、表 3-8。

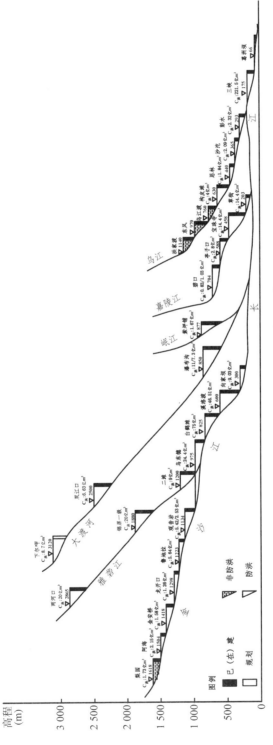

图 3-2　长江上游 30 座水库示意图

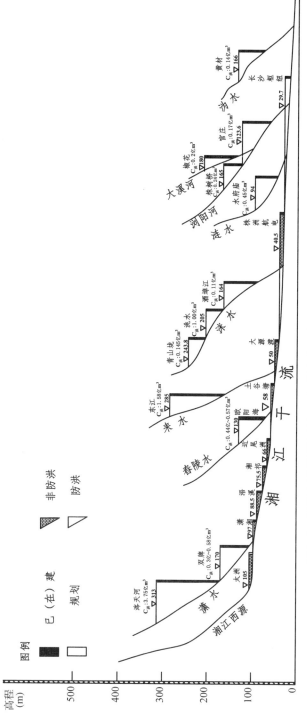

图 3-3 湘江水库群示意图(21 座,其中主要水库防洪库容 8.325 亿~8.735 亿 m³)

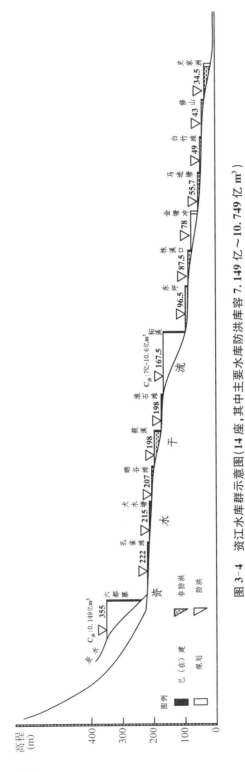

图 3-4　资江水库群示意图(14 座,其中主要水库防洪库容 7. 149 亿～10. 749 亿 m³)

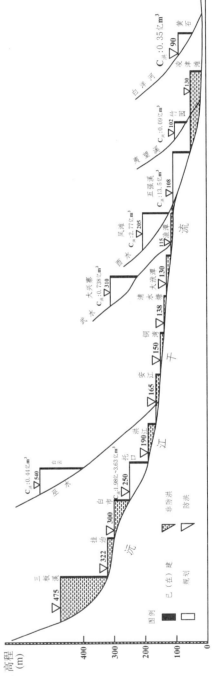

图 3-5　沅江水库群示意图(17 座,其中主要水库防洪库容 19. 13 亿～20. 78 亿 m³)

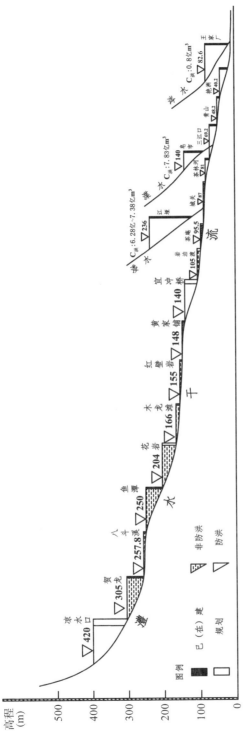

图 3-6 澧水水库群示意图(19座,其中主要水库防洪库容 14.91 亿~16.01 亿 m³)

表 3-8　四水流域已建主要控制性水库群参数表

序号	水系	一级支流	二级支流	水库名称	正常蓄水位（m）	总库容（亿 m³）	防洪库容（亿 m³）
1	湘江	沩水		黄材	166	1.53	0.14
2		浏阳河	涧江	官庄	123.6	1.21	0.17
3		浏阳河	小溪河	株树桥	165	2.78	0.24
4		涟水		水府庙	94	5.6	0.45
5		洣水	永乐江	青山垅	243.8	1.16	0.145
6		洣水	沔水	洮水	205	5.25	1.00
7		洣水	攸水	酒埠江	164	2.72	0.11
8		耒水		东江	285	92.7	1.58
9		舂陵水		欧阳海	130	4.24	0.44～0.57
10		东源潇水		双牌	170	6.9	0.3～0.58
11				涔天河	313	15.1	3.75
12	资江			柘溪	167.5	38.81	7～10.6
13		辰水		六都寨	355	1.311	0.149
14	沅江	白洋河		黄石	90	6.0	0.35
15		夷望溪		竹园	102	1.45	0.09
16				五强溪	108	43.5	13.5
17		酉水		凤滩	205	17.3	2.77
18		巫水		白云	540	3.62	0.44
19				托口	250	13.84	1.98～3.63
20	澧水	涔水		王家厂	82.6	2.78	0.8
21		溇水		皂市	140	14.39	7.83
22		娄水		江垭	236	17.41	6.28～7.38

①数据来源于湖南省水利厅《关于下达 2021 年度大型水库、重点中型水库汛期控制运用方案的通知》。

东江水库位于湘江支流耒水上游,湖南省东南部资兴市境内。东江水电站坝址控制流域面积 4 719 km²,正常蓄水位 285 m,相应库容 81.2 亿 m³,总库容 92.7 亿 m³,防洪库容 1.58 亿 m³。规划调度考虑遇 5 年一遇洪水,下泄流量不超过 1 500 m³/s,水库水位不超过 285 m;遇 20 年一遇洪水,下泄流量不超过 3 500 m³/s,水库水位不超过 285.40 m;遇 100 年一遇洪水,下泄流量不超过

3 500 m³/s,水库水位不超过285.65 m。

柘溪水库位于资江干流,湖南省益阳市安化县境内。柘溪水电站坝址控制流域面积22 640 km²,正常蓄水位设计167.5 m,实际运行169 m,相应库容29.4亿m³,总库容38.81亿m³,防洪库容7亿~10.6亿m³。调度考虑柘溪水库下游区间洪水的预报。当区间洪水极小或没有洪水时,只考虑区间基流500 m³/s,而柘溪水库任何时候均以不大于8 500 m³/s的流量控制下泄,维持桃江站流量9 000 m³/s,防洪库容蓄满后,维持坝前水位不变,以来水下泄。当区间已形成洪水流量不大于8 200 m³/s时,以控制桃江站流量12 000 m³/s进行补偿调度。当区间来水大于8 200 m³/s时,以控制桃江站流量12 000 m³/s进行补偿,防洪库容蓄满后维持水库水位不变,以来水下泄。而当来水大于11 200 m³/s,以来水下泄。

五强溪水库位于沅江干流,湖南省沅陵县境内。五强溪水电站坝址控制流域面积83 800 km²,正常蓄水位108 m,相应库容30.48亿m³,总库容43.5亿m³,防洪库容13.5亿m³。每年5月1日至7月31日,库水位在防洪限制水位98.00 m运行。库水位108 m以下时,按满足尾闾防洪要求调度。当库水位达到或超过108 m,入库流量大于该水位的泄流能力时,泄洪建筑物全部开启,库水位逼高;入库流量小于该水位的泄流能力时,按入库流量下泄。暂不考虑预报预泄,任何情况下,下泄流量不得超过本次洪水的最大入库流量。

江垭水库位于澧水一级支流溇水中游,湖南省张家界市慈利县境内。江垭水电站坝址控制流域面积3 711 km²,正常蓄水位236 m,相应库容15.72亿m³,总库容17.41亿m³,防洪库容6.28亿~7.38亿m³;皂市水库位于澧水流域的一级支流渫水,湖南省常德市石门县境内。皂市电站坝址控制流域面积3 000 km²,正常蓄水位140 m,相应库容12亿m³,总库容14.39亿m³,防洪库容7.83亿m³。规划皂市水库与江垭水库、宜冲桥水库(拟建)联合防洪调度以配合整体防洪,使松澧地区近期为20年一遇,远景达到50年一遇,三江口洪峰流量基本控制在12 000 m³/s以内。目前澧水干流宜冲桥水库未进行建设,澧水尾闾防洪存在不确定性。

3.4.3 水库群的作用与影响

长江及四水上游的水库群,调节了洞庭湖水沙,对洞庭湖的影响十分明显。

一是防洪方面,长江洪峰减小,同类型洪水的过程延长,宜昌洪水4天左右抵达城陵矶;受干流螺山卡口河段约束,在洞庭湖出口城陵矶附近维持偏高水位的几率增加;加上集水面积大、长江洪水过程长,连续多场次洪水一般延续30天以上。

而四水及洞庭湖区间洪水多在降水的3天内随机发生并快速入湖。由此,四水及洞庭湖区间洪水遭遇城陵矶较高的洪水位,对洞庭湖防汛时间延长、达到防洪保证水位的影响在2016年、2017年、2020年有明显体现。

二是水沙条件改变导致洞庭湖水资源与湖泊形象的改变。随着水库调节后的径流过程坦化,宜昌流量不超过8 000 m³/s的时间延长,干流河道清水冲刷水位降低,三口分流减少并主要维持松滋口一个口门分流的情况呈长期趋势,断流将在除松西河以外的地方进一步发展。此外,清水冲刷导致三口河道历史淤积的泥沙再输运,过流机会更多的河道如松滋河主干道,深槽可能进一步发展;过流较少的河道如藕池河系中下游河道则可能因为上游泥沙向下游输运淤积而逐渐平坦,并随着过水机会减少转向平原陆地,当前藕池河中西支已呈现这种状态。

对于湖泊而言,水位不断下降,入湖水量减少且调蓄时间缩短,以及出流能力加大,均减少了水面面积和湖泊蓄水量,使洲滩湿地淹水时间减少,洲滩出露时机增加,较高洲滩出现长期不过水情形,土壤含水量减少,退水时间缩短。随着水流归槽作用不断演化,湖泊河道化趋势加剧,这在当前七里湖—澧水洪道—目平湖一线的西洞庭湖范围内表现明显。在清水冲刷作用下,这一趋势将向洲滩发育程度高的南洞庭湖和东洞庭湖延伸。

在三峡水库及其上游水库联合运行后,长江中下游坝下冲刷将会维持更长的时间,现状江湖关系条件下中低水位下降的趋势难以改变。目前枝城流量6 000 m³/s情况下,三口仅松西河不断流,太平口、藕池口均断流;枯水期洞庭湖水域将仅有长江、湘资沅澧和松滋东支等具备水源条件,水位下降情况下洞庭湖持续萎缩的趋势不可避免。

3.5 江湖关系

3.5.1 历史演变

所谓江湖关系,指枝城到武汉长江中游段,河流湖泊相互作用和演化的关系。在长历史时期上,主要指长江荆江河段与洞庭湖及古云梦泽演变之间的因果关系;在最近2 000多年,云梦泽围垦与荆江河槽逐渐固定,两岸由穴口分流发展到统一的荆江大堤形成,仅剩南岸口门分流进入洞庭湖。1850年代以来,南岸藕池、松滋口相继溃决,长江水经松滋口、太平口、藕池口和调弦口(1958年冬建闸控制)四口分流入洞庭湖,形成了当代的江湖关系格局。

距今约 300 万年前,喜马拉雅运动基本形成了现代的中国地貌,西部喜马拉雅山脉和青藏高原迅速抬升成为"世界屋脊",东部近东西向的张裂作用则使得李四光提出的新华夏构造体系中的三大隆起带和三大沉降带之间的相对高差不断加大,形成三级台阶的地貌,并使黄河水系和长江水系最终得以全面形成。

距今约 55 万年前,长江出巫峡进入中下游地区,在巫山—雪峰山以东、大别山罗霄山脉以西之间的江汉—洞庭湖盆地区域演化发育。受巫山尾脉约束,长江携带大量碎屑物质于三峡出口以下沉积,在宜昌东南的虎牙山以下形成一个巨大的扇形堆积体,砾石层厚度接近 100 m,冲积范围主要在百里洲一带,南边达松滋、公安、石首、澧县、安乡、华容边界的黄山头、桃花山一带,北边沿荆州、沙市达江陵,云池组沉积厚度最大可达 70 m 以上,其中有厚达 40 m 以上的砾石层。这组砾石层向下游方向呈东南走向,经松滋、澧县境内入洞庭盆地,水流方向为西北—东南向,距今 55 万年前并不存在注入江汉盆地的古荆江河段,长江是直接斜插入洞庭盆地的,然后再回绕进入江汉盆地南侧地带,长江进入洞庭湖区,即汇入湖中,携带的泥沙也在洞庭湖区沉积变成中更新世中期洞庭湖组或白沙井组地层,然后江水借助洞庭湖于今君山、城陵矶一带再次汇入古长江(如图 3-7 所示)。

距今约 30 万年左右的中更新世中晚期,长江流入洞庭湖的入口经过数十万年

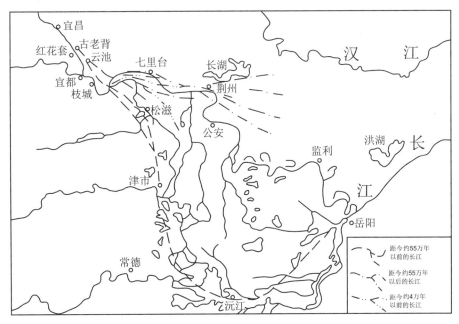

图 3-7 长江河道变迁图

冲积堆积,造成湖盆北部地堑显著增高,使松滋—黄山头一带成为侵蚀台地,加之华容桃花山隆起的阻隔,长江水道开始向地势相对低下的江汉盆地流泻,并经陈二口附近向东直入江汉盆地,华容隆起(石门—华容—临湘东西向构造带)遂成为江汉和洞庭两盆地的分水岭。长江干流(荆江段)就改向流入江汉盆地。在距今4万年直至荆江南岸穴口形成的时间内,古荆江的水都未汇入过洞庭湖,即在晚更新世中晚期,整个洞庭湖区不再有古长江的水流和泥沙汇入,其主要接受四水的水流冲刷改造和泥沙淤积,在四水长时间对湖区冲刷作用下,湖区地形地貌被多次塑造,整个湖区干流、支流、小水沟纵横交错。

2 000多年前,洞庭湖还只是君山旁边的一个小湖时,云梦泽被长江穿湖而过,江湖不分;洞庭湖仅于城陵矶一处与长江相汇。长江和汉水的大量泥沙被带到云梦泽,通过长时期的淤积和农耕围垦,到公元500年前后云梦泽萎缩抬高使荆江河段水位抬升,江水倒灌入洞庭湖,使原来仅在北边、君山附近的洞庭湖与南面的青草湖相连,由过去的方二百六十里向南扩大到方五百里。

公元1000年前后,统一的云梦泽演变成星罗棋布的小湖群,荆江河槽的雏形形成,两岸有九穴十三口成为长江洪水分流的通道。荆江河段水位进一步抬升,使洞庭湖南连青草,西吞赤沙,横亘七八百里。当出现大面积洲滩后,人类就在洲滩上从事生产活动。早在公元325年前后,人类就开始在江陵筑堤,在九穴十三口又被泥沙逐渐淤塞的时候,堵口并垸围垦日趋强化。

1542年,江北九穴十三口中的最后一口郝穴堵口,监利以上形成了统一的荆江大堤,荆江河槽基本固定,江汉平原围垦趋于形成。据《江陵县志》记载,本地方言"鹤"与"郝"同音,故"鹤穴"后谐音为"郝穴",明万历十年(1582年)置郝穴司,这是郝穴的起源记载;1609年3月18日明公安派文学家袁中道泊于郝穴,为"郝穴"地名第一次见于文字记载(袁中道《东游日记》)。

1650年监利堵塞荆江大堤下游的庞家渡口(监利西门渊),荆江河槽进一步固定,不能再向江汉平原分流(但仍然可以从洪湖分流并倒灌,一直持续到1956年新滩口堵口),这就促使水位再抬升。周凤琴等考证得出,近五千年来荆江洪水位上升13.6 m,唐宋以来约12.00 m。荆江河床的不断淤高,在地势上为江水南侵创造了条件。调弦口原本是引桃花山山水入长江的通道,叫生江口;太平口原本是引沧水山水入长江的通道,叫油口;由于长江水位抬升,江水南侵,才迫使这两个北流入江的河口转向南流入湖。南流河道形成的时间,调弦口为1570年前后,太平口大概在明末清初,但两口分流比还只占长江来水量的百分之几,到1860年藕池溃口成河、1870年松滋溃口成河,长江一半以上的洪水从四口涌入洞庭湖,使洞庭湖进一步扩大到全盛时期,方八九百里,洪水面积达六千多平方公里。这使下荆江河段由于流量急剧减小而迅速淤塞、萎缩、弯曲,形成"九曲回肠",上下荆江安全泄量不平衡的局面。在洪水的冲刷作用下,1887年、1909年、1911年、1949年、1972年长江分别在古长堤、尺八口、河口、碾子湾、沙滩子发生自然裁弯,1967年和1969年分别在中洲子和上车湾进行了人工裁弯,下荆江裁弯后缩短了流程,扩大了下泄量。

另一方面,大量洪水在涌入洞庭湖、加剧洞庭湖水患的同时,也把大量泥沙带入洞庭湖,在淤积与围垦的双重作用下,到1949年时,洞庭湖的洪水面积缩小到4 350km²,到1978年时缩小到2 691 km²(据1977年2月12日卫星照片量算枯水水面仅645 km²)。随着四口(1958年冬调弦口堵口建闸以后,剩三口)口门的淤积,入湖水量在减少,多次裁弯后下荆江流量加大,但江湖汇合的城陵矶段及其下游干流不但没有扩大行洪断面,反而是围垸筑堤,通江湖泊尽堵,因此水下不去,泥沙大量淤积。螺山水文站在同水位条件下泄量在减少,在同流量条件下水位在抬升。由于城陵矶以下河段的淤堵,洞庭湖出流受阻,洪水位不断抬升,高洪水位持续时间延长,洪灾加重。

随着长江水流长时期挟带大量泥沙淤积,云梦泽消亡围垦成为当今的江汉平原,洞庭湖也由小变大,不断随着长江洪水南侵扩张,并随淤积变迁演替。

3.5.2 1949年以来的通江湖泊围垦

江汉平原素以湖泊众多为一大自然特色。该区是历史上著名的云梦泽所在地,当今湖北也被称为千湖之省。随着长江淤积和数千年的渐次围垦,水面逐渐缩小并被分割成大小不一的众多湖泊,这些湖泊湖浅底平,但对于减轻和防止江汉平原地区洪涝灾害发挥着十分重要的作用。

1980年,水利部在向国务院《关于长江中下游近十年防洪部署的报告》(〔1980〕水办资第80号)中指出,"解放以来,由于采取了蓄洪垦殖的办法,通江湖泊两万多平方公里已减少了约一万平方公里",又根据长江流域规划办公室1980年4月编写的《长江中游平原区防洪规划要点报告》,"1955年长办统计长江中游通江湖泊"中,湖南洞庭湖面积4 350 km²,湖北面积8 386 km²,湖南围湖面积1 610 km²,湖北围湖面积8 386 km²,共计围湖面积9 996 km²。长江枝城松滋口采穴河段由1949年以前江宽1 000多米围垦到1984年的190多米,口门仅70多米,加大了松滋口入洞庭湖的洪水量,使洞庭湖水情雪上加霜。城陵矶附近的洪湖1980完成围垦。从通江湖泊的围垦情况来看,湖南为16.6%,湖北为83.4%。

洪湖是湖北省最大的湖泊,20 世纪 50 年代初期面积 661.9 km²,1958 年围垦土地湖、开挖螺山电排河,螺山至新堤建排水闸后,洪湖鸟瞰形体大致呈三角形:三角形顶指向西北,三角形高度(即湖泊最大宽度)22.78 km,三角形底边(即湖长)32.45 km,堤岸线总长减至 104.5 km。截至 2002 年底,洪湖共有圈养面积 2 103.33 hm²,加上 3 666.67 hm² 的低矮围子,洪湖空白水面所剩无几,湿地生态系统难以平衡。当前建设的洪湖东分块蓄洪区位于洪湖以东,并不在洪湖湖体范围内。

同一时期,鄱阳湖也对河湖交错带、湖泊滩地以及控堵湖汊进行了围垦。康山垦区是鄱阳湖区围垦规模最大的垦区,其围控面积达 51.54 万亩,使鄱阳湖水域面积缩小约 8%,减少湖容约 18 亿 m³,并导致其 1983 年决堤成灾。据统计,从 1954 年到 1995 年,围垦使鄱阳湖水域面积缩小了 1 300 km²,容积减少了 80 亿 m³。

洪泽湖是我国五大淡水湖之一,也是全国最大的平原型水库,属长江淮河流域,当前洪泽湖以三河入长江作为淮河主道。洪泽湖围垦兴盛于清朝,清嘉庆年间至 1924 年,洪泽湖区人口增加导致粮食需求增大,围垦由此兴盛。洪泽湖在人为开垦下水域面积进一步缩小,1917 年洪泽湖面积较 1908 年共减少 80.35 km²。20 世纪 60 年代末 70 年代初期,受到"以粮为纲"的政策导向作用以及人口的迅速增长,洪泽湖沿岸围湖造田活动加剧,到 90 年代开发湖荡更是成为当地居民的致富之道,这一系列活动导致洪泽湖湖泊逐渐演变为耕地和居住用地,水域面积逐渐缩小。根据 1969、1979、1984 年卫星像片和航空像片及历年图件对比分析,湖区 11.5~12.5 m 高程的滩地已被围垦 198 km²,11.5~16.0 m 高程的滩地已被围垦 1 018 km²。至 1989 年根据实地调查资料量算得知,当水位为 12.5 m 时,洪泽湖水域面积为 1 597 km²,和大量围垦前相比,相同水位条件下,面积减少了 200 km² 左右,容积减少 0.8 亿 m³。

巢湖水系之水从南、西、北三面汇入湖内,经裕溪河东南流至裕溪口注入长江。巢湖的围湖造田可追溯至三国时代的曹魏江淮屯田时期,以后历代围垦不断。仅清代 200 多年沿湖围垦面积就达 62.8 万亩,中华人民共和国成立后仍有分散的小面积围湖造田,20 世纪 50—70 年代,杭埠河下游三角洲湖滩就围灵台、幸福、大兴、凤州、龙兴等圩,约 5.6 km²;1675—1976 年庐江北闸乡(现同大镇)毁湖滩 600 多亩芦苇,围垦 1300 多亩耕地;巢湖流域内其他中小型浅水湖泊围垦情况更严重,白湖 23.7 万亩被围垦掉 20 万亩,黄陂湖则被围掉四分之一。

洞庭湖最大的围垦区为大通湖,是民国时期提出的 6 个蓄洪垦区之一。大通湖垸由原始的 104 个大小堤垸逐渐组合而成。1870 年修建黎家垸。1949 年合并清和、杨家两垸。1950 年堵文家铺河,东南、又东两垸合并;堵又东呷河,又东垸、赛南洲合并;堵白沫圻乌咀河,使牛场与大北洲相连;堵窑咀,将窑咀并入乌咀大院。到 1950 年最终形成长固、厚生、明山、大同、新民、同丰 6 个大垸。1950 年 1 月经水利部核准,举办大通湖蓄洪垦殖试验区工程,形成围垸的天然水面和湖洲面积为 313.4 km²,加上周围 108 个老垸合成的大圈,面积共计 421.8 km²,蓄洪容积约 25 亿 m³。随后经 1952、1954 两年堵支并垸和之后新建的国营农场,大通湖大圈总面积已经达到 1 308 km²。1995 年,长固垸与厚生垸合并称长厚垸,明山垸与大同垸合并为大明垸,新民垸与同丰垸合并为同新垸。1958 年堵胡子口河、挽修北洲子农场,加上华容堵隆庆河,华容新洲、隆西、团山等垸并入大通湖防洪大圈。南县原华阁公社也并入大通湖垸。

3.5.3　围垦和水库群作用下的江湖关系

从滨水而居、筑堤挡洪到围垦繁衍,是人类文明发展和传承的历史途径。围垦对经济和生态的影响得失参差、利弊皆有。围垦乃是低洼易涝地区适应自然环境、抵御水旱灾害,改造与开发荒湖洲滩的有效措施,还有利于湖区消灭有螺洲滩,缩小血吸虫病疫区范围。但同时大规模围垦也带来不少消极后果,一是缩小湖域面积,改变湖泊形态;二是减少了库容,降低湖泊调蓄功能,促使湖水位提高,洪泛频率增加;三是缩小了湖面,同等泥沙量淤积于湖内,必然导致湖床抬高速率增大。

在 20 世纪 80 年代初,洪湖完成隔离长江的围垦后,长江水自荆江三口分流入湖再到城陵矶汇入长江干流,进入两岸均为堤防约束的下游河道,宜昌至汉口河段的江湖平面格局稳定下来,三口河系的水沙和城陵矶水位代表着洞庭湖江湖关系的变化。

随着以三峡水库为代表的水库群在 2003 年前后逐渐投入运行,其巨大调节作用使河流水沙条件在空间和时程分配上产生了质的改变,推动江湖关系在河道、湖泊立面形态上发生快速演化,河道湖泊深泓不断下切,中低水位不断下降,洲滩受水时间减少;随着冲刷导致洪水水面坡降下降,加上螺山卡口河段泄流不畅,洪水在城陵矶附近集中调蓄抬高水位的机会增加。

围垦和水库群作用下的江湖关系将在两岸守护工程的影响下,在数十年的时间尺度上维持现有的平面格局,而冲刷导致河湖深槽发育,长期作用后局部会平面调整。整体上,江湖关系将表现为三口河系水沙特征进一步衰减,城陵矶附近枯水更枯、高水更高的趋势。

洞庭湖洪水特性

洞庭湖区洪水主要来自洞庭湖四水和荆江三口分流洪水,湖区洪水位和洪水下泄受到干流洪水的顶托影响。四口及四水汛期来水量占全年来水量比值变化不显著,四口略有上涨趋势,四水及七里山汛期水量占比无较大波动(见表4-1)。

表4-1 洞庭湖汛期出入湖径流特征值表

起止年份	四口			四水			七里山		
	多年平均径流量(亿 m³)	汛期平均(6—9月)(亿 m³)	汛期占比(%)	多年平均径流量(亿 m³)	汛期平均(6—9月)(亿 m³)	汛期占比(%)	多年平均径流量(亿 m³)	汛期平均(6—9月)(亿 m³)	汛期占比(%)
1951—1958	1 612	—	—	1743	—	—	3 636	2 065	56.8
1959—1966	1 341	993	74.0	1 537	599	39.0	3 097	1 632	52.7
1967—1972	1 022	746	73.0	1 729	730	42.2	2 982	1 566	52.5
1973—1980	834	647	77.6	1 699	752	44.3	2 789	1 503	53.9
1981—2002	685	569	83.1	1 724	767	44.5	2 738	1 465	53.5
2003—2020	498	411	82.5	1 656	712	43.0	2 482	1 268	51.1

4.1 洪水特性

4.1.1 长江洪水

长江洪水主要由暴雨形成。长江洪水流向大多与暴雨走向一致。上游宜宾至宜昌河段,有川西暴雨区和大巴山暴雨区,暴雨频繁,岷江、沱江和嘉陵江分别流经这两个暴雨区,洪峰流量甚大,洪水相互遭遇,易形成寸滩、宜昌站峰高量大的洪水。清江、洞庭湖水系中有湘西北、鄂西南暴雨区,暴雨主要出现在6—7月和5—6月,相应清江和洞庭湖水系的洪水也出现在6—7月。

长江流域洪水发生的时间和地区分布与暴雨一致。一般是中下游洪水早于上游;江南早于江北。上游南岸支流乌江洪水发生时间为 5—8 月,金沙江和上游北岸各支流洪水发生时间为 6—9 月;中游北岸支流汉江洪水发生时间为 6—10 月。长江上游干流受上游各支流洪水的影响,洪水主要发生时间为 7—9 月,长江中下游干流因承泄上游和中下游支流的洪水,汛期为 5—10 月。年最大洪峰出现时间,上游干流站主要集中在 7—8 月,中下游干流主要集中在 7 月。

根据 1949—2020 宜昌站实测资料统计,洪水洪峰流量最大年份为 1981 年,洪峰流量为 70 800 m³/s;历年最大 1 d、3 d 洪量发生在 1981 年,分别为 60.05 亿 m³、172.54 亿 m³;历年最大 5 d、7 d、15 d 洪量发生在 1954 年,分别为 280 亿 m³、385 亿 m³、785 亿 m³。

4.1.2　四水洪水

湘江流域的洪水主要由暴雨形成。每年 4—9 月为汛期,年最大洪水多发生于 4—8 月,其中 5、6 两月出现次数最多。湘江流域水量丰富,干流中下游洪水过程多为肥胖单峰型。统计湘潭站 1959—2020 年洪水量数据,历年最大 1 d、3 d、7 d 洪量均发生在 2019 年,分别为 22.6 亿 m³、61.2 亿 m³、119 亿 m³;最大 15 d 洪量发生在 1962 年,为 183 亿 m³;最大 30 d 洪量发生在 1968 年,为 300 亿 m³。

资江洪水一般发生在 4—9 月,主汛期为 6—8 月。洪水在 7 月 15 日之前多为峰高量大的复峰,一次洪水过程多在 5 d 左右;7 月 15 日之后的多为峰高量小的尖瘦型,单峰居多,一次洪水过程多在 4 d 左右。统计桃江站 1959—2020 年洪水量数据,历年最大 1 d、3 d、7 d、15 d 洪量均发生在 1996 年,分别为 9.68 亿 m³、27.0 亿 m³、56.2 亿 m³、71.8 亿 m³;最大 30 d 洪量发生在 1998 年,为 92.1 亿 m³。

沅江洪水一般发生在 4—10 月份,4—8 月份为主汛期,以 5—7 月份发生次数最多。大洪水大多发生在 6—7 月间。5—7 月的洪水一般是峰高量大历时长的多峰形状,8 月以后的洪水多为峰高量小历时短的单峰型。一次大洪水历时,中游为 7~11 d,下游为 10~14 d;洪量主要集中在 3~5 d 时段内。统计桃源站 1959—2020 年洪水量数据,历年最大 1 d、3 d、7 d、15 d、30 d 洪量均发生在 1996 年,分别为 23.8 亿 m³、70.2 亿 m³、147 亿 m³、205 亿 m³、287 亿 m³。

澧水洪水年最大洪峰出现在 4—10 月,但大多出现在 6、7 月。澧水洪峰持续时间短,峰型尖瘦,一次洪水历时上游为 2~3 d,中下游为 3~5 d。暴雨时空分布上的差异和干支流洪水的各种组合,常出现连续相持的复式洪水过程,5~7 d 内可出现 3~4 次洪峰。统计石门站 1959—2020 年洪水量数据,历年最大 1 d、3 d 洪量发生在 1998 年,分别为 15.0 亿 m³、33.1 亿 m³;最大 7 d 洪量发生在 1980 年,为

47.1亿 m³;最大15 d、30 d洪量发生在1983年,分别为68.5亿 m³、94.7亿 m³。

4.1.3 洪水遭遇

4.1.3.1 洪水位遭遇

从洪水位遭遇看,1951—2020 年中共有 42 年发生洪水,其中 1954、1998 两年发生长江与四水相遭遇的全局性大洪水,1995、1999、2002、2003、2004、2017 共计 6 年发生 3 条或 4 条河相遭遇的洪水,发生 2 条河相遭遇的洪水的年份共计 10 年,单独 1 条河发生洪水的年份共计 24 年,详见表 4-2。

表 4-2　长江及四水地区遭遇前 12 位洪水统计表(1951—2020 年)

年份	宜昌	新江口	沙道观	弥陀寺	管家铺	康家岗	湘潭	桃江	桃源	石门	七里山	遭遇情况
1952					6	5						长江
1953										9		澧水
1954	1	3	3	4	3	3	10	7	12	7	6	全局性
1955								6				资江
1956	11		10	9		11						长江
1957										8		澧水
1958					8	8						长江
1962				6	4	4	8					长、湘
1964					5	6				10		长、澧
1966	10			12								长江
1968		9	12	8	10	12	6				10	长、湘
1969										8		沅江
1974	5	8	8	11						11		长、沅
1976							3					湘江
1978							12					湘江
1980										3	11	澧水
1981	2	2	2	3	11	9						长江
1982	3	7	7	7			5					长、湘
1983		10	9		9	10				5	8	长、澧
1984		11	11									长江
1987	12	6	6	10								长江
1988								11			9	资江
1989	8	4	4	5	7	7						长江

年份	宜昌	新江口	沙道观	弥陀寺	管家铺	康家岗	湘潭	桃江	桃源	石门	七里山	遭遇情况
1990							9					资江
1991										4		澧水
1992							11					湘江
1993									10	6		沅、澧
1994							1					湘江
1995								2	5	11	12	资、沅、澧
1996								1	2		3	资、沅
1998	4	1	1	1	1	1	7	5	4	1	1	全局性
1999		5	5	2	2	2			12	3	2	长、资、沅
2002					12				3		4	长、湘、资
2003							9		9	2		湘、沅、澧
2004	9	12					9	10		2		长、湘、资、澧
2007											12	澧水
2010							11				12	湘、澧
2012									11			沅江
2014								9	1			资、沅
2016								8			7	资江
2017							4	4	7		5	湘、资、沅
2019							2					湘江

4.1.3.2　洪水过程遭遇

从洪水过程遭遇来看,由于洞庭湖可调蓄洪水,各来水河流洪水过程也较长,洪水过程遭遇机会较多。表4-3显示了1959—2020年长江及四水最大1 d、3 d、7 d、15 d、30 d洪量对应洪水过程遭遇频次。

最大1 d洪水过程相遇共发生17次,均为两水遭遇,其中资江与沅江洪水相遇次数最多,共8次;湘资洪水遭遇次之,共4次;沅澧洪水遭遇3次,长江与资江、沅江洪水各遭遇1次。

最大3 d洪水过程相遇共发生60次。两水遭遇主要发生在资江与沅江之间,共遭遇21次;湘资、沅澧洪水遭遇次之,均为11次;湘沅洪水遭遇共发生5次;资澧洪水遭遇2次;长资、长沅、长澧、湘澧洪水均遭遇1次。三水遭遇主要发生在湘、资、沅三水之间,共遭遇4次;长资沅、资沅澧洪水分别遭遇1次。

最大 7 d 洪水过程相遇共发生 100 次。两水遭遇主要发生在资江与沅江之间,共遭遇 27 次;湘资、沅澧洪水遭遇次之,均为 18 次;湘沅洪水遭遇共发生 12 次;长澧洪水遭遇 4 次;长资、资澧洪水均遭遇 3 次;长沅洪水遭遇 2 次,湘澧洪水遭遇 1 次。三水遭遇主要发生在湘、资、沅之间,共遭遇 7 次;资沅澧洪水遭遇次之,共 3 次;长资沅、长沅澧洪水均遭遇 1 次。

最大 15 d 洪水过程相遇共发生 169 次。两水遭遇主要发生在湘江与资江之间,共遭遇 32 次;资沅洪水遭遇次之,为 28 次;沅澧洪水遭遇共发生 26 次;湘沅洪水遭遇共发生 21 次;长澧洪水遭遇 13 次;湘澧、资澧洪水均遭遇 6 次;长资洪水遭遇 4 次,长沅洪水遭遇 3 次,长湘洪水遭遇 2 次。三水遭遇主要发生在湘、资、沅之间,共遭遇 12 次;资沅澧次之,遭遇 6 次;湘沅澧、长沅澧洪水均遭遇 3 次;长湘资、长资澧、湘资澧洪水分别遭遇 1 次。湘资沅澧四水遭遇发生 1 次。

最大 30 d 洪水过程相遇共发生 335 次。两水遭遇主要发生在资江与沅江之间,共遭遇 41 次;沅澧洪水遭遇次之,为 36 次;湘资洪水遭遇共发生 35 次;湘沅洪水遭遇共发生 25 次;资澧洪水遭遇 24 次;湘澧洪水均遭遇 21 次;长澧洪水遭遇 20 次,长沅洪水遭遇 10 次,长资洪水遭遇 9 次,长湘洪水遭遇 3 次。三水遭遇主要发生在资、沅、澧之间,共遭遇 21 次;湘资沅洪水遭遇次之,为 15 次;湘资澧洪水遭遇 13 次,湘沅澧洪水遭遇 12 次,长沅澧洪水遭遇 10 次,长资澧洪水遭遇 8 次,长资沅洪水遭遇 6 次;长湘资、长湘沅、长湘澧洪水均遭遇 2 次。四水遭遇主要发生在湘、资、沅、澧之间,共遭遇 10 次;长资沅澧洪水遭遇次之,为 6 次;长湘沅澧洪水遭遇 2 次,长湘资澧遭遇 1 次。长江与四水遭遇仅发生过 1 次。

表 4-3 长江及四水最大洪量对应洪水过程遭遇频次表(1959—2020 年)

洪水过程遭遇		1 d	3 d	7 d	15 d	30 d
两水遭遇	长江+湘江	0	0	0	2	3
	长江+资江	1	1	3	4	9
	长江+沅江	0	1	2	3	10
	长江+澧水	0	1	4	13	20
	湘江+资江	4	11	18	32	35
	湘江+沅江	1	5	12	21	25
	湘江+澧水	0	1	1	6	21
	资江+沅江	8	21	27	28	41
	资江+澧水	0	2	3	6	24
	沅江+澧水	3	11	18	26	36

续表

洪水过程遭遇		1 d	3 d	7 d	15 d	30 d
三水遭遇	长江＋湘江＋资江	0	0	0	1	2
	长江＋湘江＋沅江	0	0	0	0	2
	长江＋湘江＋澧水	0	0	0	0	2
	长江＋资江＋沅江	0	1	1	0	6
	长江＋资江＋澧水	0	0	0	1	8
	长江＋沅江＋澧水	0	0	1	3	10
	湘江＋资江＋沅江	0	4	7	12	15
	湘江＋资江＋澧水	0	0	0	1	13
	湘江＋沅江＋澧水	0	0	0	3	12
	资江＋沅江＋澧水	0	1	3	6	21
四水遭遇	四水	0	0	0	1	10
	长江＋湘江＋资江＋澧水	0	0	0	0	1
	长江＋湘江＋沅江＋澧水	0	0	0	0	2
	长江＋资江＋沅江＋澧水	0	0	0	0	6
五水遭遇	长江＋湘江＋资江＋沅江＋澧水	0	0	0	0	1
合计		17	60	100	169	335

4.1.3.3 洪量特征值

从洪量特征值来看,洞庭湖出入湖洪量特征值整体均在下降(见表 4-4)。相比于 1951—1958 年,四口、四水 2003—2020 年多年平均最大 15 d 洪量分别减少 151 亿 m³、41 亿 m³,约降低 61％、16％,最大 30 d 洪量分别减少 278 亿 m³、56 亿 m³;七里山洪量特征值变化趋势与之类似,相比于 1951—1958 年,七里山 2003—2020 多年平均最大 15 d 洪量减少 101 亿 m³,最大 30 d 洪量减少 200 亿 m³,分别降低了 28％和 30％。

表 4-4 洞庭湖出入湖洪量特征值统计表   单位:亿 m³

时间		1951—1958	1959—1966	1967—1972	1973—1980	1981—2002	2003—2020
四口入湖	最大 1 d	20.8	18.7	13.9	13.1	11.8	7.8
	最大 3 d	60.4	54.2	39.5	37.3	34.1	22.8
	最大 7 d	129	115	83.3	75.7	71.6	49.7
	最大 15 d	246	210	158	140	132	95
	最大 30 d	444	360	278	240	231	166

续表

时间		1951—1958	1959—1966	1967—1972	1973—1980	1981—2002	2003—2020
四水入湖	最大 1 d	28.5	26.1	27.2	25.5	25.8	24.0
	最大 3 d	75.6	69.5	73.1	68.5	70.7	64.4
	最大 7 d	144	136	142	139	138	122
	最大 15 d	253	241	256	246	229	212
	最大 30 d	400	370	426	416	369	344
七里山	最大 1 d	26.3	23.9	25.8	23.7	23.9	21.6
	最大 3 d	78.2	71.0	77.0	70.5	70.6	63.3
	最大 7 d	177	160	174	160	157	139
	最大 15 d	364	317	342	320	304	263
	最大 30 d	663	553	600	571	531	463

4.2 典型洪水

4.2.1 1860 年洪水

1860 年洪水从 6 月中旬开始延续至 7 月下旬,主要来自金沙江下游、长江上游南岸支流及三峡区间,屏山和荆江段为其暴雨中心。按调查的洪水痕迹推算,重现期约为 150—200 a,宜昌段的洪峰流量约为 92 500 m³/s,枝城站洪峰流量达到 110 000 m³/s。《光绪屏山县续志》刊载了文人彭应芳的笔记:"二十七日水淹至三官楼,次日至县门石狮子下,城厢内外漫淫渐没,仅存圣庙街,庙外石墙横镌二寸大十一字云'明嘉靖三十九年大水至此'水已将及字矣,人以为涨至此必不再加,二十八、九,水势愈甚,淹至禹王庙亭楼头檐,知县黄向南祭奠河神,次日水更奇涨丈余,知县王又从仪门祭奠,将屏山县署四字立匾取投水中漂去,午后始渐消,此千百年未闻之奇涨也。"可见,此次大水已超过三百年前的嘉靖三十九年(1560)的洪水。1860 年大洪水,上荆江虽未溃口,但冲开藕池口形成了藕池河,大量洪水分流入洞庭湖,又导致湖区大面积的洪水泛滥,大量泥沙入洞庭湖,改变了江湖关系,对中游水域环境变化产生了深远影响。

宜昌站 1860 年洪水盛洪期出现 3 个洪水峰:①前次峰。7 月 11—15 日的暴雨主要笼罩于鄂西与川东的三峡山地,东西向延伸,范围广,包括綦江的綦江县,乌江的织金、平坝、瓮安和酉阳县,西水(毗邻乌江)的秀山县等。与此同时,金沙江流域下游还有暴雨区,以三峡山地为中心的暴雨与川西山地早期暴雨导致的洪流迭加遭遇,导致宜昌 7 月 15 日出现前次峰。②主峰。据《光绪屏山县续志》载,川西山地南部的暴雨区主峰出现在 7 月 17 日,峰前水位略有下落或近平稳。据屏山城关禹帝宫题刻,屏山站最大流量 35 000 m³/s。据下游该县境内楼东镇题刻,7 月 15—17 日,"水淹大士天衣摩岩造像"。屏山较宜昌的主峰峰现提早 1 天发生,经洪水传播至鄂西山地,时值"大雨弗息"而迭加遭遇,于是宜昌 7 月 18 日出现主峰。③后低峰。据流域史载情况分析,三峡山地雨情不重,主要为金沙江屏山 7 月 17 日峰现后的洪流东进,与綦江等地组成主峰的洪水迭加遭遇,传播至宜昌形成的。

4.2.2 1870 年洪水

1870 年洪水为长江上、中游一次千年一遇的特大洪水。1870 年 7 月,随着雨区向西北方向发展,北碚洪峰流量达 57 300 m³/s,嘉陵江和江津以上洪水在重庆相遇形成长江干流特大洪水。推算得出,重庆寸滩水位达 196.15 m,洪峰流量为 100 000 m³/s;宜昌水位为 59.5 m,洪峰流量为 105 000 m³/s,15 d 洪量为 975.1 亿 m³,30 d 洪量高达 1 650 亿 m³。此外,长江中游干流区间及洞庭湖区也发生洪水,尽管经洞庭湖、宜-汉区间调蓄,汉口洪峰仍高达 66 000 m³/s,30 d 洪量为 1 576 亿 m³。

4.2.3 1931 年洪水

1931 年洪水属长江流域一次流域性洪水,长江上游金沙江、岷江、嘉陵江均发生大水,当川水东下时又与中下游洪水相遇,造成沿江堤防多处漫决,沿江两岸一片汪洋,洪灾遍及四川、湖北、湖南、江西、安徽、江苏、浙江、河南等省,受灾面积达 15 万余 km²。这次洪水以湖北、湖南两省的灾情最重。武汉三镇于 7 月份相继被淹,市区大部分水深数尺至丈余。汉口水位最高达 28.28 m。

4.2.4 1935 年洪水

1935 年洪水是一次区域性的特大洪水,由于降雨时间短、雨量大,三峡地区、清江、澧水、汉江洪水陡涨。此次洪水洪峰高但洪量相对较小。7—8 月宜昌以上洪量为 1 365.9 亿 m³;城陵矶以上洪量为 2 106.9 亿 m³。洪灾范围主要集中在澧水、荆江两岸和汉江中下游,部分站点洪水情况详见表 4-5。

澧水三江口 7 月 5 日最大洪峰流量为 30 300 m³/s,水位为 74.35 m(黄海基面);溇水皂市、长潭河、大庸最大洪峰流量分别为 11 000 m³/s、11 000 m³/s、

9 100 m³/s。7月7日,宜昌最大洪峰流量 56 900 m³/s,水位 54.59 m;枝城洪峰水位 56.61 m,洪峰流量高达 75 000 m³/s;监利最高水位 35.12 m。

表 4-5　1935 年 7 月上旬部分站点洪水组成情况表

河名	站或区间	集水面积 （km²）	洪水起 迄时段	洪水总量 （亿 m³）	集水面积占 汉口（%）	洪水总量占 汉口（%）
长江	宜昌	1 005 501	7.3—7.16	433	67.5	39.7
澧水	乔家河	15 363	7.3—7.17	87.9	1	8.1
沅江	常德	88 874	7.3—7.17	137	6	12.5
资江	益阳	28 840	7.5—7.19	28.3	1.9	2.6
湘江	长沙	82 403	7.5—7.20	32.2	5.5	3
长江	汉口	1 488 036	7.4—7.2	1 090		

7月3日洞庭湖出湖流量达到最大值,为 52 800 m³/s。7月12日,城陵矶(莲花塘)最高水位 32.95 m,七里山最高水位 33.25 m,螺山最高水位 32.09 m,汉口最高水位 27.58 m。

4.2.5　1949 年洪水

1949 年长江、洞庭湖区洪水是一次全流域较大的洪水。由于暴雨频繁,洞庭湖出现最大洪峰,以湘江最为严重。湘江长沙站 4 月洪水涨落不大,5 月中旬再次上涨,5 月下旬至 7 月上旬出现三次较大洪峰,6 月 12 日出现年最高洪水位 36.97 m,7 月 3 日出现年次大洪峰后退水,至 10 月下旬结束。资江柘溪站 5 月中旬洪水大幅上涨,5 月中旬至 7 月上旬也出现三次较大洪峰,6 月 9 日最高洪水位为 102.94 m,8 月上旬洪水落平。7 月中旬,湘、资、沅、澧四水相继出现洪峰,并与长江干流洪水相遇。

荆江河段自 5 月下旬开始水位上涨。7 月 10 日宜昌最高水位 54.31 m,流量 58 100 m³/s。7 月 9 日沙市最高水位 44.49 m,7 月 12 日汉口最高水位 27.12 m。洞庭湖七里山洪峰水位 33.48 m,湘阴洪峰水位 33.68 m。

4.2.6　1954 年洪水

1954 年长江出现全流域性特大洪水。长江干流自枝城至镇江均超过历史有记录最高水位。1954 年暴雨发展为三个阶段:汛期至 5 月底,5 月底至 8 月初,8 月初至汛期结束。

从枝城至城陵矶,荆江两岸 6 月份的降雨量均在 300 mm 以上,其中,沙市

424.4 mm,石首 579.9 mm,华容 765.2 mm,城陵矶 895.7 mm,螺山 1 047.4 mm;至6月中旬,荆江两岸大面积内涝。6月份一日最大雨量(部分站)情况如下:安乡站为169.3 mm(6月25日)、津市站为176.6 mm(6月24日)、城陵矶站为292.2 mm(6月16日)、藕池口站为166.5 mm(6月16日)、石首站为180.2 mm(6月16日)。

由于上游雨季较往年提前,宜昌连续四次发生较大洪水。7月7日,最大流量57 000 m³/s;7月21日,最大流量56 900 m³/s;8月7日,最大流量66 800 m³/s;8月29日,最大流量53 200 m³/s;截至8月29日,已持续15 d流量超过50 000 m³/s。宜昌8月7日最高水位55.73 m。7—8月,宜昌来水总量2 497亿 m³,占城陵矶当年7—8月来水总量的71.7%,30 d洪量为1 386亿 m³,60 d洪量为2 448亿 m³。

湘江长沙站最高水位37.81 m。湘潭站最高水位40.73 m,出现在6月30日;最大流量18 500 m³/s;最大1 d洪量16.00亿 m³(6月30日),最大3 d洪量45.45亿 m³(6月29日—7月1日),最大7 d洪量90.80亿 m³(6月27日—7月3日),最大15 d洪量146.20亿 m³(6月19日—7月3日),最大30 d洪量265.27亿 m³(6月3日—7月2日)。

资江桃江站最高水位42.91 m,出现在7月25日;最大流量9 930 m³/s;最大1 d洪量8.58亿 m³(7月25日),最大3 d洪量21.00亿 m³(6月28日—6月30日),最大7 d洪量40.5亿 m³(6月26日—7月2日),最大15 d洪量72.5亿 m³(6月18日—7月2日),最大30 d洪量102.05亿 m³(6月17日—7月16日)。益阳站最高水位37.81 m,出现在6月29日。

沅江桃源站最高水位44.39 m,出现在7月30日;最大流量23 000 m³/s;最大1 d洪量19.9亿 m³(7月30日),最大3 d洪量56.9亿 m³(7月30日—8月1日),最大7 d洪量112亿 m³(7月26日—7月2日),最大15 d洪量176亿 m³(7月25日—7月8日),最大30 d洪量285亿 m³(7月13日—7月11日)。常德站最高水位40.39 m,出现在7月31日;最大流量20 700 m³/s;最大1 d洪量17.9亿 m³(7月30日),最大3 d洪量51.8亿 m³(7月30日—8月1日),最大7 d洪量106亿 m³(7月26日—7月2日),最大15 d洪量170亿 m³(7月25日—7月8日),最大30 d洪量277亿 m³(7月13日—7月11日)。

澧水三江口站最高水位67.85 m,出现在6月25日;津市站最高水位41.40 m,出现在6月26日;临澧站最高水位50.38 m,出现在6月25日。

7—8月,荆南三口分流入洞庭湖水量1 236亿 m³,其中松滋口376亿 m³,太平口121亿 m³,藕池口600亿 m³,调弦河139亿 m³。洞庭湖水系的湘、资、沅、澧四水,7—8 月来水量 762 亿 m³,其中湘江 137 亿 m³,资江 103 亿 m³,沅江 403 亿 m³,澧水 119 亿 m³。7—8 月,四水加三口入洞庭湖水量 1 998 亿 m³,城陵矶出湖水量 1 872 亿 m³,七里山 8 月 2 日出现最大出湖流量 43 400 m³/s,最高水位 34.55 m,城陵矶以上来水量为 3 489 亿 m³。

4.2.7 1981 年洪水

1981 年洪水属于上游型区域性特大洪水。7 月 9 日至 11 日,岷江、沱江及嘉陵江中下游出现暴雨。三天降雨量 50 mm 以上范围 13.7 万 km²,100 mm 以上范围 4.37 万 km²,200 mm 以上范围 3.7 万 km²。四川盆地江河洪水陡涨,四川省 120 多个县市受灾。嘉陵江北碚站、沱江李家湾站、岷江高场站最大洪峰流量分别为 44 800 m³/s、15 200 m³/s、25 900 m³/s,三江洪水倾泻入江,相遇叠加,使长江上游干流河段水位猛涨了 10~20 m。所幸因暴雨持续时间不长,洪水历时短,寸滩洪峰流量虽达 85 700 m³/s,但重庆以下包括乌江及三峡区间、中下游两湖地区基本无雨,孤峰直下,经河槽湖泊调蓄之后,宜昌洪峰已削减为 70 800 m³/s,中下游各站除沙市、监利水位分别超过警戒水位 1.47 m、1.77 m 外,对中下游威胁远不如其他大水年份。

4.2.8 1995 年洪水

6 月下旬,两湖水系及鄂东北出现较大洪水,陆水、隔河岩水库也出现涨水过程。沅江桃源站 28 日洪峰流量为 14 700 m³/s,洞庭湖出口城陵矶站 30 日出现月最高水位 32.45 m,干流汉口以下各站在 6 月底全线超警戒水位。

6 月 29 日—7 月 3 日,降雨造成两湖水系尤其是湘江、资江、沅江又一次出现洪水过程。湘江湘潭站 7 月 1 日洪峰流量 1 370 m³/s,沅江桃源站 7 月 2 日洪峰流量 25 600 m³/s,资江桃江站 7 月 2 日洪峰流量 11 400 m³/s。洞庭湖出口城陵矶站 7 月 6 日现峰,陆水水库最大下泄 2 450 m³/s,宜昌站 7 月 5 日现峰 30 800 m³/s,在上述来水作用下,干流石首站以下持续上涨,全线过警戒水位,监利站、螺山站分别于 7 月 7 日、7 月 6 日出现洪峰。

7 月 6 日,城陵矶站出现洪峰水位为 33.41 m;7 月 8 日大通站出现洪峰水位 15.75 m;7 月 9 日汉口站出现洪峰水位 27.79 m,湖口站出现洪峰水位 21.80 m。7 月中旬以后,中下游各站水位转退,各站超警戒水位历时在 15~37 d 之间。

4.2.9 1996 年洪水

7 月 1—20 日,四水和洞庭湖区发生持续性暴雨过程,降雨强度大、范围广,其中资江和沅江发生特大洪水,致使湖区水位上升。资江干流柘溪水库 7 月 15 日最大入库流量为 17 900 m³/s,为 200 年一遇,最大下泄流量为 10 000 m³/s。下游桃江站在柘溪水库拦蓄后于 7 月 17 日最大流量达 12 300 m³/s,在当时仅次于 1955 年的 15 500 m³/s(无水库拦蓄),为 30 年一遇;7 d 洪量为 100 年一遇,洪峰水位为 44.44 m,超过了当时历史最高水位。沅江中游五强溪水库 6 日 12 时,最大入库洪峰流量 40 000 m³/s,为 100 年一遇;最大下泄流量 26 400 m³/s。下游桃源站 19 日洪峰水位达 46.90 m,超出当时历史最高水位 1.04 m;17 日最大流量 27 700 m³/s,居当时有历史记录以来第 2 位(当时历史最大流量 29 000 m³/s,为 1969 年)。

澧水石门站继 7 月 3 日出现 11 300 m³/s 的洪水后,7 月 20 日又出现了 7 110 m³/s 的洪水。湘江下游长沙站 19 日洪峰水位达 37.18 m,超警戒水位 2.18 m。洞庭湖区 27 个水位站超过了当时历史最高水位,其中南咀站 7 月 21 日最高水位为 37.62 m,超 1954 年(36.05 m)水位 1.57 m;七里山站 7 月 22 日水位达 35.31 m,超 1954 年(34.55 m)水位 0.76 m。同时,此期间长江上游干流量维持在 40 000 m³/s 上下,中下游螺山站、汉口站、九江站、大通站洪峰流量分别为 68 500 m³/s、70 700 m³/s、75 000 m³/s、75 200 m³/s,其中,汉口站洪峰水位仅次于 1954 年,居第 2 位;监利站、莲花塘站、螺山站洪峰水位分别为 37.06 m、35.01 m、34.17 m,均超过了历史最高水位;九江站、湖口站、安庆站、大通站洪峰水位分别为 21.78 m、21.22 m、17.55 m、15.54 m,均居实测记录的第 4 位。经松滋、太平、藕池三口进入洞庭湖的流量在 7 月 13 日达到最大值,入湖流量为 10 156 m³/s;四水、三口合计最大入湖流量发生在 17 日,为 51 400 m³/s;22 日城陵矶最大出湖流量为 43 600 m³/s。

四水最大 1 d、3 d、7 d、15 d 入湖水量分别为 37.6 亿 m³、111 亿 m³、248 亿 m³、346 亿 m³,其中最大 3 d 和 7 d 洪水总量大于 1954 年。洞庭湖最大 1 d、3 d、7 d、15 d 来水量分别为 48.8 亿 m³、146 亿 m³、295 亿 m³、489 亿 m³(1954 年分别为 55.3 亿 m³、154 亿 m³、337 亿 m³、636 亿 m³),仅次于 1954 年。

4.2.10　1998 年洪水

1998 年长江流域气候异常,稳定、频繁的暴雨过程导致长江干支流 6 月中旬至 8 月底先后发生了大洪水,长江上游干流出现 8 次洪峰并与中下游洪水遭遇,形成 20 世纪第 2 位全流域型大洪水,洪量当时仅次于 1954 年,中下游多数河段水位居有历史记录以来首位。

自 6 月 12 日晚开始,湖南省自北向南持续出现强降水过程,降雨中心落在柘溪库区和柘溪—桃江区间,资江下游全线超警戒水位。12 日 15 时柘溪水库开闸,出库流量增加至 3 000 m³/s,13 日 17 时库水位涨至 158.93 m,入库洪峰 11 300 m³/s,出库流量 2 840 m³/s。14 日资江桃江站率先达到本年最高水位,柘溪水库关闭闸门,至 5 时下泄流量降至 2 000 m³/s。

6 月中下旬,湘中发生强降水,为发挥大型水库拦洪作用,抑制湘江水位上涨,27 日株树桥水库入库洪峰达 1 437 m³/s,仅下泄 500 m³/s,削峰 65%,拦蓄 0.4 亿 m³ 洪量;官庄水库入库洪峰达 505 m³/s,仅下泄 291 m³/s,削峰 42.4%,拦蓄 0.5 亿 m³ 洪量;五强溪水库将出库流量由 10 000 m³/s 降低至 4 000 m³/s,抑制了南洞庭湖水位的上涨,减轻了洞庭湖对湘江的顶托。29 日水府庙水库超防洪高水位 0.03 m,下泄流量 350 m³/s,拦洪 1.2 亿 m³/s。

7 月 20—21 日,湘中部分地方、湘西、湘北大部地区发生暴雨,其中澧水流域和沅江支流酉水发生局部大暴雨和特大暴雨。凤滩水库 22 日 8 时库水位达 202.56 m、入库流量达 6 085 m³/s,决定开闸泄洪,下泄流量为 4 000 m³/s。之后分别于 11 时和 14 时加大下泄流量至 8 000 m³/s 和 10 000 m³/s,库水位达到 205 m 时,来水量全部下泄,22 日 22 时入库洪峰流量达 19 300 m³/s,23 日 13 时起下泄流量自 10 000 m³/s 开始递减,24 日 8 时降低至 3 080 m³/s;五强溪水库 22 日 19 时加大泄量至 10 000 m³/s,23 日 11 时水库入库洪峰流量达 34 000 m³/s,下泄加大至 20 900 m³/s,23 日 13 时加大下泄到 23 000 m³/s;澧水石门站 23 日 23 时出现洪峰流量 19 900 m³/s。

由于两湖尤其是洞庭湖区的增量来水较大,并屡次与上游宜昌站洪峰遭遇,干流螺山以下各站涨势加快。8 月以后,长江上游至汉江暴雨频繁,宜昌站连续出现 5 次洪峰,其中以 16 日 14 时出现的 63 300 m³/s 的洪峰流量为最大。中旬中下游干流各站相继出现年最高水位,其中,沙市、石首、监利、莲花塘、螺山、武穴、九江等站洪峰水位分别为 45.22 m、40.94 m、38.31 m、35.80 m、34.95 m、24.04 m、23.03 m,均居有历史记录以来第 1 位,枝城、汉口、黄石、安庆、大通等站洪峰水位分别为 50.62 m、29.43 m、26.32 m、18.54 m、16.32 m,均居有历史记录以来第 2 位。

8 月 15—19 日,澧水和沅江的两水、武水流域降水较多,宜昌出现第六次洪峰,8 月 16 日 14 时出现 1998 年以来最大的洪峰,洪峰流量为 63 600 m³/s。8 月 17 日五强溪水库拦洪高水位从 108 m 抬高到 110 m,凤滩水库的拦洪高水位从 205 m 抬到 206 m,增加拦洪库容 4 亿 m³。17 日 21 时五强溪水库入库洪峰为 15 000 m³/s,出库流量 10 300 m³/s,削减洪峰流量 4 700 m³/s;17 日江垭水库削减洪峰流量 2 000 m³/s。资江、沅江、澧水流域的柘溪、凤滩、五强溪、江垭四座大型水库 8 月 15—

20 日共拦蓄洪量 6.32 亿 m³。

4.2.11 2016 年洪水

2016 年 7 月 1 日长江 1 号洪水形成,1 日 14 时,长江上游三峡水库出现入库洪峰流量 50 000 m³/s。2016 年 7 月 3 日,长江 3 号洪水形成。3 日至 16 日,长江中下游包括洞庭湖水系的沅江、资江发生集中强降雨过程,6 日莲花塘水位上涨至 34.20 m,7 日 23 时莲花塘站出现洪峰水位 34.29 m,汉口站、大通站洪峰水位分别为 28.37 m(7 月 7 日)、15.66 m(7 月 8 日),分别超警戒水位 1.07 m、1.26 m;16 日因前期拦洪,三峡水库水位已接近 154 m。6 月 25 日至 7 月 3 日,长江中游干流各站水位快速上涨,7 月 1 日三峡出现入库洪峰流量 50 000 m³/s,为了抑制下游水位过快上涨,三峡水库开始拦洪,最大出库流量 31 000 m³/s,削峰率 38%。

7 月 3—16 日,为避免莲花塘水位超保证水位,且缩短长江中下游超警时间,减轻防洪压力,6 日、7 日三峡水库出库流量减少至 25 000 m³/s,20 000 m³/s,至 15 日三峡水库持续控制出库流量在 20 000 m³/s 以下。为避免三峡水库水位上涨过快削弱后续防洪能力,金沙江和雅砻江梯级水库同时减少下泄流量,配合三峡水库拦蓄洪水。

由于五强溪、柘溪等水库已预泄到汛限水位以下且减小了出库流量,为适度控制三峡水库水位、统筹兼顾长江上下游防洪,16 日、17 日,三峡水库适时加大出库流量,分别按 22 000 m³/s,25 000 m³/s 控制,同时调度上游锦屏一级、二滩、溪洛渡、瀑布沟等水库继续拦蓄洪水,减少三峡入库水量。19 日起,三峡水库出库流量调减至 23 000 m³/s,控制莲花塘水位返涨幅度,同时,安排上游水库拦蓄洪水,减缓三峡水库水位上涨幅度。

2016 年汛期,洞庭湖水系湘江最早出现最大洪水过程,洪峰出现在 6 月 16 日。澧水石门站和沅江桃源站最大洪峰分别出现在 6 月 28 日和 29 日,而资江峰现时间较晚,资江桃江站最大洪峰出现在 7 月 4 日,洪峰水位 43.29 m(相应流量 9 250 m³/s),超过警戒水位 4.09 m。同期沅江、湘江均发生第二大场次洪水过程,洞庭"四水"7 月 5 日 20 时出现最大合成流量 27 000 m³/s。沅江五强溪水库 7 月 5 日 9 时出现最大入库流量 22 300 m³/s,经水库调蓄后,最大出库流量为 10 700 m³/s,削峰 11 600 m³/s,削峰率 52%。

4.2.12 2017 年洪水

2017 年 6 月下旬至 7 月初,受持续强降雨影响,长江发生中游区域性大洪水,本次洪水主要来自省内的山溪性河流,历时相对较短,且未受到长江的严重顶托,短历时洪量在历年大洪水中居前,长历时洪量略有偏后。相比历史洪水的来水组成,2017 年四水及洞庭湖区间的洪水明显偏大,而三口来水大幅度减小(见表4-6)。湘江、资江、沅江最大 15 d 洪量均出现在 6 月 23 日—7 月 7 日,洪量分别为 165 亿 m³、69 亿 m³、157 亿 m³,三水合计洪量分别占洞庭湖同时来水量(扣除松滋、藕池、太平三口来水)448 亿 m³ 的近 9 成。此外,湘、资、沅、澧四水及湖区支流 7 月 1 日实测日均入湖流量达 63 400 m³/s,洪水汇入洞庭湖后相互叠加顶托,导致城陵矶站水位迅速上涨。

本次洪水过程中,洞庭湖水系湘、资、沅、澧四水及湖区支流 7 月 2 日 3 时实测合成入湖洪峰流量高达 67 300 m³/s,洞庭湖 7 月 1 日实测日均入湖流量高达 63 400 m³/s,反推入湖洪峰流量高达 81 500 m³/s,造成洞庭湖城陵矶站 7 月 1 日水位日涨幅高达 0.86 m、四水及湖区支流最大 15 d(6 月 23 日—7 月 7 日)入湖洪量高达 448 亿 m³,导致洞庭湖城陵矶站水位居高不下,超警幅度明显高于长江中下游干流及鄱阳湖各站。

表 4-6　洞庭湖最大入湖洪峰的组成

水系	湘江	资江	沅江	澧水	四水	三口	区间	总入流
流量(m³/s)	19 130	9 850	21 530	890	51 400	4 620	19 500	75 520
占比(%)	25.3	13.0	28.5	1.2	68.1	6.1	25.8	100

注:表中数据四舍五入,取约数。

湘江下游控制站湘潭站 7 月 3 日 4 时洪峰水位 41.23 m,超保 1.73 m,4 日 6 时洪峰流量 19 900 m³/s,水位、流量均列 1953 年有实测资料以来第 3 位,洪水重现期接近 20 年;长沙站 7 月 3 日 0 时 12 分洪峰水位 39.51 m,超保 1.14 m,列 1953 年有实测资料以来第 1 位,洪水重现期超过 50 年;资江下游控制站桃江站 7 月 1 日 10 时 30 分洪峰水位 44.13 m,超保 1.83 m,相应流量 11 100 m³/s,水位、流量分别列 1951 年有实测资料以来第 2 位和第 5 位,洪水重现期为 30 年;沅江下游控制站桃源站 7 月 2 日 19 时 44 分洪峰水位 45.43 m,超保 0.03 m,相应流量 22 500 m³/s,水位、流量分别列 1952 年有实测资料以来第 7 位和第 13 位,洪水重现期为 20 年;洞庭湖城陵矶站 7 月 1 日水位超警,4 日 14 时 20 分洪峰水位 34.63 m,超保 0.08 m,超保历时 2 d,相应流量 49 400 m³/s,13 日退至警戒水位以下,超警历时 13 d;长江干流莲花塘水位站 7 月 1 日水位超警,4 日 15 时 30 分洪峰水位 34.13 m,超警 1.63 m,12 日退至警戒水位以下,超警历时 12 d。

考虑到洞庭湖水系及长江中下游仍有大暴雨,长江中下游防汛形势仍然严峻,自

7月1日12时起,三峡水库减小出库流量,由27 300 m³/s逐步减小至8 000 m³/s。金沙江中游、雅砻江梯级水库同步拦蓄,溪洛渡与向家坝联合运用,7月2日0时起向家坝水库出库流量减小至5 000 m³/s并维持,减小三峡水库入库水量(金沙江梯级水库共拦蓄水量约48亿m³),同时,洞庭湖水系五强溪、凤滩、柘溪水库进行同步拦蓄。7月5日,洞庭湖洪水明显转退,三峡水库下泄流量增加至25 000 m³/s,7日20时出现了自入汛以来最大入库流量32 000 m³/s,7月10日水库出现阶段性最高库水位157.10 m,此后库区水位回落,至此三峡水库联合上游水库群、洞庭湖水系水库对城陵矶补偿调度结束。

7月中下旬,三峡水库逐步下泄前期拦蓄洪量,10日9时三峡水库出库流量加大至28 000 m³/s,并按日均28 000 m³/s控泄。之后由于上游来水量下降,逐步减小三峡水库出库流量。8月上中旬长江上游出现中到大雨、局地暴雨,岷江、沱江出现暴雨,三峡水库出库流量9日起按日均19 000 m³/s控制。8月22—25日,长江上游流域普遍为中到大雨,溪洛渡—向家坝区间及横江流域出现暴雨,三峡水库日均出库流量自28日起,从19 000 m³/s增加至22 000 m³/s,自30日起增加至26 000 m³/s,9月上旬,三峡入库流量波动消退,日均出库流量减至17 000 m³/s,过渡至水库正式蓄水期。

4.2.13　2020年洪水

7、8月份,受持续强降雨影响,长江流域发生超警及以上洪水站点共247个。7月份长江形成3次编号洪水,长江中游干流城陵矶至汉口江段及洞庭湖七里山站出现3次不同程度的涨水过程。8月,长江干流发生2次编号洪水,三峡水库发生自2003年建库以来最大入库洪水。

2020年洪水中,四水来水相对较小,主要以澧水、资江一般洪水为主,且澧水水情相较于往年异常复杂。7月份,澧水石门站发生6次5 000 m³/s以上的涨水过程,7月7日8时出现58.93米超警戒洪峰水位,最大流量10 700 m³/s;沅江桃源站发生4次9 000 m³/s以上的涨水过程,9日17时8分达最大流量17 700 m³/s;资江桃江站发生1次较大涨水过程,7月27日8时50分到达警戒水位39.2 m,16时45分出现最大流量7 630 m³/s,17时出现洪峰水位41.35 m,超警戒水位2.15 m。受上述支流及区间来水影响,洞庭"四水"合成出现3次20 000 m³/s以上的涨水过程,最大合成流量25 600 m³/s(9日8时)。洞庭湖七里山站上中旬水位持续上涨,12日5时30分出现洪峰水位34.58 m(超保0.03 m),水位小幅消退后出现2次不同程度的回涨过程,最高洪峰水位为34.74 m(超保0.19 m,28日

13 时,位居历史最高水位第 5 位)。

8 月份,洞庭"四水"来水平稳,最大合成流量 6 910 m³/s(26 日 0 时),月均流量 3 330 m³/s。1 日 8 时,七里山站水位 34.25 m(超警 1.75 m),超警时间达29 天。上中旬水位持续消退,下旬出现 1 次小幅回涨后继续消退,最高水位为 33.53 m(超警 1.03 m,26 日 18 时)。9 月 1 日 18 时,洞庭湖七里山站水位 32.47 m,已退至警戒水位以下,自 7 月 4 日 18 时至 9 月 1 日 17 时,七里山站共超警 60 天(其中超保 7 天)。

2020 年 7 月 2—12 日发生长江 1 号洪水,调度目标为降低鄱阳湖区水位,保证城陵矶站水位不超过 34.4 m。7 月 1 日起三峡水库出库流量控制在19 000 m³/s,2 日14 时三峡水库入库洪峰流量达到 53 000 m³/s,削峰率约 34%,库水位由 146.5 m 左右涨至 149.6 m 左右。与此同时,通过调度上游水库群拦蓄上游来水量,洞庭湖水系多条支流各主要水库预泄腾库,适时拦蓄,减轻洞庭湖区防洪压力。此次调度,长江上中游水库群拦蓄洪量约 73 亿 m³,其中三峡水库拦蓄 25 亿 m³,延缓了中下游主要控制站水位上涨速度,莲花塘、湖口站水位均未超过保证水位。

2020 年 7 月 17—22 日发生长江 2 号洪水,调度目标为减轻中下游干流防汛压力,保证城陵矶站不超保证水位,莲花塘站不超 34.9 m、汉口站不超 29.0 m,减少洞庭湖入湖水量,降低水位腾出库容。7 月 12 日起,三峡水库出库流量为41 000 m³/s,削峰率约 32.8%,同时联合上游金沙江、雅砻江主要水库拦蓄洪水,减小进入三峡水库洪量。此次调度,长江上中游水库群拦蓄洪量约 173 亿 m³,其中长江上游水库群(不含三峡)拦蓄 59 亿 m³,三峡水库拦蓄 88 亿 m³。

2020 年 7 月 26—29 日发生长江 3 号洪水,调度目标为三峡最高调洪水位不超过 165 m,保证城陵矶站水位不超 34.9 m,尽量避免启动蓄滞洪区。三峡水库逐步加大出库流量至 45 000 m³/s,预泄腾库,25 日 12 时库水位降至 158.56 m,自12 起,三峡水库最大出库流量控制在 41 000 m³/s,削峰率为 33.3%,同时联合上游金沙江中游梯级、雅砻江梯级等水库群拦蓄洪水,减小进入三峡水库洪量。此次调度,长江上中游水库群拦蓄洪量约 56 亿 m³,其中三峡水库拦蓄 33 亿 m³。

洪水间歇期,7 月 29 日 8 时三峡水库调洪高水位至 163 m,此后持续预泄腾库,至 8 月 14 日 12 时库水位消落至 153 m,累计腾出约 72 亿 m³ 防洪库容。除此之外,上游水库群 7 月底至 8 月上旬累计腾出防洪库容 13 亿 m³。

在长江 4、5 号洪水期间,金沙江最下游梯级向家坝水库出库流量一度减小至4 000 m³/s,乌江流域水库群通过上下游梯级配合将彭水水库的日均下泄流量减小至 300 m³/s。长江上游水库群(不含三峡)累计拦蓄洪量约 82.1 亿 m³,其中,4 号洪水期间拦蓄洪量约 20.5 亿 m³,5 号洪水期间拦蓄洪量约 61.6 亿 m³。

洞庭湖水沙特征

5.1 径流特性

洞庭湖入湖径流量处于不断衰减状态,1951—1958 年四口入湖径流量为 3 237 亿 m³,至三峡蓄水后,2003—2020 年径流量仅为 2 153 亿 m³,主要是由于四口入湖径流量减少,四水梯级运用对四水来水实际无明显影响。七里山出湖年均径流量呈现下降趋势(见表 5-1)。

表 5-1　洞庭湖出入湖径流特征值表 　　　　　　　单位:亿 m³

起止年份	四口					四水				入湖	七里山	区间
	新江口	沙道观	弥陀寺	康家岗	管家铺	湘潭	桃江	桃源	石门			
1951—1958	327	200	218	84.6	665	662	247	674	159	3 237	3 636	399
1959—1966	330	159	221	45.7	585	594	208	590	145	2 878	3 097	219
1967—1972	322	124	186	21.4	369	631	237	707	154	2 751	2 982	231
1973—1980	323	105	160	11.3	236	668	225	661	145	2 534	2 789	256
1981—2002	292	79.0	132	10.0	172	699	240	640	145	2 409	2 738	329
2003—2020	249	56.5	80.9	3.79	107	646	220	646	144	2 153	2 482	329

注:表中数据四舍五入,取约数。

5.1.1　长江干流径流量变化

5.1.1.1　宜昌站

统计 1951—2020 年长江宜昌站年径流量,其多年平均径流量为 4 319 亿 m³,多年年径流量序列及其滑动平均过程如图 5-1 所示。由该图可知,宜昌站年径流量最大的年份为 1954 年,径流量为 5 751 亿 m³;最小的年份为 2006 年,径流量为 2 848 亿 m³。

宜昌站年均径流量在 1951—2020 年间整体呈下降趋势。相比于 1951—1966 年,1967—1972 年下荆江裁弯期多年平均径流量下降约 323 亿 m³,裁弯完成后略有上升。三峡蓄水后宜昌站径流量减小,1951—2002 年宜昌站多年年均径流量为 4 364 亿 m³,2003—2020 年宜昌站年均径流量减少为 4 188 亿 m³(见表 5-2)。

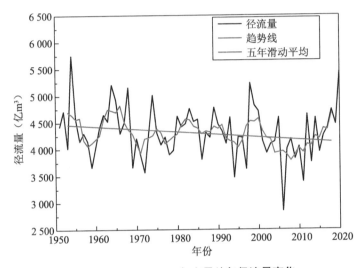

图 5-1 1951—2020 年宜昌站年径流量变化

表 5-2 1951—2020 年宜昌站分时段多年平均径流量对比表

起止年份	多年平均径流量(亿 m³)	备注
1951—1958	4 509	自然演变
1959—1966	4 462	调弦口堵塞
1967—1972	4 163	下荆江裁弯期
1973—1980	4 302	葛洲坝截流前
1981—2002	4 353	三峡蓄水前
2003—2020	4 188	三峡蓄水运行后

5.1.1.2 枝城站

统计 1951—2020 年长江枝城站年径流量,其多年平均径流量为 4 432 亿 m³,多年年径流量序列及其滑动平均过程如图 5-2 所示。由该图可知,枝城站年径流量最大的年份为 1954 年,径流量为 5 952 亿 m³;最小的年份为 2006 年,径流量为

2 928 亿 m³。

枝城站年均径流量在 1951—2020 年间呈下降趋势。1951—2002 年枝城站年均径流量波动不大,多年平均径流量约为 4 484 亿 m³;2003—2020 年枝城站年均径流量减少,为 4 283 亿 m³(见表 5-3)。

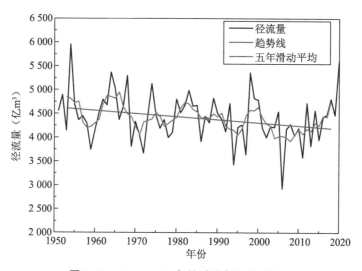

图 5-2　1951—2020 年枝城站年径流量变化

表 5-3　1951—2020 年枝城站分时段多年平均径流量对比表

起止年份	多年平均径流量(亿 m³)	备注
1951—1958	4 669	自然演变
1959—1966	4 581	调弦口堵塞
1967—1972	4 302	下荆江裁弯期
1973—1980	4 441	葛洲坝截流前
1981—2002	4 446	三峡蓄水前
2003—2020	4 283	三峡蓄水运行后

5.1.1.3　新厂站

统计 1951—2020 年长江新厂站年径流量,其多年平均径流量为 3 913 亿 m³,多年年径流量序列及其滑动平均过程如图 5-3 所示。由该图可知,新厂站年径流量最大的年份为 2020 年,径流量为 5 014 亿 m³;最小的年份为 2006 年,径流量为 2 775 亿 m³。

新厂站年均径流量在1951—2020年间无明显趋势变化。1951—2002年新厂站年均径流量为3 919亿 m³,2003—2020年新厂站年均径流量减少为3 896亿 m³(见表5-4)。

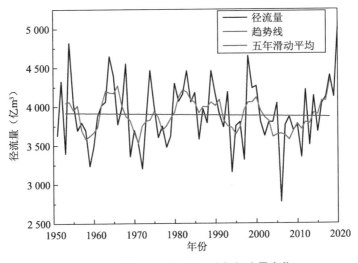

图 5-3 1951—2020 年新厂站年径流量变化

表 5-4 1951—2020 年新厂站分时段多年平均径流量对比表

起止年份	多年平均径流量(亿 m³)	备注
1951—1958	3 926	自然演变
1959—1966	3 937	调弦口堵塞
1967—1972	3 721	下荆江裁弯期
1973—1980	3 885	葛洲坝截流前
1981—2002	3 977	三峡蓄水前
2003—2020	3 896	三峡蓄水运行后

5.1.1.4 监利站

统计1951—2020年长江监利站年径流量,其多年平均径流量为3 603亿 m³;多年年径流量序列及其滑动平均过程如图5-4所示。由该图可知,监利站年径流量最大的年份为2020年,径流量为4 750亿 m³;最小的年份为2006年,径流量为2 720亿 m³。

监利站年均径流量在1951—2020年间整体呈上升趋势。1951—2002年监利站年均径流量为3 542亿 m³,2003—2020年监利站年均径流量为3 780亿 m³(见

表 5-5)。

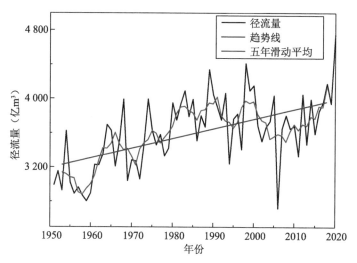

图 5-4 1951—2020 年监利站年径流量变化

表 5-5 1951—2020 年监利站分时段多年平均径流量对比表

起止年份	多年平均径流量(亿 m³)	备注
1951—1958	3 054	自然演变
1959—1966	3 254	调弦口堵塞
1967—1972	3 358	下荆江裁弯期
1973—1980	3 604	葛洲坝截流前
1981—2002	3 851	三峡蓄水前
2003—2020	3 780	三峡蓄水运行后

5.1.1.5 螺山站

统计 1951—2020 年长江螺山站年径流量,其多年平均径流量为 6 406 亿 m³,多年年径流量序列及其滑动平均过程如图 5-5 所示。由该图可知,螺山站年径流量最大的年份为 1954 年,径流量为 8 956 亿 m³;最小的年份为 2006 年,径流量为 4 647 亿 m³。

螺山站年均径流量在 1951—2020 年间整体呈下降趋势。自然演变阶段即 1951—1958 年螺山站年均径流量为 6 738 亿 m³,1959—2002 年年均径流量为 6 422 亿 m³,2003—2020 年螺山年均径流量减少为 6 221 亿 m³(见表 5-6)。

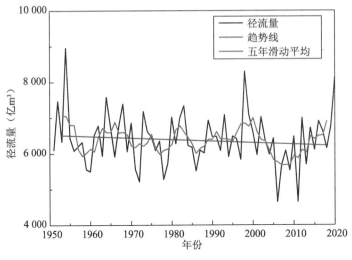

图 5-5　1951—2020 年螺山站年径流量变化

表 5-6　1951—2020 年螺山站分时段多年平均径流量对比表

起止年份	多年平均径流量(亿 m³)	备注
1951—1958	6 738	自然演变
1959—1966	6 320	调弦口堵塞
1967—1972	6 312	下荆江裁弯期
1973—1980	6 343	葛洲坝截流前
1981—2002	6 517	三峡蓄水前
2003—2020	6 221	三峡蓄水运行后

5.1.1.6　汉口站

统计 1951—2020 年长江汉口站年径流量,其多年平均径流量为 7 086 亿 m³,多年年径流量序列及其滑动平均过程如图 5-6 所示。由该图可知,汉口站年径流量最大的年份是 1954 年,径流量为 10 130 亿 m³;最小的年份为 2006 年,径流量为 5 341 亿 m³。

汉口站年均径流量在 1951—2020 年间整体变化不大。自然演变阶段即 1951—1958 年汉口站年均径流量 7 430 亿 m³,1959—1980 年在 6 900 亿 m³ 左右波动,1981—2002 年有所上升,增加至 7 228 亿 m³,2003—2020 年汉口站年均径流量减回至 6 929 亿 m³(见表 5-7)。

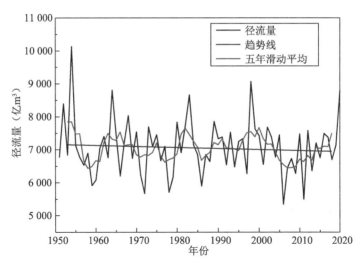

图 5-6　1951—2020 年汉口站年径流量变化

表 5-7　1951—2020 年汉口站分时段多年平均径流量对比表

起止年份	多年平均径流量(亿 m³)	备注
1951—1958	7 430	自然演变
1959—1966	6 954	调弦口堵塞
1967—1972	6 907	下荆江裁弯期
1973—1980	6 967	葛洲坝截流前
1981—2002	7 228	三峡蓄水前
2003—2020	6 929	三峡蓄水运行后

5.1.2　三口径流量变化

5.1.2.1　松滋河

根据实测资料统计,1951—2020 年松滋河新江口站、沙道观站的多年平均径流量分别为 295 亿 m³、103 亿 m³,多年年径流量序列见图 5-7。由图 5-7 可知,新江口站、沙道观站年均径流量整体呈下降趋势。新江口站年径流量最大的年份为1954 年,径流量为 460 亿 m³;最小的年份为 2006 年,径流量为 109 亿 m³。沙道观站年径流量最大的年份为 1954 年,径流量为 290 亿 m³;最小的年份为 2006 年,径流量为 10 亿 m³。

1951—1980 年新江口站多年平均径流量为 327 亿 m³,多年平均分流比均保持在7.3%左右。1981年葛洲坝水利枢纽修建截流后至三峡水库运行前,新江口站多年平均径流量为292亿 m³,多年平均分流比减小至6.6%。2003年三峡水库运行后新江口站多年平均径流量为249亿 m³,多年平均分流比继续减少至5.8%。

1951—1958年沙道观站年均径流量为200亿 m³,多年平均分流比为4.3%;1959—1966年沙道观站年均径流量为159亿 m³,多年平均分流比为3.5%,分流比减小;1967—1980年沙道观站多年平均径流量为113亿 m³,1967年下荆江中洲子、上车湾、沙滩子裁弯后,分流比稍减,多年平均分流比在2.6%左右;1981年葛洲坝水利枢纽修建截流后,分流比进一步减小,降至1.8%;2003年三峡水库运行,后沙道观站多年平均径流量为57亿 m³,多年平均分流比为1.3%(见表5-8)。

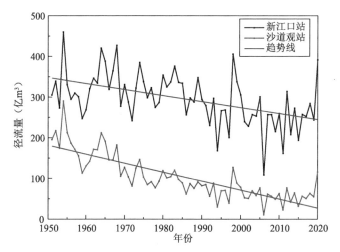

图 5-7　1951—2020 年新江口站、沙道观站年径流量变化

表 5-8　1951—2020 年松滋河分时段多年分流量对比表

起止年份	枝城站径流量(亿 m³)	新江口站径流量(亿 m³)	沙道观站径流量(亿 m³)	新江口站分流比(%)	沙道观站分流比(%)	备注
1951—1958	4 669	327	200	7.0	4.3	自然演变
1959—1966	4 581	330	159	7.2	3.5	调弦口堵塞
1967—1972	4 302	322	124	7.5	2.9	下荆江裁弯期
1973—1980	4 441	323	105	7.3	2.4	葛洲坝截流前
1981—2002	4 446	292	79	6.6	1.8	三峡蓄水前
2003—2020	4 283	249	57	5.8	1.3	三峡蓄水运行后

5.1.2.2　虎渡河

根据实测资料,1951—2020 年弥陀寺站的多年平均径流量为 147 亿 m³,多年年径流量整体呈明显下降趋势,年径流量最大的年份为 1954 年,径流量为 270 亿 m³;最小的年份为 2006 年,径流量为 34 亿 m³(详见图 5-8)。

1951—1972 年弥陀寺站多年平均分流比均保持在 4.6% 左右,多年平均径流量为 210 亿 m³。1973 年下荆江裁弯后,分流比减至 3.6%。1981 年葛洲坝水利枢纽修建截流后至三峡水库运行前,弥陀寺站分流比较为稳定,多年平均径流量为 132 亿 m³,多年平均分流比为 3.0%。2003 年三峡水库运行后,弥陀寺站多年平均径流量为 81 亿 m³,多年平均分流比继续减少至 1.9%(见表 5-9)。

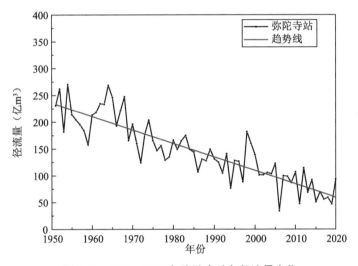

图 5-8　1951—2020 年弥陀寺站年径流量变化

表 5-9　1951—2020 年虎渡河分时段多年分流量对比表

起止年份	枝城站径流量 (亿 m³)	弥陀寺站径流量 (亿 m³)	弥陀寺站分流比 (%)	备注
1951—1958	4 669	218	4.7	自然演变
1959—1966	4 581	221	4.8	调弦口堵塞
1967—1972	4 302	186	4.3	下荆江裁弯期
1973—1980	4 441	160	3.6	葛洲坝截流前
1981—2002	4 446	132	3.0	三峡蓄水前
2003—2020	4 283	81	1.9	三峡蓄水运行后

5.1.2.3 藕池河

根据实测资料统计,1951—2020 年藕池河康家岗站、管家铺站的多年平均径流量分别为 22 亿 m³、283 亿 m³,多年年径流量序列见图 5-9。由图 5-9 可知,管家铺站及康家岗站径流量整体呈下降趋势。康家岗站年径流量最大的年份为1954 年,径流量为 159 亿 m³;最小的年份为 2006 年,径流量趋近于 0。管家铺站年径流量最大的年份为 1954 年,径流量为 997 亿 m³;最小的年份为 2006 年,径流量为 29 亿 m³。

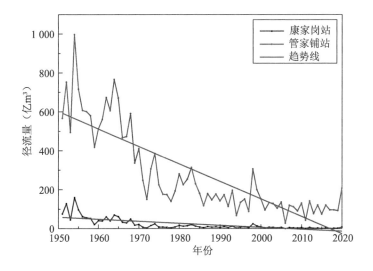

图 5-9 1951—2020 年康家岗站、管家铺站年径流量变化

1951—1958 年为自然演变阶段,康家岗站、管家铺站多年平均径流量分别为85 亿 m³、665 亿 m³,多年平均分流比分别保持在 1.8%、14.2%;1959 年调弦口堵塞,康家岗站、管家铺站多年平均分流比分别减小至 1.0%、12.8%;1967 年下荆江开始裁弯,1967—1972 年康家岗站、管家铺站多年平均径流量分别为 21 亿 m³、369 亿 m³,多年平均分流比降至 0.5%、8.6%;1981 年葛洲坝水利枢纽修建并开始截流,藕池河多年平均径流量及分流比进一步减小,1981—2002 年康家岗站、管家铺站多年平均径流量分别为 10 亿 m³、172 亿 m³,多年平均分流比分别为 0.2%、3.9%;2003 年三峡水库运行后,康家岗站、管家铺站多年平均分流比继续降至0.1%、2.5%(见表5-10)。

表 5-10　1951—2020 年藕池河分时段多年分流量对比表

起止年份	枝城站径流量（亿 m³）	康家岗站径流量（亿 m³）	管家铺站径流量（亿 m³）	康家岗站分流比（%）	管家铺站分流比（%）	备注
1951—1958	4 669	85	665	1.8	14.2	自然演变
1959—1966	4 581	46	585	1.0	12.8	调弦口堵塞
1967—1972	4 302	21	369	0.5	8.6	下荆江裁弯期
1973—1980	4 441	11	236	0.2	5.3	葛洲坝截流前
1981—2002	4 446	10	172	0.2	3.9	三峡蓄水前
2003—2020	4 283	4	107	0.1	2.5	三峡蓄水运行后

5.1.2.4　三口总径流量

　　根据实测资料统计,1951—2020 年荆江三口多年平均径流量为 850 亿 m³,多年年径流量序列及其滑动平均过程见图 5-10。由该图可知,三口年均径流量呈显著下降趋势,三口年径流量最大的年份为 1954 年,径流量为 2 176 亿 m³;年径流量最小的年份为 2006 年,径流量为 183 亿 m³。究其原因,在宜昌站径流量变化情况并不显著的情况下,1967—1972 年,下荆江中洲子、上车湾、沙滩子裁弯,荆江河床冲刷,导致三口分流径流量逐渐减小,直至葛洲坝水利枢纽修建前,三口分流能力处于持续衰减状态,1967—1980 年多年平均径流量为 915 亿 m³,相比于 1951—1966 年减少 503 亿 m³;1981 年葛洲坝水利枢纽修建后,三口年径流量持续减小,但衰减速度有所减缓,1981—2002 多年平均径流量为 685 亿 m³;三峡工程蓄水运用后,三口分流继续保持下降趋势,2003—2020 多年平均径流量仅为 498 亿 m³(见表 5-11)。

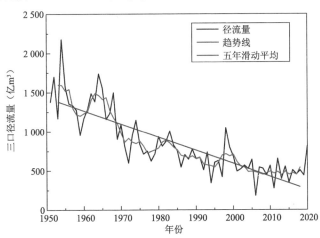

图 5-10　1951—2020 年三口年径流量变化

表 5-11　1951—2020 年三口多年平均径流量对比表

起止年份	枝城站径流量(亿 m³)	三口多年平均径流量(亿 m³)	三口分流比(%)	汛期平均(6—9月)	汛期权重(%)	枯水期平均(10—12月)	枯水期权重(%)
1951—1958	4 669	1 494	32	—	—	—	—
1959—1966	4 569	1 341	29	993	74.0	244	18.2
1967—1972	4 302	1 022	24	746	73.0	171	16.7
1973—1980	4 441	834	19	647	77.6	128	15.3
1981—2002	4 444	685	15	569	83.1	83	12.1
2003—2020	4 283	498	12	411	82.5	46	9.24

1955—2020 年荆江三口不同时段各月多年平均径流量变化如图 5-11 所示。就各月变化而言,相较于三峡水库运用前(1955—2002 年),三峡水库运行后(2003—2020 年)仅 1—3 月平均径流量增大,其余各月平均径流量均减小,其中 10 月减小幅度最大,为 67.8%。

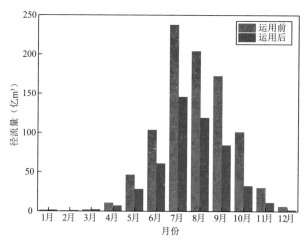

图 5-11　1955—2020 年三口不同时段各月多年平均径流量变化

5.1.3　四水径流量变化

5.1.3.1　四水各测站径流量(图 5-12)

(1)湘潭站

据实测资料统计,1951—2020 年湘潭站的多年平均径流量为 660 亿 m³,多年年径流量序列见图 5-12。由该图可知,湘潭站年径流量最大的年份为 1994 年,径流量为 1 035 亿 m³;最小的年份为 1963 年,径流量为 281 亿 m³。

以 1986 年东江水库运用作为时间节点(见图 5-13),湘潭站多年平均径流量在东江水库运用前(1951—1986 年)为 641 亿 m³,运用后(1987—2020 年)增加了 38 亿 m³,变化幅度为 5.9%。就各月变化而言,相较于东江水库运用前(1959—1986 年),运行后(1987—2020 年)1—3 月、6—12 月各月平均径流量增大,其中 1 月增加幅度最大,为 54.3%;4—5 月各月平均径流量减小,其中 5 月减少幅度最大,为 16.1%。

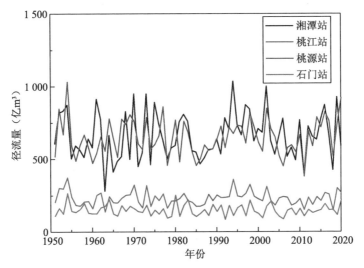

图 5-12　1951—2020 年四水各测站年径流量变化

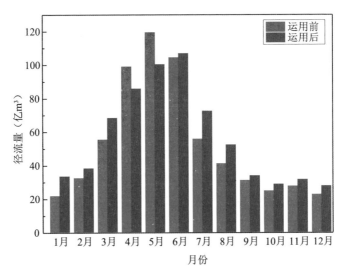

图 5-13　1959—2020 年湘潭站不同时段各月多年平均径流量变化

(2) 桃江站

据实测资料统计,1951—2020 年桃江站的多年平均径流量为 230 亿 m³,多年年径流量序列见图 5-12。由该图可知,桃江站年径流量最大的年份为 1954 年,径流量为 372 亿 m³;最小的年份为 1963 年,径流量为 135 亿 m³。

以 1961 年柘溪水库运用作为时间节点,桃江站多年平均径流量在柘溪水库运用前(1951—1961 年)为 236 亿 m³,运用后(1962—2020 年)减少了 7 亿 m³,变化幅度为 3.0%。就各月变化而言,相较于柘溪水库运用前(1959—1961 年),运行后(1962—2020 年)1—2 月、7—10 月、12 月各月平均径流量增大,其中 7 月增加幅度最大,为 161%;3—6 月、11 月各月平均径流量减小,其中 3 月减少幅度最大,为 28.8%(见图 5-14)。

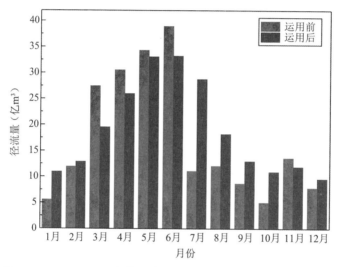

图 5-14　1959—2020 年桃江站不同时段各月多年平均径流量变化

(3) 桃源站

据实测资料统计,1951—2020 年桃源站的多年平均径流量为 648 亿 m³,多年年径流量序列见图 5-12。由该图可知,桃源站年径流量最大的年份为 1954 年,径流量为 1 030 亿 m³;最小的年份为 2011 年,径流量为 379 亿 m³。

以 1994 年五强溪水库运用作为时间节点(见图 5-15),桃源站多年平均径流量在五强溪水库运用前(1951—1994 年)为 639 亿 m³,运用后(1995—2020 年)增加了 24 亿 m³,变化幅度为 3.8%。就各月变化而言,相较于五强溪水库运用前(1959—1994 年),运用后(1995—2020 年)1—3 月、6—7 月、9 月、12 月各月平均径流量增大,其中1月增加幅度最大,为59.8%;4—5月、8月、10—11月各月平均径流量减小,其中4月减少幅度最大,为17.5%。

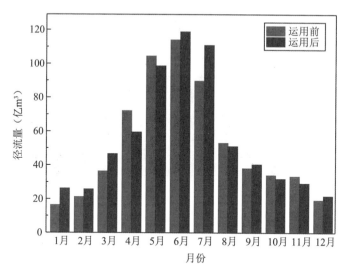

图5-15　1959—2020年桃源站不同时段各月多年平均径流量变化

(4) 石门站

据实测资料统计,1951—2020年石门站的多年平均径流量为147亿m³,多年年径流量序列见图5-12。由该图可知,石门站年径流量最大的年份为1954年,径流量为264亿m³;最小的年份为1992年,径流量为83亿m³。以1998年江垭水库下闸、2007年皂市水库下闸作为时间节点,石门站多年平均径流量在江垭水库运用前(1951—1998年)为150亿m³,在江垭水库运用后、皂市水库运用前(1951—2007年)为147亿m³,在皂市水库运用后(2008—2020年)为148亿m³。

就各月变化而言,相较于江垭水库运用前(1959—1998年),运行后(1999—2007年)1—3月、12月各月平均径流量增大,其中2月增加幅度最大,为47.9%;4—11月各月平均径流量减小,其中9月减少幅度最大,为43.2%。相较于江垭水库运用前(1959—1998年),皂市水库运行后(2008—2020年)1—2月、9—12月各月平均径流量增大,其中12月增加幅度最大,为100%;3—8月各月平均径流量减小,其中8月减少幅度最大,为22.0%(见图5-16)。

5.1.3.2　四水总径流量

根据实测资料统计,1951—2020年洞庭湖四水多年平均径流量为1 685亿m³,多年年径流量序列及其滑动平均过程见图5-17。由该图可知,尽管

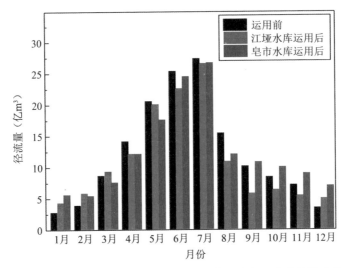

图 5-16　1959—2020 年石门站不同时段各月多年平均径流量变化

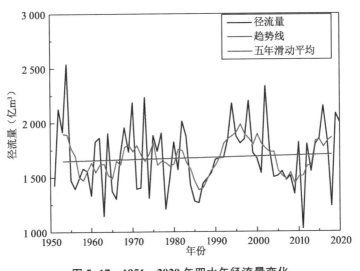

图 5-17　1951—2020 年四水年径流量变化

四水入洞庭湖年径流量存在多个上升-下降过程,但整体上无明显的增加或减少趋势。四水年径流量最大的年份为 1954 年,径流量为 2 539 亿 m^3;最小的年份为 2011 年,径流量为 1 027 亿 m^3。

四水 1959—2020 年不同时段各月多年平均径流量见图 5-18。就各月变化而言,相较于三峡水库运用前(1959—2002 年),三峡水库运行后(2003—2020 年),1—3 月、6—7 月、9 月、11—12 月各月平均径流量增大,其中 1 月增加幅度最大,为

40.2%;4—5月、8月、10月各月平均径流量减小,其中8月减少幅度最大,为20.0%。

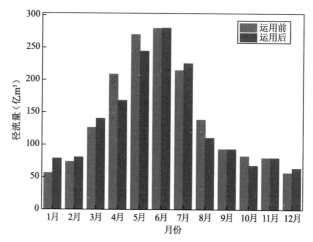

图5-18　1959—2020年四水不同时段各月多年平均径流量变化

5.1.4　总入湖径流量变化

洞庭湖1951—2020年多年平均入湖径流量对比见表5-12。以三峡水库运行为时间节点,三峡水库运用前(1951—2002年)多年平均入湖径流量为2 685亿m³,三峡水库运行后(2003—2020年)多年平均入湖径流量为2 154亿m³,三峡水库运用后总体偏少531亿m³,变化幅度为20%,主要是由于荆江三口入湖径流量减少。就各月变化而言,相较于三峡水库运用前(1959—2002年),三峡水库运行后(2003—2020年),1—3月、12月各月多年平均径流量增大,其中1月增加幅度最大,为40.6%;4—11月各月多年平均径流量减小,其中10月减少幅度最大,为44.4%(见图5-19)。

表5-12　1951—2020年洞庭湖多年平均入湖径流量对比表

起止年份	入湖多年平均径流量(亿m³)	备注
1951—1958	3 354	自然演变
1959—1966	2 878	调弦口堵塞
1967—1972	2 751	下荆江裁弯期
1973—1980	2 533	葛洲坝截流前
1981—2002	2 409	三峡蓄水前
2003—2020	2 154	三峡蓄水运行后

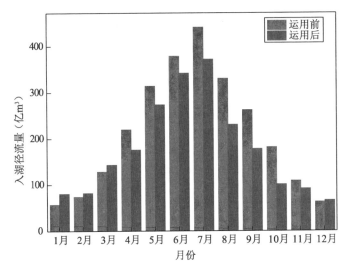

图 5-19　1959—2020 年洞庭湖不同时段各月多年平均入湖径流量变化

5.1.5　出湖径流量变化

根据实测资料,统计 1951—2020 年七里山站年径流量,见图 5-20。根据滑动平均过程可知,七里山站年径流量系列呈下降趋势,多年平均径流量为 2 842 亿 m³。七里山站年径流量在 1964—1986 年处于下降期,1986—1998 年处于上升期,1998—2011 年处于下降期,2011—2020 年处于上升期。年径流量最大的年份为 1954 年,

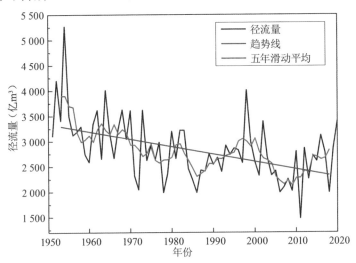

图 5-20　1951—2020 年七里山站年径流量变化

径流量为 5 268 亿 m³;最小的年份为 2011 年,径流量为 1 475 亿 m³。三峡水库运用后,2003—2020 年间仅 2012、2016、2019、2020 年年径流量大于多年平均年径流量 2 842 亿 m³,最大值为 2020 年的 3 404 亿 m³;其余各年的年径流量均小于多年平均年径流量。

七里山站 1952—2020 年不同时段各月多年平均径流量见图 5-21。就各月变化而言,相较于三峡水库运用前(1952—2002 年),三峡水库运行后(2003—2020 年) 1—3 月各月多年平均径流量增大,其中 1 月增加幅度最大,为 34.2%;4—12 月各月多年平均径流量减小,其中 10 月减少幅度最大,为 38.0%。

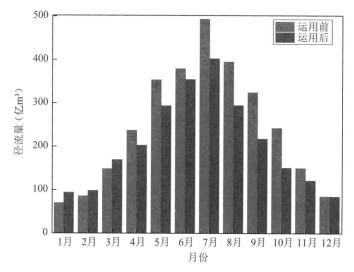

图 5-21 1952—2020 年七里山站不同时段各月多年平均径流量变化

七里山站有资料以来(1951—2018 年)实测年径流量系列 Mann-Kendall 检验和 Kendall 检验结果见表 5-13。由该表可知,七里山站年径流量呈显著减小趋势。 1—3 月径流量呈增大趋势,其中 1 月径流量呈显著增大趋势;4—12 月径流量呈减小趋势,其中除 12 月呈不显著减小趋势外,其余月份都呈显著减小趋势。

表 5-13 七里山站 1951—2018 年各月径流量变化趋势检验结果

类别	M-K 检验	Kendall 检验	变化趋势
1 月	2.80	2.80	显著增大
2 月	1.08	1.07	不显著增大
3 月	0.85	0.92	不显著增大
4 月	−2.21	−2.23	显著减小

类别	M-K 检验	Kendall 检验	变化趋势
5 月	−3.58	−3.62	显著减小
6 月	−1.67	−1.75	显著减小
7 月	−2.33	−2.40	显著减小
8 月	−3.48	−3.51	显著减小
9 月	−4.17	−4.20	显著减小
10 月	−5.35	−5.37	显著减小
11 月	−2.69	−2.73	显著减小
12 月	−0.72	−0.72	不显著减小
年径流量	−4.21	−4.26	显著减小

5.1.6　湖区主要测站径流量变化

根据收集资料,统计湖区主要水文站点多年平均径流量及其变化,成果见表5-14。

相比于葛洲坝截流前,仅草尾站、大湖口站在葛洲坝运用后多年平均径流量增大,其余各站点均减少。安乡站径流量变化量最大,运用后减少107亿 m³;南县站变化幅度最大,减少了50.7%。

相比于葛洲坝截流、三峡水库运用前(1968—1980 年),仅大湖口站在葛洲坝、三峡运用后多年平均径流量增大,其余各站点均减少。其中,南县站变化量最大,运用后减少182亿 m³;三岔河站变化幅度最大,减少了70.8%。

表 5-14　湖区主要测站分时段多年平均径流量对比表

测站	运用前		葛洲坝运用后 (1981—2002 年) (亿 m³)	三峡运用后 (2003—2020 年) (亿 m³)	葛洲坝运用 前后变化值		葛洲坝、三峡运用 前后变化值	
	起始年份	径流量 (亿 m³)			径流量 (亿 m³)	百分比 (%)	径流量 (亿 m³)	百分比 (%)
小河咀	1955	859	770	696	−88.4	−10.3	−163	−19.0
南咀	1955	674	638	596	−36.3	−5.39	−77.9	−11.6
南县	1955	262	129	80	−133	−50.7	−182	−69.5
三岔河	1966	106	55	31	−51.1	−48.2	−75.0	−70.8
石龟山	1956	114	101	80	−13.0	−11.4	−34.0	−29.8
安乡	1953	293	186	147	−107	−36.4	−146	−49.8
草尾	1967	131	133	117	1.68	1.28	−14.3	−10.9

续表

测站	运用前		葛洲坝运用后 (1981—2002年) (亿m³)	三峡运用后 (2003—2020年) (亿m³)	葛洲坝运用 前后变化值		葛洲坝、三峡运用 前后变化值	
	起始年份	径流量 (亿m³)			径流量 (亿m³)	百分比 (%)	径流量 (亿m³)	百分比 (%)
官垸	1963	292	248	235	−43.7	−15.0	−56.8	−19.5
自治局	1956	435	335	283	−99.4	−22.9	−151	−34.8
大湖口	1963	306	329	334	22.8	7.44	27.6	9.02

5.2 泥沙特性

洞庭湖四口分沙比处于不断衰减状态,1951—1958年四口分沙比为43%,至三峡蓄水后,2003—2020年分沙比仅为21%;四水来沙量、七里山输沙量同样呈现下降趋势,相比于1951—1958年,2003—2020年年均输沙量分别下降80%、74%。就年内分配而言,汛期输沙量占全年来沙量比值波动不大,四口、四水略有上涨趋势,七里山汛期输沙量在三峡蓄水后占比略有下降(见表5-15)。

表5-15 洞庭湖出入湖泥沙特征值表

起止年份	四口				四水			七里山		
	多年平均输沙量(万t)	占枝城分沙比(%)	汛期平均(6—9月)(万t)	汛期占比(%)	多年平均输沙量(万t)	汛期平均(6—9月)(万t)	汛期占比(%)	多年平均输沙量(万t)	汛期平均(6—9月)(万t)	汛期占比(%)
1951—1958	23 048	43	—	—	4 235	—	—	6 716	2 273	33.8
1959—1966	19 055	35	—	—	2 837	—	—	5 785	2 229	38.5
1967—1972	14 189	28	10 596	74.7	4 082	2 390	58.5	5 246	2 003	38.2
1973—1980	11 076	22	8 299	74.9	3 666	2 217	60.5	3 840	1 491	38.8
1981—2002	8 663	19	6 728	77.7	2 087	1 398	67.0	2 784	1 072	38.5
2003—2020	873	21	749	85.8	854	600	70.3	1 777	606	34.1

5.2.1 长江干流泥沙量变化

5.2.1.1 宜昌站

统计1951—2020年长江宜昌站年输沙量,其多年平均输沙量为37 559万t,多年年输沙量序列及其滑动平均过程如图5-22所示。由该图可知,宜昌站年输沙量最大的年份为1954年,输沙量为75 400万t;年输沙量最小的年份为2017年,输沙量为331万t。

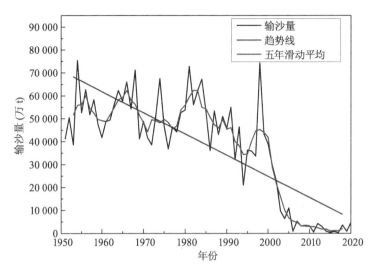

图 5-22   1951—2020 年宜昌站年输沙量变化

随着长江上游水库梯级群开发,尤其是三峡水库修建后拦截了大部分上游来沙,出库泥沙大幅度减少,宜昌站年输沙量显著下降。1951—1980 年宜昌站多年平均输沙量为 51 857 万 t,1980 年葛洲坝截流后至三峡运行前,多年平均输沙量降至 45 932 万 t,三峡大坝修建后,2003—2020 年宜昌站多年平均输沙量锐减至 3 494 万 t(见表 5-16)。

表 5-16   1951—2020 年宜昌站分时段多年平均输沙量对比表

起止年份	多年平均输沙量(万 t)	备注
1951—1958	53 850	自然演变
1959—1966	53 713	调弦口堵塞
1967—1972	49 300	下荆江裁弯期
1973—1980	49 925	葛洲坝截流前
1981—2002	45 932	三峡蓄水前
2003—2020	3 494	三峡蓄水运行后

5.2.1.2   枝城站

统计 1951—2020 年长江枝城站年输沙量,其多年平均输沙量为 38 200 万 t,多年年输沙量序列及其滑动平均过程如图 5-23 所示。由该图可知,枝城站年输沙量最大的年份为 1998 年,输沙量为 74 503 万 t;年输沙量最小的年份为 2017 年,输沙量为 550 万 t。

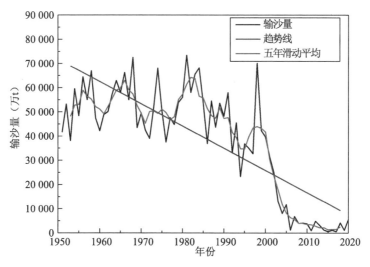

图 5-23　1951—2020 年枝城站年输沙量变化

枝城站年均输沙量整体呈现逐步下降趋势,1951—1958 年多年平均输沙量为 53 388 万 t,至 1981—2002 年多年平均输沙量为 46 633 万 t。三峡水库运行后显著下降,2003—2020 年枝城站年均输沙量锐减至 4 216 万 t(见表 5-17)。

表 5-17　1951—2020 年枝城站分时段多年平均输沙量对比表

起止年份	多年平均输沙量(万 t)	备注
1951—1958	53 388	自然演变
1959—1966	54 125	调弦口堵塞
1967—1972	50 333	下荆江裁弯期
1973—1980	51 263	葛洲坝截流前
1981—2002	46 633	三峡蓄水前
2003—2020	4 216	三峡蓄水运行后

5.2.1.3　新厂站

统计 1951—2020 年长江新厂站年输沙量,其多年平均输沙量为 33 592 万 t,多年年输沙量序列及其滑动平均过程如图 5-24 所示。由该图可知,新厂站年输沙量最大的年份为 1954 年,输沙量为 79 600 万 t;最小的年份为 2017 年,输沙量为 415 万 t。

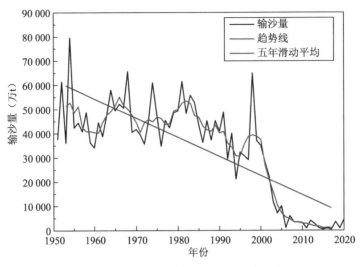

图 5-24　1951—2020 年新厂站年输沙量变化

新厂站年输沙量在三峡水库运行后显著下降。1951—2002 年,新厂站年均输沙量为 43 965 万 t,2003—2020 年新厂站年均输沙量锐减至 3 626 万 t(见表5-18)。

表 5-18　1951—2020 年新厂站分时段多年平均输沙量对比表

起止年份	多年平均输沙量(万 t)	备注
1951—1958	48 863	自然演变
1959—1966	45 113	调弦口堵塞
1967—1972	45 600	下荆江裁弯期
1973—1980	46 800	葛洲坝截流前
1981—2002	40 291	三峡蓄水前
2003—2020	3 626	三峡蓄水运行后

5.2.1.4　监利站

统计 1951—2020 年长江监利站年输沙量,其多年平均输沙量为 28 287 万 t,多年年输沙量序列及其滑动平均过程如图 5-25 所示。由该图可知,监利站年输沙量最大的年份为 1981 年,输沙量为 54 900 万 t;最小的年份为 2017 年,输沙量为 2 900 万 t。

监利站年输沙量在三峡水库运行后显著下降。1951—2002 年,监利站年均输沙

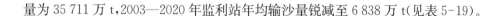

量为 35 711 万 t,2003—2020 年监利站年均输沙量锐减至 6 838 万 t(见表 5-19)。

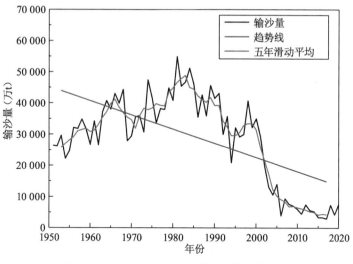

图 5-25 1951—2020 年监利站年输沙量变化

表 5-19 1951—2020 年监利站分时段多年平均输沙量对比表

起止年份	多年平均输沙量(万 t)	备注
1951—1958	28 475	自然演变
1959—1966	34 750	调弦口堵塞
1967—1972	35 500	下荆江裁弯期
1973—1980	39 375	葛洲坝截流前
1981—2002	37 418	三峡蓄水前
2003—2020	6 838	三峡蓄水运行后

5.2.1.5 螺山站

统计 1951—2020 年长江螺山站年均输沙量,其多年平均输沙量为32 380 万 t,多年年输沙量序列及其滑动平均过程如图 5-26 所示。由该图可知,螺山站年输沙量最大的年份为 1981 年,输沙量为 61 500 万 t;最小的年份为 2011 年,输沙量为 4 500 万 t。

螺山站年输沙量在三峡水库运行后显著下降。1951—2002 年,螺山站年均输沙量为 40 665 万 t,2003—2020 年螺山站年均输沙量锐减至 8 443 万 t(见表 5-20)。

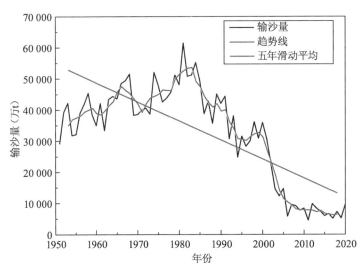

图 5-26　1951—2020 年螺山站年输沙量变化

表 5-20　1951—2020 螺山站分时段多年平均输沙量对比表

起止年份	多年平均输沙量（万 t）	备注
1951—1958	37 613	自然演变
1959—1966	41 100	调弦口堵塞
1967—1972	43 067	下荆江裁弯期
1973—1980	46 263	葛洲坝截流前
1981—2002	38 927	三峡蓄水前
2003—2020	8 443	三峡蓄水运行后

5.2.1.6　汉口站

统计 1951—2020 年长江汉口站年均输沙量，其多年平均输沙量为 31 799 万 t，多年年输沙量序列及其滑动平均过程如图 5-27 所示。由图 5-27 可知，汉口站年输沙量最大的年份为 1964 年，输沙量为 57 900 万 t；最小的年份为 2019 年，输沙量为 5 730 万 t。

汉口站年输沙量在三峡水库运行后显著下降。1951—2002 年，汉口站年均输沙量为 39 460 万 t，2003—2020 年汉口站年均输沙量锐减至 9 667 万 t（见表 5-21）。

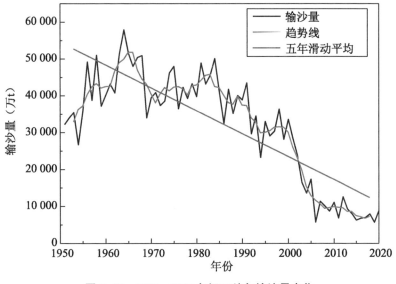

图 5-27　1951—2020 年汉口站年输沙量变化

表 5-21　1951—2020 年汉口站分时段多年平均输沙量对比表

起止年份	多年平均输沙量(万 t)	备注
1951—1958	37 913	自然演变
1959—1966	46 250	调弦口堵塞
1967—1972	42 183	下荆江裁弯期
1973—1980	41 750	葛洲坝截流前
1981—2002	35 977	三峡蓄水前
2003—2020	9 667	三峡蓄水运行后

5.2.2　四口输沙量变化

5.2.2.1　松滋河

　　根据实测资料统计,1951—2020 年松滋河新江口站、沙道观站多年平均输沙量分别为 2 591 万 t、1 066 万 t,多年年输沙量序列如图 5-28 所示。由该图可知,新江口站、沙道观站输沙量整体呈下降趋势,并且均在 2003 年三峡水库建库后快速减少。新江口站年输沙量最大的年份为 1954 年,输沙量为 5 730 万 t;最小的年份为 2015 年,输沙量为 56 万 t。沙道观站年输沙量最大的年份为 1954 年,输沙量为 3 080 万 t;最小的年份为 2015 年,输沙量为 15 万 t。

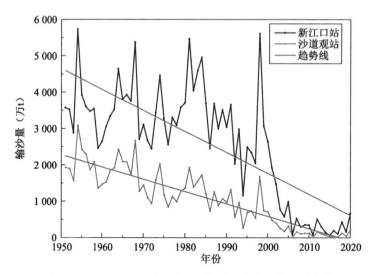

图 5-28 1951—2020 年新江口站、沙道观站年输沙量变化

三峡水库建库后新江口站多年平均年输沙量锐减,2003—2020 年平均年输沙量为 365 万 t,相比于 1951—1972 年平均年输沙量 3 530 万 t 减小了 90%。就多年平均分沙比而言,相较于自然演变阶段,调弦口堵塞后(1959—1966 年)分沙比减小至 6.3%,随后新江口多年平均分沙比保持在 6.7% 左右,直至三峡建库后枝城输沙量大幅度减小,2003—2020 年新江口多年平均分沙比为 8.7%,增长 1.9 个百分点左右。

2003—2020 年沙道观站平均年输沙量为 109 万 t,相比于 1951—1966 年平均年输沙量 1 983 万 t 减小了 95%,比 1981—2002 年平均年输沙量 980 万 t 减小了 89%。就多年平均分沙比而言,调弦口堵塞后(1959—1966 年)分流比相较于自然演变阶段(1951—1958 年)略有提高,随后分沙比呈缓慢下降趋势,直至 2003 年三峡建库后分沙比略有回升,2003—2020 年多年平均分沙比为 2.6%(见表 5-22)。

表 5-22 1951—2020 年松滋河分时段多年分沙量对比表

起止年份	枝城站泥沙量(万 t)	新江口站泥沙量(万 t)	沙道观站泥沙量(万 t)	新江口站分沙比(%)	沙道观站分沙比(%)	备注
1951—1958	53 388	3 779	2 135	7.1	4.0	自然演变
1959—1966	54 125	3 423	1 831	6.3	3.4	调弦口堵塞
1967—1972	50 333	3 339	1 514	6.6	3.0	下荆江裁弯期

续表

起止年份	枝城站泥沙量(万 t)	新江口站泥沙量(万 t)	沙道观站泥沙量(万 t)	新江口站分沙比(%)	沙道观站分沙比(%)	备注
1973—1980	51 263	3 423	1 288	6.7	2.5	葛洲坝截流前
1981—2002	46 633	3 171	980	6.8	2.1	三峡蓄水前
2003—2020	4 216	365	109	8.7	2.6	三峡蓄水运行后

5.2.2.2　虎渡河

根据实测资料统计,1951—2020 年虎渡河弥陀寺站多年平均输沙量为 1 443 万 t,多年年输沙量序列如图 5-29 所示。由该图可知,弥陀寺站输沙量整体呈下降趋势,尤其在 2003 年三峡水库建库后输沙量快速减少。弥陀寺站年输沙量最大的年份为 1968 年,输沙量为 3 100 万 t;最小的年份为 2015 年,输沙量为 13 万 t。

弥陀寺站 1951—1966 年多年平均分沙比变化趋势不大,直至下荆江裁弯后输沙量下降,1973—1980 年多年平均分沙比下降至 3.8%,1981 年后继续下降。1981—2002 多年平均泥沙量为 1 530 万 t,分沙比为 3.3%。2003 年三峡水库运行后分沙比略有减小,2003—2020 年弥陀寺站多年平均分沙比为 2.8%(见表 5-23)。

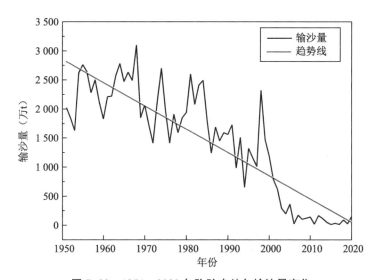

图 5-29　1951—2020 年弥陀寺站年输沙量变化

表 5-23   1951—2020 虎渡河分时段多年分沙量对比表

起止年份	枝城站输沙量(万 t)	弥陀寺站输沙量(万 t)	弥陀寺站分沙比(%)	备注
1951—1958	53 388	2 286	4.3	自然演变
1959—1966	54 125	2 354	4.3	调弦口堵塞
1967—1972	50 333	2 108	4.2	下荆江裁弯期
1973—1980	51 263	1 935	3.8	葛洲坝截流前
1981—2002	46 633	1 530	3.3	三峡蓄水前
2003—2020	4 216	116	2.8	三峡蓄水运行后

5.2.2.3   藕池河

根据实测资料统计,1951—2020 年藕池河康家岗站、管家铺站年平均输沙量分别为 425 万 t、4 594 万 t,多年年输沙量序列如图 5-30 所示。由该图可知,管家铺站及康家岗站输沙量呈显著下降趋势,康家岗站年输沙量最大的年份为 1954 年,输沙量为 2 740 万 t;年均输沙量最小的年份为 2015、2017 年,输沙量趋近于 0;管家铺站年输沙量最大的年份为 1954 年,输沙量为 15 700 万 t;最小的年份为 2015 年,输沙量为 22 万 t。

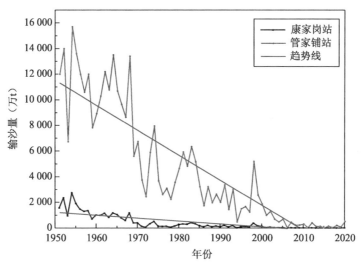

图 5-30   1951—2020 年康家岗站、管家铺站年输沙量变化

调弦口堵塞后,相较于自然演变阶段,康家岗站、管家铺站分沙比分别下降 1.4 个百分点、3.2 个百分点;由于下荆江裁弯,1967—1972 年康家岗站、管家铺站分沙比相比于 1959—1966 年降低 0.9 个百分点、6 个百分点,1967—1980 年多年平均分沙比继续下降,直至葛洲坝水利枢纽建设截流前,1981—2002 年康家岗站、

管家铺站多年平均分沙比相较于 1967—1972 年分别降低 0.5 个百分点、7.4 个百分点。2003 年三峡水库运行后,康家岗站多年平均分沙比变化趋势不显著,管家铺站多年平均分沙比略有上升,2003—2020 年管家铺站分沙比相较于 1981—2002 年上升 0.5 个百分点(见表 5-24)。

表 5-24 1951—2020 年藕池河分时段多年分沙量对比表

起止年份	枝城站输沙量(万 t)	康家岗站输沙量(万 t)	管家铺站输沙量(万 t)	康家岗站分沙比(%)	管家铺站分沙比(%)	备注
1951—1958	53 388	1704	12 080	3.2	22.6	自然演变
1959—1966	54 125	959	10 488	1.8	19.4	调弦口堵塞
1967—1972	50 333	459	6 768	0.9	13.4	下荆江裁弯期
1973—1980	51 263	215	4 215	0.4	8.2	葛洲坝截流前
1981—2002	46 633	170	2 810	0.4	6.0	三峡蓄水前
2003—2020	4 216	11	272	0.3	6.5	三峡蓄水运行后

5.2.2.4 四口总输沙量

统计分析 1951—2020 年荆江四口输沙量,得出四口年输沙量变化及各时段多年平均输沙量,见图 5-31 及表 5-25。由该图表可见,四口年输沙量系列整体呈下降趋势:1951—1958 年四口输沙量处于平稳期,基本在 23 000 万 t 左右;1958 年调弦口堵口后四口输沙量降至 19 000 万 t 左右;1967—1980 年下荆江系统性裁弯之后,荆江四口年输沙量较前一个阶段有所减少,基本在 12 400 万 t 左右;1981—2002 年期间,葛洲坝水利枢纽修建后荆江四口年输沙量进一步减少至 8 661 万 t。2003 年三峡水库修建后,随着上游输沙量锐减,四口年输沙量也快速减少至 873 万 t,2020 年荆江四口年输沙量为 1 539 万 t,仅为 1951 年荆江四口年输沙量 22 020 万 t 的 7%。

表 5-25 1951—2020 年四口各站分时段多年平均输沙量对比表 单位:万 t

起止年份	新江口	沙道观	弥陀寺	康家岗	管家铺	调弦口	四口合计
1951—1958	3 779	2 135	2 286	1 704	12 080	1 064	23 048
1959—1966	3 423	1 831	2 354	959	10 488	0	19 055
1967—1972	3 339	1 514	2 108	459	6 768	0	14 188
1973—1980	3 423	1 288	1 935	215	4 215	0	11 076
1981—2002	3 171	980	1 530	170	2 810	0	8 661
2003—2020	365	109	116	11	272	0	873

注:表中数据四舍五入,取约数。

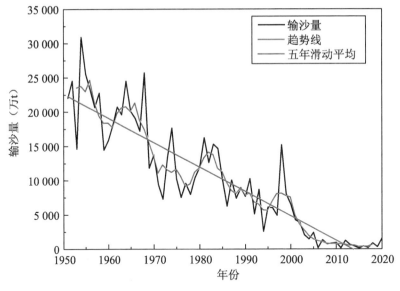

图 5-31　1951—2020 年四口年输沙量变化

5.2.3　四水来沙量变化

5.2.3.1　四水各测站输沙量

(1) 湘潭站

据实测资料统计,1951—2020 年湘潭站多年平均输沙量为 882 万 t,多年年输沙量序列如图 5-32 所示。由该图可知,湘潭站年输沙量最大的年份为 1954 年,输沙量为 2 950 万 t;最小的年份为 2018 年,输沙量为 47 万 t。

以 1986 年东江水库运用作为时间节点,湘潭站多年平均输沙量在东江水库运用前(1951—1986 年)为 1 140 万 t,运用后(1987—2020 年)为 608 万 t,减小幅度为 47%。就各月变化而言,相较于东江水库运用前(1959—1986 年),运行后(1987—2020 年)1 月、3 月平均输沙量增大,1 月增加幅度为 24.4%;2 月、4—12 月各月平均输沙量减小,其中 4 月减小幅度最大,为 64.3%(见图 5-33)。

(2) 桃江站

据实测资料统计,1951—2020 年桃江站多年平均输沙量为 207 万 t,多年年输沙量序列见图 5-32。由该图可知,桃江站年输沙量最大的年份为 1954 年,输沙量为 1 870 万 t;最小的年份为 2018 年,输沙量为 1 万 t。

以 1961 年柘溪水库运用作为时间节点,桃江站多年平均输沙量在柘溪水库运

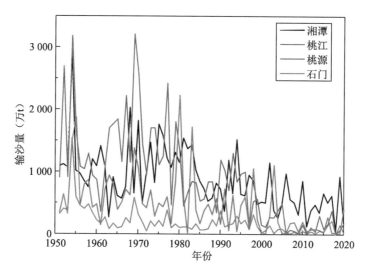

图 5-32　1951—2020 年四水各站多年平均输沙量对比

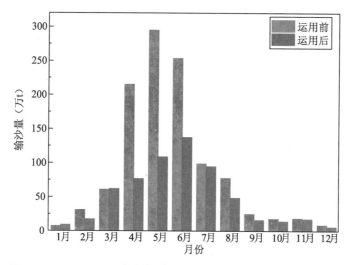

图 5-33　1956—2020 年湘潭站不同时段各月多年平均输沙量变化

用前(1959—1961 年)为 592 万 t,运用后(1962—2020 年)为 135 万 t,减小幅度为
77%。就各月变化而言,相较于柘溪水库运用前(1959—1961 年),运行后(1962—
2020 年)7—10 月各月平均输沙量增大,其中 10 月增加幅度最大,为 1 497%;1—
6 月、11—12 月各月平均输沙量减小,其中 3 月减小幅度最大,为 84.6%(见
图5-34)。

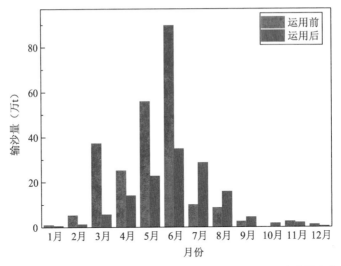

图 5-34　1956—2020 年桃江站不同时段各月多年平均输沙量变化

(3) 桃源站

据实测资料统计,1951—2020 年桃源站多年平均输沙量为 902 万 t,多年年输沙量序列见图 5-32。由该图可知,桃源站年输沙量最大的年份为 1969 年,输沙量为 3 210 万 t;最小的年份为 2018 年,输沙量为 6 万 t。

以 1994 年五强溪水库运用作为时间节点,桃源站多年平均输沙量在五强溪水库运用前(1951—1994 年)为 1 288 万 t,运用后(1995—2020 年)为 248 万 t,减小幅度为 81%。就各月变化而言,相较于五强溪水库运用前(1959—1994 年),运用后(1995—2020 年)各月平均输沙量均减小,其中 1 月份减小幅度最大,为 99.9%(见图 5-35)。

(4) 石门站

据实测资料统计,1951—2020 年石门站多年平均输沙量为 462 万 t,多年年输沙量序列见图 5-32。由该图可知,石门站年输沙量最大的年份为 1980 年,输沙量为 2 230 万 t;最小的年份为 2001 年,输沙量为 7 万 t。

以 1998 年江垭水库下闸、2007 年皂市水库下闸作为时间节点,石门站多年平均输沙量在江垭水库运用前(1951—1998 年)为 599 万 t,在江垭水库运用后、皂市水库运用前(1951—2007 年)为 541 万 t,在皂市水库运用后(2008—2020 年)为 114 万 t。

就各月变化而言,相较于江垭水库运用前(1964—1998 年),运行后(1999—2007 年)除 2 月外各月平均输沙量均减小,其中 1 月减小幅度最大,为 99.2%。相较于江垭水库运用前(1959—1998年),皂市水库运行后(2008—2020年)各月平均输沙量均减小,其中3月减小幅度最大,为96.6%(见图5-36)。

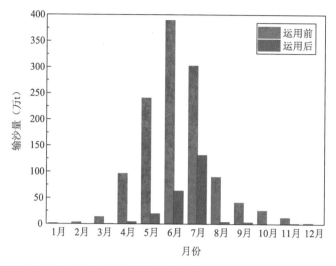

图5-35 1956—2020年桃源站不同时段各月多年平均输沙量变化

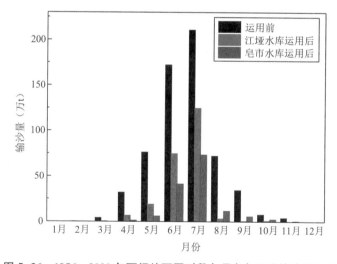

图5-36 1956—2020年石门站不同时段各月多年平均输沙量变化

5.2.3.2 四水总输沙量

统计分析1951—2020年四水各控制站各月输沙量,如图5-37所示。四水多年平均总输沙量为2 453万t。湘、资、沅、澧四水多年平均输沙量分别为882万t、207万t、902万t、462万t,沅江输沙量最大。

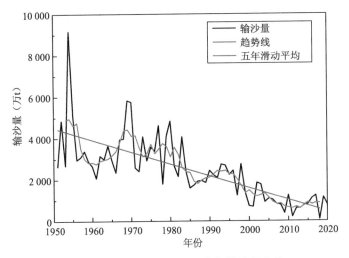

图 5-37　1951—2020 年四水年输沙量变化

5.2.4　出湖泥沙量变化

统计分析 1951—2020 年城陵矶(七里山)站输沙量,得出其年输沙量变化及各时段多年平均输沙量,见表 5-26 及图 5-38。由图表可见,城陵矶(七里山)站多年平均输沙量为 3 649 万 t。年输沙量系列整体呈下降趋势:1951—1966 年由于三口及四水来沙量都处于平稳期,城陵矶输沙量同样处于平稳期,基本在 6 000 万 t 左右;1967—1972 年年输沙量较前一个阶段有所减小,平均为 5 246 万 t;1973—1980 年,七里山年均输沙量减小至 3 840 万 t;1981—2002 年,葛洲坝水利枢纽修建,导致七里山年输沙量进一步减小并维持在 2 000 万～3 000 万 t。2003 年三峡水库修建后,三口来沙锐减,且受四水水库梯级群综合影响,四水来沙减少,七里山输沙量锐减至 2 000 万 t 左右,2020 年年输沙量为 1 100 万 t,仅为 1951 年荆江三口输沙量 4 970 万 t 的 22%。

表 5-26　1951—2020 年出湖多年平均输沙量对比表　　　　　　　单位:万 t

起止年份	多年平均输沙量	备注
1951—1958	6 716	自然演变
1959—1966	5 785	调弦口堵塞
1967—1972	5 246	下荆江裁弯期
1973—1980	3 840	葛洲坝截流前
1981—2002	2 784	三峡蓄水前
2003—2020	1 777	三峡蓄水运行后

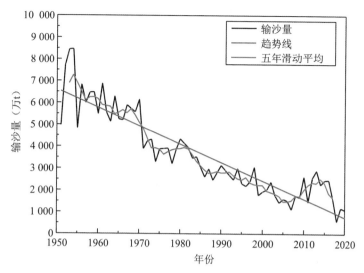

图 5-38　1951—2020 年七里山站年输沙量变化

5.2.5　湖区主要测站泥沙量变化

根据收集的资料,统计湖区主要水文站点多年平均输沙量及其变化,成果见表 5-27。

相比于葛洲坝截流前,所有站点在葛洲坝运用后多年平均输沙量均减小。其中自治局站变化量最大,运用后减少 943 万 t;三岔河站变化幅度最大,为 59.9%。

相比于葛洲坝截流、三峡水库运用前(1968—1980 年),所有站点在葛洲坝、三峡运用后平均输沙量均减小。其中,南咀站变化量最大,运用后减少 3 632 万 t;三岔河站变化幅度最大,为 95.7%。

表 5-27　湖区主要测站分时段多年平均输沙量对比表

测站	运用前		葛洲坝运用后 (1981—2002 年) (万 t)	三峡运用后 (2003—2020 年) (万 t)	葛洲坝运用前后 变化值		葛洲坝、三峡运用 前后变化值	
	起始年份	输沙量 (万 t)			输沙量 (万 t)	百分比 (%)	输沙量 (万 t)	百分比 (%)
小河咀	1962	837	416	185	−421	−50.3	−651	−77.8
南咀	1968	4 294	3 510	662	−783	−18.2	−3 632	−84.6
南县	1974	2 371	1 683	139	−687	−29.0	−2 232	−94.1
三岔河	1971	885	355	38	−530	−59.9	−847	−95.7
石龟山	1990	1 200	1 022	117	−178	−14.9	−1 083	−90.3
安乡	1974	2 229	1 398	167	−830	−37.3	−2 061	−92.5

续表

测站	运用前		葛洲坝运用后 (1981—2002年) (万t)	三峡运用后 (2003—2020年) (万t)	葛洲坝运用前后 变化值		葛洲坝、三峡运用 前后变化值	
	起始年份	输沙量 (万t)			输沙量 (万t)	百分比 (%)	输沙量 (万t)	百分比 (%)
草尾	1968	1 138	1 075	135	−63	−5.6	−1 003	−88.1
官垸	1974	—	816	249	—	—	—	—
自治局	1974	3 410	2 467	314	−943	−27.7	−3 096	−90.8
大湖口	1974	1 616	1 214	233	−402	−24.9	−1 383	−85.6

注：表中数据四舍五入，取约数。

5.3 水位特性

本研究选取石龟山(七里湖)、南咀、小河咀(目平湖)、杨柳潭(南洞庭)、七里山(东洞庭)作为洞庭湖代表水文站点。葛洲坝运用后,洞庭湖水位略有波动但变化不大。三峡运用后,南咀、小河咀、杨柳潭多年平均水位变化仍然较小,分别仅降低0.41 m、0.30 m、0.06 m;石龟山多年平均水位下降1.34 m,下降幅度为4.05%;但七里山多年平均水位上升0.67 m,上升幅度为2.74%(见表5-28)。

表5-28 洞庭湖水位特征值表

时段		水位及其变化(水位:m,百分比:%)				
		石龟山	南咀	小河咀	杨柳潭	七里山
运用前(1960—1980年)		32.99	30.20	30.06	28.99	24.41
葛洲坝运用后(1981—2002年)		32.32	30.20	30.12	29.24	25.34
三峡运用后(2003—2020年)		31.66	29.79	29.76	28.93	25.08
葛洲坝运用前后变化值	水位	−0.68	0.00	0.06	0.25	0.93
	百分比	2.06	0.01	0.20	0.86	3.80
葛洲坝、三峡运用前后 变化值	水位	−1.34	−0.41	−0.30	−0.06	0.67
	百分比	4.05	1.34	1.01	0.22	2.74

注：表中数据四舍五入，取约数。

5.3.1 长江干流水位特征

统计分析1954—2020年长江干流代表性水文站点水位数据可知,宜昌、枝城、沙市、监利、莲花塘、螺山、汉口等站点水位变化趋势较为一致。宜昌站、汉口站最高水位均出现在1954年,分别为55.73 m、29.73 m;枝城站最高水位出现在1981

年,为 50.74 m;沙市站、监利站、莲花塘站、螺山站最高水位均出现在 1998 年,分别为 45.22 m、38.31 m、35.80 m、34.95 m。宜昌站、枝城站最低水位均出现在2003 年,分别为 38.07 m、36.82 m;沙市站最低水位出现在 2018 年,为 29.95 m;监利站最低水位出现在 1974 年,为 22.74 m;莲花塘站最低水位出现在 1996 年,为 18.76 m;螺山站最低水位出现在 1960 年,为 15.56 m;汉口站最低水位出现在1961 年,为 11.70 m。

相比于葛洲坝截流前(1954—1980 年),宜昌、枝城、沙市多年平均水位在葛洲坝运用后略有下降,而监利、螺山、汉口多年平均水位在葛洲坝运用后略有上升。

相比于葛洲坝截流后、三峡运用前(1981—2002 年),三峡水库运用后(2003—2020 年)六个站点多年平均水位均降低。但相比于葛洲坝截流前(1954—1980 年),三峡水库运用后(2003—2020 年)宜昌、枝城、沙市多年平均水位下降,而监利、螺山、汉口多年平均水位略有上升(见表 5-29)。

表 5-29　1954—2020 长江干流分时段多年平均水位对比表　　　　单位:m

时段	水位及其变化						
	宜昌	枝城	沙市	监利	莲花塘	螺山	汉口
运用前(1954—1980 年)	44.15	41.45	36.66	28.29	—	23.22	18.84
葛洲坝运用后(1981—2002 年)	43.30	40.87	35.62	28.57	—	24.21	19.36
三峡运用后(2003—2020 年)	42.58	40.23	34.43	28.41	25.04	23.91	18.87
葛洲坝运用前后变化值	−0.85	−0.59	−1.03	0.28	—	1.00	0.52
葛洲坝、三峡运用前后变化值	−1.58	−1.23	−2.22	0.12	—	0.70	0.03

注:表中数据四舍五入,取约数。

5.3.2　四水水位特征

(1) 湘潭站

统计分析 1959—2020 年湘潭站水文站点水位数据,可知,湘潭站最高水位出现在 1994 年,为 41.95 m;最低水位出现在 2011 年,为 26.05 m。

就各月变化而言,以 2006 年株洲航电枢纽运用、2014 年长沙枢纽运用作为时间节点,相较于株洲航电枢纽运用前(1959—2006 年),运行后(2007—2014 年)各月平均水位均下降,4 月下降最多,为 2.48 m。相较于株洲航电枢纽运用前(1959—2006 年),长沙枢纽运用运行后(2015—2020 年)4—6 月多年平均水位均下降,其余各月多年平均水位上升。其中,5 月下降最多,为 1.25 m;12 月上升最多,为 1.62 m(见表 5-30)。

长江及四水梯级群影响下洞庭湖水文情势分析研究

表 5-30　1959—2020 年湘潭站分时段多年平均水位对比表　　　单位：m

时段	株洲航电运用前（1959—2006 年）	株洲航电运用后（2007—2014 年）	长沙枢纽运用后（2015—2020 年）	株洲航电运用前后变化值	株洲航电、长沙枢纽运用前后变化值
1 月	29.32	27.78	30.73	−1.54	1.41
2 月	30.00	27.97	30.59	−2.03	0.59
3 月	30.88	29.08	31.31	−1.80	0.43
4 月	32.30	29.82	31.85	−2.48	−0.45
5 月	32.91	30.74	31.65	−2.16	−1.25
6 月	32.81	31.74	32.10	−1.08	−0.71
7 月	32.34	31.13	33.36	−1.21	1.02
8 月	31.30	30.84	31.78	−0.46	0.47
9 月	30.64	29.57	31.21	−1.07	0.57
10 月	29.68	27.82	31.04	−1.86	1.36
11 月	29.43	28.15	30.98	−1.28	1.55
12 月	29.13	27.85	30.75	−1.28	1.62

注：表中数据四舍五入，取约数。

（2）桃江站

统计分析 1959—2020 年桃江站水文站点水位数据可知，桃江站最高水位出现在 1996 年，为 44.44 m；最低水位出现在 1960 年，为 29.92 m。

就各月变化而言，以 1961 年柘溪水库运用、1983 年马迹塘水电站运用、2006 年修山水电站运用作为时间节点，相较于柘溪水库运用前（1959—1961 年），运行后（1962—1983 年）2—4 月、6 月、11 月多年平均水位均下降，其余各月多年平均水位上升。其中，3 月下降最多，为 0.53 m；7 月上升最多，为 0.70 m。相较于柘溪水库运用前（1959—1961 年），马迹塘水电站运行后（1984—2006 年）仅 3 月、11 月多年平均水位下降，其余各月多年平均水位上升。其中，11 月下降最多，为 0.20 m；7 月上升最多，为 1.17 m。修山水电站运行后（2007—2020 年）相较于柘溪水库运行前（1959—1961 年）各月平均水位均下降，3 月下降最多，为 2.07 m（见表 5-31）。

表 5-31　1959—2020 年桃江站分时段多年平均水位对比表　　　单位：m

时段	柘溪运用前（1959—1961 年）	柘溪运用后（1962—1983 年）	马迹塘运用后（1984—2006 年）	修山运用后（2007—2020 年）	柘溪运用前后变化值	柘溪、马迹塘运用前后变化值	柘溪、马迹塘、修山运用前后变化值
1 月	34.38	34.62	34.83	33.19	0.23	0.45	−1.19
2 月	34.88	34.85	35.17	33.36	−0.03	0.29	−1.52

094

时段	柘溪运用前 (1959— 1961 年)	柘溪运用后 (1962— 1983 年)	马迹塘运用 后(1984— 2006 年)	修山运用后 (2007— 2020 年)	柘溪运用 前后变化值	柘溪、马迹 塘运用前 后变化值	柘溪、马迹塘、 修山运用前 后变化值
3 月	35.71	35.19	35.57	33.64	−0.53	−0.14	−2.07
4 月	35.85	35.77	35.89	34.02	−0.08	0.05	−1.82
5 月	36.00	36.17	36.06	34.49	0.16	0.05	−1.51
6 月	36.19	35.90	36.29	34.75	−0.29	0.10	−1.44
7 月	34.79	35.49	35.96	34.52	0.70	1.17	−0.27
8 月	34.87	35.14	35.48	33.36	0.27	0.61	−1.51
9 月	34.57	34.85	34.94	33.25	0.28	0.37	−1.32
10 月	34.25	34.72	34.79	32.91	0.48	0.54	−1.34
11 月	34.98	34.92	34.78	33.03	−0.06	−0.20	−1.95
12 月	34.60	34.71	34.63	32.79	0.10	0.03	−1.81

注：表中数据四舍五入，取约数。

(3) 桃源站

统计分析 1959—2020 年桃源站水文站点水位数据可知，桃源最高水位出现在 2014 年，为 47.37 m；最低水位出现在 2020 年，为 29.56 m。

就各月变化而言，以 1994 年五强溪水库运用作为时间节点，相较于五强溪运用前(1959—1994 年)，运行后(1995—2020 年)4—5 月、9—12 月多年平均水位均下降，其余各月多年平均水位上升。其中，11 月下降最多，为 0.48 m；7 月上升最多，为 0.83 m(见表 5-32)。

表 5-32　1959—2020 年桃源站分时段多年平均水位对比表　　单位：m

时段	运用前(1959—2020 年)	五强溪运用后 (1995—2020 年)	五强溪运用 前后变化值
1 月	31.80	32.16	0.36
2 月	32.19	32.29	0.10
3 月	32.77	33.09	0.33
4 月	34.10	33.70	−0.40
5 月	35.02	34.91	−0.11
6 月	35.35	35.77	0.42
7 月	34.66	35.49	0.83

续表

时段	运用前(1959—2020 年)	五强溪运用后 (1995—2020 年)	五强溪运用 前后变化值
8 月	33.47	33.49	0.02
9 月	32.95	32.83	−0.13
10 月	32.64	32.31	−0.33
11 月	32.66	32.18	−0.48
12 月	31.96	31.79	−0.17

注：表中数据四舍五入，取约数。

（4）石门站

统计分析 1959—2020 年石门站水文站点水位数据可知，石门站最高水位出现在 1954 年，为 85.00 m；最低水位出现在 1992 年，为 48.67 m。

就各月变化而言，以 1989 年三江口水电站运用、1994 年艳洲水电站运用作为时间节点，相较于三江口运用前（1959—1989 年），运行后（1990—1994 年）各月平均水位均下降，10 月下降最多，为 5.25 m；相较于三江口水电站运用前（1959—1989 年），艳洲水电站运行后（1995—2020 年）各月多年平均水位均下降，其中 4 月下降最多，为 4.75 m（见表 5-33）。

表 5-33　1959—2020 年石门站分时段多年平均水位对比表　　　　　单位：m

时段	运用前(1959—1989 年)	三江口运用后(1990—1994 年)	艳洲运用后(1995—2020 年)	三江口运用前后变化值	三江口、艳洲运用前后变化值
1 月	54.91	50.07	50.73	−4.84	−4.18
2 月	55.09	50.65	50.81	−4.44	−4.29
3 月	55.63	51.05	51.04	−4.58	−4.59
4 月	56.11	51.23	51.36	−4.88	−4.75
5 月	56.46	51.53	51.76	−4.93	−4.71
6 月	56.58	51.40	52.04	−5.18	−4.54
7 月	56.48	52.10	52.15	−4.38	−4.33
8 月	56.11	51.18	51.37	−4.93	−4.74
9 月	55.71	50.87	51.06	−4.84	−4.65
10 月	55.67	50.41	51.03	−5.25	−4.63
11 月	55.57	50.72	50.98	−4.85	−4.59
12 月	55.16	50.26	50.81	−4.90	−4.35

注：表中数据四舍五入，取约数。

5.3.3 湖区主要测站水位特征

统计分析洞庭湖区代表性水文站点水位数据可知,七里山、鹿角、石龟山、安乡最高水位均出现在 1998 年,分别为 35.94 m、36.14 m、41.89 m、40.44 m;营田、杨堤、杨柳潭、湘阴、南咀、小河咀最高水位均出现在 1996 年,分别为 36.54 m、37.03 m、36.74 m、36.66 m、37.62 m、37.57 m。

相比于葛洲坝截流前(1960—1980 年),七里山、鹿角、营田、杨堤、杨柳潭、湘阴、小河咀等测站多年平均水位在葛洲坝运用后(1981—2002 年)上升,南咀、石龟山、安乡等测站多年平均水位在葛洲坝运用后(1981—2002 年)下降。相比于葛洲坝截流前(1960—1980 年),除七里山、鹿角站外,各测站多年平均水位在三峡水库运用后(2003—2020 年)均下降。七里山水位升高 0.73 m,鹿角水位升高 0.17 m,其余各站中,石龟山水位下降最多,为 1.30 m(见表 5-34)。

表 5-34　湖区各测站分时段多年平均水位对比表　　　　　　　　单位:m

测站	运用前		葛洲坝运用后 (1981—2002 年)	三峡运用后 (2003—2020 年)	葛洲坝运用前后 变化值	葛洲坝、三峡运用 前后变化值
	起始年份	水位				
七里山	1953	24.35	25.34	25.08	0.99	0.73
鹿角	1952	25.52	26.15	25.68	0.63	0.17
营田	1953	26.62	27.00	26.05	0.38	−0.57
杨堤	1960	28.75	28.85	28.38	0.09	−0.37
杨柳潭	1953	28.99	29.24	28.93	0.25	−0.06
湘阴	1951	27.35	27.55	26.36	0.19	−0.99
南咀	1951	30.23	30.20	29.79	−0.03	−0.44
小河咀	1952	30.09	30.12	29.76	0.03	−0.34
石龟山	1952	32.95	32.32	31.66	−0.64	−1.30
安乡	1951	31.99	31.50	30.87	−0.49	−1.12

注:表中数据四舍五入,取约数。

洞庭湖面积、容积

6.1 洞庭湖面积、容积

据洞庭湖四水、四口及洞庭湖出口城陵矶等控制水文站 1951—2020 年资料统计分析,进入洞庭湖的悬移质输沙量多年平均为 12 694 万 t,其中四口入湖沙量 10 241 万 t,占入湖总沙量 81%,四水入湖沙量 2 453 万 t,占 19%,经由城陵矶输出沙量为 3 649 万 t,占来沙量总量的 28.75%。根据水文站输沙量资料,1951—2020 年洞庭湖区淤积泥沙 633 082 万 t,年均淤积量为 9 044 万 t。根据实测地形资料,1951—1995 年湖区泥沙淤积以西洞庭湖、南洞庭湖相对较严重,西洞庭湖主要淤积在湖泊的西北部,如七里湖、目平湖、湖洲、边滩以及河流注入湖泊的口门区。

由图 6-1、图 6-2 可知,洞庭湖区年淤积量逐渐减少,但淤积量占入湖沙量的比例即泥沙沉积率在三峡蓄水前无明显增大或减小的趋势,在三峡工程蓄水运用后则明显减小,2006、2008—2017 年洞庭湖处于冲刷状态。

表 6-1　1951—2020 年洞庭湖年均出入湖沙量统计表　　单位:万 t

年 份	入湖沙量				出湖沙量		淤积量	
	四口		四水					
	累计	平均	累计	平均	累计	平均	累计	平均
1951—2020	716 846	10 241	171 679	2 453	255 442	3 649	633 082	9 044
1952—2011	689 133	11 486	161 900	2 698	233 375	3 890	617 657	10 294
2003—2020	15 707	873	15 372	854	31 986	1 777	−907	−50.4
1981—2002	190 575	8 663	45 911	2 087	61 251	2 784	175 235	7 965
1973—1980	88 609	11 076	29 325	3 666	30 717	3 840	87 217	10 902
1967—1972	85 137	14 189	24 493	4 082	31 475	5 246	78 154	13 026
1959—1966	152 437	19 055	22 696	2 837	46 283	5 785	128 850	16 106
1951—1958	184 381	23 048	33 882	4 235	53 730	6 716	164 533	20 567

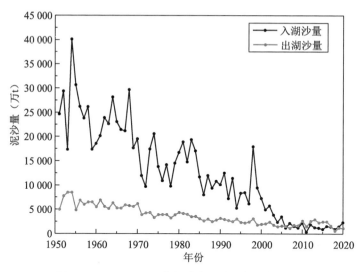

图 6-1 1951—2020 年洞庭湖入湖、出湖沙量变化

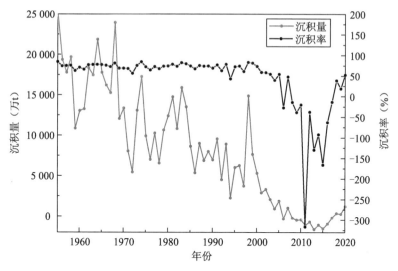

图 6-2 1951—2020 年洞庭湖区泥沙沉积量、沉积率变化

6.2 冲淤变化对面积、容积影响

2011 年 33 m 高程对应洞庭湖静态面积为 2 505 km²,静态容积为197.6 亿 m³。不同时期不同高程洞庭湖面积、容积变化见表 6-2。1978 年相对于 1952 年,28 m

高程以下面积增大,28 m 高程及以上面积呈减小趋势;就容积而言,31 m 高程及以下除 22 m 高程以外蓄水容积增加了 1 亿~18 亿 m^3,31 m 高程以上处于淤积状态,至 34 m 高程处蓄水容积减少 22 亿 m^3。1995 年相对于 1978 年,各高程上面积均呈减小趋势,蓄水容积除 22 m 高程外均减小,减小 1 亿~15 亿 m^3,该时间段内洞庭湖为淤积状态。2003 年相对于 1995 年,除 22 m、28 m 高程外,其余各高程上面积均减小,蓄水容积虽在各高程上都增加,但 22~29 m 高程上容积增加 7 亿 m^3 左右,29 m 高程及以上蓄水容积增加值则逐步下降,至 34 m 时容积仅增加 2 亿 m^3,这可能是由于河段采砂活动引起洪水河槽冲刷,但较高高程上实际仍为淤积状态。2011 年相比 2003 年,除了 28 m、29 m 高程的面积有所减少外,其余面积和容积均呈增大趋势。统计 1978—2011 年输沙量变化,不计区间,泥沙淤积 20.8 亿 t,而相较于 1978 年,2011 年洞庭湖 24 m 高程以下面积增大,24 m 高程及以上面积减小;23 m 高程容积增大 12.9 亿 m^3,23 m 高程以上逐渐淤积,至 34 m 高程容积减小 5.0 亿 m^3,这同样说明泥沙淤积主要集中在较高高程。

表 6-2 洞庭湖静态面积、容积变化表

黄海高程/m	面积/km²					蓄水容积/亿 m³					
	1952 年	1978 年	1995 年	2003 年	2011 年	1952 年	1978 年	1995 年	2003 年	2011 年	1978—2011
22	95	274	195	205	287	2.2	1.4	1.4	8.9	14.2	12.8
23	241	462	422	406	489	3.4	5.1	4.1	11.9	18.0	12.9
24	501	792	658	643	714	6.8	11.3	9.4	17.1	23.9	12.6
25	769	1 189	1 015	1 004	1 037	12.8	21.2	18.0	25.3	32.5	11.3
26	1 156	1 646	1 427	1 408	1 427	22.1	35.4	30.0	37.3	44.7	9.3
27	1 732	2 006	1 755	1 742	1 750	36.0	53.7	46.0	53.1	60.6	6.9
28	2 282	2 277	2 016	2 025	2 002	57.4	75.1	64.4	72.0	79.3	4.2
29	2 872	2 446	2 311	2 239	2 233	82.4	98.6	87.0	93.3	100	1.4
30	3 237	2 540	2 451	2 381	2 389	113	124	111	116	124	0.0
31	3 403	2 589	2 523	2 445	2 455	146	149	136	141	148	−1.0
32	3 482	2 619	2 556	2 475	2 483	180	175	162	165	173	−2.0
33	3 529	2 650	2 584	2 499	2 505	215	202	187	190	198	−4.0
34	3 565	2 674	2 609	2 519	2 526	250	228	213	215	223	−5.0

注:① 数据依据:1952 年为 1∶25 000 地形图,1978 年为航测,其他年份为 1∶10 000 地形图;
② 表中数据为东洞庭洞、西洞庭洞、目平湖、七里湖同高程数据之和。其中 1952 年数据不含七里湖。

2011 年 33 m 高程对应东洞庭湖静态面积为 1 267.2 km²，静态容积为 116.7 亿 m³。不同年份东洞庭湖高程-面积曲线、高程-容积曲线如图 6-3 所示，除 1952 年外，东洞庭湖水面面积呈现减小趋势；就容积而言，除 1978 年外，30 m 高程以下东洞庭湖容积呈现增大趋势，30 m 高程以上东洞庭湖容积整体呈现先减小后增大趋势。2011 年相对于 1952 年，27 m 高程以下面积增大，27 m 高程及以上面积呈减小趋势；就容积而言，31 m 高程以下蓄水容积增加了 1 亿～12 亿 m³，31 m 高程以上处于淤积状态，至 34 m 高程处蓄水容积减少 19.7 亿 m³。

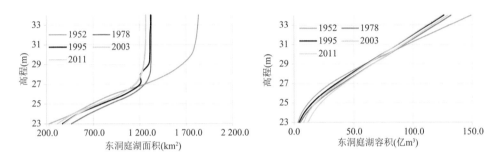

图 6-3　1952—2011 年东洞庭湖面积、容积变化曲线

　　2011 年 33 m 高程对应南洞庭湖静态面积为 906.4 km²，静态容积为 64.8 亿 m³。不同年份南洞庭湖高程-面积曲线、高程-容积曲线如图 6-4 所示，除 1978 年外，28 m 高程以下南洞庭湖水面面积呈现增大趋势，28 m 高程及以上呈现先减小后增大趋势；就容积而言，除 1952 年外，南洞庭湖容积整体呈现先减小后增大趋势。2011 年相对于 1952 年，28 m 高程以下面积增大，28 m 高程及以上面积呈减小趋势；就容积而言，34 m 高程以下蓄水容积增加，28 m 高程时增加量最多为 11.4 亿 m³，34 m 高程及以上处于淤积状态。

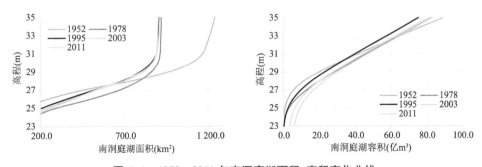

图 6-4　1952—2011 年南洞庭湖面积、容积变化曲线

2011 年 33 m 高程对应目平湖静态面积为 298.5 km²，静态容积为 14.8 亿 m³。不同年份目平湖高程-面积曲线、高程-容积曲线如图 6-5 所示，目平湖 29 m 高程以下水面面积呈现增大-减小-增大交替出现趋势，29 m 高程以上水面面积呈现先减小后增大趋势；就容积而言，30 m 高程以下呈现增大-减小-增大交替出现趋势，30 m 高程以上目平湖容积整体呈现先减小后增大趋势。2011 年相对于 1952 年，29 m 高程以下面积增大，29 m 高程及以上面积呈减小趋势；就容积而言，31 m 高程以下蓄水容积增加了 1 亿 m³ 左右，31 m 高程以上处于淤积状态，至 34 m 高程处蓄水容积减少 8.4 亿 m³。

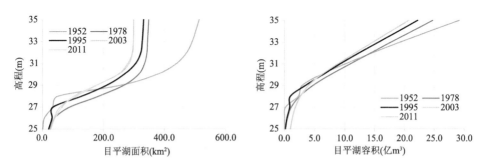

图 6-5　1952—2011 年目平湖面积、容积变化曲线

2011 年 33 m 高程对应七里湖静态面积为 32.9 km²，静态容积为 1.3 亿 m³。不同年份七里湖高程-面积曲线、高程-容积曲线如图 6-6 所示，七里湖 31 m 高程以上水面面积基本呈现减小趋势；就容积而言，33 m 高程以下呈现增大趋势，33 m 高程及以上目平湖容积整体呈现减小-增大-减小交替出现趋势。2011 年相对于 1978 年，面积基本呈现减小趋势；就容积而言，35 m 高程以下蓄水容积增加，35 m 高程及以上处于淤积状态。

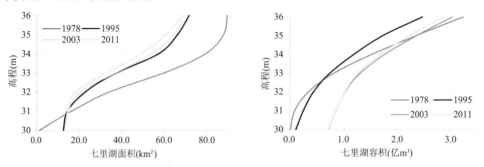

图 6-6　1978—2011 年七里湖面积、容积变化曲线

结 论 与 展 望

第 七 章

7.1 结论

本研究基于历史资料,分析了长江及四水主要梯级影响前后的洞庭湖水沙、冲淤变化规律,在此基础上,初步评估未来洞庭湖的水文变化趋势。主要结论如下。

7.1.1 江湖关系变化

20 世纪 80 年代初洪湖完成隔离长江的围垦后,江湖关系的河湖水网平面格局稳定下来,四口河系的水沙和城陵矶水位表征江湖关系的变化,水沙及冲淤引起的长江河势及洞庭湖容积的变化对此直接产生影响。三峡工程运行后清水下泄冲刷导致河湖深槽纵深演化,将进一步改变江湖关系。

7.1.1.1 入湖洪水变化

四口组合最大入湖流量多出现在 7—9 月,最大 15 d 洪量、最大 30 d 洪量均出现在 1954 年,分别为 332 亿 m³、613 亿 m³。四水组合最大入湖流量也多出现在 5—7 月,其中最大 1 d、3 d 洪量均出现在 2017 年,分别为 43.0 亿 m³、124 亿 m³;最大 7 d 洪量出现在 1996 年,为 251 亿 m³;最大 15 d 洪量出现在 2017 年,为 406 亿 m³;最大 30 d 洪量出现在 1954 年,为 619 亿 m³。总入湖组合最大流量也多出现在 5—7 月,其中最大 1 d、3 d、7 d、15 d、30 d 洪量均出现在 1954 年,分别为 55.3 亿 m³、154 亿 m³、337 亿 m³、636 亿 m³、1 133 亿 m³。

三峡工程运行后,明显改善了荆江河段防洪形势,但城陵矶附近的防洪特点出现了显著变化,防汛高水位时间延长,对于防御 1954 年型洪水仍然存在分蓄洪压力且形势更为复杂。三峡运行对长江洪水的控制调节作用将使宜昌以下的洪水过程历时延长,维持城陵矶附近较高的洪水位;集水面积较小的四水洪水快速入湖将导致洞庭湖区防洪问题更加突出。

7.1.1.2　入湖水沙变化

由于荆江裁弯、葛洲坝及三峡水库运行等,长江干流输沙量显著减小,洞庭湖年均入湖、出湖径流量及输沙量均较运用前减少。四口分流分沙能力处于不断衰减状态,断流时间提前并延长;四水梯级水库陆续运用对四水来水无明显影响,但显著降低了输沙量;湖区各站点多年平均径流量、输沙量及水位基本上都有一定幅度降低。

1951—2020 年洞庭湖总入湖水量 178 408 亿 m³,年均入湖水量 2 549 亿 m³;出湖水量 198 965 亿 m³,年均出湖水量 2 842 亿 m³。其中四口分流水量 60 461 亿 m³,年均 864 亿 m³;四水入湖水量 117 947 亿 m³,年均 1 685 亿 m³;区间水量 20 557 亿 m³,年均 294 亿 m³。1951—2020 年四口入湖沙量 716 846 万 t,四水入湖沙量 171 679 万 t,出湖沙量 255 442 万 t。其中 2003—2020 年四口入湖沙量 15 707 万 t,四水入湖沙量 15 372 万 t,出湖沙量 31 986 万 t,不考虑区间时,洞庭湖冲刷 907 万 t,年均冲刷 50 万 t。

7.1.2　城陵矶水位变化

七里山多年平均水位(1953—2020 年)为 24.87 m,最高水位出现在 1998 年,为 35.94 m;七里山最低水位出现在 1960 年,为 17.27 m。七里山站点在葛洲坝运用后(1981—2002 年)比运用前多年平均水位上升 0.99 m;相比于葛洲坝截流前(1960—1980 年),七里山站点在三峡运用后(2003—2020 年)多年平均水位上升 0.73 m。

7.1.3　洞庭湖面积、容积变化

2011 年 33 m 高程对应洞庭湖面积 2 505 km²,其中,东洞庭湖 1 267.2 km²,南洞庭湖 906.4 km²,目平湖 298.5 km²,七里湖 32.9 km²;静态容积 197.6 亿 m³,其中,东洞庭湖 116.7 亿 m³,南洞庭湖 64.8 亿 m³,目平湖 14.8 亿 m³,七里湖 1.3 亿 m³。相较 1978 年,2011 年洞庭湖 24 m 高程以下面积增大,24 m 高程及以上面积减小;23 m 高程容积增大 12.9 亿 m³,23 m 以上逐渐淤积,至 34 m 容积减小 5.0 亿 m³。

7.2　建议

(1)在长江及四水梯级群影响下,洞庭湖水文情势变化是显著的。枯水期城陵矶水位不断下降,湖泊萎缩趋势已形成。在新型水沙条件下,调控城陵矶出口水

位十分必要。建议三峡蓄水期调控水位为长江径流提供补偿,枯水季节可为洞庭湖动植物群落创造适宜生态环境。

（2）三峡水库运行后四口河系分流减少,四口断流时间提前并延长,导致北部河网水量不足,水资源配置能力降低或者失效。建议在四口河系范围稳流拓浚,确保松滋河、虎渡河、藕池河、华容河中下游具备稳定的水源条件。

（3）鉴于洞庭湖气候、水文情势的新变化,有必要进一步加强洞庭湖河网水系监测,通过数字技术建立虚实一体的洞庭湖水沙模拟模型,明晰洞庭湖洪水、水资源、泥沙以及河湖水网演化趋势,为洞庭湖治理提供科学支撑。

参考文献

[1] 湖南省水利水电厅.洞庭湖水文气象统计分析[G].长沙：湖南省水利水电厅,1989.

[2] 黄维,王为东.三峡工程运行后对洞庭湖湿地的影响[J].生态学报,2016,36(20)：6345-6352.

[3] 窦鸿身,姜加虎.中国五大淡水湖[M].合肥：中国科学技术大学出版社,2003.

[4] 刘扬,王书元.洞庭湖综合治理存在的问题及对策[J].林业经济,2001(10)：34-37.

[5] 胡光伟,毛德华,李正最,等.三峡工程运行以来洞庭湖水沙过程变异及其影响分析[J].水土保持研究,2013,20(5)：170-175,192.

[6] 刘晓群,戴斌祥.三峡水库运行以来洞庭湖水文条件变化与对策[J].水利水电科技进展,2017,37(6)：25-31.

[7] 郭小虎,韩向东,朱勇辉,等.三峡水库的调蓄作用对荆江三口分流的影响[J].水电能源科学,2010,28(11)：48-51.

[8] 贺秋华,余德清,余姝辰,等.三峡水库运行前后洞庭湖水资源量变化[J].地球科学,2021,46(1)：293-307.

[9] 卢金友.荆江三口分流分沙变化规律研究[J].泥沙研究,1996(4)：54-61.

[10] 李学山,王翠平.荆江与洞庭湖水沙关系演变及对城螺河段水情影响分析[J].人民长江,1997,28(8)：6-8.

[11] Yang S L, Zhao Q Y, Belkin I M. Temporal variation in the sediment load of the Yangtze River and the influences of human activities[J]. Journal of Hydrology, 2002, 263(1-4)：56-71.

[12] 吴作平,杨国录,甘明辉.荆江-洞庭湖水沙关系及调整[J].武汉大学学报（工学版）,2002,35(3)：5-8.

[13] 李景保,刘晓清.荆江裁弯与葛洲坝兴建对洞庭湖水情的影响[J].湖南师范大学自然科学学报,1993,16(4)：362-368.

[14] 李景保,常疆,吕殿青,等.三峡水库调度运行初期荆江与洞庭湖区的水文效应[J].地理学报,2009,64(11)：1342-1352.

[15] 姜加虎,黄群.三峡工程对洞庭湖水位影响研究[J].长江流域资源与环境,1996,5(4)：367-374.

[16] 谢永宏,陈心胜.三峡工程对洞庭湖湿地植被演替的影响[J].农业现代化研究,2008,29(6):684-687.

[17] 谢永宏,王克林,任勃,等.洞庭湖生态环境的演变、问题及保护措施[J].农业现代化研究,2007(6):677-681.

[18] 林承坤,高锡珍.水利工程兴建后洞庭湖径流与泥沙的变化[J].湖泊科学,1994,6(1):33-39.

[19] 仲志余,胡维忠.论长江与洞庭湖的关系[C].长沙:第二届长江论坛论文集,2007:293-300.

[20] 胡春宏.论长江开发与保护策略[J].人民长江,2020,51(1):1-5.

[21] 洞庭湖区综合规划[Z].水利部长江水利委员会,2016.

[22] 长江流域综合规划(2012—2030年)[Z].水利部长江水利委员会,2012.

[23] 湖南省水文总站.湖南河流特征[G].湖南省水文总站,1997.

[24] 卞鸿翔,龚循礼.先秦时期洞庭湖的演变[J].湖南师范大学自然科学学报,1983(2):63-67.

[25] 卞鸿翔,龚循礼.唐宋时期洞庭湖的演变[J].湖南师范大学自然科学学报,1984(2):55-60,78.

[26] 卞鸿翔.元明清时期洞庭湖的演变[J].湖南师范大学自然科学学报,1985(1):65-71.

[27] 卞鸿翔.历史上洞庭湖面积的变迁[J].湖南师范大学自然科学学报,1986(2):93-97.

[28] 周凤琴.云梦泽与荆江三角洲的历史变迁[J].湖泊科学,1994(1):22-32.

[29] 《鄱阳湖研究》编委会.鄱阳湖研究[M].上海:上海科学技术出版社,1988.

[30] 方进进.守望鄱阳湖[M].南昌:江西教育出版社,2013.

[31] 朱松泉,等.洪泽湖——水资源和水生生物资源[M].合肥:中国科学技术大学出版社,1993.

[32] 卞宇峥,薛滨,张风菊.近三百年来洪泽湖演变过程及其原因分析[J].湖泊科学,2021,33(6):1844-1856.

[33] 巢湖志编纂委员会.巢湖志[M].合肥:黄山书社,1989.

[34] 卞鸿翔,龚循礼.洞庭湖区围垦问题的初步研究[J].地理学报,1985(2):36-46.

[35] 李景保,邓铬金.洞庭湖滩地围垦及其对生态环境的影响[J].长江流域资源与环境,1993(4):340-346.

[36] 刘晓群,郝振纯.湖泊围垦对城陵矶水位抬升作用模拟分析[J].安徽农业科学,2009,37(26):12713-12714,12790.

[37] 黄进良.洞庭湖湿地的面积变化与演替[J].地理研究,1999(3):297-304.

[38] 余姝辰,李长安,张永忠,等.近百年来洞庭湖区垸内湖泊时空演变分析[J].遥感学报,2021,25(9):1989-2003.

[39] 肖绍华,杨玉荣.长江1870年历史洪水分析[J].水文,1982(2):41-48,53.

[40] 杨玉荣.长江1870年洪水[J].中国水利,1992(4):10-12.

[41] 张纯瑞.长江1935年7月上旬洪水简介[J].水文,1983(3):51-54.

[42] 姚惠明,沈国昌.1949年长江流域大洪水分析[J].灾害学,2000(2)：70-73.

[43] 吴道喜,谭启富.对1995年长江中下游洪水的认识[J].人民长江,1996(4)：12-14,53.

[44] 张勇慧,王光越.1996年长江中下游洪水分析[J].水利水电快报,1997(20)：28-30.

[45] 李妍清,刘冬英,熊莹.2016年长江洪水遭遇分析[J].水资源研究,2017,6(6),568-576.

[46] 金兴平.长江上游水库群2016年洪水联合防洪调度研究[J].人民长江,2017,48(4)：22-27.

[47] 王俊.2016年长江洪水特点与启示[J].人民长江,2017,48(4)：54-57,65.

[48] 尹志杰,王容,李磊,等.长江流域"2017·07"暴雨洪水分析[J].水文,2019,39(2)：86-91.

[49] 魏山忠.2017年长江1号洪水防御工作实践与启示[J].中国水利,2017(14)：1-5.

[50] 尚全民,褚明华,骆进军,等.2020年长江流域性大洪水防御[J].人民长江,2020,51(12)：15-20.

[51] 金兴平.水工程联合调度在2020年长江洪水防御中的作用[J].人民长江,2020,51(12)：8-14.

[52] 胡四一,施勇,王银堂,等.长江中下游河湖洪水演进的数值模拟[J].水科学进展,2002,13(3)：278-286.

[53] 唐日长.下荆江裁弯对荆江洞庭湖影响分析[J].人民长江,1999(4)：21-24,49.

[54] 高俊峰,张琛,姜加虎,等.洞庭湖的冲淤变化和空间分布[J].地理学报,2001(3)：269-277.

[55] 周永强,李景保,张运林,等.三峡水库运行下洞庭湖盆冲淤过程响应与水沙调控阈值[J].地理学报,2014,69(3)：409-421.

[56] 方春明,胡春宏,陈绪坚.三峡水库运用对荆江三口分流及洞庭湖的影响[J].水利学报,2014,45(1)：36-41.

[57] 胡光伟,毛德华,李正最,等.三峡工程运行对洞庭湖与荆江三口关系的影响分析[J].海洋与湖沼,2014,45(3)：15-23.

[58] 陈继祖,许斌,孙可可.梯级水库调度影响下沅江入洞庭湖径流量演变特征分析[J].水利水电快报,2021,42(2)：8-11,19.

[59] 刘培亮,毛德华,周慧,等.1990—2013年湖南四水入洞庭湖汛期径流量的变化规律[J].水资源保护,2015,31(4)：52-61.

[60] 赖锡军,姜加虎,黄群.三峡工程蓄水对洞庭湖水情的影响格局及其作用机制[J].湖泊科学,2012,24(2)：178-184.

[61] 黄群,孙占东,姜加虎.三峡水库运行对洞庭湖水位影响分析[J].湖泊科学,2011,23(3)：424-428.

[62] 施修端,夏薇,杨彬.洞庭湖冲淤变化分析(1956—1995年)[J].湖泊科学,1999(3)：199-205.

[63] 马元旭,来红州.荆江与洞庭湖区近50年水沙变化的研究[J].水土保持研究,2005(4)：103-106.

[64] 李义天,邓金运,孙昭华,等.泥沙淤积与洞庭湖调蓄量变化[J].水利学报,2000(12)：48-52.

［65］卢金友,黄悦,宫平.三峡工程运用后长江中下游冲淤变化[J].人民长江,2006(9)：55-57,87,112.

［66］刘晓群,易放辉,栾震宇,等.东洞庭湖近期冲淤演变分析[J].泥沙研究,2019,44(4)：25-32.

［67］姜加虎,黄群.洞庭湖近几十年来湖盆变化及冲淤特征[J].湖泊科学,2004(3)：209-214.

［68］Xu K H,Milliman J D. Seasonal variations of sediment discharge from the Yangtze River before and after impoundment of the Three Gorges Dam［J］. Geomorphology, 2009, 104(3-4)：276-283

［69］戴仕宝,杨世伦,赵华云,等.三峡水库蓄水运用初期长江中下游河道冲淤响应[J].泥沙研究,2005(5)：35-39.

［70］张细兵,卢金友,王敏,等.三峡工程运用后洞庭湖水沙情势变化及其影响初步分析[J].长江流域资源与环境,2010,19(6)：640-643.

［71］李正最,谢悦波,徐冬梅.洞庭湖水沙变化分析及影响初探[J].水文,2011,31（1）：45-53,40.

附表 1 水文、水位测站一览表

1-1 长江及四水水文、水位测站一览表

序号	站名		序号	站名	
1	宜昌		33	津市	
2	枝城		34	合口	
3	沙市	二郎矶	35	澧县	(二)
4	新厂		36	临澧	
5	石首		37	沔泗洼	
6	监利		38	官垸	
7	莲花塘		39	自治局	(三)
8	螺山		40	大湖口	
9	汉口	武汉关	41	汇口	
10	新江口		42	石龟山	
11	沙道观		43	安乡	
12	瓦窑河	(二)	44	肖家湾	(二)
13	弥陀寺		45	南县（罗文窖）	
14	黄山头	(闸上)	46	南咀	
15	黄山头	(闸下)	47	沙湾	
16	董家垱		48	小河咀	
17	康家岗		49	牛鼻滩	
18	管家铺		50	周文庙	
19	三岔河		51	甘溪港	
20	调弦口		52	沙头	(二)
21	湘潭		53	杨堤	
22	长沙		54	湘阴	
23	靖港		55	草尾	
24	橾梨		56	东南湖	
25	罗汉庄		57	沅江	(二)
26	螺岭桥	(三)	58	杨柳潭	
27	宁乡	(二)	59	营田	
28	桃江	(二)	60	伍市	
29	益阳		61	鹿角	(二)
30	桃源		62	注滋口	(三)
31	常德	(二)	63	岳阳	
32	石门		64	七里山	

附表2 水位、流量、洪量、泥沙统计表[①]

2-1 控制站水位流量最高及最低值统计表

水系	站点	历年实测最高		历年实测最低		历年实测最大		历年实测最小	
		水位	时间	水位	时间	流量	时间	流量	时间
长江	宜昌	55.92	1896-09-04	38.07	2003-02-09	71 100	1896-09-04	2 770	1937-04-03
	枝城	50.74	1981-07-09	36.82	2003-02-09	71 900	1954-08-07	3 050	1952-02-21
	沙市	45.22	1998-08-17	29.95	2018-12-26	53 700	1998-08-17	3 260	2003-02-10
	新厂	41.14	1998-08-17	26.37	1999-03-14	55 200	1989-07-12	2 900	1960-02-10
	石首	40.94	1998-08-17	25.37	1999-03-15				
	监利	38.31	1998-08-17	22.74	1974-03-07	46 300	1998-08-17	2 650	1952-02-05
	莲花塘	35.80	1998-08-20	18.76	1996-03-13				
	螺山	34.95	1998-08-17	15.56	1960-02-16	78 800	1954-08-07	4 060	1963-02-05
	汉口	29.73	1954-08-18	10.08	1865-02-04	76 100	1954-08-14	2 930	1865-02-04
松滋口	新江口	46.18	1998-08-17	34.05	1979-04-22	7 910	1981-07-19	0	多年
	沙道观	45.52	1998-08-17	河干	多年	3 730	1954-08-06	−30	1967-05-09
	瓦窑河(二)	42.67	1998-07-24	29.13	2006-02-03				
太平口	弥陀寺	44.90	1998-08-17	31.57	1978-04-20	3 210	1962-07-10	−296	2017-07-04
	黄山头(闸上)	41.16	1998-07-25	河干	多年				
	黄山头(闸下)	41.04	1998-07-25	河干	多年				
	董家垱	40.19	1998-07-25	河干	1990—	3 240	1981-07-19	0	多年
藕池口	管家铺	40.28	1998-08-17	28.64	1988-05-06	11 900	1954-07-22	−245	2017-07-04
	康家岗	40.44	1998-08-17	河干	多年	6 810	1937-07-24	−64.6	1979-06-28
	三岔河	37.56	1996-07-21	27.72	1992-12-06	6 150	1958-08-26	−985	1979-06-27
湘江	湘潭	41.95	1994-06-18	26.05	2011-12-21	26 400	2019-07-10	100	1966-01-06
	长沙(三)	39.51	2017-07-03	24.63	2012-01-01				
	濠梨	40.98	2017-07-02	28.00	2006-02-30	3 830	2017-07-02	−17.9	1978-05-19
	螺岭桥	29.66	1995-06-23	22.13	2008-05-23	1 100	1995-06-23	0	1972-08-18
资江	桃江(二)	44.44	1996-07-17	29.92	1960-11-08	11 500	1995-07-02	11.4	2015-02-08
	益阳	39.48	1996-07-21	26.84	1992-12-19				

---

① 以下各表中含"▶"的数据为插补值。

续表

水系	站点	历年实测最高		历年实测最低		历年实测最大		历年实测最小	
		水位	时间	水位	时间	流量	时间	流量	时间
沅江	桃源	47.37	2014-07-17	29.56	2020-12-31	29 100	1996-07-17	36.5	2020-07-31
	常德(二)	42.49	1996-05-20	28.53	1998-12-16				
澧水	石门	85.00	1954-06-25	48.67	1992-11-28	19 900	1998-07-23	1.36	1992-01-14
	津市	45.02	2003-07-10	28.68	2014-02-07	17 100	2003-07-10	17.2	1992-12-07
西洞庭湖	官垸	43.00	1998-07-24	28.75	2014-02-07	3 350	1981-07-20	−1780	2003-07-10
	自治局(三)	41.38	1998-07-24	28.57	1993-02-09	5 100	1960-07-26	−750	1998-07-24
	大湖口	41.34	1998-07-24	29.33	1999-04-10	2 530	1991-07-08	−14.1	1973-04-06
	汇口	41.94	1998-07-24	河干	多年				
	石龟山	41.89	1998-07-24	28.34	2014-02-07	12 300	1998-07-24	0	多年
	安乡	40.44	1998-07-24	28.07	1972-02-03	7 270	1998-07-23	0	多年
	肖家湾(二)	38.15	1996-07-21	27.66	1992-12-23				
	南县(罗文窖)	37.57	1998-08-19	25.35	1952-01-21	5 290	1955-06-27	0	多年
	南咀	37.62	1996-07-21	27.69	1992-12-23	19 000	2003-07-11	27	1979-03-07
	沙湾	37.98	1996-07-21	27.87	2020-03-02				
	小河咀	37.57	1996-07-21	27.81	1992-12-08	23 100	2003-07-11	34.6	1955-02-04
	牛鼻滩	40.57	1996-07-19	28.79	2007-11-27				
	周文庙	38.79	1996-07-20	28.05	1974-01-12				
南洞庭湖	沙头(二)	38.15	1996-07-21	26.48	1975-01-15	10 200	2017-07-01	−1240	1999-07-23
	杨堤	37.03	1996-07-21	25.14	1992-12-19	2 340	2016-07-05	−834	1994-06-20
	湘阴	36.66	1996-07-22	20.54	2019-12-20				
	草尾	37.37	1996-07-21	27.61	1992-12-08	5 620	2003-07-11	164	1972-02-02
	东南湖	37.27	1996-07-21	27.88	1992-12-23				
	沅江(二)	37.09	1996-07-21	27.20	1928-02-10				
	杨柳潭	36.74	1996-07-21	26.48	1992-12-24				
	营田	36.54	1996-07-22	20.36	2019-12-20				
东洞庭湖	鹿角(二)	36.14	1998-08-20	18.71	1957-01-11				
	注滋口(三)	36.27	1998-08-20	25.15	1952-01-21				
	岳阳	36.06	1998-08-20	17.29	1961-02-03				
	七里山	35.94	1998-08-20	17.27	1960-02-16	57 900	1931-07-30	377	1975-10-05

2－2 出入湖控制站逐年年径流量统计表

单位：亿 m³

年份	四口							四水					四口+四水	七里山	四口+四水-七里山
	新江口	沙道观	弥陀寺	康家岗	管家铺	调弦口	小计	湘潭	桃江	桃源	石门	小计			
1951	▲305	▲195	231	76	567	▲106	1480	604	201	513	106	1424	2904	3099	195
1952	▲339	▲217	▲262	128	753	▲126	1825	819	300	846	161	2126	3951	4198	247
1953	▲273	▲174	182	46	495	▲95	1265	831	296	668	122	1917	3182	3412	230
1954	▲460	▲290	270	159	997	154	2330	873	372	1030	264	2539	4869	5268	399
1955	331	212	214	97	717	▲135	1706	504	239	590	140	1473	3179	3498	319
1956	295	186	204	62	608	109	1464	592	183	486	133	1394	2858	3124	266
1957	310	171	195	56	602	109	1443	563	178	594	153	1488	2931	3191	260
1958	301	155	184	53	581	106	1380	513	206	667	195	1581	2961	3294	333
1959	247	113	158	21	419	堵口	957	641	209	578	127	1555	2512	2741	229
1960	268	130	213	41	514		1167	579	160	470	123	1332	2498	2589	91
1961	321	142	218	39	561		1281	913	251	540	123	1827	3108	3347	239
1962	347	171	235	60	673		1487	776	267	653	166	1862	3349	3614	265
1963	334	170	233	40	606		1383	281	135	554	175	1145	2528	2656	128
1964	420	212	269	70	767		1737	665	241	777	220	1903	3641	4007	366
1965	388	191	247	62	671		1558	412	200	640	121	1373	2931	3154	223
1966	319	145	193	33	468		1158	485	199	511	107	1302	2459	2669	210

续表

年份	四口							四水					四口+四水	七里山	四口+四水一七里山
	新江口	沙道观	弥陀寺	廉家岗	管家铺	调弦口	小计	湘潭	桃江	桃源	石门	小计			
1967	364	145	221	30	474		1 235	518	231	775	180	1 704	2 938	3 244	306
1968	427	182	247	49	592		1 497	828	251	738	139	1 956	3 453	3 625	172
1969	277	105	166	18	337		903	499	254	805	176	1 734	2 637	3 047	410
1970	331	127	196	22	411		960	949	321	757	158	2 185	3 272	3 607	335
1971	288	104	160	7	249		808	449	205	602	137	1 393	2 200	2 319	119
1972	242	81	124	3	151		600	543	163	564	132	1 402	2 002	2 048	46
1973	322	125	177	16	307		947	949	317	786	182	2 234	3 181	3 617	436
1974	385	146	204	25	387		1 146	462	174	567	107	1 310	2 456	2 625	169
1975	338	103	165	7	225		839	891	247	599	147	1 884	2 723	2 911	188
1976	298	84	147	7	177		714	745	214	660	120	1 739	2 453	2 628	175
1977	323	92	156	6	175		752	630	260	859	157	1 906	2 658	2 980	322
1978	275	77	129	3	140		624	500	161	455	92	1 208	1 832	1 990	158
1979	287	93	135	9	193		717	577	211	596	103	1 487	2 204	2 360	156
1980	354	119	166	17	281		937	593	212	768	251	1 824	2 761	3 200	439
1981	325	101	149	12	226		813	758	228	479	104	1 569	2 382	2 660	278
1982	337	104	165	15	254		875	808	263	760	182	2 013	2 888	3 220	332
1983	376	120	175	21	314		1 006	761	213	684	218	1 876	2 882	3 220	338
1984	336	97	149	13	231		826	557	202	547	122	1 428	2 254	2 460	206

续表

年份	四口							四水					四口+四水	七里山	四口+四水-七里山
	新江口	沙道观	弥陀寺	康家岗	管家铺	调弦口	小计	湘潭	桃江	桃源	石门	小计			
1985	334	89	144	9	182		757	548	174	454	103	1 279	2 036	2 240	204
1986	256	61	107	5	118		547	466	175	500	124	1 265	1 812	1 990	178
1987	298	87	131	10	180		706	508	188	595	151	1 442	2 148	2 430	282
1988	288	75	128	7	148		647	565	256	558	109	1 488	2 135	2 410	275
1989	348	91	149	9	178		775	568	213	569	187	1 537	2 312	2 750	438
1990	294	82	131	6	143		656	639	251	635	137	1 662	2 318	2 544	226
1991	279	84	125	10	174		673	534	234	725	183	1 676	2 349	2 679	330
1992	230	56	105	6	114		511	784	235	576	83	1 678	2 189	2 400	211
1993	297	88	141	13	197		737	706	240	717	180	1 843	2 579	2 918	339
1994	168	29	76	2	67		344	1 035	359	674	109	2 177	2 521	2 736	215
1995	267	69	128	8	135		607	735	245	731	163	1 874	2 481	2 861	380
1996	269	70	127	10	152		628	666	238	724	183	1 811	2 439	2 826	387
1997	201	39	88	4	89		421	873	263	607	106	1 849	2 269	2 574	305
1998	406	127	182	25	307		1 046	844	324	816	216	2 200	3 246	4 008	762
1999	338	88	160	14	201		801	623	242	719	138	1 722	2 523	2 991	468
2000	306	78	139	9	153		685	709	224	614	124	1 671	2 356	2 595	239
2001	239	52	102	4	96		493	684	211	551	92	1 538	2 031	2 321	290
2002	228	51	102	7	134		522	1 000	310	847	176	2 333	2 855	3 393	538
2003	257	69	106	7	130		569	627	212	708	208	1 755	2 323	2 685	362

续表

年份	四口							四水					四口+四水	七里山	四口+四水-七里山
	新江口	沙道观	弥陀寺	康家岗	管家铺	调弦口	小计	湘潭	桃江	桃源	石门	小计			
2004	253	58	104	5	105		524	531	181	651	136	1 499	2 024	2 329	305
2005	301	76	123	7	137		643	658	230	520	103	1 511	2 155	2 415	260
2006	109	10	34	0	29		183	780	240	449	85	1 554	1 737	1 990	253
2007	257	61	100	6	120		544	517	235	575	145	1 472	2 015	2 094	79
2008	257	56	99	4	113		529	579	180	595	159	1 513	2042	2 256	214
2009	215	49	87	3	91		445	492	195	547	112	1 346	1 791	2 018	227
2010	260	62	107	6	131		566	769	226	666	157	1 818	2 384	2 799	415
2011	162	23	48	1	44		276	394	149	379	105	1 027	1 304	1 475	171
2012	314	76	114	6	143		654	726	235	692	150	1 803	2 456	2 860	404
2013	208	42	69	2	77		397	654	184	587	128	1 553	1 950	2 259	309
2014	273	64	92	3	121		554	634	239	787.1	139	1 799	2 353	2 725	372
2015	194	31	51	1	75		352	773	212	718.2	149	1 853	2 205	2 610	405
2016	257	56	70	4	121		508	873	266	822.7	191	2 153	2 661	3 119	458
2017	252	50	56	1	97		456	673	256	761.9	148	1 839	2 295	2 776	481
2018	284	63	59	2	97		505	425	146	514.3	150	1 235	1 740	1 990	250
2019	244	55	47	2	93		440	926	299	742	114	2 082	2 522	2 873	351
2020	391	116	93	8	209		817	589	267	922	221	1 999	2 816	3 404	588

2-3　长江中游控制站逐年年径流量统计表　　单位：亿 m³

年份	宜昌	枝城	新厂	监利	七里山	螺山	汉口
1951	4 422	4 554	▶3 627	2 988	3 099	▶6 096	6 765
1952	4 712	4 889	▶4 327	3 151	4 198	▶7 472	8 396
1953	4 021	4 147	▶3 399	2 927	3 412	▶6 336	6 837
1954	5 751	5 952	▶4 819	3 622	5 268	8 956	10 130
1955	4 574	4 696	4 046	3 020	3 498	6 437	7 123
1956	4 150	4 366	3 696	2 890	3 124	6 083	6 770
1957	4 297	4 446	3 795	2 963	3 191	6 206	6 529
1958	4 146	4 298	3 696	2 869	3 294	6 322	6 893
1959	3 666	3 746	3 239	2 803	2 741	5 561	5 914
1960	4 032	4 144	3 486	▶2 896	2 589	5 502	6 080
1961	4 404	4 508	3 877	▶3 228	3 347	6 525	7 049
1962	4 647	4 795	4 016	▶3 223	3 614	6 778	7 401
1963	4 524	4 679	4 062	▶3 351	2 656	5 942	6 756
1964	5 205	5 368	4 647	▶3 695	4 007	7 587	8 807
1965	4 924	5 031	4 395	▶3 627	3 154	6 745	7 426
1966	4 297	4 373	3 772	▶3 210	2 669	5 923	6 202
1967	4 499	4 650	3 987	3 507	3 244	6 776	7 218
1968	5 154	5 300	4 552	3 990	3 625	7 394	8 036
1969	3 665	3 815	3 359	3 041	3 047	6 062	6 738
1970	4 200	4 332	▶3 696	3 282	3 607	6 859	7 540
1971	3 890	4 042	3 527	3 270	2 319	5 567	6 242
1972	3 570	3 673	3 206	3 060	2 048	5 215	5 670
1973	4 280	4 445	3 855	3 471	3 617	7 181	7 696
1974	5 011	5 130	4 466	3 993	2 625	6 616	7 094
1975	4 307	4 475	4 007	3 629	2 911	6 477	7 453

续表

年份	宜昌	枝城	新厂	监利	七里山	螺山	汉口
1976	4 086	4 194	3 603	3 459	2 628	6 090	6 669
1977	4 230	4 373	3 750	3 580	2 980	6 350	7 100
1978	3 900	4 001	3 480	3 330	1 990	5 280	5 710
1979	3 980	4 105	3 620	3 420	2 360	5 730	6 170
1980	4 620	4 804	4 300	3 950	3 200	7 020	7 840
1981	4 420	4 521	4 070	3 750	2 660	6 280	6 910
1982	4 480	4 670	4 160	3 940	3 220	7 000	7 730
1983	4 760	4 988	4 460	4 090	3 220	7 340	8 660
1984	4 520	4 659	4 060	3 790	2 460	6 230	7 150
1985	4 560	4 675	4 180	3 990	2 240	6 180	6 850
1986	3 810	3 919	3 580	3 510	1 990	5 520	5 900
1987	4 309	4 447	3 970	3 800	2 430	6 100	6 850
1988	4 221	4 312	3 790	3 670	2 410	6 020	6 640
1989	4 778	▶4 903	4 460	4 340	2 750	6 930	7 860
1990	4 466	▶4 584	4 160	4 049	2 544	6 476	7 328
1991	4 343	▶4 458	▶3 969	3 900	2 679	6 483	7 381
1992	4 104	▶4 213	▶3 822	3 752	2 400	6 085	6 540
1993	4 595	4 715	▶4 189	4 063	2 918	7 083	7 527
1994	3 474	3 433	▶3 159	3 240	2 736	5 916	6 479
1995	4 227	4 216	▶3 752	3 764	2 861	6 489	7 247
1996	4 218	4 267	▶3 801	3 822	2 826	6 416	7 329
1997	3 631	3 644	▶3 316	3 408	2 574	5 838	6 272
1998	5 233	▶5 369	▶4 655	4 412	4 008	8 299	9 068

年份	宜昌	枝城	新厂	监利	七里山	螺山	汉口
1999	4 818	4 824	▶4 238	4 093	2 991	7 084	7 628
2000	4 712	4 787	▶4 265	4 151	2 595	6 611	7 420
2001	4 155	4 199	▶3 806	3 681	2 321	5 967	6 553
2002	3 928	4 005	▶3 625	3 503	3 393	7 021	7 687
2003	4 097	4 232	▶3 800	3 663	2 685	6 370	7 380
2004	4 141	4 217	▶3 802	3 735	2 329	5 980	6 773
2005	4 592	4 545	▶4 045	4 036	2 415	6 429	7 443
2006	2 848	▶2 928	▶2 775	2 720	1 990	4 647	5 341
2007	4 004	4 180	▶3 762	3 648	2 094	5 687	6 450
2008	4 186	4 281	▶3 869	3 803	2 256	6 085	6 728
2009	3 822	4 043	▶3 693	3 648	2 018	5 536	6 278
2010	4 048	4 195	▶3 766	3 679	2 799	6 480	7 472
2011	3 393	3 583	▶3 351	3 329	1 475	4 653	5 495
2012	4 649	4 724	▶4 219	4 048	2 860	6 994	7 576
2013	3 756	3 827	▶3 509	3 467	2 259	5 698	6 358
2014	4 584	4 568	▶4 139	3 990	2 725	6 721	7 200
2015	3 946	3 955	▶3 679	3 590	2 610	6 111	6 752
2016	4 264	4 427	▶4 044	3 853	3 119	6 909	7 487
2017	4 403	4 483	▶4 124	3 953	2 776	6 629	7 373
2018	4 738	4 810	▶4 404	4 176	1 990	6 148	6 695
2019	4 466	4 473	▶4 128	3 943	3 943	2 873	6 768
2020	5 442	5 614	▶5 014	4 750	4 750	3 404	8 127

2-4　四口组合各时段洪水量统计表　　单位：亿 m³

年份	最大 1 d			最大 3 d			最大 7 d			最大 15 d			最大 30 d		
	洪量	月	日	洪量	月	日	洪量	月	日	洪量	月	日	洪量	月	日
1951	19.8	7	15	57.9	7	14	124	7	14	260	7	14	468	7	13
1952	21.3	8	23	61.7	8	21	135	9	15	263	8	20	513	8	22
1953	19.1	8	8	55.4	8	7	115	8	4	208	7	29	360	7	14
1954	23.7	7	22	70.0	8	5	161	8	2	332	7	28	613	7	15
1955	20.4	7	19	58.4	7	18	122	6	26	233	7	7	453	6	24
1956	21.4	7	1	59.8	7	30	126	7	29	222	6	28	349	8	15
1957	19.4	7	23	57.4	7	22	123	7	20	224	7	12	414	7	17
1958	21.6	8	26	62.5	8	25	125	8	24	228	8	17	384	8	15
1959	19.0	8	17	54.5	8	16	106	8	15	171	8	11	277	7	27
1960	17.6	8	8	51.1	8	8	106	8	5	191	7	27	343	7	17
1961	18.9	7	2	53.1	7	2	105	7	9	193	7	9	355	6	30
1962	21.2	7	11	62.2	7	10	131	7	8	240	8	20	415	8	9
1963	15.1	5	30	42.6	7	14	96.4	7	11	174	8	20	313	8	18
1964	19.4	9	19	56.6	9	17	130	9	15	250	9	14	446	9	13
1965	18.1	7	18	53.2	7	17	117	7	15	235	7	11	392	7	3
1966	20.2	9	6	60.3	9	5	132	9	3	226	8	31	338	8	30
1967	15.1	6	28	44.1	6	28	95.1	6	28	186	6	24	310	6	22
1968	19.8	7	7	56.2	7	6	120	7	17	222	7	6	386	6	30
1969	14.7	7	12	40.3	7	12	84.4	7	7	168	7	9	273	7	7
1970	15.0	8	2	42.8	8	1	91.4	7	28	184	7	21	336	7	16
1971	9.71	6	16	27.1	6	15	56.5	6	12	101	6	18	195	6	8
1972	9.15	6	29	26.5	6	28	52.3	6	27	88	7	14	169	6	27
1973	14.4	7	5	39.7	7	5	74.7	7	3	145	7	19	255	6	19
1974	17.4	8	13	49.3	8	12	96.6	8	10	170	8	2	301	8	1

续表

年份	最大 1 d			最大 3 d			最大 7 d			最大 15 d			最大 30 d		
	洪量	月	日	洪量	月	日	洪量	月	日	洪量	月	日	洪量	月	日
1975	11.0	10	6	31.4	10	5	60.3	10	3	111	6	28	197	6	19
1976	14.1	7	22	41.3	7	21	86.6	7	19	155	7	13	245	6	29
1977	10.3	7	12	29.0	7	12	61.8	7	11	107	7	10	196	7	10
1978	10.2	7	9	29.3	7	8	57.5	7	5	115	6	26	180	6	23
1979	12.4	9	17	35.3	9	16	75.7	9	14	151	9	14	260	8	31
1980	14.7	8	29	43.4	8	29	92.7	8	26	168	8	21	280	8	4
1981	18.8	7	19	52.5	7	18	100	7	17	158	7	13	268	6	28
1982	15.8	8	1	45.5	7	31	93.9	7	29	177	7	19	284	7	14
1983	14.4	7	17	41.1	7	16	85.2	7	14	150	7	6	275	7	14
1984	14.1	7	11	40.3	7	10	82.1	7	7	148	7	6	286	7	6
1985	10.1	7	5	30.1	7	5	67.4	7	5	134	7	4	218	7	1
1986	9.91	7	7	27.7	7	6	51.9	7	5	95	7	6	183	7	5
1987	14.9	7	24	41.9	7	23	79.5	7	22	132	7	14	240	7	1
1988	10.9	9	7	31.1	9	6	71.3	9	6	145	9	5	226	8	23
1989	16.2	7	14	47.5	7	12	92.4	7	11	139	7	10	219	7	6
1990	9.45	7	5	26.9	7	4	55.0	7	1	111	6	23	191	6	24
1991	11.7	8	15	34.8	8	14	76.3	8	13	138	8	12	224	8	5
1992	10.9	7	20	31.7	7	19	65.7	7	17	105	7	11	188	6	25
1993	12.3	8	31	36.5	8	31	80.8	8	29	151	8	21	289	8	13
1994	5.36	7	15	15.5	7	14	32.0	7	12	60	7	4	113	6	23
1995	7.80	7	13	23.0	7	12	51.0	7	9	102	7	8	193	7	5
1996	9.74	7	25	28.8	7	25	63.1	7	24	128	7	23	235	7	5
1997	10.5	7	20	30.1	7	19	68.6	7	17	121	7	14	188	7	3
1998	16.1	8	17	46.5	8	16	104	8	12	216	8	6	402	8	4

续表

年份	最大 1 d			最大 3 d			最大 7 d			最大 15 d			最大 30 d		
	洪量	月	日	洪量	月	日	洪量	月	日	洪量	月	日	洪量	月	日
1999	14.1	7	20	40.3	7	20	82.7	7	17	161	7	17	301	7	2
2000	10.6	7	18	30.8	7	17	64.5	7	2	122	7	5	225	6	27
2001	6.70	9	8	19.4	9	7	41.5	9	6	75	9	3	143	9	3
2002	9.58	8	20	28.6	8	19	65.3	8	18	127	8	14	192	8	3
2003	8.86	7	14	25.5	7	13	51.8	7	12	107	7	10	189	6	27
2004	11.4	9	9	32.7	9	8	64.1	9	7	97	9	5	142	8	29
2005	8.78	8	31	25.8	8	30	56.0	8	18	112	8	12	205	8	12
2006	4.78	7	11	13.6	7	10	27.8	7	8	49	7	6	78	6	30
2007	9.72	7	31	27.9	7	31	60.2	7	30	116	7	21	199	7	9
2008	6.91	8	17	20.3	8	16	44.4	8	13	84	8	11	162	8	11
2009	7.30	8	6	21.6	8	5	49.1	8	4	92	8	3	167	8	3
2010	9.35	7	27	27.9	7	27	61.4	7	24	124	7	17	210	7	8
2011	4.58	7	9	13.5	6	26	28.4	8	6	52	8	5	89	6	18
2012	10.2	7	30	30.5	7	28	69.7	7	25	137	7	20	246	7	7
2013	6.19	7	21	18.4	7	21	42.3	7	19	83	7	12	157	7	6
2014	9.14	9	20	26.3	9	19	53.0	9	16	90	9	11	164	8	25
2015	5.80	7	2	17.0	7	1	35.6	7	1	66	6	27	107	6	12
2016	6.75	7	21	19.8	7	20	44.7	7	20	95	7	20	173	7	15
2017	5.51	7	12	16.3	7	12	36.9	7	11	72	7	10	110	6	27
2018	7.72	7	14	23.0	7	14	52.9	7	13	107	7	6	185	7	5
2019	6.25	8	1	18.7	7	31	42.2	7	28	86	7	24	154	7	17
2020	11.01	8	21	32.3	8	20	73.6	8	19	142	8	13	255	7	28

注：表中"洪量"后的日期为开始日期。

2-5 四水组合各时段洪水量统计表

单位：亿 m³

年份	最大1d			最大3d			最大7d			最大15d			最大30d		
	洪量	月	日	洪量	月	日	洪量	月	日	洪量	月	日	洪量	月	日
1951	28.3	4	29	77.2	4	29	150	4	28	285	4	20	412	4	7
1952	28.2	6	2	77.7	7	12	132	7	11	181	7	11	277	8	9
1953	22.3	5	27	57.2	5	27	109	5	26	199	5	22	338	5	6
1954	38.6	6	29	105	6	29	223	6	26	381	6	18	619	6	5
1955	31.0	5	30	80.6	5	29	153	6	21	252	5	20	401	5	29
1956	29.9	5	30	83.6	5	29	150	5	28	279	5	10	521	5	8
1957	20.5	8	9	46.0	8	8	74.7	8	4	142	7	30	186	7	29
1958	29.0	5	10	77.4	5	9	161	5	6	303	5	6	448	4	30
1959	23.9	6	4	60.5	6	3	112	6	12	223	6	11	402	6	1
1960	20.5	7	10	50.1	7	10	97.0	5	15	163	5	15	281	5	7
1961	25.2	4	20	74.8	4	20	163	4	19	291	4	15	387	4	8
1962	29.4	5	29	81.3	6	28	182	6	28	350	6	23	493	6	15
1963	22.8	7	12	53.9	7	11	91.3	5	9	169	5	3	294	4	19
1964	36.7	6	25	98.9	6	25	190	6	24	339	6	18	436	4	6
1965	23.4	5	15	65.6	5	15	119	5	13	173	5	10	314	4	22
1966	26.5	7	13	71.3	7	12	138	7	9	224	6	30	351	6	20
1967	26.6	5	7	75.1	5	5	140	5	2	243	5	1	414	4	24
1968	25.1	6	27	72.9	6	26	152	6	25	288	6	17	494	6	17
1969	31.4	7	17	72.9	7	17	132	7	17	244	8	5	418	6	24
1970	37.6	7	15	101	7	14	191	7	12	332	5	1	500	5	1
1971	24.9	5	31	67.7	5	30	135	5	31	255	5	24	415	5	18
1972	17.8	9	1	49.4	5	8	103	5	8	174	5	6	313	4	22
1973	23.5	6	24	65.3	6	22	139	6	22	227	6	15	416	6	24
1974	29.7	7	1	70.2	7	1	124	6	28	205	6	21	373	6	24

年份	最大1 d			最大3 d			最大7 d			最大15 d			最大30 d		
	洪量	月	日	洪量	月	日	洪量	月	日	洪量	月	日	洪量	月	日
1975	27.7	5	12	76.7	5	12	167	5	9	343	5	9	592	4	28
1976	26.0	7	14	75.0	7	13	149	7	10	225	7	7	384	6	18
1977	26.3	6	20	71.8	6	14	148	6	15	282	6	11	448	6	3
1978	22.8	5	20	61.6	5	19	117	5	19	214	5	19	342	5	18
1979	26.2	6	26	76.2	6	26	165	6	23	263	6	21	402	6	5
1980	22.1	8	5	51.3	8	4	105	5	9	206	4	27	368	4	22
1981	20.4	4	12	57.6	4	11	123	4	8	245	4	7	359	4	4
1982	31.1	6	18	88.7	6	18	179	6	17	277	6	12	397	5	28
1983	20.9	6	27	54.7	6	22	120	6	21	201	6	21	364	6	18
1984	34.0	6	2	87.2	6	1	140	5	31	230	6	1	375	5	18
1985	15.0	6	7	42.4	6	6	85.7	6	4	165	5	27	240	5	20
1986	18.6	6	22	52.1	7	5	97.4	7	5	167	7	5	320	6	22
1987	17.0	10	13	45.6	10	12	81.9	6	30	147	6	26	233	5	11
1988	27.2	9	4	68.9	9	3	151	8	29	271	8	28	394	8	21
1989	23.2	7	4	60.0	7	3	107	7	1	155	5	11	265	4	21
1990	28.0	6	15	73.3	6	15	125	6	13	218	6	3	378	6	3
1991	20.1	7	10	55.9	7	10	121	7	7	221	7	2	316	6	16
1992	28.3	7	17	72.9	7	17	131	7	4	229	6	25	387	6	16
1993	25.9	8	1	76.1	7	5	161	7	4	231	7	1	411	7	4
1994	28.5	6	18	82.1	6	17	156	6	15	237	6	10	374	5	25
1995	40.5	7	2	102	7	1	180	6	28	305	6	21	482	6	10
1996	37.7	7	20	112	7	18	251	7	15	358	7	10	512	6	25
1997	18.2	6	10	48.0	6	10	88.4	6	7	147	7	8	276	3	30
1998	32.3	6	26	94.8	6	24	195	6	24	311	6	17	457	6	10

续表

年份	最大1d			最大3d			最大7d			最大15d			最大30d		
	洪量	月	日	洪量	月	日	洪量	月	日	洪量	月	日	洪量	月	日
1999	33.4	6	30	91.3	6	29	181	6	27	264	6	27	483	6	27
2000	19.9	6	23	53.6	6	23	103	6	7	182	6	1	342	5	30
2001	20.6	5	8	54.9	5	8	106	6	11	200	6	10	300	5	29
2002	27.9	8	21	81.0	8	20	163	5	10	277	5	4	443	4	26
2003	35.0	5	18	95.2	5	17	163	5	16	255	5	15	394	5	15
2004	26.1	7	20	76.0	7	20	149	7	18	223	7	11	330	6	24
2005	25.7	6	2	71.4	6	1	126	5	29	240	5	26	407	5	13
2006	19.6	7.	18	53.3	7	17	85.2	7	16	182	6	7	288	5	27
2007	21.4	7	26	52.4	7	25	95.9	6	10	157	6	7	249	6	2
2008	26.4	11	7	68.4	11	7	120	11	3	178	11	1	241	5	28
2009	15.0	7	6	40.0	7	5	79.6	7	3	138	4	20	260	4	13
2010	26.3	6	20	72.6	6	20	164	6	20	270	6	17	441	6	3
2011	12.4	6	16	33.3	6	15	71.7	6	10	143	6	7	224	6	6
2012	23.5	7	19	60.3	7	18	103	6	8	184	6	2	337	5	15
2013	17.8	9	26	43.9	9	25	93.1	5	10	190	5	9	322	5	9
2014	32.3	7	17	79.5	7	16	133	7	14	216	7	5	369	6	21
2015	21.4	6	22	51.5	6	21	102	6	3	201	6	2	365	5	26
2016	22.4	7	5	59.5	7	5	116	7	2	212	6	25	382	6	11
2017	43.0	7	2	124	7	1	241	6	29	406	6	23	547	6	11
2018	8.37	6	9	23.2	6	8	50.8	5	8	98	5	5	171	5	5
2019	34.4	7	10	95.6	7	10	197	7	10	305	7	8	479	6	18
2020	20.9	7	9	58.9	7	9	114	7	7	222	7	2	384	6	21

注：表中日期为开始时间。

2-6　洞庭湖总入湖各时段洪水量统计表　　单位：亿 m³

年份	最大 1 d			最大 3 d			最大 7 d			最大 15 d			最大 30 d		
	洪量	月	日	洪量	月	日	洪量	月	日	洪量	月	日	洪量	月	日
1951	35.4	7	14	96.1	7	14	206	7	13	390	7	13	621	7	12
1952	43.6	8	26	118	8	25	228	8	22	436	8	21	762	8	10
1953	26.3	6	27	67.9	5	27	135	7	26	235	7	28	441	7	13
1954	55.3	7	30	154	7	30	337	7	26	636	7	22	1 133	7	13
1955	36.1	6	27	106	6	25	242	6	22	435	6	18	699	6	21
1956	35.5	5	30	101	5	29	195	5	29	364	5	10	686	5	8
1957	36.5	8	9	93.5	8	8	187	8	7	356	7	30	625	7	18
1958	35.3	5	10	98.7	7	18	209	7	15	385	7	6	577	7	10
1959	25.7	6	4	70.3	6	12	153	7	1	305	6	11	582	6	10
1960	28.0	7	4	73.1	7	4	150	6	25	253	6	27	483	6	22
1961	28.0	6	15	77.8	6	14	170	4	15	314	4	17	455	8	11
1962	37.2	6	29	110	6	28	252	6	28	498	6	26	810	6	18
1963	36.9	7	12	94.8	7	11	179	7	10	280	7	8	461	7	8
1964	43.0	6	25	122	6	25	265	6	25	490	6	19	712	6	17
1965	25.6	7	7	71.3	5	15	135	7	7	281	7	6	475	7	3
1966	33.0	7	13	90.8	7	12	187	7	9	311	6	30	525	6	28
1967	31.1	6	24	87.7	6	24	196	6	23	373	6	22	594	6	19
1968	33.4	7	16	98.9	7	16	219	7	15	449	7	7	828	6	25
1969	41.5	7	17	105	7	17	211	7	15	395	7	5	659	6	25
1970	45.6	7	15	125	7	14	250	7	12	431	7	11	669	7	11
1971	26.7	5	31	74.2	6	6	153	5	31	306	5	29	533	5	20
1972	18.9	5	9	53.7	5	9	113	5	6	200	5	6	390	5	6
1973	32.3	6	24	91.9	6	22	201	6	22	344	6	17	569	6	16
1974	33.5	7	1	88.8	7	13	175	6	30	352	7	1	610	6	25

续表

年份	最大 1 d			最大 3 d			最大 7 d			最大 15 d			最大 30 d		
	洪量	月	日	洪量	月	日	洪量	月	日	洪量	月	日	洪量	月	日
1975	29.5	6	11	80.3	5	12	177	5	9	371	5	9	644	5	2
1976	34.0	7	14	99.8	7	13	206	7	11	367	7	10	586	6	25
1977	33.3	6	20	90.0	6	19	186	6	15	359	6	11	584	6	10
1978	23.4	5	20	63.7	5	19	124	5	19	247	5	19	424	5	18
1979	30.4	6	28	89.2	6	26	187	6	23	305	6	21	459	6	5
1980	33.0	8	5	81.4	8	4	164	8	1	309	8	2	578	8	2
1981	21.3	6	28	59.0	7	18	124	4	8	249	4	7	423	6	28
1982	35.1	6	18	102	6	18	213	6	17	333	6	1	476	6	2
1983	26.5	6	27	75.8	7	6	149	7	3	311	7	5	587	6	21
1984	36.4	6	2	95.7	6	1	167	6	1	287	6	1	461	5	18
1985	18.7	6	7	53.0	6	6	109	6	4	199	5	29	315	6	30
1986	26.7	7	7	75.9	7	6	149	7	5	261	7	5	465	6	22
1987	25.6	7	23	68.8	7	22	132	7	1	241	7	29	449	6	28
1988	33.1	9	4	88.3	9	3	189	9	4	384	8	28	620	8	22
1989	27.7	7	4	73.7	7	3	139	7	1	260	7	1	425	6	18
1990	29.3	6	15	77.7	6	15	145	6	30	272	6	22	511	6	7
1991	27.7	7	10	77.8	7	10	172	7	7	332	7	3	473	7	1
1992	31.1	5	17	85.3	7	6	166	7	4	312	6	25	538	6	22
1993	31.2	8	1	84.7	7	5	182	7	4	304	7	21	558	7	22
1994	30.2	6	18	87.4	6	17	169	6	15	269	6	12	413	5	25
1995	43.6	7	2	112	7	1	207	6	29	372	6	26	608	6	15
1996	44.5	7	20	132	7	18	297	7	15	467	7	10	730	7	2
1997	20.9	7	10	59.6	7	9	126	7	9	260	7	9	434	7	7
1998	41.1	7	24	110	7	23	225	6	24	392	6	22	678	7	22

续表

年份	最大1d			最大3d			最大7d			最大15d			最大30d		
	洪量	月	日	洪量	月	日	洪量	月	日	洪量	月	日	洪量	月	日
1999	43.0	7	17	113	6	29	230	6	28	392	6	28	763	6	27
2000	22.5	6	23	61.5	6	23	130	6	23	246	6	22	451	6	7
2001	21.1	5	8	58.3	6	13	122	6	11	239	6	11	388	6	11
2002	37.4	8	21	109	8	20	225	8	17	380	8	10	566	7	26
2003	39.1	7	10	101	7	9	172	7	8	274	6	27	480	6	25
2004	30.1	7	20	88.5	7	20	179	7	18	282	7	11	429	6	24
2005	28.5	6	2	80.0	6	1	148	6	1	284	5	26	471	5	13
2006	22.1	7	18	60.8	7	17	108	7	15	197	6	7	308	5	28
2007	27.6	7	26	71.4	7	25	133	7	22	241	7	22	406	7	9
2008	30.1	11	7	80.0	11	7	140	11	5	210	11	2	341	8	12
2009	17.9	7	6	49.2	7	4	102	7	2	179	6	30	311	6	30
2010	28.8	6	25	80.1	6	24	179	6	20	307	6	18	529	6	15
2011	13.4	6	16	36.4	6	15	82	6	14	162	6	8	287	6	7
2012	31.1	7	19	82.9	7	18	151	7	18	282	7	17	471	7	9
2013	19.9	9	26	50.2	9	25	101	5	15	208	5	9	368	5	9
2014	37.6	7	16	95.6	7	16	170	7	14	288	7	5	477	6	21
2015	23.7	6	22	59.2	6	21	122	6	17	241	6	9	438	6	3
2016	28.9	7	5	78.0	7	5	159	7	2	297	6	26	513	6	21
2017	45.8	7	2	132	7	1	261	6	28	440	6	23	627	6	16
2018	13.3	7	9	38.6	3	12	89	7	8	179	15	5	295	7	5
2019	36.6	7	10	103.1	7	10	214	7	10	349	7	8	569	6	18
2020	27.0	7	9	75.3	7	9	158	7	5	308	7	2	564	6	29

注：表中日期为开始日期。

2-7　七里山各时段洪水量统计表

单位：亿 m³

年份	最大 1 d			最大 3 d			最大 7 d			最大 15 d			最大 30 d		
	洪量	月	日	洪量	月	日	洪量	月	日	洪量	月	日	洪量	月	日
1951	22.0	5	3	65.8	5	3	149	5	1	304	7	20	556	7	17
1952	30.6	8	28	90.5	8	27	193	8	26	403	8	26	752	8	26
1953	17.8	8	15	53.0	8	14	118	8	12	236	5	29	430	7	25
1954	37.4	8	2	112	8	1	257	7	30	535	7	27	995	7	16
1955	25.1	7	3	74.7	7	2	170	8	29	349	8	22	647	8	12
1956	25.7	6	3	76.8	6	2	175	5	31	365	5	24	671	5	13
1957	24.8	8	13	74.1	8	12	170	8	10	337	8	4	631	7	30
1958	26.6	5	14	79.0	5	13	182	5	11	379	5	11	621	5	6
1959	20.6	7	9	61.2	7	8	139	7	6	284	6	15	548	6	15
1960	18.9	7	15	56.0	7	14	127	8	13	250	7	11	453	6	26
1961	22.4	4	26	66.9	4	25	151	4	23	299	4	21	467	8	26
1962	30.3	7	3	90.7	7	2	208	7	1	433	7	1	758	6	25
1963	20.2	7	19	59.6	7	18	132	7	16	252	7	14	433	7	14
1964	34.1	7	4	101	7	3	226	7	1	449	6	27	749	6	21
1965	18.7	9	15	55.9	9	14	127	9	13	255	7	20	466	7	8
1966	25.7	7	15	75.9	7	15	168	7	13	311	7	11	546	7	1
1967	23.9	7	2	71.7	7	2	162	7	1	336	6	29	598	6	24
1968	30.5	7	22	91.2	7	22	209	7	21	416	7	14	742	7	5
1969	33.4	7	20	99.1	7	19	219	7	18	408	7	15	683	7	2
1970	29.5	7	18	88.0	7	17	198	7	16	391	7	15	667	7	13
1971	22.8	6	4	68.3	6	3	157	6	1	313	5	31	542	5	26
1972	14.8	5	13	43.7	5	12	98	5	11	192	5	10	368	5	11
1973	28.4	6	28	84.6	6	27	189	6	26	357	6	26	627	6	24
1974	25.6	7	18	76.4	7	17	175	7	16	343	7	14	596	7	1

续表

年份	最大1d			最大3d			最大7d			最大15d			最大30d		
	洪量	月	日	洪量	月	日	洪量	月	日	洪量	月	日	洪量	月	日
1975	24.5	5	16	73.4	5	16	170	5	15	358	5	12	663	5	5
1976	21.6	7	27	64.5	7	26	147	7	24	301	7	16	551	7	5
1977	24.8	7	2	73.8	6	30	170	6	21	360	6	20	616	6	11
1978	16.2	6	6	48.4	6	5	109	6	3	220	6	3	415	5	22
1979	23.9	7	2	70.5	7	1	154	6	30	272	6	28	448	6	11
1980	24.3	8	18	72.5	8	16	165	8	13	347	8	7	651	8	7
1981	19.3	7	30	57.5	7	29	131	7	26	254	7	22	414	4	5
1982	25.1	6	25	74.2	6	24	164	6	22	309	6	18	486	6	10
1983	29.4	7	10	85.6	7	10	182	7	9	377	7	9	633	7	3
1984	19.4	6	7	57.9	6	6	130	6	5	259	6	5	448	5	28
1985	15.3	6	12	45.7	6	11	104	6	9	201	6	6	342	5	25
1986	20.3	7	11	60.4	7	11	132	7	9	249	7	10	459	7	9
1987	19.5	7	30	58.1	7	29	132	7	29	250	7	25	449	7	8
1988	26.9	9	9	79.8	9	9	183	9	8	374	9	5	679	8	30
1989	18.8	7	19	55.6	7	19	122	7	17	224	7	16	421	6	30
1990	20.4	7	8	60.9	7	7	138	7	4	269	6	29	504	6	14
1991	25.6	7	15	75.3	7	14	169	7	13	327	7	12	529	7	7
1992	24.1	7	10	71.5	7	10	160	7	6	313	6	29	530	6	27
1993	24.5	7	9	72.9	7	9	164	7	7	308	7	28	576	7	26
1994	21.2	6	21	63.0	6	20	137	6	18	236	6	16	416	7	19
1995	32.5	7	4	94.9	7	3	199	7	1	387	6	27	656	6	20
1996	37.8	7	21	111	7	20	242	7	17	436	7	16	776	7	16
1997	22.7	7	28	67.5	7	27	149	7	26	283	7	21	476	7	12
1998	30.9	7	31	91.9	7	30	212	7	27	421	7	25	770	7	25

续表

年份	最大 1 d			最大 3 d			最大 7 d			最大 15 d			最大 30 d		
	洪量	月	日	洪量	月	日	洪量	月	日	洪量	月	日	洪量	月	日
1999	29.5	7	19	84.2	7	17	190	7	18	395	7	13	741	7	3
2000	16.8	6	15	50.0	6	14	110	6	12	220	6	12	400	6	13
2001	15.2	6	24	44.8	6	23	102	6	18	217	6	16	384	6	16
2002	30.6	8	23	89.4	8	22	194	8	22	371	8	20	588	8	10
2003	23.0	5	22	67.1	5	21	146	5	20	282	5	18	476	5	8
2004	25.1	7	24	71.8	7	23	154	7	22	281	7	20	442	7	8
2005	19.8	6	9	59.0	6	8	134	6	5	270	6	1	483	5	27
2006	16.8	7	21	49.3	7	20	106	7	18	200	7	15	335	7	13
2007	17.6	7	29	51.5	7	28	114	8	5	233	7	28	417	7	27
2008	17.8	11	12	52.8	11	11	115	11	10	206	11	8	390	8	20
2009	14.3	7	9	42.4	7	8	93	7	6	166	7	4	313	7	4
2010	24.2	6	26	70.0	6	25	155	6	22	307	6	20	539	6	18
2011	11.9	6	17	34.9	7	2	80	6	30	152	6	11	294	6	9
2012	20.3	6	14	60.0	6	13	134	6	11	262	6	20	499	7	15
2013	15.1	5	19	44.7	5	18	101	5	18	203	5	11	381	5	10
2014	23.9	7	19	70.2	7	19	151	7	17	286	7	15	498	7	6
2015	20.8	6	24	61.3	6	23	128	6	21	250	6	13	474	6	14
2016	26.6	7	9	78.7	7	8	178	7	6	342	7	5	582	7	3
2017	42.5	7	4	125	7	3	263	7	1	459	6	27	707	6	23
2018	13.6	7	23	40.0	7	22	89	7	20	172	7	16	305	7	12
2019	26.5	7	15	79.23	7	14	178	7	12	338	7	9	591	6	24
2020	28.0	7	13	82.08	7	12	180	7	11	329	7	9	602	7	9

注：表中日期为开始日期。

2-8 出入湖控制站逐年年输沙量统计表

单位：万 t

年份	四口							四水					四口+四水	七里山	四口+四水-七里山
	新江口	沙道观	弥陀寺	康家岗	管家铺	调弦口	小计	湘潭	桃江	桃源	石门	小计			
1951	▲3 570	▲1 920	2 020	▲1 560	▲12 000	▲950	22 020	▲1 090	▲315	▲900	▲330	2 635	24 655	4 970	19 685
1952	▲3 520	▲1 890	▲1 840	▲2 350	▲14 000	▲920	24 520	▲1 120	▲405	2 690	634	4 849	29 369	7 730	21 639
1953	▲2 880	▲1 550	▲1 630	▲951	▲6 740	▲880	14 631	1 070	376	914	322	2 682	17 313	8 450	8 863
1954	▲5 730	▲3 080	2 620	▲2 740	15 700	1 060	30 930	2 950	1 500	3 180	1 540	9 170	40 100	8 460	31 640
1955	3 920	2 410	▲2 760	▲1 910	▲13 600	▲950	25 550	1 020	▲1 870	▲1 630	▲595	5 115	30 665	▲4 830	25 835
1956	3 600	2 290	2 640	1 470	12 000	1 250	23 250	970	452	1 080	454	2 956	26 206	6 830	19 376
1957	3 470	1 860	▲2 280	▲1 300	10 600	1 190	20 672	853	402	1 040	797	3 092	23 764	5 990	17 774
1958	3 540	2 080	2 500	▲1 350	12 000	1 310	22 756	752	474	1 290	867	3 383	26 139	6 470	19 669
1959	2 460	1 350	2 120	700	7 830		14 460	1 200	334	935	422	2 891	17 351	6 480	10 871
1960	2 640	1 460	1 830	1 010	8 940		15 880	1 090	220	869	477	2 656	18 536	5 480	13 056
1961	3 050	1 520	2 210	990	10 300		18 070	1 410	166	353	142	2 071	20 141	6 880	13 261
1962	3 340	1 840	2 220	1 150	12 200		20 750	1 090	266	1 080	718	3 154	23 904	5 560	18 344
1963	3 520	1 910	2 570	822	10 785		19 607	269	79	1 700	942	2 990	22 597	5 130	17 467
1964	4 640	2 420	2 780	1 170	13 500		24 510	914	166	1 770	800	3 650	28 160	6 293	21 867
1965	3 800	2 080	2 470	1 050	10 700		20 100	613	93	1 840	389	2 935	23 035	5 250	17 785
1966	3 930	2 070	2 630	780	9 650		19 060	569	113	1 160	507	2 349	21 409	5 210	16 199
1967	3 750	1 720	▲2 490	592	▲8 650		17 202	755	256	2 220	711	3 942	21 144	5 890	15 254
1968	5 370	2 660	3 100	1 170	13 400		25 700	2 030	173	1 150	624	3 977	29 677	5 728	23 949
1969	2 700	1 260	1 850	399	5 610		11 819	655	583	3 210	1 380	5 828	17 647	5 575	12 072
1970	3 106	1 430	▲2 070	404	6 750		13 760	1 820	314	2 560	1 060	5 754	19 514	6 150	13 364
1971	▲2 670	1 090	▲1 730	132	▲3 750		9 372	483	188	1 430	483	2 584	11 956	3 889	8 067
1972	2 440	924	1 410	60	2 450		7 284	988	45	959	416	2 408	9 691	4 243	5 448

续表

年份	四口							四水					四口+四水	七里山	四口+四水-七里山
	新江口	沙道观	弥陀寺	康家岗	管家铺	调弦口	小计	湘潭	桃江	桃源	石门	小计			
1973	3 430	1 570	2 110	326	5 900		13 336	1 470	206	1 700	705	4 081	17 417	4 321	13 096
1974	4 460	2 020	2 700	506	7 960		17 646	823	121	1 700	282	2 926	20 572	3 288	17 284
1975	3 270	1 170	1 970	144	3 680		10 234	1 760	214	1 110	493	3 577	13 811	3 890	9 921
1976	2 550	830	1 410	129	2 610		7 529	1 580	122	1 250	434	3 386	10 915	3 900	7 015
1977	3 300	1 120	1 910	136	3 110		9 576	1 220	383	2 420	597	4 620	14 196	3 916	10 280
1978	3 090	977	1 590	63	2 240		7 960	1 070	99	465	165	1 799	9 758	3 204	6 554
1979	3 580	1 270	1 850	149	3 570		10 419	1 310	158	1 800	835	4 103	14 522	3 858	10 664
1980	3 700	1 350	1 940	269	4 650		11 909	1 150	103	1 350	2 230	4 833	16 742	4 340	12 402
1981	5 460	1 920	2 600	312	5 930		16 222	1 540	114	448	570	2 672	18 894	4 139	14 755
1982	4 040	1 380	2 080	293	4 830		12 623	1 370	110	665	10	2 155	14 778	3 946	10 832
1983	4 580	1 540	2 410	409	6 350		15 289	1 430	77	842	1 720	4 069	19 358	3 460	15 898
1984	4 950	1 710	2 490	325	5 180		14 655	1 030	163	822	384	2 399	17 054	3 530	13 524
1985	3 690	1 190	1 790	182	3 240		10 092	844	66	527	167	1 604	11 696	3 044	8 652
1986	2 450	718	1 240	93	1 740		6 241	727	67	563	377	1 734	7 975	2 608	5 367
1987	3 680	1 250	1 690	197	3 240		10 057	529	86	837	479	1 931	11 988	2 975	9 013
1988	2 990	875	1 450	95	1 980		7 390	578	232	838	310	1 958	9 348	2 464	6 884
1989	3 510	1 060	1 590	156	2 630		8 946	817	131	343	568	1 859	10 805	2 797	8 008
1990	3 030	961	1 560	95	2010		7 656	723	371	1 190	160	2 444	10 100	3 136	6 964
1991	3 650	1 310	1 730	203	3 370		10 263	368	117	1 020	724	2 229	12 492	2 913	9 579
1992	2 030	553	985	85	1 450		5 103	1 190	147	701	58	2 096	7 198	2 684	4 514
1993	2 980	960	1 510	184	3 040		8 674	651	168	1 300	622	2 741	11 415	2 480	8 935
1994	1 150	256	652	20	482		2 560	1 520	291	839	43	2 693	5 253	2 999	2 254
1995	2 490	687	1 320	83	1 500		6 080	639	169	967	467	2 242	8 322	2 303	6 019

续表

年份	四口							四水					四口+四水	七里山	四口+四水-七里山
	新江口	沙道观	弥陀寺	康家岗	管家铺	调弦口	小计	湘潭	桃江	桃源	石门	小计			
1996	2 340	722	1 160	115	1 670		6 007	619	226	1 000	596	2 441	8 448	2 191	6 257
1997	2 040	523	1 010	74	1 250		4 897	952	78	91	115	1 235	6 132	2 403	3 729
1998	5 610	1 670	2 320	379	5 200		15 179	859	315	522	1 055	2 751	17 930	3 055	14 875
1999	3 070	732	1 470	178	2 570		8 020	477	122	561	231	1 391	9 411	1 775	7 636
2000	2 640	695	1 190	134	1 870		6 529	518	23	149	33	724	7 253	1 938	5 314
2001	1 920	470	793	55	996		4 234	503	61	117	7	688	4 922	2 025	2 897
2002	1 470	388	621	79	1 300		3 858	1 150	139	269	298	1 856	5 714	2 386	3 328
2003	775	246	290	40	699		2 050	386	15	265	1 110	1 776	3 826	1 749	2 077
2004	578	167	196	22	480		1 443	256	80	384	193	913	2 357	1 430	927
2005	985	312	361	38	697		2 393	481	87	490	23	1 081	3 474	1 593	1 881
2006	89	15	25	1	32		162	975	25	10	17	1 028	1 190	1 517	−328
2007	527	151	173	20	459		1 330	559	10	70	176	815	2 145	1 119	1 027
2008	290	93	102	8	240		733	508	37	52	193	791	1 523	1 742	−219
2009	349	112	121	8	237		827	314	2	15	42	373	1 200	1 665	−465
2010	347	114	142	11	314		928	853	51	146	199	1 249	2 177	2 617	−440
2011	79	17	19	0	33		148	127	14	14	46	201	350	1 457	−1 107
2012	506	150	166	15	407		1 244	385	44	110	78	617	1 861	2 565	−704
2013	302	94	116	4	131		648	473	12	41	85	611	1 259	2 895	−1 636
2014	150	60	49	2	145		407	346	55	294	70	765	1 172	2 255	−1 083
2015	56	15	13	0	22		106	657	35	90	34	816	922	2 454	−1 532
2016	191	35	33	2	155		416	510	148	159	278	1 095	1 511	2 463	−952
2017	105	15	15	0	45		180	619	214	378	25	1 236	1 416	1 611	−195
2018	429	114	90	5	211		850	47	1	6	27	81	931	574	357
2019	158	35	25	1	84		303	926	148	68	9	1 151	1 454	1 180	274
2020	661	210	148	14	506		1 539	171	23	176	403	773	2 312	1 100	1 212

2-9　长江中游控制站逐年年输沙量统计表

单位：万 t

年份	宜昌	枝城	新厂	监利	七里山	螺山	汉口
1951	41 100	41 600	▶37 500	26 400	4 970	▶29 100	▶32 200
1952	50 400	53 200	▶61 400	26 200	7 730	▶39 300	▶34 000
1953	38 600	38 100	▶36 100	29 600	8 450	▶42 200	▶35 500
1954	75 400	59 500	▶79 600	22 200	8 460	31 800	26 700
1955	52 600	48 400	▶42 400	24 700	4 830	32 100	▶35 900
1956	62 700	64 400	44 400	32 100	6 830	39 100	49 200
1957	51 700	55 000	40 800	31 800	5 990	41 900	38 800
1958	58 300	66 900	48 700	34 800	6 470	45 400	51 000
1959	47 600	47 500	36 200	31 700	6 480	38 400	37 200
1960	41 800	42 200	34 200	▶26 700	5 480	35 000	40 200
1961	48 700	48 900	44 500	▶34 200	6 880	42 100	43 200
1962	49 400	50 100	38 800	▶26 600	5 560	33 400	40 800
1963	56 200	57 200	47 600	▶37 100	5 130	43 400	51 200
1964	62 300	62 900	58 000	▶40 700	6 293	44 400	57 900
1965	57 700	58 000	49 400	▶38 000	5 250	43 600	51 500
1966	66 000	66 200	52 200	▶43 000	5 210	48 500	48 000
1967	54 300	55 000	50 600	39 900	5 890	49 400	50 400
1968	71 200	72 500	65 600	44 300	5 728	51 500	50 900
1969	41 200	43 500	40 500	27 900	5 575	38 300	34 000
1970	48 800	49 500	▶41 700	▶29 400	6 150	38 600	39 500
1971	41 700	42 500	39 500	▶35 600	3 889	40 000	40 900
1972	38 600	39 000	35 700	▶35 900	4 243	40 600	37 400
1973	51 000	51 700	45 100	▶30 700	4 321	38 700	38 600
1974	67 500	68 000	61 000	▶47 400	3 288	52 100	46 200
1975	47 000	50 600	47 800	41 600	3 890	47 900	48 000

年份	宜昌	枝城	新厂	监利	七里山	螺山	汉口
1976	36 800	37 500	34 800	33 600	3 900	42 600	36 500
1977	46 400	47 600	45 400	38 200	3 916	43 800	42 300
1978	44 200	44 800	42 400	37 900	3 204	45 700	39 300
1979	52 700	53 900	48 600	44 800	3 858	51 200	43 300
1980	53 800	56 000	49 300	40 800	4 340	48 100	39 800
1981	72 800	73 400	61 500	54 900	4 139	61 500	48 900
1982	56 100	58 000	48 300	45 400	3 946	50 800	43 200
1983	62 200	65 500	55 800	46 700	3 460	51 200	45 600
1984	67 200	68 100	52 900	51 200	3 530	55 200	50 100
1985	53 100	53 600	43 700	46 000	3 044	49 300	41 100
1986	36 100	36 900	36 300	35 500	2 608	38 800	32 500
1987	53 400	54 500	45 200	42 600	2 975	42 800	41 800
1988	43 100	43 700	37 300	35 900	2 464	35 700	35 200
1989	50 900	▶51 402	▶45 242	45 600	2 797	45 100	40 100
1990	45 800	▶46 367	▶40 816	41 500	3 136	42 100	38 900
1991	55 000	▶55 450	▶48 760	43 100	2 913	44 400	43 500
1992	32 200	33 000	▶29 432	30 000	2 684	30 700	29 700
1993	46 400	45 500	▶40 050	35 700	2 480	38 100	34 500
1994	21 000	23 300	▶21 242	20 900	2 999	24 800	23 300
1995	36 300	36 800	▶32 303	32 100	2 303	31 500	33 000
1996	35 900	35 000	▶30 778	29 200	2 191	28 300	29 100
1997	33 700	32 700	▶29 127	30 000	2 403	30 000	30 400
1998	74 300	▶74 503	▶64 903	40 700	3 055	36 100	36 400
1999	43 300	42 300	▶37 028	32 200	1 775	30 900	28 200
2000	39 000	39 600	▶35 075	35 000	1 938	35 900	33 600

续表

年份	宜昌	枝城	新厂	监利	七里山	螺山	汉口
2001	29 900	31 400	▶28 217	29 200	2 025	30 600	28 500
2002	22 800	24 900	▶22 421	19 800	2 386	22 600	23 900
2003	9 760	13 100	▶11 789	13 100	1 749	14 600	16 500
2004	6 400	8 030	▶7 089	10 600	1 430	12 300	13 600
2005	11 000	11 700	▶10 042	14 000	1 593	14 700	17 400
2006	909	1 200	▶1 071	3 900	1 517	5 810	5 760
2007	5 270	6 800	▶5 949	9 390	1 119	9 520	11 400
2008	3 200	3 920	▶3 435	7 600	1 742	9 150	10 100
2009	3 510	4 090	▶3 508	7 060	1 665	7 720	8 740
2010	3 280	3 790	▶3 187	6 020	2 617	8 370	11 100
2011	623	980	▶865	4 480	1 457	4 500	6 860
2012	4 270	4 840	▶4 018	7 450	2 565	9 800	12 600
2013	3 000	3 170	▶2 658	5 640	2 895	8 380	9 280
2014	940	1 220	▶960	5 270	2 255	7 360	8 050
2015	371	570	▶486	3 310	2 454	5 950	6 300
2016	847	1 130	▶871	3 290	2 463	6 610	6 790
2017	331	550	▶415	2 900	1 611	5 110	6 980
2018	3 620	4 160	▶3 527	7 320	574	7 260	7 960
2019	879	1 120	▶902	4 250	4 250	1 180	5 230
2020	4 680	5 510	▶4 491	7 510	7 510	1 100	9 600

附表3 江湖各站分期统计表

3-1 长江中游控制站水、沙分期统计表

项目	起止年份	宜昌	枝城	新厂	监利	螺山	汉口	枝城—松滋—太平	新厂—藕池—调弦	监利＋七里山
年径流量（亿m³）	1951—1958	4 509	4 669	3 926	3 054	6 738	7 430	3 924	3 058	6 690
	1959—1966	4 462	4 581	3 937	3 254	6 320	6 954	3 871	3 306	6 351
	1967—1972	4 163	4 302	3 721	3 358	6 312	6 907	3 670	3 331	6 340
	1973—1980	4 302	4 441	3 885	3 604	6 343	6 967	3 853	3 638	6 393
	1981—2002	4 353	4 446	3 969	3 851	6 517	7 228	3 941	3 787	6 589
	2003—2020	4 188	4 283	3 896	3 780	6 221	6 929	3 896	3 785	6 262
	历年平均	4 319	4 432	3 913	3 603	6 406	7 086	3 887	3 594	6 445
	最大	5 751	5 952	5 014	4 750	8 956	10 130			
	出现年份	1954	1954	2020	2020	1954	1954			
	最小	2 848	2 928	2 775	2 720	4 647	5 341			
	出现年份	2006	2006	2006	2006	2011	2006			
年输沙量（万t）	1951—1958	53 850	53 388	48 863	28 475	37 613	37 913	45 188	34 015	35 191
	1959—1966	53 713	54 125	45 113	34 750	41 100	46 250	46 517	33 666	40 535
	1967—1972	49 300	50 333	45 600	35 500	43 067	42 183	43 372	38 373	40 746
	1973—1980	49 925	51 263	46 800	39 375	46 263	41 750	44 617	42 370	43 215
	1981—2002	45 932	46 633	40 291	37 418	38 927	35 977	41 049	34 287	40 202
	2003—2018	3 494	4 216	3 626	6 838	8 571	9 964	3 626	3 343	8 615
	历年平均	37 558	38 200	33 592	28 287	33 114	32 519	33 100	28 452	31 936
	最大	75 400	74 503	79 600	54 900	61 500	57 900			
	出现年份	1954	1998	1954	1981	1981	1964			
	最小	331	550	415	2 900	4 500	5 760			
	出现年份	2017	2017	2017	2017	2011	2006			

3-2　洞庭湖进出湖水、沙分期统计表

项目	起止年份	新江口	沙道观	弥陀寺	康家岗	管家铺	三口小计	调弦口	四口小计	四水小计	四口+四水	七里山
年径流量（亿 m³）	1951—1958	327	200	218	85	665	1 492	118	1 612	1 743	3 354	3 636
	1959—1966	330	159	221	46	585	1 341	0	1 341	1 537	2 878	3 097
	1967—1972	322	124	186	21	369	1 022	0	1 022	1 729	2 751	2 982
	1973—1980	323	105	160	11	236	834	0	834	1 699	2 533	2 789
	1981—2002	292	79	132	10	172	685	0	685	1 724	2 409	2 738
	2003—2020	249	57	81	4	107	498		498	1 656	2 154	2 482
	历年平均	295	103	147	22	283	850	118	864	1 685	2 549	2 842
	最大	460	290	270	159	997	2 176	154	2 330	2 539	4 869	5 268
	出现年份	1954	1954	1954	1954	1954	1954	1954	1954	1954	1954	1954
	最小	108.7	10.43	34.34	0.47	28.65	183	95	183	1 027	1 304	1 475
	出现年份	2006	2006	2006	2006	2006	2006	1953	2006	2011	2011	2011
年输沙量（万 t）	1951—1958	3 779	2 135	2 286	1 704	12 080	21 984	1 064	23 048	4 235	27 283	6 716
	1959—1966	3 423	1 831	2 354	959	10 488	19 055	0	19 055	2 837	21 892	5 785
	1967—1972	3 339	1 514	2 108	459	6 768	14 189	0	14 189	4 082	18 272	5 246
	1973—1980	3 423	1 288	1 935	215	4 215	11 076	0	11 076	3 666	14 742	3 840
	1981—2002	3 171	980	1 530	170	2 810	8 663	0	8 663	2 087	10 749	2 784
	2003—2020	348	103	114	11	258	833		833	859	1 692	1 817
	历年平均	2 591	1 066	1 443	425	4 594	10 119	1 064	10 241	2 453	12 693	3 649
	最大	5 730	3 080	3 100	2 740	15 700	29 870	1 310	30 930	9 170	40 100	8 460
	出现年份	1954	1954	1968	1954	1954	1954	1958	1954	1954	1954	1954
	最小	56	15	13	0	22	106	880	106	81	350	574
	出现年份	2015	2015	2015	多年	2015	2015	1953	2015	2018	2011	2018

3-3 三口分期平均分流比、分沙比

分期	项目	年径流量（亿m³）						年输沙量（万t）					
		新江口	沙道观	弥陀寺	康家岗	管家铺	三口小计	新江口	沙道观	弥陀寺	康家岗	管家铺	三口小计
1951—1958	多年平均	327	200	218	85	665	1 492	3 779	2 135	2 286	1 704	12 080	21 984
	占枝城（%）	7.0	4.3	4.7	1.8	14.2	32.0	7.1	4.0	4.3	3.2	22.6	41.2
	占新厂（%）				2.2	16.9					3.5	24.7	
1959—1966	多年平均	330	159	221	46	585	1 341	3 423	1 831	2 354	959	10 488	19 055
	占枝城（%）	7.2	3.5	4.8	1.0	12.8	29.3	6.3	3.4	4.3	1.8	19.4	35.2
	占新厂（%）				1.2	14.9	34.1				2.1	23.2	
1967—1972	多年平均	322	124	186	21	369	1 022	3 339	1 514	2 108	459	6 768	14 189
	占枝城（%）	7.5	2.9	4.3	0.5	8.6	23.8	6.6	3.0	4.2	0.9	13.4	28.2
	占新厂（%）				0.6	9.9					1.0	14.8	
1973—1980	多年平均	323	105	160	11	236	834	3 423	1 288	1 935	215	4 215	11 076
	占枝城（%）	7.3	2.4	3.6	0.3	5.3	18.8	6.7	2.5	3.8	0.4	8.2	21.6
	占新厂（%）				0.3	6.1					0.5	9.0	
1981—2002	多年平均	292	79	132	10	172	685	3 171	980	1 530	170	2 810	8 663
	占枝城（%）	6.6	1.8	3.0	0.2	3.9	15.4	6.8	2.1	3.3	0.4	6.0	18.6
	占新厂（%）				0.3	4.3					0.4	7.0	
2003—2020	多年平均	249	57	81	4	107	498	348	103	114	11	258	833
	占枝城（%）	5.8	1.3	1.9	0.1	2.5	11.6	8.3	2.4	2.7	0.3	6.1	19.8
	占新厂（%）				0.1	2.7					0.3	7.1	

3-4 三口逐年径流量、输沙量占枝城百分比

年份	年径流量(%)						年输沙量(%)					
	新江口	沙道观	弥陀寺	康家岗	管家铺	小计	新江口	沙道观	弥陀寺	康家岗	管家铺	小计
1951	6.7	4.3	5.1	1.7	12.5	30.2	8.6	4.6	4.9	3.8	28.8	50.6
1952	6.9	4.4	5.4	2.6	15.4	34.8	6.6	3.6	3.5	4.4	26.3	44.4
1953	6.6	4.2	4.4	1.1	11.9	28.2	7.6	4.1	4.3	2.5	17.7	36.1
1954	7.7	4.9	4.5	2.7	16.8	36.6	9.6	5.2	4.4	4.6	26.4	50.2
1955	7.0	4.5	4.6	2.1	15.3	33.5	8.1	5.0	5.7	3.9	28.1	50.8
1956	6.7	4.3	4.7	1.4	13.9	31.0	5.6	3.6	4.1	2.3	18.6	34.2
1957	7.0	3.9	4.4	1.3	13.5	30.0	6.3	3.4	4.1	2.4	19.3	35.5
1958	7.0	3.6	4.3	1.2	13.5	29.6	5.3	3.1	3.7	2.0	17.9	32.1
1959	6.6	3.0	4.2	0.6	11.2	25.5	5.2	2.8	4.5	1.5	16.5	30.4
1960	6.5	3.1	5.1	1.0	12.4	28.2	6.3	3.5	4.3	2.4	21.2	37.6
1961	7.1	3.1	4.8	0.9	12.5	28.4	6.2	3.1	4.5	2.0	21.1	37.0
1962	7.2	3.6	4.9	1.3	14.0	31.0	6.7	3.7	4.4	2.3	24.4	41.4
1963	7.1	3.6	5.0	0.8	12.9	29.6	6.2	3.3	4.5	1.4	18.9	34.3
1964	7.8	3.9	5.0	1.3	14.3	32.4	7.4	3.8	4.4	1.9	21.5	39.0
1965	7.7	3.8	4.9	1.2	13.3	31.0	6.6	3.6	4.3	1.8	18.4	34.7
1966	7.3	3.3	4.4	0.8	10.7	26.5	5.9	3.1	4.0	1.2	14.6	28.8
1967	7.8	3.1	4.8	0.6	10.2	26.6	6.8	3.1	4.5	1.1	15.7	31.3

续表

年份	年径流量（%）						年输沙量（%）					
	新江口	沙道观	弥陀寺	康家岗	管家铺	小计	新江口	沙道观	弥陀寺	康家岗	管家铺	小计
1968	8.1	3.4	4.7	0.9	11.2	28.2	7.4	3.7	4.3	1.6	18.5	35.4
1969	7.3	2.8	4.3	0.5	8.8	23.7	6.2	2.9	4.3	0.9	12.9	27.2
1970	7.6	2.9	4.5	0.5	9.5	25.1	6.3	2.9	4.2	0.8	13.6	27.8
1971	7.1	2.6	4.0	0.2	6.2	20.0	6.3	2.6	4.1	0.3	8.8	22.1
1972	6.6	2.2	3.4	0.1	4.1	16.3	6.3	2.4	3.6	0.2	6.3	18.7
1973	7.2	2.8	4.0	0.4	6.9	21.3	6.6	3.0	4.1	0.6	11.4	25.8
1974	7.5	2.9	4.0	0.5	7.5	22.3	6.6	3.0	4.0	0.7	11.7	26.0
1975	7.5	2.3	3.7	0.2	5.0	18.7	6.5	2.3	3.9	0.3	7.3	20.2
1976	7.1	2.0	3.5	0.2	4.2	17.0	6.8	2.2	3.8	0.3	7.0	20.1
1977	7.4	2.1	3.6	0.1	4.0	17.2	6.9	2.4	4.0	0.3	6.5	20.1
1978	6.9	1.9	3.2	0.1	3.5	15.6	6.9	2.2	3.5	0.1	5.0	17.8
1979	7.0	2.3	3.3	0.2	4.7	17.5	6.6	2.4	3.4	0.3	6.6	19.3
1980	7.4	2.5	3.5	0.3	5.8	19.5	6.6	2.4	3.5	0.5	8.3	21.3
1981	7.2	2.2	3.3	0.3	5.0	18.0	7.4	2.6	3.5	0.4	8.1	22.1
1982	7.2	2.2	3.5	0.3	5.4	18.7	7.0	2.4	3.6	0.5	8.3	21.8
1983	7.5	2.4	3.5	0.4	6.3	20.2	7.0	2.4	3.7	0.6	9.7	23.3
1984	7.2	2.1	3.2	0.3	5.0	17.7	7.3	2.5	3.7	0.5	7.6	21.5

续表

年份	年径流量（%）						年输沙量（%）					
	新江口	沙道观	弥陀寺	康家岗	管家铺	小计	新江口	沙道观	弥陀寺	康家岗	管家铺	小计
1985	7.1	1.9	3.1	0.2	3.9	16.2	6.9	2.2	3.3	0.3	6.0	18.8
1986	6.5	1.6	2.7	0.1	3.0	14.0	6.6	1.9	3.4	0.3	4.7	16.9
1987	6.7	2.0	2.9	0.2	4.0	15.9	6.8	2.3	3.1	0.4	5.9	18.5
1988	6.7	1.7	3.0	0.2	3.4	15.0	6.8	2.0	3.3	0.2	4.5	16.9
1989	7.1	1.9	3.0	0.2	3.6	15.8	6.8	2.1	3.1	0.3	5.1	17.4
1990	6.4	1.8	2.9	0.1	3.1	14.3	6.5	2.1	3.4	0.2	4.3	16.5
1991	6.3	1.9	2.8	0.2	3.9	15.1	6.6	2.4	3.1	0.4	6.1	18.5
1992	5.5	1.3	2.5	0.1	2.7	12.1	6.2	1.7	3.0	0.3	4.4	15.5
1993	6.3	1.9	3.0	0.3	4.2	15.6	6.5	2.1	3.3	0.4	6.7	19.1
1994	4.9	0.9	2.2	0.1	2.0	10.0	4.9	1.1	2.8	0.1	2.1	11.0
1995	6.3	1.6	3.0	0.2	3.2	14.4	6.8	1.9	3.6	0.2	4.1	16.5
1996	6.3	1.6	3.0	0.2	3.6	14.7	6.7	2.1	3.3	0.3	4.8	17.2
1997	5.5	1.1	2.4	0.1	2.4	11.6	6.2	1.6	3.1	0.2	3.8	15.0
1998	7.6	2.4	3.4	0.5	5.7	19.5	7.5	2.2	3.1	0.5	7.0	20.4
1999	7.0	1.8	3.3	0.3	4.2	16.6	7.3	1.7	3.5	0.4	6.1	19.0
2000	6.4	1.6	2.9	0.2	3.2	14.3	6.7	1.8	3.0	0.3	4.7	16.5
2001	5.7	1.2	2.4	0.1	2.3	11.7	6.1	1.5	2.5	0.2	3.2	13.5

续表

年份	年径流量（%）						年输沙量（%）					
	新江口	沙道观	弥陀寺	康家岗	管家铺	小计	新江口	沙道观	弥陀寺	康家岗	管家铺	小计
2002	5.7	1.3	2.5	0.2	3.3	13.0	5.9	1.6	2.5	0.3	5.2	15.5
2003	6.1	1.6	2.5	0.2	3.1	13.4	5.9	1.9	2.2	0.3	5.3	15.6
2004	6.0	1.4	2.5	0.1	2.5	12.4	7.2	2.1	2.4	0.3	6.0	18.0
2005	6.6	1.7	2.7	0.2	3.0	14.2	8.4	2.7	3.1	0.3	6.0	20.5
2006	3.7	0.4	1.2	0.0	1.0	6.2	7.4	1.3	2.1	0.1	2.7	13.5
2007	6.1	1.5	2.4	0.1	2.9	13.0	7.8	2.2	2.5	0.3	6.8	19.6
2008	6.0	1.3	2.3	0.1	2.6	12.4	7.4	2.4	2.6	0.2	6.1	18.7
2009	5.3	1.2	2.1	0.1	2.3	11.0	8.5	2.7	3.0	0.2	5.8	20.2
2010	6.2	1.5	2.5	0.1	3.1	13.5	9.2	3.0	3.7	0.3	8.3	24.5
2011	4.5	0.6	1.3	0.0	1.2	7.7	8.1	1.8	1.9	0.0	3.3	15.1
2012	6.6	1.6	2.4	0.1	3.0	13.8	10.5	3.1	3.4	0.3	8.4	25.7
2013	5.4	1.1	1.8	0.0	2.0	10.4	9.5	3.0	3.7	0.1	4.1	20.4
2014	6.0	1.4	2.0	0.1	2.7	12.1	12.3	5.0	4.0	0.2	11.9	33.4
2015	4.9	0.8	1.3	0.0	1.9	8.9	9.9	2.6	2.2	0.1	3.9	18.6
2016	5.8	1.3	1.6	0.1	2.7	11.5	16.9	3.1	2.9	0.2	13.7	36.9
2017	5.6	1.1	1.2	0.0	2.2	10.2	19.1	2.7	2.7	0.1	8.2	32.8
2018	5.9	1.3	1.2	0.0	2.0	10.5	10.3	2.7	2.2	0.1	5.1	20.4
2019	5.4	1.2	1.1	0.0	2.1	9.8	14.1	3.1	2.2	0.1	7.5	27.0
2020	7.0	2.1	1.7	0.1	3.7	14.5	12.0	3.8	2.7	0.3	9.2	27.9

附表4 单站水位流量历年特征值表

4-1 宜昌站水位流量历年特征值表

年份	水位(m)					流量(m³/s)					径流量 (10⁸m³)	备注
	平均	最高	月日	最低	月日	平均	最大	月日	最小	月日		
1877		49.55		39.71			23 900	8-8	3 610	3-11		
1878	44.05	53.23		39.49		13 600	57 200	7-12	3 390	2-15	4 281	
1879	43.82	53.10		39.69		12 400	57 200	7-11	3 590	2-7	3 899	
1880		52.39		40.10			50 200	7-22	4 000	3-4		
1881		51.22		39.56			41 600	9-22	3 460			
1882	44.92	52.31		40.78		15 300	48 100	9-29	4 870	1-25	4 834	1. 1877—
1883	45.29	53.79		39.84		16 900	54 700	7-10	3 740	2-15	5 343	1949 年
1884	43.52	50.74		40.35		11 000	41 900	7-2	3 620	12-24	3 492	水位抄
1885	43.98	51.22		39.28		13 100	42 100	7-12	3 180	2-4	4 128	自《长江
1886	44.74	52.34		39.41		15 300	47 500	9-6	3 310	3-3	4 834	中下游
1887	44.84	52.53		40.86		15 300	48 800	7-13	4 230	12-31	4 839	防汛基
1888	44.25	53.39		39.69		13 700	57 400	7-31	3 590	1-25	4 337	本资料
1889	44.57	53.14		39.26		15 500	51 200	8-4	3 160	3-21	4 896	《水情)》
1890	44.85	53.18	8-4	39.82	3-2	15 900	52 200	8-4	3 720	3-2	5 000	第 125 页,
1891	44.17	53.56	7-17	39.41	2-18	14 000	57 700	7-17	3 310	2-21	4 408	长江中
1892	44.35	54.68	7-15	39.31	3-17	14 200	64 600	7-15	3 210	3-17	4 481	下游防
1893	44.55	53.61	7-16	40.02	2-13	14 900	56 000	7-16	3 920	2-13	4 702	汛总指
1894	44.77	51.93	9-25	39.87	1-28	14 800	44 800	9-25	3 770	1-28	4 680	挥部
1895	44.40	53.30	7-31	39.87	2-27	14 100	55 800	7-31	3 770	2-27	4 454	1980 年
1896	44.85	55.92	9-4	40.05	2-6	16 300	71 100	9-4	3 950	2-6	5 169	9 月出
1897	44.70	53.15	7-28	39.41	2-20	15 300	52 000	7-28	3 310	2-21	4 817	版。出 现月、日 采用海 关站实 测资料

续表

年份	水位(m)					流量(m³/s)					径流量(10⁸m³)	备注
	平均	最高	月日	最低	月日	平均	最大	月日	最小	月日		
1898	44.53	54.29	8-9	39.79	3-15	14 800	60 600	8-9	3 690	3-15	4 656	
1899	44.60	52.11	9-25	40.07	2-6	15 000	46 800	9-25	3 970	2-6	4 737	
1900	43.31	49.37	7-28	40.07	2-14	10 700	33 000	7-28	3 970	2-14	3 373	
1901	43.98	53.60	7-21	39.64	3-20	13 500	57 900	7-21	3 540	3-20	4 252	
1902	44.01	51.42	9-23	39.41	3-26	13 600	43 500	9-23	3 310	3-27	4 291	
1903	44.77	53.66	8-4	39.89	2-24	15 400	56 300	8-4	3 790	2-24	4 850	
1904	44.70	51.55	8-23	40.00	1-28	14 900	42 400	8-23	3 900	1-28	4 702	
1905	45.09	55.14	8-14	40.06	2-11	16 600	64 400	8-14	3 960	2-11	5 230	2. 1877—1949年流量抄自《全国主要河流水文特征统计第二部分逐年统计》第631页，水电部水文局1982年9月出版。
1906	44.68	52.16	8-16	40.45	3-12	14 800	46 300	8-16	4 380	3-12	5 683	
1907	44.75	52.61	9-1	39.84	3-23	16 400	48 500	9-1	3 740	3-23	5 167	
1908	44.12	53.71	7-4	39.96	3-19	13 400	61 800	7-4	3 860	3-19	4 225	
1909	44.15	54.20	7-13	39.17	3-9	14 700	61 100	7-13	3 070	3-9	4 650	
1910	44.28	51.58	9-20	39.69	2-21	14 000	44 000	9-20	3 590	2-21	4 423	
1911	45.41	52.89	8-16	39.96	1-31	17 300	49 100	8-16	3 860	1-31	5 445	
1912	44.16	51.70	7-9	40.42	2-17	13 300	46 100	7-9	4 330	2-17	4 199	
1913	44.54	53.07	7-15	39.72	2-22	14 600	53 300	7-15	3 620	2-22	4 600	
1914	43.95	51.55	8-11	40.00	3-2	12 700	45 100	8-11	3 900	3-2	4 000	
1915	44.10	51.00	9-24	39.20	3-19	13 700	40 200	9-24	3 100	3-19	4 321	
1916	44.61	51.36	7-5	40.06	2-9	14 300	42 600	7-5	3 960	2-9	4 543	
1917	44.95	54.50	7-27	39.96	2-3	16 200	61 000	7-27	3 860	2-3	5 099	
1918	45.07	52.98	9-13	40.03	1-29	16 200	50 200	9-13	3 930	1-29	5 105	
1919	44.19	53.99	7-20	40.03	3-22	13 700	61 700	7-20	3 930	3-22	4 335	
1920	44.94	54.72	7-25	39.72	2-6	16 300	61 500	7-25	3 620	2-6	5 142	
1921	45.29	55.33	7-17	40.21	1-26	17 600	64 800	7-17	4 110	1-26	5 558	

续表

年份	水位(m)					流量(m³/s)					径流量 (10⁸m³)	备注
	平均	最高	月日	最低	月日	平均	最大	月日	最小	月日		
1922	44.51	54.63	8-12	39.72	2-21	15 600	63 000	8-12	3 620	2-21	4 916	
1923	44.07	53.41	7-23	39.45	3-18	13 800	56 600	7-23	3 350	3-18	4 356	
1924	43.95	51.39	8-24	39.38	3-6	13 600	42 700	8-24	3 280	3-6	4 275	
1925	44.42	51.09	8-9	39.72	2-14	14 200	40 800	9-9	3 620	2-14	4 495	
1926	44.87	54.47	8-15	40.18	2-2	16 000	60 800	8-15	4 080	2-2	5 062	
1927	44.21	51.39	6-26	39.81	2-16	13 400	43 300	6-26	3 710	2-16	4 220	
1928	43.76	52.34	8-2	39.36	2-13	12 700	50 700	8-2	3 260	2-13	4 020	
1929	43.85	50.21	9-21	39.54	3-8	12 600	36 400	9-21	3 440	3-28	3 976	3. 本站上距海关基本水尺 2 504 m,两站有 1946 年 3 月—1948 年 12 月水位比测资料。海关站有 1980—1941 年、1946—1949 年共 56 年水位、流量资料
1930	44.30	51.97	9-13	40.00	1-28	13 600	48 000	9-13	3 900	1-28	4 274	
1931	44.50	55.02	8-10	39.51	2-13	15 300	64 600	8-10	3 410	2-13	4 812	
1932	44.40	51.36	9-3	40.03	1-20	14 400	41 900	9-3	3 920	1-20	4 567	
1933	44.20	52.34	6-22	39.72	3-22	13 700	49 100	6-22	3 620	3-22	4 316	
1934	44.75	52.22	7-29	39.81	2-12	15 400	45 900	7-29	3 710	2-12	4 857	
1935	44.49	54.59	7-7	39.45	2-5	14 700	56 900	7-7	3 350	2-5	4 620	
1936	43.25	53.38	8-7	39.72	3-21	11 200	62 300	8-7	3 620	3-21	3 549	
1937	44.21	54.47	7-21	38.87	4-3	15 400	61 900	7-21	2 770	4-3	4 849	
1938	45.18	54.78	7-24	39.72	3-1	17 400	61 200	7-24	3 620	3-1	5 499	
1939	44.07	52.86	8-1	39.87	1-29	13 200	53 600	8-1	3 770	1-29	4 169	
1940	44.02	51.03	8-14	39.48	2-4	13 400	40 900	8-14	3 380	2-4	4 251	
1941	43.75	53.13	8-8	39.23	2-18	13 200	57 400	8-8	3 130	2-18	4 168	
1942	43.40	49.30		39.38		10 600	29 800	7-9	3 150	3-1	3 348	
1943	43.56	52.03		39.50		12 600	44 300	7-13	3 280	1-30	3 987	
1944	44.11	50.80		39.85		13 200	37 600	9-16	3 590	3-5	4 192	
1945	44.37	55.71		39.86		14 900	67 500	9-6	3 600	3-19	4 687	

续表

年份	水位(m)					流量(m³/s)					径流量 (10⁸m³)	备注
	平均	最高	月日	最低	月日	平均	最大	月日	最小	月日		
1946	44.14	54.17	7-9	39.45	3-7	13 800	62 100	7-9	3 320	3-6	4 364	
1947	44.73	52.92	8-7	39.53	3-8	15 800	50 500	8-7	3 430	3-9	4 974	
1948	45.19	54.23	7-22	39.84	3-13	16 900	57 600	7-21	3 740	3-13	5 343	
1949	45.32	54.32	7-9	40.00	2-10	17 500	58 600	7-10	3 860	2-10	5 507	
1950	44.49	54.15	7-10	39.82	3-19	14 400	57 400	7-10	3 720	3-19	4 543	
1951	44.10	52.74	7-14	39.61	2-7	14 000	53 600	7-14	3 290	2-7	4 422	
1952	44.60	53.74	9-16	39.32	2-20	14 900	54 900	9-16	3 090	2-20	4 712	
1953	44.05	52.39	8-7	39.96	2-21	12 800	49 100	8-7	3 740	2-21	4 021	
1954	45.40	55.73	8-7	39.72	2-9	18 200	66 800	8-7	3 500	2-9	5 751	
1955	44.30	53.37	7-18	39.78	3-21	14 500	54 400	7-18	3 730	3-21	4 574	
1956	43.9	53.89	6-30	39.31	2-27	13 100	57 500	6-30	3 180	2-27	4 150	
1957	44.26	52.81	7-22	39.95	3-22	13 600	53 700	7-22	3 710	3-22	4 297	
1958	43.86	53.32	8-25	39.39	3-27	13 100	60 200	8-25	3 170	3-27	4 146	
1959	43.66	52.56	8-16	39.67	1-27	11 600	54 700	8-16	3 520	1-27	3 666	
1960	43.67	52.33	8-7	39.25	2-9	12 700	52 300	8-7	2 960	2-5	4 032	
1961	44.44	52.73	7-3	39.43	2-14	14 000	53 800	7-3	3 210	2-14	4 404	
1962	44.42	53.34	7-11	39.60	3-7	14 700	56 200	7-11	3 480	3-7	4 647	
1963	44.33	51.39	5-30	39.23	2-12	14 300	44 400	7-14	3 000	2-12	4 524	
1964	45.15	53.37	9-19	39.96	2-6	16 500	50 200	9-15	4 060	2-6	5 205	
1965	44.83	52.91	7-18	39.79	3-29	15 600	49 000	7-17	3 630	3-29	4 924	
1966	43.88	53.90	9-5	39.28	3-31	13 600	59 800	9-5	3 170	3-31	4 297	
1967	44.45	51.49	6-28	39.60	2-5	14 300	42 600	7-5	3 450	2-5	4 499	

续表

年份	水位（m）					流量（m³/s）					径流量（10⁸m³）	备注
	平均	最高	月日	最低	月日	平均	最大	月日	最小	月日		
1968	44.94	53.58	7-7	39.63	2-22	16 300	57 500	7-7	3 590	2-22	5 154	
1969	43.41	51.64	7-12	39.30	3-10	11 600	42 700	9-6	3 220	3-10	3 665	
1970	44.04	51.94	8-1	39.40	2-21	13 300	46 100	8-1	3 230	2-21	4 200	
1971	43.92	49.92	8-20	39.83	3-11	12 300	34 400	8-20	3 860	3-11	3 890	
1972	43.40	49.94	6-28	39.44	3-10	11 300	35 400	7-15	3 230	3-10	3 570	
1973	44.04	52.43	7-5	39.17	4-1	13 600	51 900	7-5	3 050	4-1	4 280	
1974	44.66	54.47	8-13	39.32	3-5	15 900	61 600	8-13	3 200	3-5	5 011	
1975	44.26	51.75	10-5	39.73	3-30	13 700	45 700	10-5	3 690	3-30	4 307	
1976	43.80	52.41	7-22	39.47	1-24	12 900	49 600	7-22	3 260	1-24	4 086	
1977	44.13	50.83	7-12	39.54	2-12	13 400	40 200	7-11	3 710	2-12	4 230	
1978	43.42	51.18	7-8	38.83	3-14	12 400	42 500	7-8	2 940	3-14	3 900	
1979	43.33	52.74	9-16	38.67	3-8	12 600	46 100	9-23	2 770	3-8	3 980	
1980	44.21	53.55	8-29	39.25	2-23	14 600	54 700	8-28	3 380	2-23	4 620	
1981	43.83	55.38	7-19	39.22	3-28	14 000	70 800	7-18	3 490	3-28	4 420	
1982	43.96	54.55	8-1	38.83	1-13	14 200	59 300	7-31	2 960	1-13	4 480	
1983	44.18	53.18	8-4	39.12	2-23	15 100	53 500	8-4	3 510	2-23	4 760	
1984	43.57	53.40	7-10	38.81	2-15	14 300	56 400	7-10	3 160	2-15	4 520	
1985	43.78	51.37	7-5	38.97	3-1	14 500	45 700	7-4	3 520	3-1	4 560	
1986	42.90	51.10	7-7	38.90	1-29	12 100	44 600	7-7	3 530	1-29	3 810	
1987	43.05	53.88	7-23	38.31	3-15	13 700	61 700	7-23	2 820	3-15	4 309	
1988	42.93	51.73	9-6	38.58	2-21	13 300	48 200	9-6	3 250	2-21	4 221	
1989	43.86	54.15	7-14	38.81	2-8	15 200	62 100	7-14	3 490	2-8	4 778	

续表

年份	水位(m)					流量(m³/s)					径流量 (10⁸m³)	备注
	平均	最高	月日	最低	月日	平均	最大	月日	最小	月日		
1990	43.51	50.87	7-4	38.97	1-30	14 200	42 400	7-4	4 040	1-30	4 466	
1991	43.14	52.30	8-16	38.61	3-20	13 800	50 400	8-14	3 480	3-20	4 343	
1992	42.93	51.54	7-20	38.76	2-9	13 000	47 900	7-19	3 680	2-9	4 104	
1993	43.32	52.57	8-31	38.33	2-14	14 600	51 800	8-31	3 100	2-14	4 595	
1994	42.34	48.80	7-15	38.49	2-15	11 000	32 200	7-15	3 060	2-15	3 474	
1995	43.03	50.15	8-16	38.76	2-15	13 400	40 500	8-16	3 500	2-15	4 227	
1996	42.90	50.96	7-5	38.45	3-10	13 300	41 700	7-12	3 010	3-10	4 218	
1997	42.26	52.02	7-20	38.61	2-14	11 500	49 400	7-20	3 200	2-14	3 631	
1998	43.65	54.50	8-17	38.30	2-14	16 600	63 300	8-16	2 900	2-14	5 233	
1999	43.92	53.68	7-20	38.64	3-13	15 300	57 500	7-20	2 940	3-13	4 818	
2000	43.70	52.65	7-18	39.27	2-9	14 900	55 700	7-2	3 770	2-9	4 712	
2001	43.10	50.54	9-8	39.00	3-14	13 200	40 800	9-8	3 950	3-14	4 155	
2002	42.71	51.70	8-19	38.68	2-19	12 500	48 800	8-18	3 620	2-19	3 928	
2003	42.61	51.95	9-4	38.07	2-9	13 000	48 400	9-4	2 890	2-9	4 097	
2004	43.02	53.98	9-9	38.52	1-31	13 100	61 100	9-9	3 580	1-31	4 141	
2005	43.28	52.14	7-11	38.41	2-18	14 600	48 400	7-11	3 600	2-18	4 592	
2006	41.27	49.24	7-10	38.58	2-4	9 030	31 600	7-10	3 800	2-4	2 848	
2007	42.52	52.97	7-31	38.75	1-9	12 700	50 200	7-31	4 020	1-9	4 004	
2008	42.81	51.12	8-18	38.86	1-7	13 200	38 900	8-18	4 360	1-7	4 186	
2009	42.31	51.13	8-8	39.17	12-29	12 100	40 600	8-8	4 910	1-18	3 822	
2010	42.41	51.78	7-26	39.17	3-16	12 800	42 500	7-26	5 180	1-3	4 048	
2011	41.74	48.16	7-8	39.21	12-22	10 800	28 800	6-25	5 530	12-22	3 393	

续表

年份	水位(m)					流量(m³/s)					径流量 (10⁸m³)	备注
	平均	最高	月日	最低	月日	平均	最大	月日	最小	月日		
2012	42.86	52.87	7-30	39.19	12-4	14 700	47 600	7-30	5 530	12-4	4 649	
2013	41.90	49.91	7-23	39.18	12-2	11 900	35 900	7-23	5 510	12-2	3 756	
2014	42.81	52.51	9-20	39.24	2-1	14 500	47 200	9-20	5 610	2-1	4 584	
2015	42.14	48.75	7-1	39.25	2-18	12 500	31 800	6-30	5 630	2-18	3 946	
2016	42.58	49.49	7-2	39.28	2-9	13 500	34 600	7-2	5 710	2-9	4 264	
2017	42.72	48.47	10-8	39.33	1-27	14 000	30 800	7-12	5 800	1-27	4 403	
2018	42.96	51.61	7-15	39.32	12-8	15 000	44 600	7-15	5 920	12-8	4 738	
2019	42.70	49.72	7-30	39.33	11-28	14 200	35 500	7-30	6 000	11-28	4 466	
2020	43.73	53.51	8-21	39.41	11-28	17 200	51 800	8-21	6 060	11-28	5 442	

4-2　枝城站水位流量历年特征值表

年份	水位(m)					流量(m³/s)					径流量 (10⁸ m³)	备注
	平均	最高	月日	最低	月日	平均	最大	月日	最小	月日		
1951	41.39	48.8	7-14	37.73	2-8	14 400	60 800	7-14	3 280	2-8	4 554	
1952	41.87	49.25	9-19	37.53	2-21	15 500	53 500	9-19	3 050	2-21	4 889	
1953	41.43	48.54	8-7	38.15	3-4	13 200	52 800	8-7	4 040	3-4	4 147	
1954	42.56	50.61	8-7	37.87	2-10	18 900	71 900	8-7	3 450	2-10	5 952	
1955	41.77	49.18	7-18	38.18	3-21	14 900	55 200	7-18	3 880	3-21	4 696	
1956	41.40	49.81	7-1	37.68	2-27	13 800	62 700	6-30	3 290	2-27	4 366	
1957	41.52	48.83	7-22	38.03	3-22	14 100	51 900	7-22	3 950	3-22	4 446	
1958	41.20	49.20	8-25	37.55	3-28	13 600	56 500	8-25	3 290	3-28	4 298	
1959	40.97	48.51	8-17	37.78	1-28	11 900	53 600	8-16	3 500	1-28	3 746	
1960	40.92	48.17	8-7	37.34	2-9						4 144	
1961	41.56	48.44	7-3	37.52	2-14						4 508	
1962	41.66	49.17	7-11	37.74	3-2						4 795	
1963	41.62	47.60	5-30	37.48	2-12						4 679	
1964	42.28	48.97	9-15	37.99	2-7						5 368	
1965	42.10	48.79	7-18	38.02	3-30						5 031	
1966	41.37	49.53	9-5	37.62	3-31						4 373	数据为宜昌＋清江
1967	41.84	47.89	6-28	37.85	2-5						4 650	
1968	42.15	49.78	7-18	37.75	2-22						5 300	
1969	40.99	48.36	7-12	37.57	3-9						3 815	
1970	41.39	48.24	8-1	37.58	2-20						4 332	
1971	41.17	46.43	8-21	37.79	3-11						4 042	
1972	40.67	46.51	6-28	37.48	3-10						3 673	
1973	41.26	48.61	7-5	37.25	4-1						4 445	

续表

年份	水位(m)					流量(m³/s)					径流量 (10^8 m³)	备注
	平均	最高	月日	最低	月日	平均	最大	月日	最小	月日		
1974	41.76	49.89	8-13	37.35	3-5						5 130	
1975	41.53	47.75	10-5	37.85	3-31						4 475	
1976	41.07	48.63	7-22	37.52	1-24						4 194	
1977	41.35	47.46	7-12	37.62	2-12						4 373	
1978	40.79	47.51	7-8	37.12	3-14						4 001	
1979	40.80	48.97	9-16	37.01	3-9						4 105	
1980	41.52	49.43	8-29	37.35	2-23						4 804	数据为 宜昌＋ 清江
1981	41.20	50.74	7-19	37.49	3-14						4 521	
1982	41.40	50.18	7-31	37.28	1-13						4 670	
1983	41.7	49.4	7-17	37.47	2-25						4 988	
1984	41.17	49.58	7-11	37.22	2-15						4 659	
1985	41.31	47.76	7-5	37.38	3-2						4 675	
1986	40.56	47.56	7-7	37.32	1-30						3 919	
1987	40.76	49.9	7-24	36.99	3-15						4 447	
1988	40.71	48.33	9-6	37.15	2-21						4 312	
1989	41.44	50.17	7-14	37.37	2-8						▶4 903	
1990	41.09	47.58	7-4	37.45	1-30						▶4 584	
1991	40.78	48.47	8-16	37.21	3-20						▶4 458	
1992	40.61	48.04	7-20	37.30	2-5	13 100	49 000	7-20	3 820	12-29	▶4 213	
1993	40.98	49.01	8-31	37.03	2-14	15 000	55 900	8-31	3 270	2-14	4 715	
1994	40.03	45.57	7-15	37.07	2-15	10 900	31 800	7-15	3 260	2-15	3 433	
1995	40.68	46.83	8-16	37.33	2-15	13 400	40 400	8-16	3 960	2-15	4 216	
1996	40.63	47.56	7-5	37.09	3-10	13 500	48 200	7-5	3 580	3-10	4 267	
1997	40.09	48.52	7-20	37.23	2-14	11 600	54 900	7-17	3 760	2-14	3 644	

续表

年份	水位(m)					流量(m³/s)					径流量 (10⁸ m³)	备注
	平均	最高	月日	最低	月日	平均	最大	月日	最小	月日		
1998	41.21	50.62	8-17	37.04	2-13	17 000	68 800	8-17	3 480	2-13	▶5 369	
1999	41.14	49.65	7-20	36.9	3-13	15 300	58 400	7-20	3 260	3-13	4 824	
2000	40.88	48.59	7-18	37.42	2-15	15 100	57 600	7-18	3 900	2-15	4 787	
2001	40.39	46.50	9-8	37.30	3-15	13 300	41 300	9-8	4 120	3-15	4 199	
2002	40.27	47.71	8-19	37.12	2-19	12 700	49 800	8-19	3 800	2-19	4 005	
2003	40.35	47.70	9-5	36.82	2-9	13 400	48 800	9-4	3 200	2-9	4 232	
2004	40.63	49.15	9-9	37.24	1-31	13 300	58 000	9-9	3 770	1-31	4 217	
2005	40.90	47.75	8-31	37.25	2-18	14 400	46 000	7-11	4 030	2-18	4 545	
2006	39.32	45.26	7-10	37.41	2-8	9 290	31 300	7-10	4 310	2-8	▶2 928	
2007	40.34	48.33	7-31	37.46	1-9	13 300	50 200	7-31	4 510	1-9	4 180	
2008	40.57	46.93	8-18	37.57	2-3	13 500	40 300	8-17	4 610	2-3	4 281	
2009	40.15	46.93	8-5	37.77	12-29	12 800	40 100	8-5	5 310	12-29	4 043	
2010	40.25	47.65	7-27	37.74	3-17	13 300	42 600	7-26	5 360	1-12	4 195	
2011	39.59	44.51	6-26	37.82	12-26	11 400	28 700	8-6	5 690	12-26	3 583	
2012	40.48	48.21	7-30	37.78	12-4	14 900	47 500	7-30	5 700	12-4	4 724	
2013	39.67	45.78	7-23	37.71	12-2	12 100	35 300	7-23	5 470	12-2	3 827	
2014	40.30	47.93	9-20	37.74	2-1	14 500	47 800	9-19	5 600	2-1	4 568	
2015	39.78	45.01	7-2	37.77	2-18	12 500	32 100	7-1	5 800	2-18	3 955	
2016	40.15	45.71	7-2	37.83	2-9	14 000	34 900	7-1	6 580	2-9	4 427	
2017	40.19	44.59	7-13	37.88	1-27	14 200	31 200	10-8	6 130	1-27	4 483	
2018	40.34	47.07	7-14	37.82	12-23	15 300	44 000	7-16	6 440	12-23	4 810	
2019	40.09	45.43	7-31	37.81	11-29	14 200	35 900	7-30	5 780	11-29	4 473	
2020	40.96	48.66	8-21	37.89	2-19	17 800	52 200	8-21	6 170	2-19	5 614	

4-3　沙市(二郎矶)站水位流量历年特征值表

年份	水位(m)					流量(m³/s)					径流量 (10⁸ m³)	备注
	平均	最高	月日	最低	月日	平均	最大	月日	最小	月日		
1949	37.59	44.49	7-9	33.30	2-8							
1950	37.00	44.38	7-11	33.42	3-20							
1951	36.55	43.46	7-15	32.90	2-9							
1952	37.10	43.89	9-19	32.67	2-27							
1953	36.53	43.15	8-7	33.17	2-22							
1954	37.73	44.67	8-7	32.94	2-12							
1955	37.11	43.74	7-19	33.64	3-4							
1956	36.80	44.19	7-1	33.24	2-25							
1957	36.92	43.44	7-22	33.49	2-26							
1958	36.63	43.88	8-26	32.87	3-27							
1959	36.40	43.19	8-17	32.99	2-7							
1960	36.32	43.01	8-8	32.41	2-15							
1961	36.97	43.29	7-3	32.75	2-15							
1962	37.14	44.35	7-11	33.15	3-7							
1963	37.04	42.66	5-30	32.88	2-17							
1964	37.81	43.93	7-2	33.66	2-8							
1965	37.46	43.51	7-18	33.46	3-29							
1966	36.74	43.93	9-5	33.26	4-1							
1967	37.22	42.83	6-28	33.30	2-6							
1968	37.47	44.13	7-18	33.39	2-23							
1969	36.36	43.10	7-12	32.88	3-10							
1970	36.75	42.71	8-2	32.86	2-23							
1971	36.33	41.02	6-15	33.15	3-12							
1972	35.81	40.97	6-28	32.67	3-11							

续表

年份	水位(m)					流量(m³/s)					径流量(10⁸ m³)	备注
	平均	最高	月日	最低	月日	平均	最大	月日	最小	月日		
1973	36.28	43.01	7-5	32.10	4-2							
1974	36.49	43.84	8-13	31.95	3-6							
1975	36.41	41.89	10-6	32.64	3-31							
1976	35.99	43.01	7-22	32.25	1-26							
1977	36.27	41.90	7-12	32.22	2-13							
1978	35.47	41.78	7-8	31.37	3-17							
1979	35.51	42.98	9-16	31.21	3-10							
1980	36.33	43.65	8-29	31.77	2-24							
1981	35.99	44.47	7-19	31.87	3-15							
1982	36.37	44.13	8-1	32.04	2-5							
1983	36.56	43.67	7-17	32.29	2-26							
1984	35.87	43.50	7-11	31.62	2-16							
1985	36.09	41.84	7-5	31.86	3-2							
1986	35.40	41.95	7-7	31.84	2-20							
1987	35.49	43.89	7-24	31.17	3-16							
1988	35.44	42.65	9-7	31.34	2-22							
1989	36.27	44.20	7-14	31.53	2-15							
1990	35.92	42.10	7-5	31.88	1-31							
1991	35.46	42.85	8-14	31.12	3-21	12 700	42 000	8-14	3 680	3-21	4 011	
1992	35.21	42.49	7-20	30.90	12-30	12 200	41 000	7-20	3 980	2-13	3 865	
1993	35.61	43.50	9-1	30.37	2-16	13 500	46 400	8-31	3 320	2-16	4 262	
1994	34.76	40.33	7-15	30.87	2-20	10 600	27 900	7-15	3 600	2-20	3 345	
1995	35.38	41.84	7-13	31.06	2-16	12 600	34 100	8-16	4 220	2-16	3 967	
1996	35.36	42.99	7-25	30.59	3-11	12 400	41 100	7-5	3 610	3-11	3 914	

续表

年份	水位(m)					流量(m³/s)					径流量 (10⁸ m³)	备注
	平均	最高	月日	最低	月日	平均	最大	月日	最小	月日		
1997	34.79	42.99	7-20	30.99	2-15	10 900	41 800	7-20	3 770	2-15	3 443	
1998	35.89	45.22	8-17	30.53	2-14	15 100	53 700	8-17	3 680	2-14	4 751	
1999	35.80	44.74	7-21	30.28	3-14	13 900	46 800	7-20	3 360	3-14	4 380	
2000	35.68	43.13	7-18	31.23	2-15	13 700	44 400	7-3	4 560	2-15	4 335	
2001	35.23	41.12	9-8	31.35	3-15	12 500	35 500	9-8	4 520	2-9	3 930	
2002	35.16	42.79	8-21	30.89	2-20	11 900	40 700	8-19	3 720	2-20	3 745	
2003	34.81	42.69	7-14	30.02	2-10	12 400	40 000	9-4	3 260	2-10	3 924	
2004	35.13	43.44	9-9	30.46	1-31	12 300	47 900	9-9	4 120	1-31	3 901	
2005	35.36	42.42	8-31	30.63	2-19	13 400	39 900	7-11	4 340	2-19	4 210	
2006	33.56	39.72	7-11	30.59	2-8	8 860	26 100	7-11	4 480	2-8	2 795	
2007	34.56	42.97	7-31	30.52	1-11	12 000	41 000	7-31	4 500	1-11	3 770	
2008	34.98	41.55	8-17	30.96	2-23	12 300	34 000	8-17	4 700	2-23	3 902	
2009	34.49	41.44	8-7	31.13	12-27	11 700	32 900	8-5	5 750	1-31	3 686	
2010	34.58	42.58	7-27	31.06	3-21	12 100	35 700	7-27	5 730	3-20	3 819	
2011	33.83	39.42	6-28	31.01	12-27	10 600	24 000	8-7	5 930	12-26	3 345	
2012	34.81	42.97	7-30	31.00	4-2	13 400	38 900	7-30	5 820	4-2	4 224	
2013	33.82	40.50	7-21	30.66	12-3	11 200	29 000	7-20	5 790	12-3	3 538	
2014	34.67	42.21	9-21	30.76	3-10	13 100	39 700	9-21	5 900	3-9	4 123	
2015	33.97	40.18	7-2	30.72	12-1	11 600	26 300	7-2	5 980	2-18	3 645	
2016	34.28	41.37	7-21	30.30	12-29	12 600	29 000	7-2	5 950	12-29	3 988	
2017	34.23	40.13	7-14	30.30	12-26	13 000	26 700	10-8	6 040	1-29	4 096	
2018	34.08	41.59	7-14	29.95	12-26	13 700	36 900	7-14	6 120	12-26	4 326	
2019	33.80	40.57	8-1	40.57	11-29	12 900	29 000	7-31	6 310	11-29	4 059	
2020	34.83	43.38	7-24	30.02	2-21	15 700	44 100	8-21	6 280	2-20	4 978	

4-4　新厂站水位流量历年特征值表

年份	水位(m)					流量(m³/s)					径流量 (10⁸ m³)	备注
	平均	最高	月日	最低	月日	平均	最大	月日	最小	月日		
1955	33.81	39.69	7-19	30.37	3-5	12 800	45 700	7-19	4 140	3-5	4 046	
1956	33.62	39.94	7-1	30.10	2-29	11 700	44 900	7-1	3 250	2-29	3 696	
1957	33.66	39.54	7-23	30.39	2-26	12 000	42 000	7-22	3 880	2-26	3 795	
1958	33.58	40.09	8-26	30.05	3-28	11 700	46 500	8-26	3 490	3-28	3 696	
1959	33.27	39.44	8-17	30.02	1-28	10 300	43 000	8-17	3 360	1-28	3 239	1968 年 7 月 28 日迁至对岸上游约 700 m 的黄水套
1960	33.24	39.40	8-8	29.54	2-10	11 000	37 900	8-8	2 900	2-10	3 486	
1961	33.72	39.40	7-3	29.65	2-15	12 300	43 500	7-3	3 660	2-4	3 877	
1962	33.79	40.35	7-12	29.86	3-7	12 700	44 400	7-11	3 650	3-7	4 016	
1963	33.50	38.51	7-15	29.25	2-14	12 900	38 900	5-30	3 030	2-14	4 062	
1964	34.41	40.02	7-2	30.31	2-8	14 700	44 800	9-19	3 980	2-5	4 647	
1965	34.14	39.47	7-18	30.32	3-31	13 900	42 300	7-18	3 680	3-31	4 395	
1966	33.24	39.75	9-7	29.68	4-2	12 000	47 400	9-5	3 370	4-2	3 772	
1967	33.57	38.83	6-29	29.90	2-7	12 600	37 400	6-28	3 580	2-7	3 987	
1968	—	39.75	7-18	29.64	2-23	14 400	49 500	7-18	3 460	2-23	4 552	
1969	32.89	38.79	7-12	29.59	3-11	10 700	41 400	7-12	3 220	3-11	3 359	
1970	33.31	38.92	8-2	29.44	2-20	—	36 900	8-2	—	1-1	▶3 696	
1971	32.68	37.32	6-16	29.71	3-13	11 200	28 800	7-2	3 780	3-13	3 527	
1972	32.00	36.85	6-29	29.00	3-2	10 100	30 800	6-28	3 280	2-28	3 206	
1973	32.68	38.89	7-6	28.58	4-2	12 200	42 400	7-5	3 130	4-2	3 855	
1974	32.72	39.30	8-14	28.45	3-6	14 200	51 100	8-13	3 280	3-6	4 466	
1975	32.68	37.56	10-6	28.97	2-11	12 700	38 300	10-6	3 810	2-11	4 007	
1976	32.15	38.92	7-22	28.63	2-11	11 400	42 800	7-22	3 610	2-11	3 603	
1977	32.38	37.64	7-12	28.46	2-13	11 900	35 700	7-12	3 780	2-13	3 750	
1978	31.60	37.58	7-9	27.58	3-18	11 000	36 900	7-8	2 920	3-18	3 480	

续表

年份	水位(m)					流量(m³/s)					径流量 (10⁸ m³)	备注
	平均	最高	月日	最低	月日	平均	最大	月日	最小	月日		
1979	31.84	38.60	9-17	27.76	3-11	11 500	41 900	9-16	2 920	3-10	3 620	
1980	32.70	39.66	8-30	28.28	2-24	13 600	46 600	8-29	3 310	2-24	4 300	
1981	32.27	39.93	7-19	28.37	3-15	12 900	54 600	7-19	3 650	3-15	4 070	
1982	32.56	39.71	8-1	28.27	2-5	13 200	51 900	8-1	3 740	2-5	4 160	
1983	32.89	39.80	7-17	28.56	2-26	14 100	45 500	7-17	3 860	2-26	4 460	
1984	32.12	39.21	7-11	27.90	2-16	12 800	46 100	7-11	3 340	2-16	4 060	
1985	32.27	37.64	7-6	28.28	3-2	13 300	40 600	7-5	3 670	3-2	4 180	
1986	31.73	37.65	7-7	28.32	1-30	11 400	36 800	7-7	3 880	1-30	3 580	
1987	31.94	39.58	7-24	27.87	3-16	12 600	51 900	7-24	3 180	3-16	3 970	
1988	31.77	38.86	9-15	27.76	2-22	12 000	38 800	9-7	4 040	2-21	3 790	
1989	32.78	40.03	7-14	28.13	2-16	14 200	55 200	7-12	4 160	2-16	4 460	
1990	32.56	38.47	7-5	28.83	2-1	13 200	37 300	7-4	4 330	2-1	4 160	
1991	32.19	38.94	8-16	28.21	3-21						▶3 969	
1992	31.94	38.64	7-20	27.91	12-30						▶3 822	
1993	32.35	39.63	9-1	27.32	2-16						▶4 189	
1994	31.55	36.30	7-15	27.68	2-20						▶3 159	
1995	32.12	38.42	7-13	28.10	2-16						▶3 752	
1996	32.07	39.62	7-25	27.49	3-11						▶3 801	
1997	31.39	39.01	7-21	27.71	2-15						▶3 316	
1998	32.47	41.14	8-17	27.35	2-15						▶4 655	
1999	32.16	40.93	7-21	26.37	3-14						▶4 238	
2000	32.12	39.14	7-19	27.66	2-16						▶4 265	

续表

年份	水位(m)					流量(m³/s)					径流量·(10⁸ m³)	备注
	平均	最高	月日	最低	月日	平均	最大	月日	最小	月日		
2001	31.80	37.11	9-9	28.15	3-16						▶3 806	
2002	31.95	39.50	8-24	27.45	2-20						▶3 625	
2003	31.58	39.17	7-14	26.72	2-11						▶3 800	
2004	31.88	39.35	9-9	27.37	2-1						▶3 802	
2005	32.20	38.57	9-1	27.88	2-11						▶4 045	
2006	30.55	36.01	7-11	27.52	12-28						▶2 775	
2007	31.34	39.11	7-31	27.40	1-11						▶3 762	
2008	31.79	37.67	8-18	27.73	2-24						▶3 869	
2009	31.27	37.61	8-8	27.77	12-27						▶3 693	
2010	31.43	39.03	7-28	27.65	3-22						▶3 766	
2011	30.60	35.88	6-28	27.75	12-27						▶3 351	枝城— 松滋口— 太平口
2012	31.69	39.42	7-29	27.84	1-1						▶4 219	
2013	30.71	36.72	7-21	27.47	12-4						▶3 509	
2014	31.61	38.28	9-21	27.57	2-2						▶4 139	
2015	31.05	36.87	7-3	27.80	2-21						▶3 679	
2016	31.49	38.40	7-6	27.40	12-26						▶4 044	
2017	31.41	37.36	7-13	27.48	1-30						▶4 124	
2018	31.12	37.96	7-19	27.16	12-27						▶4 404	
2019	31.06	37.28	8-1	26.83	11-30						▶4 128	
2020	32.01	40.00	7-24	27.31	1-25						▶5 014	

4-5 石首站水位历年特征值表

年份	水位（m）					备注	年份	水位（m）					备注
	平均	最高	月日	最低	月日			平均	最高	月日	最低	月日	
1952	32.94	39.39	9-20	28.20	2-22		1976	30.87	38.05	7-23	27.03	1-26	
1953	32.36	38.20	8-8	28.80	3-6		1977	31.18	36.56	7-13	27.10	2-14	
1954	33.63	39.89	8-7	28.70	3-29		1978	30.37	36.50	7-9	26.39	3-18	
1955	32.74	39.09	7-19	29.04	3-5		1979	30.66	37.88	9-17	26.49	3-10	
1956	32.45	39.15	7-1	28.63	3-1		1980	31.53	39.05	8-30	26.71	2-24	
1957	32.56	38.76	7-23	28.99	2-25		1981	30.99	39.12	7-20	26.72	3-16	
1958	32.42	39.26	8-26	28.45	3-29		1982	31.43	39.09	8-1	26.57	2-5	
1959	32.20	38.56	8-17	28.85	1-29		1983	31.96	39.29	7-17	27.27	2-21	
1960	32.14	38.66	8-8	28.18	2-10		1984	31.12	38.51	7-11	26.58	2-15	
1961	32.86	38.74	7-3	28.41	2-16		1985	31.19	36.81	7-6	27.25	2-3	
1962	32.96	39.85	7-12	28.70	3-8		1986	30.62	36.84	7-8	27.06	1-30	
1963	32.61	37.86	5-30	28.18	2-15		1987	30.96	38.94	7-25	26.64	3-17	
1964	33.57	39.39	7-2	29.2	2-7		1988	30.83	38.33	9-15	26.60	2-22	
1965	33.11	38.73	7-19	28.86	3-30		1989	31.80	39.59	7-14	27.01	2-14	
1966	32.14	38.86	9-7	28.18	4-2		1990	31.56	37.63	7-5	27.55	2-1	
1967	32.43	38.00	7-5	28.60	2-6		1991	31.35	38.18	8-16	27.44	3-22	
1968	32.64	38.98	7-18	28.22	2-20		1992	31.15	37.99	7-20	27.10	12-31	
1969	31.57	37.84	7-21	27.94	3-11		1993	31.55	38.97	9-1	26.48	2-16	
1970	31.98	37.72	8-2	27.70	2-21		1994	30.83	35.80	7-15	26.78	2-20	
1971	31.26	36.15	6-16	28.02	3-13		1995	31.37	38.10	7-13	27.25	2-17	
1972	30.63	35.73	6-29	27.50	2-9		1996	31.28	39.38	7-25	26.30	3-11	
1973	31.44	37.77	7-6	26.81	4-3		1997	30.71	38.74	7-21	26.84	1-14	
1974	31.35	38.33	8-14	26.75	3-7		1998	31.93	40.94	8-17	26.68	2-15	
1975	31.30	36.36	10-6	27.19	4-1		1999	31.41	40.78	7-21	25.37	3-15	

续表

年份	水位(m)					备注	年份	水位(m)					备注
	平均	最高	月日	最低	月日			平均	最高	月日	最低	月日	
2000	31.30	38.73	7-19	26.46	2-16		2011	29.90	35.2	6-28	27.01	12-28	
2001	30.97	36.59	9-9	26.89	3-24		2012	31.08	38.85	7-31	27.10	1-1	
2002	31.35	39.27	8-24	26.50	2-20		2013	30.11	36.02	7-21	26.78	12-4	
2003	30.81	38.68	7-14	25.96	2-11		2014	30.01	37.52	9-21	26.90	2-3	
2004	31.04	38.78	9-9	26.28	2-1		2015	30.47	36.28	7-4	27.01	2-10	
2005	31.45	37.84	9-1	27.06	2-12		2016	30.95	38.08	7-6	26.66	12-29	
2006	29.82	35.27	7-11	26.60	2-10		2017	30.80	36.95	7-13	26.66	12-26	
2007	30.59	38.48	7-31	26.51	1-11		2018	30.47	37.37	7-19	26.49	12-27	
2008	31.04	36.91	8-18	26.86	1-9		2019	30.52	36.47	7-24	26.15	11-30	
2009	30.54	36.85	8-10	27.03	12-27		2020	31.53	39.58	7-24	26.64	1-1	
2010	30.81	38.49	7-28	26.94	3-21								

4-6　监利站水位流量历年特征值表

年份	水位(m)					流量(m³/s)					径流量 (10⁸ m³)	备注
	平均	最高	月日	最低	月日	平均	最大	月日	最小	月日		
1951	28.01	34.17	7-25	23.82	2-10	9 480	26 000	9-12	3 400	2-10	2 988	
1952	28.98	35.44	9-20	23.84	2-22	9 960	27 000	8-23	2 650	2-5	3 151	
1953	28.18	33.35	8-9	24.56	1-23	9 280	27 300	8-9	3 620	2-24	2 927	
1954	29.72	36.62	8-8	24.14	3-29	11 500	35 600	8-8	3 870	2-14	3 622	
1955	28.40	34.81	7-1	24.32	3-5	9 580	27 600	7-19	3 860	3-22	3 020	
1956	27.95	34.06	7-4	24.08	2-17	9 140	31 200	7-1	3 240	2-26	2 890	
1957	27.97	34.15	8-13	24.17	1-12	9 400	26 800	7-23	3 970	2-25	2 963	
1958	27.93	34.41	8-27	24.03	2-5	9 100	29 400	8-26	3 130	2-12	2 869	
1959	27.50	33.15	8-18	23.87	1-30	8 890	30 200	8-18	3 460	1-26	2 803	
1960	27.55	33.61	8-8	23.76	2-15		25 700	6-30	2 900	2-15	▶2 896	缺 7—12 月
1961	28.30	33.46	7-20	23.62	2-4						▶3 228	
1962	28.61	35.67	7-12	24.22	3-4						▶3 223	
1963	28.09	33.3	7-16	23.57	2-15						▶3 351	
1964	29.49	35.86	7-4	24.69	2-10						▶3 695	
1965	28.80	34.73	7-19	24.14	3-6						▶3 627	
1966	27.95	34.51	9-8	24.06	4-2		34 600	9-6	2 770	4-1	▶3 210	缺 1—3 月
1967	28.71	34.75	7-6	24.07	2-6	11 100	27 600	6-29	3 610	2-6	3 507	
1968	29.13	36.07	7-23	24.03	2-24	12 600	37 800	7-8	3 750	2-18	3 990	
1969	28.05	35.68	7-21	23.94	3-12	9 640	30 100	7-13	3 010	3-12	3 041	
1970						10 400	28 600	8-3	3 410	2-1	3 282	1970— 1974 年下 迁 61 km 到 洪山站 测流、沙
1971						10 400	24 100	8-22	3 900	3-11	3 270	
1972						9 680	25 900	6-29	3 210	2-7	3 060	
1973						11 000	31 000	9-12	3 030	4-3	3 471	
1974	27.85	35.13	8-14	22.74	3-7	12 700	36 900	8-14	3 460	3-7	3 993	

年份	水位(m)					流量(m³/s)					径流量(10⁸ m³)	备注
	平均	最高	月日	最低	月日	平均	最大	月日	最小	月日		
1975	28.45	33.25	7-14	23.91	2-3	11 500	32 500	10-6	3 890	3-9	3 629	
1976	27.98	35.55	7-23	23.98	1-26	10 900	33 900	7-22	3 550	1-26	3 459	
1977	28.37	34.17	6-23	23.86	2-13	11 300	29 900	7-13	3 510	2-13	3 580	
1978	27.41	33.40	7-9	23.41	3-2	10 600	31 200	7-9	2 820	3-2	3 330	
1979	27.72	34.6	9-17	23.48	3-10	10 800	35 900	9-17	2 810	3-10	3 420	
1980	28.87	36.19	8-30	23.67	2-24	12 500	40 000	8-30	3 310	2-26	3 950	
1981	28.36	35.78	7-20	24.01	2-12	11 900	46 200	7-20	3 520	3-15	3 750	
1982	28.82	35.80	8-1	23.62	2-5	12 500	42 400	8-1	3 470	2-5	3 940	
1983	29.34	36.71	7-18	24.54	2-21	13 000	37 300	7-17	3 790	2-28	4 090	
1984	28.20	35.22	7-12	23.39	2-16	12 000	39 100	7-11	3 280	2-16	3 790	
1985	28.29	33.91	7-11	23.78	2-3	12 600	33 900	7-5	3 660	2-3	3 990	
1986	27.64	33.94	7-8	23.71	1-30	11 100	32 100	7-8	3 750	2-21	3 510	
1987	28.15	35.61	7-25	23.58	3-17	12 100	42 500	7-24	3 330	3-17	3 800	
1988	28.08	36.11	9-15	23.64	2-22	11 600	34 200	9-7	3 500	2-24	3 670	
1989	29.15	36.34	7-15	24.14	2-9	13 700	45 500	7-13	3 930	2-9	4 340	
1990	28.99	35.35	7-5	24.84	2-1	12 800	32 700	7-5	4 460	1-31	4 049	
1991	28.78	35.94	7-16	24.92	12-30	12 400	37 500	8-15	3 810	3-22	3 900	
1992	28.44	35.27	7-21	24.24	12-31	11 900	37 600	7-20	3 820	1-28	3 752	
1993	28.97	36.20	9-2	23.73	2-16	12 900	37 400	8-31	3 570	2-16	4 063	
1994	28.21	33.12	6-29	24.31	2-18	10 300	28 000	7-15	3 580	2-22	3 240	
1995	28.75	35.74	7-7	24.66	2-11	11 900	30 700	8-17	4 320	2-17	3 764	
1996	28.41	37.06	7-25	23.20	3-12	12 100	35 200	7-5	4 020	3-7	3 822	
1997	27.87	35.78	7-21	23.64	1-21	10 800	38 100	7-20	4 170	2-9	3 408	
1998	29.50	38.31	8-17	24.01	12-31	14 000	46 300	8-17	3 720	2-16	4 412	

年份	水位(m)					流量(m³/s)					径流量 (10⁸ m³)	备注
	平均	最高	月日	最低	月日	平均	最大	月日	最小	月日		
1999	28.82	38.30	7-21	22.84	3-15	13 000	41 200	7-21	3 260	3-14	4 093	
2000	28.61	35.65	7-20	23.55	2-16	13 100	41 500	7-4	4 430	2-16	4 151	
2001	28.24	33.50	9-9	24.49	3-23	11 700	29 900	9-9	4 170	2-10	3 681	
2002	28.82	37.154	8-24	23.91	2-21	11 100	35 600	8-18	3 810	1-30	3 503	
2003	28.44	36.46	7-14	23.90	2-11	11 600	36 000	9-5	3 520	2-13	3 663	
2004	28.37	35.56	9-10	23.54	2-2	11 800	42 500	9-10	3 900	2-2	3 735	
2005	28.80	35.08	9-1	24.44	12-31	12 800	36 200	7-12	4 110	2-21	4 036	
2006	27.19	32.35	7-11	24.09	2-8	8 620	23 400	7-11	4 360	2-8	2 720	
2007	27.99	35.80	7-31	24.13	1-11	11 600	38 000	7-31	4 630	1-23	3 648	
2008	28.46	34.14	8-19	24.31	1-10	12 000	30 800	8-17	5 080	1-10	3 803	
2009	28.00	34.2	8-10	24.65	12-27	11 600	30 900	8-5	5 700	2-2	3 648	
2010	28.71	36.13	7-30	24.74	3-1	11 700	32 100	7-28	5 770	12-18	3 679	
2011	27.46	32.57	6-28	24.83	12-28	10 600	22 800	8-8	6 170	12-28	3 329	
2012	28.90	36.36	7-30	24.88	1-1	12 800	35 300	7-30	6 200	12-15	4 048	
2013	27.94	33.4	7-25	24.81	12-11	11 000	27 000	7-21	6 080	4-7	3 467	
2014	28.77	34.89	7-21	24.73	2-3	12 700	35 600	9-21	5 900	3-28	3 990	
2015	28.37	33.95	7-4	24.90	2-10	11 400	23 100	7-2	6 140	12-7	3 590	
2016	28.90	36.26	7-6	24.80	12-26	12 200	26 600	7-2	6 340	2-13	3 853	
2017	28.68	35.00	7-12	24.63	12-26	12 500	23 800	10-8	6 450	1-5	3 953	
2018	28.21	34.81	7-19	24.48	2-20	13 200	33 200	7-15	6 510	12-27	4 176	
2019	28.53	34.61	7-24	34.61	12-1	12 500	26 900	8-2	6 500	3-9	3 943	
2020	29.60	37.31	7-24	24.74	1-1	15 000	39 500	8-21	6 860	2-22	4 750	

4-7 莲花塘站水位历年特征值表

年份	水位（m）					备注	年份	水位（m）					备注
	平均	最高	月日	最低	月日			平均	最高	月日	最低	月日	
1949		31.95	6-19	18.66	2-6	缺7—12月	1974		32.17	7-16			
							1975		30.37	5-23			
1950	24.94	31.62	7-18	19.01	12-31		1976		32.55	7-24			
1951	23.65	30.66	7-27	17.50	2-11		1977		31.86	6-25			
1952	25.22	32.44	9-22	18.03	1-30		1978		29.96	6-29			
1953	24.32	29.56	8-11	18.65	1-24		1979		31.30	9-25			
1954	26.41	33.95	8-7	18.46	3-29		1980		33.54	9-2			
1955				18.47	2-4	缺6—12月	1981		31.61	7-22			
							1982		32.29	8-3			
1956							1983		33.96	7-18			
1957							1984		31.63	8-1			
1958							1985		30.44	7-12			
1959							1986		30.79	7-10			
1960							1987		31.84	7-27			
1961							1988		33.60	9-16	29.53	9-30	缺1—5、10—12月
1962													
1963							1989		32.51	7-17	28.18	8-16	缺1—5、10—12月
1964													
1965							1990		32.45	7-6	28.26	10-31	缺1—5、11—12月
1966													
1967							1991	25.49	33.33	7-16	20.46	12-30	
1968							1992						
1969							1993	25.58	32.97	9-3	19.07	2-6	
1970		32.24	7-23				1994	24.99	30.07	6-22	20.28	2-5	
1971		29.62	6-14				1995						
1972							1996	25.11	35.01	7-22	18.76	3-13	
1973		32.69	6-29				1997	24.78	32.47	7-24	19.88	1-7	

年份	水位(m)					备注	年份	水位(m)					备注
	平均	最高	月日	最低	月日			平均	最高	月日	最低	月日	
1998	26.79	35.80	8-20	19.94	12-31		2010	25.46	33.19	7-31	20.19	3-2	
1999	25.55	35.54	7-22	18.92	3-24		2011	23.60	29.34	6-30	20.56	12-29	
2000	25.48	31.80	7-9	20.17	2-16		2012	25.74	33.35	7-29	20.56	1-3	
2001	24.94	29.78	6-26	20.83	12-31		2013	24.58	29.82	7-26	20.39	12-12	
2002	25.80	34.75	8-24	19.93	1-24		2014	25.42	32.42	7-21	20.37	2-5	
2003	25.42	33.53	7-14	20.10	12-31		2015	25.11	31.22	6-24	20.38	1-11	
2004	24.87	31.91	7-25	19.31	2-2		2016	25.63	34.29	7-8	20.63	12-20	
2005	25.60	31.54	9-5	20.55	12-31		2017	25.24	34.13	7-4	19.92	12-29	
2006	23.86	29.57	7-21	20.12	12-30		2018	24.52	31.38	7-19	20.07	2-22	
2007	24.56	32.48	8-4	20.17	1-1		2019	25.12	32.45	7-18	19.94	12-1	
2008	25.06	31.17	9-7	20.26	1-10		2020	26.39	34.59	7-28	20.15	1-1	
2009	24.51	30.82	8-11	20.40	12-8								

4-8　螺山站水位流量历年特征值表

年份	水位(m)					流量(m³/s)					径流量 (10⁸ m³)	备注
	平均	最高	月日	最低	月日	平均	最大	月日	最小	月日		
1953	缺1—4月	29	8-11	19.71	12-20	缺1—6月	42 300	8-10	9 700	12-20	▶6 336	
1954	25.91	33.17	8-8	17.26	3-29	28 400	78 800	8-7	6 950	3-29	8 956	基本水尺于1962年4月1日下迁1 km至流量段;26 m水位以下新水位高度等于旧水位高度;26 m水位以上新水位高度等于0.989乘以旧水位高度加0.28
1955	23.44	31.17	7-3	17.28	12-31	20 400	52 200	7-1	5 900	2-3	6 437	
1956	22.53	30.43	7-5	16.35	2-2	19 200	44 500	7-5	5 400	2-1	6 083	
1957	22.54	30.54	8-14	16.22	1-11	19 700	48 500	8-13	5 530	1-11	6 206	
1958	22.53	30.51	8-29	16.50	1-31	20 000	50 000	8-28	5 690	1-30	6 322	
1959	21.96	29.34	7-7	15.82	1-29	17 600	42 700	7-6	4 880	1-29	5 561	
1960	21.80	28.68	8-11	15.56	2-16	17 400	40 900	7-2	4 500	2-16	5 502	
1961	23.12	28.76	7-22	15.58	2-3	20 700	41 000	7-21	4 570	2-1	6 525	
1962	23.39	32.09	7-13	16.46	3-4	21 500	55 400	7-11	5 400	2-10	6 778	
1963	22.58	28.83	7-17	16.05	2-9	18 800	46 000	7-17	4 060	2-5	5 942	
1964	24.71	32.36	7-4	17.98	2-11	24 000	62 300	7-4	6 580	12-31	7 587	
1965	23.61	30.09	7-21	17.37	2-7	21 400	45 600	7-18	5 020	2-6	6 745	
1966	22.50	29.42	7-16	17.08	3-21	18 800	48 900	9-9	5 260	3-21	5 923	
1967	23.69	30.91	7-7	16.98	2-7	21 500	50 900	7-2	5 160	2-4	6 776	
1968	24.08	32.59	7-22	17.33	3-3	23 400	58 300	7-21	5 660	1-24	7 394	
1969	23.02	32.43	7-20	17.56	3-7	19 200	59 900	7-20	5 920	3-7	6 062	
1970	23.87	31.46	7-22	17.12	1-28	21 700	52 400	7-18	5 440	1-25	6 859	
1971	22.45	28.91	6-17	16.87	12-30	17 700	39 900	6-9	5 410	12-30	5 567	
1972	21.79	27.22	7-2	15.99	2-1	16 500	35 200	7-1	4 410	2-1	5 215	
1973	24.17	31.91	6-29	17.61	12-31	22 800	56 800	6-27	5 700	12-31	7 181	
1974	23.20	31.39	7-16	16.79	1-17	21 000	53 600	7-16	4 710	1-16	6 616	
1975	23.94	29.51	5-24	17.40	2-4	20 500	40 700	5-22	5 300	2-4	6 477	
1976	23.13	31.66	7-24	17.25	1-28	19 300	53 600	7-24	4 700	1-26	6 090	
1977	23.71	30.93	6-25	17.57	1-20	20 100	49 400	6-23	5 550	1-19	6 350	

年份	水位(m)					流量(m³/s)					径流量 (10⁸ m³)	备注
	平均	最高	月日	最低	月日	平均	最大	月日	最小	月日		
1978	22.23	29.02	6-30	17.00	3-4	16 700	41 900	6-29	4 540	3-3	5 280	
1979	22.51	30.26	9-27	17.05	2-3	18 200	47 300	9-25	4 700	2-2	5 730	
1980	24.41	32.66	9-2	17.67	2-20	22 200	54 000	9-2	5 050	2-20	7 020	
1981	23.87	30.53	7-23	18.50	2-12	19 900	50 500	7-22	5 500	2-12	6 280	
1982	24.51	31.28	8-4	18.00	2-6	22 200	53 300	8-2	4 930	2-2	7 000	
1983	25.23	33.04	7-19	19.39	12-31	23 300	59 400	7-18	6 280	12-31	7 340	
1984	23.71	30.6	8-1	18.24	2-14	19 700	48 500	7-12	5 100	2-14	6 230	
1985	23.68	29.32	7-12	18.54	2-4	19 600	45 100	7-11	6 140	2-2	6 180	
1986	22.81	29.86	7-10	17.93	1-30	17 500	49 000	7-9	5 590	1-29	5 520	
1987	23.50	31.08	7-27	17.35	2-19	19 300	52 000	7-26	4 190	2-13	6 100	
1988	23.47	32.80	9-17	18.29	2-23	19 000	61 200	9-11	5 680	2-23	6 020	
1989	24.79	31.73	7-17	18.67	1-2	22 000	53 300	7-17	6 080	1-2	6 930	
1990	24.50	31.67	7-6	19.02	2-3	20 500	50 800	7-6	6 650	2-3	6 476	
1991	24.44	32.52	7-16	19.18	12-31	20 600	57 400	7-15	7 080	12-28	6 483	
1992	23.76	31.25	7-11	18.09	12-28	19 200	49 900	7-10	5 600	12-25	6 085	
1993	24.57	32.10	9-4	17.77	2-5	22 500	55 600	9-3	5 260	2-3	7 083	
1994	23.97	29.19	6-22	19.11	2-5	18 800	38 400	6-20	6 890	1-27	5 916	
1995	24.53	32.58	7-7	19.37	12-31	20 600	52 100	7-5	6 970	12-31	6 489	
1996	24.14	34.18	7-22	17.67	3-13	20 300	67 500	7-21	4 930	3-12	6 416	
1997	23.70	31.58	7-25	18.73	1-8	18 500	51 200	7-24	6 130	1-7	5 838	
1998	25.86	34.95	8-20	18.93	12-31	26 300	67 800	7-26	6 000	12-31	8 299	
1999	24.62	34.60	7-22	17.87	3-24	22 500	68 300	7-22	4 690	3-9	7 084	

续表

年份	水位(m)					流量(m³/s)					径流量 (10⁸ m³)	备注
	平均	最高	月日	最低	月日	平均	最大	月日	最小	月日		
2000	24.50	30.90	7-9	19.12	2-15	20 900	48 600	7-5	6 760	2-15	6 611	
2001	23.81	28.76	7-9	19.44	12-31	18 900	37 300	6-24	7 730	12-31	5 967	
2002	24.68	33.83	8-24	18.43	1-25	22 300	67 400	8-24	6 530	1-24	7 021	
2003	24.44	32.57	7-15	19.04	12-31	20 200	58 000	7-14	6 380	12-31	6 370	
2004	23.77	30.97	7-25	18.18	2-3	18 900	47 100	7-24	5 320	2-1	5 980	
2005	24.44	30.60	9-4	19.07	12-31	20 400	43 500	8-24	6 760	12-31	6 429	
2006	22.60	28.45	7-21	18.74	2-8	14 700	34 000	7-20	6 490	2-7	4 647	
2007	23.37	31.53	8-4	18.86	1-1	18 000	50 100	7-31	6 890	1-1	5 687	
2008	23.89	30.13	9-7	18.91	1-10	19 200	40 500	8-20	6 660	1-10	6 085	
2009	23.35	29.70	8-11	19.15	12-8	17 600	40 800	8-11	7 070	12-8	5 536	
2010	24.38	32.28	7-30	18.90	3-2	20 500	47 800	7-31	6 730	3-2	6 480	
2011	22.46	28.34	6-29	19.30	12-29	14 800	32 600	6-30	7 790	12-28	4 653	
2012	24.59	32.20	7-30	19.26	1-4	22 100	57 300	7-29	7 850	1-3	6 994	
2013	23.40	28.69	7-25	19.13	12-12	18 100	35 700	7-26	8 160	12-11	5 698	
2014	24.27	31.37	7-21	19.03	2-4	21 300	50 500	7-21	8 230	1-2	6 721	
2015	24.03	30.29	6-24	19.19	1-12	19 400	40 200	7-5	8 100	1-12	6 111	
2016	24.61	33.37	7-8	19.59	12-20	21 800	52 100	7-8	9 820	12-28	6 909	
2017	24.23	33.23	7-4	18.79	12-29	21 000	60 000	7-4	8 930	12-13	6 629	
2018	23.38	30.32	7-19	18.85	2-22	19 500	45 900	7-19	9 090	2-19	6 148	
2019	23.94	31.45	7-18	18.62	12-1	21 500	46 500	7-17	8 840	11-30	6 768	
2020	25.29	33.65	7-28	18.80	1-1	25 700	56 000	7-28	9 510	1-1	8 127	

4-9　汉口(武汉关)站水位流量历年特征值表

年份	水位(m)					流量(m³/s)					径流量(10⁸ m³)	备注
	平均	最高	月日	最低	月日	平均	最大	月日	最小	月日		
1865	17.6	25.05	8-20	10.08	2-4	19 800	45 000	8-20	2 930	2-4	6 245	
1866	19.47	26.72	8-12	11.30	1-1	25 800	54 100	8-12	4 150	1-1	8 124	
1867	19.40	25.81	9-12	11.97	1-3	24 300	48 800	9-12	4 960	1-3	7 649	
1868	20.46	25.60	10-24	11.94	2-4	27 800	47 800	10-24	4 910	2-4	8 777	
1869	21.63	27.00	7-23	14.74	12-29	30 500	52 000	7-23	9 680	12-28	9 610	
1870	19.05	27.36	8-3	11.97	2-28	25 000	65 200	8-5	4 960	2-28	7 874	
1871	19.20	25.29	9-7	12.28	1-30	24 000	46 300	9-7	5 420	1-30	7 583	
1872	19.52	26.05	7-11	13.16	12-31	24 700	50 100	7-11	6 740	12-31	7 801	
1873	18.50	25.05	7-25	11.73	3-6	22 000	45 000	7-25	4 600	3-6	6 932	
1874	19.40	23.46	7-31	12.95	1-30	23 100	37 500	7-31	6 420	1-30	7 285	
1875	19.27	25.02	7-3	13.10	1-11	23 600	44 900	7-3	6 650	1-11	7 428	
1876	19.57	25.66	7-6	12.28	1-27	24 900	48 100	7-6	5 420	1-27	7 874	
1877	18.06	22.55	5-23	12.00	1-25	19 300	33 400	5-23	5 000	1-25	6 087	
1878	20.15	26.88	8-4	12.21	2-1	27 000	55 100	8-4	5 320	2-1	6 528	
1879	18.08	24.65	7-20	12.64	12-31	20 000	43 000	7-20	5 960	12-31	6 292	
1880	18.18	23.92	7-25	11.97	1-12	20 100	39 600	7-25	4 960	1-12	6 371	
1881	19.05	23.40	6-30	11.97	1-12	23 000	37 200	6-30	4 960	1-12	7 239	
1882	20.50	26.11	7-29	13.95	1-30	27 600	50 500	7-29	8 100	1-30	8 693	
1883	20.51	25.84	7-22	12.82	2-13	28 300	49 000	7-22	6 230	2-13	8 931	
1884	18.58	23.19	7-22	12.06	12-30	20 200	36 300	7-22	5 090	12-30	6 386	
1885	19.74	25.96	7-22	12.00	1-3	25 700	49 600	7-22	5 000	1-3	8 098	
1886	19.69	24.71	8-20	12.49	2-23	25 000	43 400	8-20	5 740	2-23	7 896	
1887	19.58	26.85	7-23	12.70	12-31	25 400	54 900	7-23	6 050	12-31	8 001	
1888	19.00	24.41	8-6	11.85	1-22	22 900	41 800	8-6	4 780	1-22	7 229	
1889	20.2	26.72	10-10	11.97	3-21	28 400	54 100	10-10	4 960	3-21	8 944	
1890	20.27	26.24	8-9	13.56	2-18	27 600	51 200	8-9	7 340	2-18	8 709	
1891	19.00	25.05	7-30	12.46	2-23	22 900	45 000	7-30	5 690	2-23	7 207	

续表

年份	水位(m)				流量(m³/s)				径流量	备注
	平均	最高	月日	最低	月日	平均	最大	月日	最小	月日	(10⁸ m³)	

年份	平均	最高	月日	最低	月日	平均	最大	月日	最小	月日	(10⁸ m³)	备注
1892	19.18	25.26	7-25	12.31	1-30	23 600	46 100	7-25	5 460	1-30	7 451	
1893	19.19	25.47	8-18	12.70	1-29	23 700	47 200	8-18	6 050	1-29	7 476	
1894	19.47	25.02	6-26	12.37	1-26	24 300	44 900	6-26	5 560	1-26	7 672	
1895	17.97	24.47	8-24	11.97	3-1	19 600	42 200	8-24	4 960	3-1	6 183	
1896	19.26	26.14	10-11	11.94	2-25	24 300	50 600	10-11	4 910	2-25	7 673	
1897	20.71	26.11	8-7	13.59	2-17	28 800	50 500	8-7	7 380	2-17	9 082	
1898	18.69	24.25	8-25	12.95	12-31	21 900	41 100	8-25	6 420	12-31	6 900	
1899	18.65	24.65	10-1	11.94	2-12	21 800	43 000	10-1	4 910	2-12	6 864	
1900	16.45	21.54	7-31	11.70	2-19	14 400	29 400	7-31	4 550	12-29	4 531	
1901	17.98	26.11	7-25	10.96	3-10	20 700	50 500	7-25	3 810	3-10	6 532	
1902	17.53	23.49	9-5	11.91	1-16	18 600	37 700	9-5	4 860	1-16	5 860	
1903	19.26	24.89	8-11	12.00	2-15	24 000	44 200	8-11	5 000	2-15	7 578	
1904	18.79	23.46	9-22	11.91	1-29	22 200	37 500	9-22	4 860	1-29	7 006	
1905	20.03	25.17	9-21	13.46	2-9	26 000	45 600	9-21	7 190	2-9	8 190	
1906	20.31	25.66	8-24	13.34	12-31	27 000	48 100	8-24	7 010	12-31	8 511	
1907	19.53	25.41	10-26	12.28	1-25	24 700	46 800	10-26	5 420	1-25	7 784	
1908	19.36	25.26	7-23	13.98	1-29	23 100	46 100	7-23	8 160	1-29	7 281	
1909	19.66	26.08	7-16	13.07	3-9	25 600	50 300	7-16	6 600	3-9	8 065	
1910	19.64	24.01	2-28	13.43	2-21	24 400	40 000	8-28	7 140	2-21	7 700	
1911	21.28	26.48	8-26	13.46	8-26	29 200	49 200	8-26	7 190	1-28	9 218	
1912	19.49	26.17	7-19	13.71	12-19	23 800	50 800	7-19	7 620	12-19	7 524	
1913	19.31	24.44	7-23	12.64	2-11	23 700	42 000	7-23	5 960	2-11	7 466	
1914	18.74	23.95	6-26	12.43	1-21	21 300	39 700	6-26	5 640	1-21	6 705	
1915	18.86	24.62	8-25	11.85	2-27	22 700	42 900	8-25	4 780	2-27	7 165	
1916	18.87	23.71	8-9	13.19	2-5	21 800	38 600	8-9	6 780	2-5	6 879	
1917	19.20	25.99	8-10	12.09	2-7	24 000	49 800	8-10	5 140	2-7	7 559	
1918	19.53	255.75	8-24	11.79	2-6	25 400	48 600	8-24	4 680	2-6	8 024	

续表

年份	水位(m)					流量(m³/s)					径流量 (10⁸ m³)	备注
	平均	最高	月日	最低	月日	平均	最大	月日	最小	月日		
1919	19.01	25.96	8-4	13.4	12-30	22 400	49 600	8-4	7 100	12-30	7 072	
1920	20.04	25.81	7-31	11.85	2-2	26 700	48 800	7-31	4 780	2-2	8 442	
1921	20.18	26.27	8-21	13.68	3-13	27 600	51 400	8-12	7 560	3-13	8 698	
1922	19.11	26.33	8-30	13.71	2-1	23 500	51 800	8-30	7 620	2-1	7 404	
1923	18.51	25.78	7-29	12.11	2-15	23 000	59 000	7-27	5 190	2-1	7 248	
1924	19.40	26.65	8-3	13.08	1-27	25 600	61 000	7-30	6 650	12-31	8 083	
1925	18.48	22.94	9-15	13.01	1-7	20 300	40 900	5-19	6 600	1-10	6 403	流量值缺 6—12 月
1926	19.80	26.85	8-20	12.82	2-7	26 100	54 900	8-20	6 230	2-7	8 227	
1927	19.23	25.32	7-27	13.46	2-17	23 200	46 400	7-27	7 190	2-17	7 310	
1928	16.86	23.31	8-20	12.15	2-12	16 000	36 800	8-20	5 220	2-12	5 056	
1929	17.33	24.46	8-17	11.6	3-28	18 400	42 100	8-17	4 450	3-28	5 789	
1930	19.52	25.29	7-2	12.95	1-25	24 000	46 200	7-2	6 420	1-25	7 581	
1931	20.66	28.28	8-19	12.98	1-26	28 400	59 900	8-19	6 470	1-26	8 969	
1932	19.36	25.41	7-16	13.62	1-23	23 900	46 800	7-16	7 440	1-24	7 571	
1933	18.96	26.33	6-25	13.07	2-8	22 800	51 800	6-25	6 600	2-8	7 195	
1934	18.92	24.35	7-9	12.09	2-19	22 500	41 600	7-9	5 140	2-19	7 107	
1935	20.62	27.58	7-14	12.46	2-9	28 400	59 300	7-14	5 690	2-9	8 953	
1936	18.38	24.16	8-15	12.67	12-14	20 400	40 700	8-15	6 000	12-14	6 456	
1937	20.08	27.06	8-25	11.82	1-17	27 600	56 200	8-26	4 730	1-17	8 701	
1938	20.39	26.48	7-30	13.56	3-7	28 300	52 700	7-30	7 340	3-7	8 911	
1939	18.92	25.56	8-7	13.14	12-31	21 900	47 600	8-7	6 710	12-31	6 902	
1940	18.07	23.07	8-20	12.05	1-22	19 500	35 800	8-20	5 080	1-22	6 157	
1941	17.66	24.17	9-16	11.95	2-14	18 200	40 700	9-16	4 920	2-14	5 755	
1942	17.88	25.12	7-12	12.19	2-8	19 200	45 400	7-12	5 280	2-28	6 039	
1943	19.18	25.92	8-23	11.46	1-27	23 500	49 400	7-23	4 310	1-27	7 541	
1944		24.19	7-13	13.21	1-21							

续表

年份	水位(m)					流量(m³/s)					径流量 (10⁸ m³)	备注
	平均	最高	月日	最低	月日	平均	最大	月日	最小	月日		
1945												
1946	18.58	25.44	7-14	11.88	2-22	21 900	47 000	7-14	4 820	2-22	6 896	
1947	18.71	25.63	8-11	13.07	3-6	22 200	48 000	8-11	6 600	3-6	7 001	
1948	20.58	27.03	7-26	12.85	1-23	28 700	56 000	7-26	6 280	1-23	9 088	
1949	21.45	27.12	7-12	14.04	2-7	30 000	52 700	7-12	8 280	2-7	9 472	
1950	20.12	25.96	7-18	14.68	12-31	26 000	49 600	7-18	9 560	12-31	8 200	
1951	18.71	24.59	7-28	12.92	2-11	21 500	42 800	7-28	6 380	2-11	6 765	
1952	20.18	26.60	9-24	13.01	1-30	26 600	59 500	9-21	6 800	1-29	8 396	
1953	19.36	24.14	8-12	13.85	1-25	21 700	45 200	8-10	7 250	1-22	6 837	
1954	21.93	29.73	8-18	13.92	3-29	31 100	76 100	8-14	8 000	3-29	10 130	
1955	19.54	26.12	7-3	13.63	12-31	22 600	49 500	7-3	7 220	12-31	7 123	
1956	18.56	25.75	7-6	12.67	2-3	21 400	50 900	7-7	5 920	2-3	6 770	
1957	18.44	25.12	8-15	12.59	1-7	20 700	48 900	7-25	6 270	1-6	6 529	
1958	18.5	25.30	8-29	12.57	2-1	21 900	53 700	7-23	6 050	1-31	6 893	
1959	17.97	24.53	7-7	12.06	1-30	18 800	45 300	7-6	5 300	1-30	5 914	
1960	17.69	23.42	8-11	11.74	2-18	19 200	44 500	7-2	5 130	2-18	6 080	
1961	18.83	23.54	7-22	11.70	2-5	22 400	44 100	7-21	4 940	2-5	7 049	
1962	18.98	26.74	7-14	12.45	3-7	23 500	58 600	7-13	6 130	2-28	7 401	
1963	18.24	24.02	8-30	11.94	2-7	21 400	47 000	8-29	4 830	2-7	6 756	
1964	20.30	26.76	7-6	13.85	2-12	27 900	62 000	7-5	7 680	2-11	8 807	
1965	19.08	25.08	7-24	13.05	3-26	23 500	53 500	7-23	6 280	2-8	7 426	
1966	17.91	24.46	7-17	12.62	3-23	19 700	47 300	9-10	6 020	3-23	6 202	
1967	19.08	25.89	7-7	12.14	2-9	22 900	54 500	7-7	5 430	2-7	7 218	
1968	19.44	27.39	7-19	12.71	3-3	25 400	61 300	7-24	6 290	3-2	8 036	
1969	18.68	27.19	7-20	13.36	3-11	21 400	62 400	7-20	6 620	3-11	6 738	
1970	19.44	26.41	7-22	12.62	1-29	23 900	54 700	7-21	6 130	1-28	7 540	
1971	18.00	24.21	6-16	12.90	12-31	19 800	43 700	6-16	6 390	12-31	6 242	

续表

年份	水位(m)					流量(m³/s)					径流量 (10⁸ m³)	备注
	平均	最高	月日	最低	月日	平均	最大	月日	最小	月日		
1972	17.49	22.15	6-5	12.07	2-2	17 900	36 400	6-4	5 340	2-2	5 670	
1973	19.85	26.85	7-8	13.71	12-31	24 400	54 300	6-28	7 390	12-31	7 696	
1974	18.74	26.19	7-19	12.92	1-17	22 500	54 900	7-17	6 280	1-17	7 094	
1975	19.71	25.00	5-24	13.48	2-4	23 600	43 800	10-8	7 220	2-4	7 453	
1976	18.65	26.5	7-25	13.07	1-29	21 100	58 400	7-25	6 740	1-29	6 669	
1977	19.05	26.07	6-26	12.81	1-21	22 500	50 800	6-25	6 780	1-21	7 100	
1978	17.33	23.88	6-30	12.08	3-5	18 100	45 900	7-1	5 340	3-3	5 710	
1979	17.56	25.30	9-27	11.78	1-30	19 600	52 100	9-27	5 170	1-30	6 170	
1980	19.68	27.76	9-2	12.35	2-22	24 800	59 500	9-1	5 940	2-21	7 840	
1981	19.12	25.20	7-24	13.22	2-12	21 900	52 900	7-23	6 420	2-12	6 910	
1982	19.84	26.33	8-5	12.79	2-4	24 500	59 900	8-4	6 040	2-1	7 730	
1983	20.76	28.11	7-19	14.49	12-31	27 400	63 900	7-18	8 440	12-31	8 660	
1984	19.01	25.72	8-1	13.39	2-17	22 600	55 200	7-13	6 850	2-17	7 150	
1985	18.99	24.19	7-12	13.75	2-5	21 700	48 200	7-11	7 220	2-5	6 850	
1986	17.82	24.62	7-19	13.09	1-31	18 700	46 700	7-10	7 020	1-31	5 900	
1987	18.59	25.71	7-27	12.19	2-15	21 700	58 700	7-26	5 500	2-15	6 850	
1988	18.52	27.39	9-17	13.27	2-24	21 000	66 600	9-16	6 800	2-24	6 640	
1989	20.01	26.65	7-17	13.54	1-4	24 900	61 100	7-16	7 000	1-4	7 860	
1990	19.66	26.63	7-7	14.34	2-4	23 200	59 900	7-7	7 880	2-4	7 328	
1991	19.50	27.12	7-17	14.07	12-25	23 400	65 700	7-16	7 860	12-25	7 381	
1992	18.73	26.29	7-12	13.00	12-28	20 700	50 000	6-30	6 130	12-28	6 540	
1993	19.65	26.60	9-5	12.87	2-7	23 900	55 400	9-4	6 200	1-1	7 527	
1994	18.96	24.57	6-27	14.17	1-29	20 500	40 000	6-22	7 710	1-29	6 479	
1995	19.60	27.79	7-9	14.46	12-31	23 000	56 100	7-8	8 680	12-31	7 247	
1996	19.33	28.66	7-22	12.71	3-14	23 200	70 300	7-22	6 300	3-14	7 329	

续表

年份	水位（m）					流量（m³/s）					径流量	备注
	平均	最高	月日	最低	月日	平均	最大	月日	最小	月日	（10⁸ m³）	
1997	18.80	26.15	7-23	14.24	1-8	19 900	55 600	7-23	7 310	1-8	6 272	
1998	21.07	29.43	8-20	14.13	12-31	28 800	71 100	8-19	7 180	12-31	9 068	
1999	19.72	28.89	7-23	13.02	3-11	24 200	68 800	7-22	5 750	3-11	7 628	
2000	19.57	25.59	7-9	14.23	2-16	23 500	54 700	7-8	8 180	2-16	7 420	
2001	18.98	23.52	6-26	14.96	12-31	20 800	37 300	6-25	9 750	12-31	6 553	
2002	19.78	27.77	8-25	13.68	1-27	24 400	69 200	8-24	7 540	1-27	7 687	
2003	19.63	26.82	7-15	14.56	12-31	23 400	60 400	7-14	8 810	12-31	7 380	
2004	18.79	25.24	7-25	13.54	2-26	21 400	52 800	7-24	7 280	2-26	6 773	
2005	19.50	25.62	9-5	14.30	12-31	23 600	53 000	8-26	8 900	12-31	7 443	
2006	17.59	23.12	7-21	13.68	12-31	16 900	37 800	7-21	7 770	12-31	5 341	
2007	18.25	26.09	8-5	13.66	1-1	20 500	57 900	8-4	7 790	1-1	6 450	
2008	18.78	24.87	9-2	13.67	1-13	21 300	45 300	8-21	8 030	1-13	6 728	
2009	18.24	24.26	8-12	14.01	12-31	19 900	42 300	8-11	9 280	1-23	6 278	
2010	19.50	27.31	7-30	13.79	3-1	23 700	60 400	7-28	9 130	3-1	7 472	
2011	17.34	23.32	6-29	14.37	12-29	17 400	35 300	6-30	10 400	12-29	5 495	
2012	19.55	26.44	7-31	14.21	1-6	24 000	57 500	7-30	10 300	1-1	7 576	
2013	18.19	23.66	7-8	13.69	12-13	20 200	37 700	7-25	9 550	12-12	6 358	
2014	19.01	25.66	7-22	13.49	2-6	22 800	50 600	7-21	9 090	2-5	7 200	
2015	18.95	25.48	6-24	13.88	2-18	21 400	41 800	7-6	9 580	1-12	6 752	
2016	19.59	28.37	7-7	14.53	12-22	23 700	57 200	7-7	10 800	12-20	7 487	
2017	19.27	27.73	7-5	13.76	12-30	23 400	59 500	7-4	9 780	12-30	7 373	
2018	18.32	24.71	7-20	13.80	1-1	21 200	47 200	7-20	10 100	1-1	6 695	
2019	18.87	26.46	7-18	13.50	12-20	22 600	46 400	7-18	9 860	12-18	7 132	
2020	20.28	28.77	7-12	13.66	1-2	27 800	62 100	7-28	10 100	1-1	8 794	

4-10 新江口站水位流量历年特征值表

年份	水位(m)					流量(m³/s)					径流量 (10⁸ m³)	备注
	平均	最高	月日	最低	月日	平均	最大	月日	最小	月日		
1954		45.77	8-7	35.17	2-11		6 400	8-6	33.2	2-11	▶460	水位、流量值缺1月
1955	38.33	44.35	7-18	35.31	3-4	1 050	5 030	7-18	39	3-4	331	
1956	38.08	44.97	7-1	35.14	2-28	932	5 220	7-1	9.3	2-28	295	
1957	38.20	44.18	7-22	35.23	2-25	983	4 590	7-22	28.4	2-25	310	
1958	38.03	44.58	8-26	35.12	3-29	954	5 440	8-26	20.2	3-28	301	
1959	37.84	44.07	8-17	35.07	1-29	778	4 420	8-17	16	1-29	247	
1960	37.89	43.94	8-8	35.01	2-11	849	4 080	8-8	6.82	2-11	268	
1961	38.30	44.16	7-3	35.02	2-11	1 020	5 060	7-3	9.72	2-11	321	
1962	38.36	44.94	7-11	35.19	3-7	1 100	5 340	7-11	21.8	3-7	347	
1963	38.30	43.33	7-12	35.08	4-7	1 060	4 060	5-30	10.6	2-14	334	
1964	38.84	44.74	7-2	35.25	2-8	1 330	5 060	9-19	31	2-8	420	
1965	38.64	44.17	7-18	35.3	3-31	1 230	4 870	7-18	40.3	3-5	388	
1966	38.10	44.77	9-5	35.04	4-2	1 010	5 710	9-5	12.3	4-2	319	
1967	38.62	43.73	6-28	35.30	2-5	1 160	4 170	6-28	35.8	2-5	364	
1968	38.81	45.15	7-18	35.12	2-22	1 350	6 330	7-7	25.8	2-22	427	
1969	37.82	44.08	7-12	35.00	3-10	880	4 790	7-12	3	3-10	277	
1970	38.21	43.85	8-2	34.92	2-14	1 050	4 490	8-2	3.5	2-14	331	
1971	37.91	42.41	6-16	34.87	12-30	913	3 120	6-16	3.13	12-30	288	
1972	37.52	42.52	6-29	34.75	3-7	764	3 250	6-29	1.7	3-7	242	
1973	38.03	44.40	7-5	34.76	4-5	1 020	4 790	7-5	0.8	4-5	322	
1974	38.32	45.23	8-13	34.89	3-22	1 220	6 040	8-13	1.25	3-22	385	
1975	38.10	43.40	10-6	34.84	4-6	1 070	4 110	10-6	1.76	4-6	338	
1976	37.83	44.35	7-22	34.86	2-10	944	4 910	7-22	3.97	2-10	298	

年份	水位(m)					流量(m³/s)					径流量 (10⁸ m³)	备注
	平均	最高	月日	最低	月日	平均	最大	月日	最小	月日		
1977	38.16	43.33	7-12	35.06	2-14	1 020	3 910	7-12	13.3	2-14	323	
1978	37.62	43.33	7-8	34.69	3-19	873	3 920	7-8	1.15	3-18	275	
1979	37.53	44.35	9-16	34.05	4-22	910	4 800	9-16	0	4-5	287	
1980	38.09	44.92	8-29	34.78	3-20	1 120	5 140	8-29	0.6	3-20	354	
1981	37.84	46.09	7-19	34.85	3-21	1 030	7 910	7-19	1.2	3-21	325	
1982	38.08	45.57	8-1	34.90	1-22	1 070	5 790	8-1	1.65	1-22	337	
1983	38.42	45.14	7-17	34.94	2-27	1 190	5 110	7-17	1.7	2-26	376	
1984	38.01	45.11	7-11	34.94	3-9	1 060	5 380	7-11	1.5	3-9	336	
1985	38.16	43.6	7-5	35.01	3-3	1 060	4 150	7-5	5.23	3-3	334	
1986	37.55	43.58	7-7	34.96	2-21	812	4 180	7-7	3.77	2-21	256	
1987	37.74	45.58	7-24	34.91	3-7	944	5 750	7-24	1	3-7	298	
1988	37.63	44.13	9-7	34.93	2-16	911	4 420	9-6	1.4	2-16	288	
1989	38.2	45.77	7-14	34.89	2-13	1 110	7 460	7-12	2.05	2-13	348	
1990	37.91	43.56	7-4	34.96	1-29	933	3 690	7-4	4.25	1-29	294	
1991	37.64	44.31	8-16	34.81	3-20	886	4 410	8-14	2.41	3-20	279	
1992	37.45	44.02	7-20	34.91	2-23	728	4 200	7-20	1.7	2-23	230	
1993	37.79	44.85	8-31	34.9	3-13	943	4 890	8-31	1.67	2-8	297	
1994	36.99	41.9	7-15	34.89	3-26	533	2 570	7-15	1.95	3-26	168	
1995	37.68	43.07	8-17	34.96	2-5	846	3 590	8-17	5.52	2-5	267	
1996	37.64	44.13	7-6	34.81	3-6	850	4 180	7-5	1.45	3-6	269	
1997	37.13	44.84	7-20	34.91	2-20	636	4 940	7-17	2.32	2-20	201	
1998	38.12	46.18	8-17	34.92	2-12	1 290	6 540	8-17	1.61	2-12	406	

右上角：续表

年份	水位(m)					流量(m³/s)					径流量 (10⁸ m³)	备注
	平均	最高	月日	最低	月日	平均	最大	月日	最小	月日		
1999	37.99	45.65	7-21	34.90	4-9	1 070	5 960	7-20	0.4	4-9	338	
2000	37.79	44.52	7-18	34.97	2-17	966	4 680	7-18	0	1-8	306	
2001	37.41	42.72	9-9	34.90	4-9	758	3 310	9-9	2	4-9	239	
2002	37.39	43.98	8-20	34.90	2-18	723	4 120	8-20	0.925	2-18	228	
2003	37.47	44.13	7-14	34.93	2-4	815	4 030	9-5	2.55	2-4	257	
2004	37.62	45.02	9-9	34.91	2-27	801	5 230	9-9	1.92	2-27	253	
2005	37.84	43.82	9-1	34.99	12-31	954	4 140	7-11	2.93	2-5	301	
2006	36.44	41.67	7-11	34.87	12-29	345	2 680	7-11	1.85	2-11	109	
2007	37.40	44.46	7-31	34.83	1-24	815	4 560	7-31	4.43	1-24	257	
2008	37.62	43.43	8-18	34.94	3-3	813	3 410	8-17	3.85	3-3	257	
2009	37.21	43.24	8-6	34.93	12-30	682	3 550	8-5	5.67	12-30	215	
2010	37.29	44.07	7-27	34.89	2-11	823	4 360	7-27	4.13	3-23	260	
2011	36.71	41.33	6-26	35.01	2-25	513	2 460	6-26	17.6	2-25	162	
2012	37.67	44.58	7-31	35.10	4-3	993	4 960	7-31	15.7	4-3	314	
2013	36.98	42.53	7-21	35.09	4-1	658	3 300	7-21	15.8	4-1	208	
2014	37.69	44.46	9-21	35.13	12-22	866	4 850	9-21	23.4	12-22	273	
2015	37.18	42.02	7-2	35.05	2-19	615	2 960	7-2	10.8	2-19	194	
2016	37.65	42.95	7-2	35.36	2-9	814	3 530	7-2	53.1	2-9	257	
2017	37.69	41.70	7-14	35.52	1-29	800	2 680	7-14	97.5	1-13	252	
2018	37.78	43.87	7-14	35.51	12-23	902	4 190	7-14	70.6	12-23	284	
2019	37.49	42.34	8-1	35.48	11-28	772	3 170	7-31	73.8	11-29	243.60	
2020	38.28	45.19	8-21	35.44	11-28	1 240	5 640	8-21	85.9	2-19	391.30	

4-11 沙道观站水位流量历年特征值表

年份	水位(m)					流量(m³/s)					径流量 (10⁸ m³)	备注
	平均	最高	月日	最低	月日	平均	最大	月日	最小	月日		
1952	37.93	43.72	9-19	34.59	2-21							
1953	37.45	42.85	8-8	34.80	2-22							
1954		45.21	8-7	35.03	2-11		3 730	8-6	53.4	2-11	▶290	水位流量缺1月
1955	37.93	43.75	7-19	34.83	3-4	674	3 100	7-19	31.3	3-4	212	
1956	37.66	44.44	7-1	34.63	2-28	589	3 610	7-1	16.5	2-28	186	
1957	37.63	43.47	7-23	34.66	2-25	544	2 970	7-23	17.9	2-25	171	
1958	37.26	43.85	8-26	34.06	3-29	492	3 310	8-26	1.46	3-29	155	
1959	36.99	43.36	8-17	34.09	2-8	355	2 750	8-17	0.61	2-8	113	
1960	36.88	43.32	8-8	34.16	2-26	412	2 510	8-8	0.46	2-26	130	
1961	37.33	43.35	7-3	34.25	4-16	450	2 720	7-3	0.195	2-2	142	
1962	37.44	44.18	7-11	34.26	3-12	544	3 310	7-11	0.318	3-12	171	
1963	37.50	42.61	7-12	34.23	3-23	540	2 240	5-30	0.268	3-23	170	
1964	38.06	44.00	7-2	34.30	2-23	670	2 860	7-2	0.308	3-18	212	
1965	37.76	43.53	7-18	34.16	3-20	606	2 780	7-18	0.29	3-20	191	
1966	37.18	44.07	9-6	34.33	4-24	460	3 090	9-5	0.185	4-24	145	
1967	37.47	42.91	6-28	34.29	4-27	460	2 230	6-28	—30	5-9	145	
1968	37.81	44.41	7-18	34.42	4-11	575	3 150	7-18	0.32	2-29	182	
1969	36.74	43.29	7-12	34.34	5-17	333	2 210	7-12	0.28	4-4	105	
1970	37.16	43.13	8-2	34.27	4-5	402	2 280	8-2	0.01	4-5	127	
1971	36.88	41.67	6-16	34.22	4-4	329	1 530	6-16	0.14	4-4	104	
1972	36.53	41.79	6-29	34.22	3-6	256	1 520	6-28	0.24	3-6	80.8	
1973	37.10	43.69	7-5	34.19	4-14	396	2 510	7-5	0.18	4-3	125	
1974	37.30	44.57	8-13	33.98	4-13	464	3 050	8-13	0	4-5	146	

续表

年份	水位（m）					流量（m³/s）					径流量 （10⁸ m³）	备注
	平均	最高	月日	最低	月日	平均	最大	月日	最小	月日		
1975		42.73	10-6		4-1	326	1 830	10-6	0	3-31	103	部分河干
1976	36.67	43.69	7-22	34.32	4-5	267	2 170	7-22	0	12-16	84.3	
1977	36.95	42.57	7-12	34.28	3-10	291	1 790	7-12			91.7	
1978		42.62	7-9		4-10	243	1 690	7-8			76.5	河干
1979		43.68	9-16		4-14	294	2 280	9-16			92.8	河干
1980	37.17	44.35	8-30	34.54	5-6	375	2 420	8-29			119	
1981	36.86	45.40	7-19	34.77	5-21	319	3 120	7-19			101	
1982		44.95	8-1		5-23	329	2 670	8-1			104	河干
1983	37.49	44.49	7-17	34.77	4-12	380	2 220	7-17			120	
1984	37.13	44.44	7-11	34.91	4-16	308	2 170	7-11			97.4	
1985	37.11	42.94	7-6	34.79	12-16	281	1 610	7-5			88.7	
1986	36.48	42.91	7-7	34.56	5-21	194	1 560	7-7			61.1	
1987	36.80	44.97	7-24	34.68	4-19	275	2 600	7-24			86.9	
1988	36.77	43.53	9-7	34.75	6-10	238	1 740	9-6			75.2	
1989	37.27	45.20	7-14	34.90	2-11	289	2 580	7-12			91.1	
1990	37.16	43.00	7-4	35.08	4-26	259	1 500	7-4			81.7	
1991	37.02	43.75	8-16	35.00	11-26	268	1 910	8-14			84.5	
1992	36.63	43.43	7-20	34.98	2-24	177	1 610	7-20			55.9	
1993	37.08	44.31	9-1	35.01	6-11	279	1 950	8-31			88.0	
1994	36.04	41.1	7-15	34.91	12-7	93.3	885	7-15			29.4	
1995	36.86	42.46	8-17	34.80	5-18	219	1 290	8-16			69.2	
1996	36.65	43.33	7-6	34.62	5-13	223	1 560	7-6			70.4	
1997	35.90	43.98	7-21	34.36	6-5	123	1 760	7-17			38.8	
1998	37.17	45.52	8-17	34.56	6-5	403	2 670	8-17			127	

续表

年份	水位(m)					流量(m³/s)					径流量 (10⁸ m³)	备注
	平均	最高	月日	最低	月日	平均	最大	月日	最小	月日		
1999	36.89	45.06	7-20	34.57	5-13	279	2 160	7-20			88.1	
2000	36.78	43.85	7-18	34.30	5-23	246	1 710	7-18			77.9	
2001	36.34	41.91	9-9	34.43	7-30	165	1 070	9-8			52.1	
2002	36.30	43.32	8-20	34.70	11-10	161	1 480	8-20			50.6	
2003	36.57	43.62	7-14	34.66	4-20	220	1 500	9-5			69.3	
2004	36.53	44.33	9-9	34.67	5-27	182	1 870	9-9			57.7	
2005	36.86	43.23	9-1	34.77	4-27	242	1 490	9-1			76.2	
2006	35.28	40.89	7-11	34.70	8-28	33.1	787	7-11			10.4	
2007	36.40	43.82	7-31	34.64	6-7	193	1 520	7-31			61.0	
2008	36.50	42.78	8-18	34.67	3-26	177	1 190	8-17			56.1	
2009	36.18	42.55	8-6	34.71	12-17	154	1 220	8-6			48.6	
2010	36.45	43.44	7-27	34.68	2-12	198	1 420	7-27			62.4	
2011	35.47	40.51	6-26	34.43	6-13	71.5	700	6-28			22.5	
2012	36.58	44.05	7-31	34.41	4-3	241	1 710	7-29			76.2	
2013	35.87	41.90	7-23	34.47	12-20	132	1 100	7-21			41.6	
2014	36.37	43.85	9-21	34.39	4-17	203	1 780	9-21			64.0	
2015	35.81	41.36	7-2	34.54	1-11	99.1	978	7-2			31.3	
2016	36.19	42.40	7-2	34.42	12-14	177	1 170	7-2			56.0	
2017	36.29	41.08	7-14	34.35	12-26	160	933	7-14			50.5	
2018	36.33	43.43	7-14	34.30	12-23	200	1 440	7-14			63.1	
2019	36.15	42.05	8-1	34.16	12-28	173	1 220	7-31			54.68	
2020	37.11	44.89	8-21	33.95	2-23	366	2 120	8-21			115.6	

4-12 瓦窑河(二)站水位历年特征值表

年份	水位(m)					备注	年份	水位(m)					备注
	平均	最高	月日	最低	月日			平均	最高	月日	最低	月日	
1956		39.42	7-1	31.05	12-31	缺1—6月	1980	33.65	40.95	8-3	30.03	2-15	
1957	33.86	38.8	7-31	30.89	3-4		1981	32.94	40.66	7-20	29.42	2-11	1981年3月1日下迁约2km至青龙窖
1958	33.77	38.98	8-26	30.69	2-14		1982	33.41	40.38	8-1	29.40	1-12	
1959	33.68	38.09	8-18	30.81	1-25		1983	33.66	41.34	7-8	29.30	3-24	
1960	33.85	39.34	6-29	30.31	2-2		1984	32.93	39.73	7-12	29.35	3-11	
1961	33.84	38.36	7-4	30.21	2-13		1985	33.06	38.39	7-8	29.45	2-4	
1962	33.79	39.31	7-11	30.42	3-19		1986	32.39	38.82	7-18	29.21	3-13	
1963	33.73	38.81	7-12	30.25	3-10		1987	32.82	40.32	7-24	29.35	3-11	
1964	34.35	39.65	7-2	30.51	2-7		1988	32.59	40.26	9-10	29.44	2-24	
1965		38.41	7-19	30.35	3-31	缺11—12月	1989	33.49	40.51	7-15	29.49	2-3	
1966		38.95	9-7	30.04	3-20	缺1—2月	1990	33.18	38.65	7-5	29.61	12-29	
1967	33.78	38.41	6-29	30.33	2-8		1991	32.93	41.59	7-7	29.49	1-18	
1968	34.03	39.89	7-19	30.07	3-2		1992	32.36	39.01	7-21	29.42	3-3	
1969	33.26	39.52	7-13	30.44	3-17		1993	33.02	40.63	7-24	29.33	2-8	
1970	33.60	38.30	7-22	30.33	2-20		1994	32.13	36.66	7-16	29.50	1-21	
1971	33.23	37.50	6-16	30.34	2-4		1995	32.88	40.19	7-9	29.51	12-31	
1972	33.02	37.44	6-29	30.24	1-20		1996	32.77	40.79	7-21	29.34	2-29	
1973	33.54	39.34	6-24	30.16	2-6		1997	32.12	39.75	7-21	29.56	1-21	
1974	33.55	39.58	8-14	30.13	4-5		1998	33.50	42.67	7-24	29.31	12-30	
1975	33.49	38.04	6-29	29.98	4-6		1999	33.07	40.85	7-21	29.30	1-30	
1976	33.15	39.26	7-21	30.11	2-3		2000	32.84	40.39	7-4	29.65	1-8	
1977	33.54	38.65	7-13	30.02	1-30		2001	32.49	37.26	9-9	29.37	3-16	
1978	32.89	38.46	6-28	30.00	3-1		2002	32.81	39.48	8-22	29.24	2-14	
1979	32.98	39.17	9-17	30.00	2-15		2003	32.94	42.42	7-11	29.78	12-26	

续表

年份	水位(m)					备注	年份	水位(m)					备注
	平均	最高	月日	最低	月日			平均	最高	月日	最低	月日	
2004	32.64	39.26	9-10	29.29	2-21		2013	31.81	37.36	7-22	29.32	3-15	
2005	32.72	38.42	8-24	29.40	2-6		2014	32.50	38.79	9-22	29.24	2-3	
2006	31.17	36.48	7-11	29.13	2-3		2015	32.14	37.14	7-4	29.35	2-19	
2007	32.31	40.35	7-26	29.19	2-8		2016	32.47	39.58	6-29	29.66	2-14	
2008	32.55	39.49	8-17	29.27	2-12		2017	32.62	37.03	7-2	29.64	1-31	
2009	32.14	37.67	8-7	29.48	12-20		2018	32.46	38.69	7-15	29.84	2-19	
2010	32.39	39.47	7-12	29.22	2-15		2019	32.14	37.16	8-2	29.65	11-30	
2011	31.36	36.59	6-19	29.34	2-10		2020	33.25	41.18	7-8	29.77	1-1	
2012	32.60	39.46	7-26	29.16	3-21								

4-13　弥陀寺站水位流量历年特征值表

年份	水位(m)					流量(m³/s)					径流量 (10⁸m³)	备注
	平均	最高	月日	最低	月日	平均	最大	月日	最小	月日		
1952		43.52	9-19	34.07	12-30		3 170	9-19	57	12-30	▶262	缺1—6月
1953	36.44	42.78	8-8	32.68	3-4	577	2 530	8-7	3.31	3-4	182	
1954	37.57	44.15	8-7	32.78	3-28	857	2 980	8-2	0	2-1	270	
1955	36.68	43.36	7-19	32.96	2-10	679	2 880	7-18	8	12-31	214	
1956	36.42	43.80	7-1	32.61	3-18	646	3 000	7-1	0	1-20	204	
1957	36.56	43.12	7-23	32.68	3-4	619	2 560	7-23	0	2-6	195	
1958	36.40	43.58	8-26	32.61	2-27	583	2 800	8-26	0	1-13	184	
1959	36.24	42.93	8-17	32.77	12-30	495	2 920	8-17	0	1-5	158	
1960	36.04	42.84	8-8	32.21	1-15	674	2 430	8-7	0	1-1	213	
1961	36.83	43.08	7-3	32.44	2-21	692	2 950	7-3	0	1-1	218	
1962	37.00	43.96	7-11	32.74	3-20	744	3 210	7-10	0.5	3-20	235	
1963	36.75	42.37	5-30	32.27	2-20	740	2 620	5-30	1.92	2-18	233	
1964	37.63	43.59	7-2	33.46	3-2	850	3 010	9-15	23.7	2-7	269	
1965	37.23	43.25	7-18	32.98	3-6	782	2 750	7-18	9	3-31	247	
1966	36.37	43.62	9-5	32.26	4-4	613	2 920	9-4	0.385	4-3	193	
1967	36.98	42.55	6-28	32.65	2-6	702	2 520	6-28	10.4	2-6	221	
1968	37.16	43.83	7-18	32.66	2-24	782	2 900	7-7	14.5	2-24	247	
1969	35.98	42.80	7-12	32.23	3-10	526	2 770	7-12	0.212	3-10	166	
1970	36.35	42.49	8-2	31.81	2-23	621	2 350	8-2	0.35	2-23	196	
1971	36.04	40.94	6-16	32.28	3-12	508	1 820	8-21	5.7	3-12	160	
1972	35.51	40.87	6-28	32.02	3-9	393	1 840	6-28	0	2-2	124	
1973	36.08	42.90	7-5	31.86	3-21	562	2 620	7-5	0	4-4	177	
1974	36.50	43.65	8-13	32.49	2-23	646	2 730	8-13	0.028	3-25	204	
1975	36.31	41.73	10-6	32.38	4-7	524	1 920	6-28	0.047	4-6	165	
1976	35.97	42.80	7-22	32.72	12-31	465	2 330	7-20	0	1-8	147	

续表

年份	水位(m)					流量(m³/s)					径流量(10⁸m³)	备注
	平均	最高	月日	最低	月日	平均	最大	月日	最小	月日		
1977	36.18	41.73	7-12	32.45	1-26	495	2 100	7-12	0		156	
1978	35.57	41.65	7-9	31.57	4-20	409	1 940	7-8	0		129	
1979	35.34	42.74	9-16	31.90	4-29	429	2 260	9-16	0		135	
1980	36.28	43.45	8-29	32.65	1-1	524	2 490	8-29	0		166	
1981	35.96	44.33	7-20	32.75	3-15	474	2 880	7-18	0		149	
1982	36.36	43.96	8-1	33.35	4-22	523	2 610	7-31	0		165	
1983	36.70	43.57	7-17	32.85	4-12	555	2 460	8-4	0		175	
1984	36.35	43.38	7-11	33.41	4-26	470	2 470	7-10	0		149	
1985	36.57	41.76	7-5	33.81	12-31	456	1 960	7-5	0		144	
1986	35.68	41.90	7-7	32.58	4-27	340	1 990	7-7	0		107	
1987	35.87	43.78	7-24	33.10	2-14	414	2 490	7-24	0		131	
1988	35.84	42.64	9-7	31.98	5-8	405	2 060	9-7	0		128	
1989	36.42	44.09	7-14	33.05	12-31	471	2 570	7-12	0		149	
1990	35.90	42.06	7-4	32.85	12-30	416	1 850	7-4	0		131	
1991	35.67	42.79	8-15	32.79	12-24	397	2 140	8-14	0		125	
1992	35.38	42.48	7-20	32.70	3-3	332	2 070	7-20	0		105	
1993	35.83	43.40	8-31	32.60	2-8	447	2 290	8-31	0		141	
1994	34.97	40.34	7-15	32.67	12-31	242	1 320	7-15	0		76.5	
1995	35.47	41.78	7-13	32.43	4-12	407	1 760	7-13	0		128	
1996	35.54	42.98	7-25	32.18	5-1	401	2 020	7-25	0		127	
1997	34.82	42.96	7-21	32.26	12-21	280	2 010	7-20	0		88.4	
1998	36.10	44.90	8-17	32.21	2-28	577	3 040	8-17	0		182	

年份	水位(m)					流量(m³/s)					径流量(10⁸m³)	备注
	平均	最高	月日	最低	月日	平均	最大	月日	最小	月日		
1999	36.31	44.55	7-21	33.05	2-28	508	2 640	7-20	0		160	
2000	35.74	43.02	7-18	32.09	5-9	440	2 130	7-18	0		139	
2001	35.28	40.99	9-9	32.36	12-27	322	1 510	9-8	0		102	
2002	35.17	42.62	8-20	32.27	12-31	323	1 810	8-19	0		102	
2003	35.09	42.64	7-14	32.06	12-30	335	1 840	9-5	0		106	
2004	35.27	43.31	9-9	31.97	3-11	328	2 060	9-9	0		104	
2005	35.52	42.44	9-1	32.08	4-28	389	1 810	8-31	0		123	
2006	33.70	39.82	7-11	31.85	5-3	109	1 040	7-10	0		34.3	
2007	34.85	42.90	7-31	31.83	3-30	316	1 920	7-31	0		100	
2008	35.21	41.70	8-18	31.95	1-26	312	1 450	8-17	0		98.7	
2009	34.64	41.50	8-6	31.81	4-1	275	1 620	8-5	0		86.7	
2010	34.84	42.58	7-27	31.84	12-24	339	2 060	7-27	0		107	
2011	33.86	39.55	6-28	31.71	12-29	151	1 110	7-9	0		47.6	
2012	35.03	42.97	7-31	31.68	2-1	362	1 970	7-29	0	1-11	114	
2013	34.12	40.64	7-21	31.76	12-26	218	1 240	7-21	0		68.7	
2014	34.90	42.33	9-21	31.72	2-5	291	1 610	9-20	0		91.8	
2015	34.27	40.23	7-2	31.81	2-10	162	1 150	7-1	−155	6-4	51.1	
2016	34.49	41.40	7-21	31.73	2-19	220	1 290	7-20	0.0		69.6	
2017	34.63	40.02	7-14	31.89	3-7	177	1 060	7-13	−296	7-4	55.8	
2018	34.45	41.63	7-14	31.83	3-1	187	1 190	7-14	−5.4	10-31	59.0	
2019	34.10	40.43	8-1	31.79	12-30	149	1 080	7-29	−59.0	5-27	47.1	
2020	35.01	43.17	7-24	31.72	2-25	295	1 750	8-21	−284	6-15	93.2	

4-14 黄山头(闸上)站水位历年特征值表

年份	水位(m)					备注	年份	水位(m)					备注
	平均	最高	月日	最低	月日			平均	最高	月日	最低	月日	
1960	30.95	34.76	7-11	28.26	2-18		1990		38.70	7-5			缺1—4、11—12月
1961							1991		39.76	7-7			
1962							1992						
1963							1993						
1964							1994		37.67	7-15			缺1—4、11—12月
1965							1995		38.82	7-9			
1966							1996		40.04	7-21			
1967							1997						
1968							1998		41.16	7-25	32.18	5-5	
1969							1999		40.58	7-21	33.77	5-13	
1970							2000		38.78	7-19	0	5-14	
1971							2001		38.36	9-8	32.64	5-28	
1972							2002		39.37	8-21	33.94	10-31	
1973							2003		40.50	7-11	32.47	6-9	
1974							2004		39.15	9-10	0	5-1	
1975							2005		38.71	9-1	32.54	5-1	
1976							2006		37.92	7-11	0	5-1	
1977							2007		38.92	7-31	0	5-13	
1978							2008		38.66	8-17	32.82	10-26	缺1—4、11—12月
1979							2009		38.39	8-7	河干	10-13	
1980							2010		38.80	7-23	32.61	5-3	
1981							2011		37.79	6-26	32.25	5-20	
1982		40.09	8-1	55.00	5-1	缺1—4、11—12月	2012		39.09	7-30	32.29	5-1	
1983							2013		38.17	7-22	河干	5-1	
1984							2014		38.74	9-21	32.81	10-26	
1985		38.50	7-6			缺1—4、11—12月	2015		38.00	7-3	32.8	10-28	
1986		38.67	7-8				2016		38.56	7-2	32.88	10-17	
1987		40.02	7-25				2017		37.9	7-14	33.78	6-4	
1988		39.68	9-10				2018		38.61	7-14	33.11	10-31	
1989		40.15	7-14				2019		38.04	8-1	河干	5-1	
							2020		39.72	7-21	河干	5-2	

4-15　黄山头(闸下)站水位历年特征值表

年份	水位(m)					备注	年份	水位(m)					备注
	平均	最高	月日	最低	月日			平均	最高	月日	最低	月日	
1987		39.80	7-25				2005		37.55	9-1	30.43	5-1	缺1—4、11—12月
1988		39.53	9-10										
1989		39.94	7-15				2006		35.29	7-11			
1990		38.37	7-5				2007		38.53	7-27			
1991		39.65	7-7				2008		38.05	8-18	30.16	5-21	
1992		38.37	7-21				2009		36.62	8-7	河干	9-25	
1993		39.28	9-1				2010		38.23	7-28	河干	10-9	
1994		36.04	7-16				2011		35.07	6-27	30.29	5-20	
1995		38.64	7-9				2012		38.70	7-31	30.19	10-31	
1996		39.96	7-21				2013		36.17	7-22	河干	10-14	
1997		38.94	7-21				2014		37.71	9-21	河干	10-14	缺1—4、11—12月
1998		41.04	7-25				2015		35.88	7-4	30.19	8-14	
1999		40.47	7-21				2016		38.15	7-3	河干	8-30	
2000		38.45	7-19				2017		36.84	7-3	30.44	8-8	
2001		36.47	8-11				2018		37.61	7-14	30.36	9-23	
2002		39.06	8-22	31.27	10-18	缺1—4、11—12月	2019		35.84	8-2	30.32	9-19	
2003		40.39	7-11	30.58	10-31		2020		39.52	7-20	河干	5-1	
2004													

4-16   董家垱站水位流量历年特征值表

年份	水位(m)					流量(m³/s)					径流量(10⁸ m³)	备注
	平均	最高	月日	最低	月日	平均	最大	月日	最小	月日		
1975	31.73	36.09	10-7	28.99	2-25	336	1 920	10-6	29	5-1	106	
1976		37.43	7-23	31.05	8-9	634	2 500	7-22	27.1	8-7	155	
1977	33.63	36.52	7-14	30.84	10-28	795	2 060	7-13	72	10-28	87.9	
1978		36.37	6-28	30.05	10-25	585	1 900	6-527	11	10-25	77.3	
1979	34.02	37.58	9-17	30.89	6-1	807	2 340	9-17	0	6-1	105	
1980	34.39	38.67	8-6	30.37	5-5	1 090	2 730	8-30	19.6	6-10	144	
1981	34.32	39.02	7-20	30.39	6-23	896	3 240	7-19	60.2	6-7	118	
1982	33.77	38.72	8-2	29.39	5-25	998	2 970	8-1	91.5	6-3	132	
1983	34.44	38.96	7-8	30.40	5-12	1 050	2 650	7-17	17.4	5-15	155	
1984	33.63	38.03	7-12	29.86	5-2	795	2 750	7-11	0	5-2	126	
1985		36.71	7-7	29.63	5-5	697	1 970	7-6	5.92	5-4	111	
1986	31.96	37.00	7-8	29.67	12-15	438	2 110	7-8	9.57	11-29	81.0	
1987	31.61	38.55	7-25	29.57	3-10	637	2 890	7-24	5.62	6-6	118	
1988	31.40	38.55	9-10	28.85	4-28	340	2 330	9-8	0		107	
1989	31.91	38.64	7-14	29.51	1-1	825	3 090	7-14	0	5-26	113	
1990		37.21	7-5	河干		314	1 990	7-5	0	1-1	99.0	
1991	31.55	38.75	7-7	29.43	11-6	364	2 400	8-15	0	1-1	115	
1992	31.04	37.12	7-21	29.46	3-3	223	2 160	7-20	0	1-1	70.7	
1993	31.63	38.09	9-1	29.37	4-28	359	2 380	9-1	0	1-1	113	
1994	30.75	34.82	7-16	29.44	4-9	117	1 070	7-15	0	1-1	36.9	
1995	31.51	37.77	7-9	29.08	4-12	301	1 720	7-10	0	1-1	94.9	
1996	31.45	39.30	7-21	29.22	5-3	316	2 180	7-6	0	1-1	99.9	
1997	33.77	38.72	8-2	29.39	5-25	180	2 270	7-21	0	1-1	56.7	
1998	32.22	40.18	7-25	29.45	3-4	517	2 880	7-25	0	1-1	163	

续表

年份	水位(m)					流量(m³/s)					径流量 (10⁸ m³)	备注
	平均	最高	月日	最低	月日	平均	最大	月日	最小	月日		
1999	31.81	39.44	7-21	29.10	4-11	397	2 530	7-21	0	1-1	125	
2000	30.49	37.19	7-19	28.91	5-24	337	2 070	7-18	0	1-1	107	
2001	30.91	35.16	9-9	29.27	5-26	171	1 250	9-9	0	1-1	53.8	
2002	31.35	38.13	8-24	29.51	2-17	198	1 900	8-20	0	1-1	62.3	
2003	31.40	39.67	7-11	29.58	2-10	239	2 080	7-13	0	1-1	75.3	
2004	30.99	37.05	9-10	29.06	4-21	180	2 140	9-10	0	1-1	57.1	
2005	31.15	36.33	9-1	29.18	4-30	233	1 660	8-23	0	1-1	73.6	
2006	29.92	34.16	7-11	29.21	9-4	20.5	881	7-11	0	1-1	6.47	
2007	30.96	37.70	7-27	28.96	5-23	217	1 950	7-31	0	1-1	68.4	
2008	30.98	36.94	8-18	29.35	5-23	181	1 700	8-18	0	1-1	57.2	
2009	30.65	35.45	8-7	29.20	10-9	128	1 340	8-6	0	1-1	40.3	
2010	31.12	37.14	7-23	29.29	2-23	200	1 840	7-28	0	1-1	63.2	
2011	29.88	34.1	6-26	28.16	5-21	48.5	766	6-26	0	1-1	15.3	
2012	31.11	37.61	7-26	29.26	1-27	223	1 950	7-27	0	1-1	70.5	
2013	30.48	35.07	7-22	29.17	3-14	103	1 140	7-21	0	1-1	32.6	
2014	30.98	36.89	7-19	29.21	10-28	149	1 560	9-21	0	1-1	46.9	
2015	30.39	34.98	7-4	29.10	8-8	49.6	884	7-3	0	1-1	15.7	
2016	30.83	37.34	7-6	28.94	10-9	133	1 370	7-3	0	1-1	42.0	
2017	30.70	36.62	7-3	29.11	2-21	67.7	588	7-2	0	1-1	21.3	
2018	30.54	36.48	7-14	29.16	1-1	132	1 590	7-14	0	1-1	41.5	
2019	30.49	34.79	8-2	28.91	11-26	71.9	878	8-1	0	1-1	22.66	
2020	31.59	38.53	7-9	28.93	5-6	312	1 990	8-25	0	1-1	98.78	

4-17　康家岗站水位流量历年特征值表

年份	水位(m)					流量(m³/s)					径流量 (10⁸ m³)	备注
	平均	最高	月日	最低	月日	平均	最大	月日	最小	月日		
1951						241	2 010	7-14	0		76.0	
1952		39.41	9-20	32.72	11-19	405	2 720	9-16			128	
1953		38.28	8-8	32.38	11-21	144	2 060	8-8	0		45.6	
1954		39.87	8-8	32.42	5-7	504	2 890	7-22	0		159	
1955		39.00	7-19	32.67	6-16	308	2 250	7-19			97.1	
1956		39.14	7-1	32.58	5-12	197	2 450	7-1	0		62.2	
1957		38.82	7-23	33.22	6-19	178	1 920	7-23	0		56.1	
1958		39.27	8-26	0		167	2 240	8-26	0		52.8	
1959		38.72	8-17	0		64.12	1 700	8-17	0		20.7	
1960		38.53	8-8	0		130	1 590	8-8	0		41.2	
1961		38.58	7-3	0		124	1 620	7-3	0		39.1	
1962		39.58	7-11	0		192	1 880	7-11	0		60.5	
1963		37.88	7-15	0		126	1 100	5-30	0		39.6	
1964		39.40	7-2	0		221	1 600	7-2	0		70.0	
1965		38.74	7-18	0		196	1 440	7-18	0		61.7	
1966		38.92	9-7	0		105	1 540	9-6	0		33.0	
1967		38.12	7-5	0		95.4	996	7-5	0		30.1	
1968		39.12	7-18	0		156	1 490	7-18	0		49.4	
1969		38.04	7-20	0		55.7	1 000	7-12	0		17.6	
1970		37.99	8-2	0		69.3	941	8-2	0		21.9	
1971		36.59	6-16	0		21.7	374	6-15	0		6.85	
1972		36.08	6-29	0		9.21	218	6-29	0		2.91	
1973		38.03	7-6	0		50.4	717	7-5	0		15.9	
1974		38.50	8-14	0		79.1	874	8-13	0		24.9	

续表

年份	水位(m)					流量(m³/s)					径流量 (10⁸ m³)	备注
	平均	最高	月日	最低	月日	平均	最大	月日	最小	月日		
1975		36.59	10-6	0		23.5	345	6-28	0		7.42	
1976		38.05	7-23	0		23.1	678	7-22	0		7.31	
1977		36.57	7-13	0		18.5	316	7-12	0		5.84	
1978		36.59	7-9	0		10.7	293	7-9	0		3.38	
1979		37.72	9-17	0		27.9	472	9-17	−64.6	6-28	8.81	
1980		38.96	8-30	0		52.9	634	8-29	0		16.7	
1981		39.16	7-20	0		38.9	757	7-19	0		12.3	
1982		38.89	8-1	0		47.6	653	8-1	0		15.0	
1983		39.15	7-17	0		66.5	640	8-5	0		21.0	
1984		38.39	7-11	0		40.2	534	7-11	0		12.7	
1985		36.89	7-8	0		27.3	314	7-6	0		8.61	
1986		36.84	7-8	0		14.8	281	7-7	0		4.67	
1987		38.71	7-25	0		32.7	612	7-24	0		10.3	
1988		38.13	9-11	0		23.6	327	9-7	−6.75	6-22	7.47	
1989		39.30	7-14	0		28.5	630	7-13	0		8.98	
1990		37.62	7-5	0		19.2	266	7-5	−4.86	5-23	6.07	
1991		38.05	8-17	0		31.4	423	8-15	0		9.89	
1992		37.76	7-21	0		17.7	372	7-20	−5.63	5-17	5.58	
1993		38.82	9-1	0		42.1	436	8-31	0		13.3	
1994		35.69	7-15	0		7.07	121	7-15	0		2.23	
1995		37.64	7-13	0		25.3	242	7-13	0		7.99	
1996		38.87	7-25	0		31.9	304	7-25	0		10.1	
1997		38.20	7-21	0		13.8	308	7-20	0		4.34	
1998		40.44	8-17	0		79.5	590	8-17	0		25.1	

续表

年份	水位(m)					流量(m³/s)					径流量 (10⁸ m³)	备注
	平均	最高	月日	最低	月日	平均	最大	月日	最小	月日		
1999		40.38	7-21	0		44.2	466	7-20	0		13.9	
2000		38.37	7-19	0		29	280	7-3	0		9.18	
2001		36.44	9-9	0		13.1	123	9-8	0		4.13	
2002		38.93	8-24	0		23.4	254	8-23	0		7.37	
2003		38.51	7-14	0		22.8	229	7-14	0		7.20	
2004		38.42	9-10	0		14.6	297	9-9	0		4.62	
2005		37.63	9-1	0		22.4	187	9-1	0		7.08	
2006		35.01	7-11	0	1-6	1.48	53.7	7-11	0		0.467	
2007	33.57	38.15	7-31	32.82	1-10	18.6	211	7-31	0		5.88	
2008	33.49	36.79	8-18	32.87	1-1	12.5	116	8-18	0		3.96	
2009	33.22	36.66	8-8	32.40	10-1	10.4	121	8-6	0		3.28	
2010	33.33	38.08	7-28	32.37	11-1	18.3	180	7-27	0		5.77	
2011	32.56	34.99	6-28	31.77	5-21	1.83	45.3	6-28	0		0.58	
2012	33.30	38.43	7-30	32.29	10-20	20.3	208	7-29	0		6.42	
2013	32.71	35.82	7-21	32.23	9-9	5.18	65.2	7-25	0		1.63	
2014	33.01	37.17	9-21	32.22	10-18	10.5	125	9-21	0		3.31	
2015	32.51	35.93	7-4	31.96	10-12	2.78	67.2	7-4	0		0.88	
2016	33.16	37.70	7-6	32.02	1-1	11.3	113	8-28	0		3.57	
2017	33.16	36.50	7-13	32.73	8-6	3.23	80.1	7-13	-49.7	7-4	1.02	
2018	32.80	36.96	7-19	32.02	11-12	7.36	92	7-19	0		2.32	
2019	32.61	36.39	7-25	32.02	12-28	6.79	82.3	8-1	0		2.14	
2020	33.66	39.16	7-24	31.98	2-27	25.7	174	8-20	0		8.13	

4-18 管家铺站水位流量历年特征值表

年份	水位(m)					流量(m³/s)					径流量 (10⁸ m³)	备注
	平均	最高	月日	最低	月日	平均	最大	月日	最小	月日		
1951						1 800	9 520	7-15	0	1-25	567	
1952		39.06	9-20	30.95	12-31	2 380	11 100	9-19	0	1-1	753	
1953	33.02	38.04	8-8	29.97	2-24	1 570	9 480	8-8	1	3-6	495	
1954	34.01	39.50	8-8	29.77	3-31	3 160	11 900	7-22	2.9	3-31	997	
1955	33.20	38.79	7-19	30.01	3-9	2 270	10 700	7-19	2.8	3-9	717	
1956	32.97	38.74	7-1	29.60	3-5	1 920	11 200	7-1	1.94	3-2	608	
1957	33.13	38.55	7-23	29.86	2-27	1910	10 500	7-23	11.5	2-27	602	
1958	33.02	38.93	8-26	29.91	3-29	1 840	11 400	8-26	0.2	3-29	581	
1959	32.78	38.40	8-17	29.95	2-10	1 316	10 300	8-17	0	1-23	419	
1960	32.58	38.27	8-8	29.40	2-13	1 620	9 880	8-8	0	2-1	514	
1961	33.18	38.32	7-4	29.78	2-26	1 780	10 000	7-3	0	1-1	561	
1962	33.27	39.31	7-11	29.69	3-22	2 140	10 900	7-10	0.58	3-18	673	
1963	33.16	37.94	5-30	29.97	3-10	1 920	8 520	5-30	0	1-13	606	
1964	33.85	39.11	7-2	29.92	2-10	2 430	10 100	9-19	10.8	2-7	767	
1965	33.66	38.45	7-18	30.33	3-13	2 130	9 290	7-18	0	2-28	671	
1966	32.77	38.62	9-8	29.61	4-2	1 480	10 300	9-7	0	3-11	468	
1967	32.99	37.86	7-5	29.64	2-11	1 500	8 220	6-28	0.32	2-11	474	
1968	33.22	38.90	7-18	29.69	2-28	1 870	9 660	7-18	0	1-22	592	
1969	32.46	37.87	7-20	30.17	3-5	1 070	7 720	7-12	0		337	
1970	32.83	37.75	8-2	30.14	3-26	1 300	7 460	8-2	0		411	
1971	32.16	36.42	6-16	29.78	12-31	789	4 700	6-16	0		249	
1972	31.45	35.89	6-29	29.47	12-29	476	4 040	6-29	0		151	
1973	32.25	37.74	7-6	29.40	2-3	973	6 430	7-5	0		307	
1974	32.61	38.25	8-14	29.84	4-16	1 230	7 730	8-13	−22	4-22	387	

续表

年份	水位(m)					流量(m³/s)					径流量 (10⁸ m³)	备注
	平均	最高	月日	最低	月日	平均	最大	月日	最小	月日		
1975	32.51	36.42	10-6	30.11	12-31	715	4 620	10-6	0		225	
1976	31.90	37.79	7-23	30.02	2-15	559	6 350	7-22	0		177	
1977	32.06	36.39	7-13	29.93	12-18	556	4 320	7-12	0		175	
1978	31.54	36.37	7-9	29.02	4-26	445	4 220	7-9	0		140	
1979	31.80	37.47	9-17	29.54	2-4	612	5 430	9-17	0		193	
1980	32.39	38.73	8-30	29.72	4-17	890	6 520	8-29	0		281	
1981	32.22	38.87	7-20	30.10	2-28	717	7 760	7-19	0		226	
1982	32.62	38.68	8-1	30.33	5-13	804	6 830	8-1	0		254	
1983	32.98	38.91	7-17	30.50	4-7	994	6 640	7-17	0		314	
1984	32.58	38.17	7-11	30.49	12-3	731	5 970	7-11	0		231	
1985	32.41	36.74	7-6	30.35	12-23	578	3 960	7-5	0		182	
1986	31.81	36.73	7-8	30.13	4-2	374	3 760	7-8	0		118	
1987	32.11	38.45	7-25	30.16	4-25	572	5 980	7-24	0		180	
1988	31.93	37.94	9-15	28.64	5-6	469	4 250	9-7	0		148	
1989	32.52	39.06	7-14	30.19	1-28	566	6 780	7-13	0		178	
1990	32.26	37.43	7-5	30.23	4-28	452	3 860	7-5	0		143	
1991	32.20	37.81	8-17	30.19	12-15	553	4 690	8-15	0		174	
1992	31.93	37.52	7-21	30.15	2-21	362	4 380	7-20	0		114	
1993	32.51	38.54	9-1	30.29	6-11	625	4 800	8-31	0		197	
1994	31.74	35.68	7-15	30.18	12-31	214	1 370	7-15	0		67.5	
1995	32.26	37.55	7-12	30.10	4-3	428	2 800	7-12	0		135	
1996	32.48	38.67	7-25	30.44	12-19	482	3 640	7-25	0		152	
1997	31.80	37.95	7-21	30.28	11-11	281	3 790	7-20	0		88.7	
1998	33.01	40.28	8-17	30.12	5-4	972	6 170	8-17	0		307	

续表

年份	水位(m)					流量(m³/s)					径流量(10⁸ m³)	备注
	平均	最高	月日	最低	月日	平均	最大	月日	最小	月日		
1999	32.87	40.17	7-21	30.58	4-15	637	5 450	7-20	0		201	
2000	32.59	38.24	7-19	30.25	5-24	484	3 610	7-18	0		153	
2001	32.08	36.42	9-9	30.37	12-20	305	1 860	9-8	0		96.2	
2002	32.23	38.83	8-24	30.23	4-3	425	3 500	8-21	0		134	
2003	32.17	38.42	7-14	30.17	12-31	411	3 170	7-14	0		130	
2004	31.93	38.41	9-10	29.92	12-19	332	3 890	9-9	0		105	
2005	32.13	37.52	9-1	29.81	4-28	433	2 790	8-31	0		137	
2006	30.74	35.15	7-11	29.70	12-17	90.8	1 130	7-11	0		28.7	
2007	31.64	38.09	7-31	29.62	5-22	381	3 260	7-31	0		120	
2008	31.90	36.82	8-18	29.85	4-10	357	1 920	8-17	0		113	
2009	31.56	36.78	8-10	29.81	3-22	290	1 990	8-6	0		91.5	
2010	31.99	38.05	7-28	29.87	1-21	416	2 880	7-28	0		131	
2011	31.01	35.16	6-28	29.08	5-20	139	1 180	6-27	0		43.8	
2012	32.13	38.37	7-29	29.91	2-2	451	3 050	7-29	0		143	
2013	31.39	35.93	7-21	29.76	12-27	245	1 520	7-21	0		77.3	
2014	31.90	37.24	9-21	29.74	4-11	385	2 390	9-20	0		121	
2015	31.30	36.10	7-4	29.62	12-24	238	1 670	7-3	−69.3	6-7	75.1	
2016	31.61	37.75	7-6	29.55	2-22	383	2 160	7-21	0		121	
2017	31.62	36.62	7-13	29.53	12-11	306	1 800	7-12	−245	7-4	96.5	
2018	31.27	37.02	7-19	29.50	3-17	306	2 100	7-14	0		96.5	
2019	31.13	36.45	7-25	29.30	4-27	295	1 870	8-1	0	1-1	92.88	
2020	32.12	39.05	7-24	29.04	5-28	660	3 470	7-24	0	1-1	208.6	

4-19　三岔河站水位流量历年特征值表

年份	水位(m)					流量(m³/s)					径流量 (10⁸ m³)	备注
	平均	最高	月日	最低	月日	平均	最大	月日	最小	月日		
1952	30.89	34.58	8-28	28.37	1-30							
1953	30.41	33.07	8-9	28.37	1-26							
1954	31.50	36.44	8-1	28.34	3-28							
1955												
1956	30.26	33.71	7-2	28.17	12-30	884	5 820	7-1	2.8	12-30	280	
1957	30.41	34.33	8-10	28.04	1-13	868	5 840	7-23	−29.9	2-2	274	
1958	30.41	34.21	3-26	28.21	2-28	825	6 150	8-26	−39	3-29	260	
1959						439	5 580	8-17	−161	6-5	140	
1960	30.18	33.69	7-12	28.41	2-10							
1961												
1962												
1963												
1964	31.08	35.70	7-3	28.57	2-9	938	5 460	9-18	−270	6-20	297	
1965	30.66	33.74	7-19	28.37	2-5							
1966	30.26	33.83	9-8	28.35	3-19	499	5 150	9-7	−398	6-30	157	
1967	30.63	34.35	6-30	28.29	2-4	478	3 770	6-29	−229	5-20	151	
1968	30.80	35.69	7-22	28.39	3-2	701	4 780	7-8	0	1-14	222	
1969	30.45	35.72	7-18	28.46	3-21	415	3 870	7-13	−73.2	3-30	131	
1970	30.66	34.72	7-17	28.68	1-18	500	3 260	8-3	−160	4-11	158	
1971	30.24	33.06	6-8	28.41	12-16	274	1 570	6-17	−78	4-12	86.3	
1972	30.12	33.30	9-15	28.58	12-23	149	1 210	6-29	−111	4-25	47.2	
1973	30.65	35.02	6-28	28.35	12-26	365	2 870	7-6	−204	4-18	115	
1974	30.41	34.57	7-16	28.31	4-1	437	3 320	8-14	−230	4-22	138	
1975	30.39	33.21	6-12	28.42	3-26	242	1 720	10-6	−62.1	4-20	76.3	

年份	水位(m)					流量(m³/s)					径流量 (10⁸ m³)	备注
	平均	最高	月日	最低	月日	平均	最大	月日	最小	月日		
1976	30.24	34.56	7-23	28.44	1-15	184	2 520	7-22	−97.1	5-1	58.3	
1977	30.66	34.64	6-21	28.66	12-20	181	1 720	7-13	−143	6-12	57.1	
1978	30.09	33.13	6-28	28.67	12-27	131	1 410	7-9	−81.2	5-21	41.4	
1979	30.45	35.70	6-28	28.53	4-17		2 000	9-17	−985	6-27	0.0	
1980	31.12	35.54	8-6	29.10	12-31		2 830	8-30	−65.7	4-26	0.0	
1981	30.46	34.26	7-20	29.07	1-20		2 870	7-20	−85	4-19	0.0	
1982	30.86	34.90	6-23	29.08	1-21		2 660	8-1	−69	11-30	0.0	
1983	30.96	36.05	7-9	28.81	12-31		2 530	7-17	−105	5-16	0.0	
1984							2 250	7-12	−232	6-2	76.6	
1985	29.93	32.88	7-9	28.22	1-23		1 430	7-6	−38.2	5-27		
1986	29.68	33.58	7-8	28.05	2-15	110	1 280	7-8	−2.57	8-20		
1987	29.99	34.06	7-25	27.79	2-18	200	2 310	7-25	−89.5	6-8	63.0	
1988	29.82	35.74	9-10	27.88	12-31	142	1 550	9-8	0	1-1	44.9	
1989	30.31	34.03	7-16	27.88	1-1	173	2 450	7-15	−130	4-14	54.5	
1990	30.17	34.22	7-4	28.23	2-1	129	1 170	7-6	−197	6-16	40.6	
1991	30.24	35.75	7-14	27.99	12-25	171	1 630	8-16	0	1-1	53.9	
1992	29.71	34.13	7-9	27.72	12-6	98.6	1 530	7-21	75.2	5-18	31.2	
1993	30.33	34.96	8-3	27.91	2-8	203	1 770	9-2	−110	7-8	64.1	
1994	29.84	33.06	10-14	28.14	2-10	50.3	417	7-16	−103	10-12	15.9	
1995	30.26	35.98	7-4	28.06	12-25	136	1 070	7-12	−145	7-3	43.0	
1996	30.15	37.56	7-21	27.81	3-11	160	1 480	7-26	0	1-1	50.6	
1997	29.75	34.25	7-25	28.12	1-3	73.4	1 160	7-23	−21.8	10-12	23.2	
1998	31.04	37.21	7-25	27.72	12-17	320	1 920	8-17	−209	6-26	101	

续表

年份	水位(m)					流量(m³/s)					径流量(10⁸ m³)	备注
	平均	最高	月日	最低	月日	平均	最大	月日	最小	月日		
1999	30.37	36.81	7-22	27.74	2-26	212	1 760	7-22	0	1-1	66.9	
2000	30.15	33.53	7-5	28.10	1-6	162	1 240	7-19	0	1-1	51.1	
2001	29.80	32.56	6-23	28.12	12-25	95.7	610	9-9	−70	5-9	30.2	
2002	30.36	36.34	8-24	28.07	1-17	135	1 280	8-26	−85	5-14	42.5	
2003	30.23	36.47	7-11	28.16	12-11	128	1 120	7-14	−77	5-19	40.4	
2004	29.86	35.37	7-23	27.92	2-21	94.3	1 310	9-10	−21.4	5-19	29.8	
2005	29.98	33.33	6-4	28.23	12-30	128	960	8-24	−20.5	6-2	40.3	
2006	29.07	31.44	7-12	27.76	2-5	19.4	339	7-12	0	1-1	6.11	
2007	29.76	35.11	7-27	27.88	12-5	123	1 110	8-1	−37.4	6-12	38.9	
2008	29.84	33.85	11-9	27.90	1-31	93.8	573	8-19	0	1-1	29.7	
2009	29.56	32.40	8-11	27.79	11-26	85.1	580	8-8	0	1-1	26.8	
2010	30.04	34.88	7-14	27.77	3-2	135	923	7-28	−135	6-21	42.5	
2011	29.04	31.86	6-28	28.01	5-14	28.5	298	6-29	0	1-1	9.00	
2012	30.06	35.13	7-21	27.95	2-22	138	956	8-2	−123	5-11	43.8	
2013	29.52	32.99	9-27	27.93	12-26	66	470	7-22	0	1-1	20.8	
2014	30.00	35.50	7-18	27.91	2-5	111	728	9-21	−93	5-27	34.9	
2015	29.65	33.59	6-24	28.06	1-9	53.2	419	7-5	−86.3	6-5	16.8	
2016	30.06	35.89	7-8	27.98	10-17	121	784	7-23	0	1-1	38.2	
2017	29.89	36.46	7-3	27.90	12-14	72.2	623	7-13	−624	7-3	22.8	
2018	29.57	33.07	7-15	27.95	1-3	83.9	701	7-14	0	1-1	26.5	
2019	29.70	33.81	7-14	27.78	11-24	79.7	559	7-23	−46.8	7-11	25.1	
2020						210	1 060	7-22	0	1-1	66.4	

4-20 调弦口站水位历年特征值表

年份	水位(m)					流量(m³/s)					径流量 (10⁸ m³)	备注
	平均	最高	月日	最低	月日	平均	最大	月日	最小	月日		
1948	31.07	37.09	7-23	26.30	2-8	489	1 650	7-23	0	1-1	155	
1949												
1950		36.89	7-12	26.43	3-21		1 250	7-12	8.4	12-31		缺1—3月
1951	30.02	36.01	7-25	26.04	2-22		1 320	7-25	21.2	4-1		
1952	30.83	37.19	9-20	26.00	2-22		1 060	8-19	16	3-28		
1953	30.20	35.73	8-9	26.68	2-23							
1954	31.65	38.44	8-8	26.66	3-29						154	
1955	30.54	36.86	7-19	26.65	3-6							
1956	30.33	36.53	7-1	26.53	2-24							
1957	30.45	36.50	7-23	26.91	2-25							
1958	30.45	37.15	8-27	26.71	2-8							
1959	30.22	36.28	8-18	26.90	1-29							
1960	30.18	36.56	8-8	26.37	2-11							
1961	30.83	36.45	7-19	26.45	2-16							
1962	31.01	38.04	7-11	26.75	3-3							
1963	30.67	35.89	7-16	26.17	2-15							
1964	31.9	38.23	7-3	27.33	2-9							
1965	31.36	37.37	7-19	26.78	3-31							
1966	30.38	37.58	9-8	26.32	4-2							
1967	30.77	36.86	7-6	26.57	2-6							
1968	30.89	37.79	7-19	25.88	2-24							
1969	29.74	36.97	7-21	25.69	3-13							
1970	30.18	36.49	7-22	25.59	2-20							
1971	29.14	34.51	6-16	25.63	3-23							

续表

年份	水位(m)					流量(m³/s)					径流量 (10⁸ m³)	备注
	平均	最高	月日	最低	月日	平均	最大	月日	最小	月日		
1972	28.64	33.43	6-29	24.84	2-9							
1973	30.17	37.00	7-6	25.39	4-3							
1974	29.98	37.43	8-14	24.89	3-7							
1975	30.09	35.16	10-7	25.79	2-12							
1976	29.52	37.19	7-23	25.58	2-12							
1977	29.92	35.48	6-23	25.65	2-13							
1978	29.12	35.36	7-9	25.23	3-18							
1979	29.36	36.77	9-17	25.06	3-10							
1980	30.46	38.02	8-30	25.38	2-24							
1981	29.94	38.07	7-20	25.57	3-16							
1982	30.30	37.88	8-1	25.26	2-5							
1983	30.81	38.23	7-18	26.06	2-21							
1984	29.85	37.23	7-11	25.15	2-17							
1985	29.98	35.70	7-10	25.72	2-4							
1986	29.35	35.56	7-8	25.59	1-30							
1987	29.83	37.69	7-25	25.24	3-17							
1988	29.75	37.57	9-15	25.39	2-22							
1989	30.78	38.34	7-15	25.84	2-16							
1990	30.48	36.8	7-5	26.34	2-1							
1991	30.22	37.31	7-16	26.32	1-22							
1992	30.00	36.93	7-20	25.83	12-31							
1993	30.51	38.00	9-1	25.20	2-16							
1994	29.80	34.55	6-27	25.79	2-18							
1995	30.28	37.02	7-12	26.08	2-16							

续表

年份	水位（m）					流量（m³/s）					径流量 (10⁸ m³)	备注
	平均	最高	月日	最低	月日	平均	最大	月日	最小	月日		
1996	30.16	38.34	7-25	25.07	3-12							
1997	29.67	37.40	7-21	25.75	1-20							
1998	31.11	40.00	8-17	25.98	2-15							
1999	30.49	39.72	7-21	24.51	3-15							
2000	30.36	37.27	7-19	25.65	2-16							
2001	29.92	35.11	9-9	26.14	3-23							
2002	30.48	38.37	8-24	25.71	2-20							
2003	30.07	37.77	7-14	25.49	2-11							
2004	30.17	37.28	9-10	25.61	2-24							
2005	30.60	36.76	9-1	26.38	2-12							
2006	29.00	34.08	7-11	25.96	12-28							
2007	29.76	37.53	7-31	25.87	1-12							
2008	30.21	35.78	8-18	26.17	1-9							
2009	29.82	35.88	8-10	26.44	12-27							
2010	30.16	37.64	7-30	26.33	2-25							
2011	29.08	34.22	6-28	26.27	12-28							
2012	30.37	37.96	7-30	26.40	1-1							
2013	29.39	35.03	7-25	26.12	12-4							
2014	30.26	36.42	9-21	26.20	2-3							
2015	29.74	35.40	7-3	26.33	2-10							
2016	30.29	37.49	7-6	26.12	12-29							
2017	30.11	36.34	7-12	26.13	12-26							
2018	29.74	36.43	7-19	25.99	2-20							
2019	29.92	36.03	7-24	25.68	11-30							
2020	30.92	38.64	7-24	26.09	1-1							

4-21　湘潭站水位流量历年特征值表

年份	水位（m）					流量（m³/s）					径流量（10⁸ m³）	备注
	平均	最高	月日	最低	月日	平均	最大	月日	最小	月日		
1951	30.85	39.70	4-22	28.58	1-8	1 910	16 400	4-22	175	8-5	604	
1952	31.83	38.72	6-3	28.64	12-22	2 590	13 700	6-3	269	12-23	819	
1953	31.57	37.78	5-28	28.71	1-15	2 640	11 200	5-28	272	8-9	831	
1954	32.35	40.73	6-30	28.45	11-30	2 770	18 600	6-30	196	11-30	873	
1955	30.61	37.69	5-30	28.32	12-17	1 600	11 500	5-30	224	8-16	504	
1956	30.58	39.41	6-1	28.10	12-17	1 870	15 000	6-1	155	12-17	592	1956年1月1日上迁约700 m（铁桥上游约700 m）
1957	30.81	37.46	4-25	28.17	1-8	1 790	10 700	4-24	173	1-8	563	
1958	30.46	38.12	5-10	28.05	12-21	1 630	10 900	5-10	168	12-21	513	
1959	30.64	38.17	6-22	28.18	1-1	2 030	12 000	6-22	180	1-1	641	
1960	30.59	38.20	5-17	28.51	2-25	1 830	12 800	5-17	145	7-16	579	
1961	31.63	40.12	6-16	28.63	2-4	2 890	17 100	4-23	393	2-4	913	
1962	31.40	40.86	7-2	28.70	2-24	2 460	18 700	6-28	412	2-24	776	
1963	29.64	35.18	5-15	27.89	11-7	890	6 410	5-15	154	11-7	281	
1964	31.31	40.10	6-25	28.29	12-31	2 100	16 200	6-25	219	12-31	665	
1965	30.43	36.97	5-1	28.08	1-28	1 310	9 780	5-1	146	1-28	412	
1966	30.28	37.37	7-12	27.70	1-6	1 540	9 570	7-12	100	1-6	485	
1967	30.55	35.59	5-8	28.29	1-12	1 640	7 090	5-8	308	1-12	518	
1968	31.49	41.21	6-28	28.63	1-22	2 620	20 300	6-27	415	11-1	828	
1969	30.80	38.15	8-12	28.68	1-13	1 580	10 500	8-12	409	1-13	499	
1970	31.99	39.96	5-10	28.60	1-7	3 010	15 000	5-10	391	1-7	949	
1971	30.14	37.30	5-31	27.99	12-23	1 420	8 840	5-31	197	12-23	449	
1972	30.30	37.52	5-10	28.03	1-27	1 720	10 700	5-9	208	1-27	543	
1973	32.09	37.79	8-17	28.80	12-31	3 010	11 700	8-17	467	12-31	949	
1974	30.48	36.63	7-1	28.35	12-25	1 460	8 550	7-21	220	9-11	462	

续表

| 年份 | 水位(m) | | | | | 流量(m³/s) | | | | | 径流量 | 备注 |
	平均	最高	月日	最低	月日	平均	最大	月日	最小	月日	(10⁸ m³)	
1975	31.63	40.40	5-14	28.88	1-21	2 830	16 400	5-14	396	7-14	891	
1976	31.23	41.26	7-13	28.77	2-20	2 360	19 300	7-12	445	2-20	745	
1977	30.92	37.62	6-30	28.52	12-19	2 000	10 700	6-30	374	12-19	630	
1978	30.21	40.43	5-21	28.2	12-30	1 590	18 200	5-20	265	12-30	500	
1979	30.67	37.72	5-15	28.00	12-28	1 830	11 600	6-22	203	12-28	577	
1980	31.16	38.84	5-10	28.13	1-1	1 870	13 400	4-27	240	8-4	593	
1981	31.38	39.50	4-17	28.49	1-1	2 400	14 600	4-17	328	1-1	758	
1982	31.73	41.23	6-19	28.73	2-1	2 560	19 300	6-19	437	2-1	808	
1983	31.76	39.07	6-22	28.39	12-8	2 410	14 600	6-22	294	8-4	761	
1984	30.71	39.83	6-3	28.57	1-14	1 760	15 700	6-3	267	7-29	557	
1985	30.54	36.45	5-31	28.62	12-29	1 740	9 360	5-31	277	7-24	548	
1986	30.06	36.49	6-24	27.93	1-4	1 480	8 870	6-24	265	1-4	466	
1987	30.47	34.51	5-21	27.89	2-16	1 610	6 090	5-20	239	2-16	508	
1988	30.62	35.44	9-4	28.00	12-28	1 790	7 580	4-13	309	12-28	565	
1989	30.59	39.47	7-4	27.92	12-17	1 800	13 700	7-4	284	12-17	568	
1990	30.78	36.45	6-16	28.06	1-5	2 030	8 590	6-3	275	9-8	639	
1991	30.73	36.30	3-31	28.19	11-4	1 690	8 520	3-31	276	7-7	534	
1992	31.01	40.39	7-8	27.71	12-1	2 480	15 600	7-8	258	12-1	784	
1993	31.35	40.05	7-5	28.19	2-13	2 240	13 300	7-5	400	2-13	706	
1994	31.81	41.95	6-18	28.85	1-10	3 280	20 800	6-18	728	1-10	1 035	
1995	31.20	39.44	7-1	28.13	9-25	2 330	13 300	7-1	456	9-25	735	
1996	30.90	38.84	8-4	28.21	12-28	2 110	12 200	8-4	498	12-28	666	

续表

年份	水位(m)					流量(m³/s)					径流量(10⁸ m³)	备注
	平均	最高	月日	最低	月日	平均	最大	月日	最小	月日		
1997	31.43	38.34	9-4	28.14	1-6	2 770	13 100	9-4	516	1-6	873	
1998	32.22	40.98	6-27	27.10	11-14	2 680	17 500	3-10	173	11-14	844	
1999	30.73	38.77	5-29	27.18	1-2	1 970	14 100	5-28	191	1-2	623	
2000	30.95	36.77	6-23	28.30	1-1	2 240	10 100	1-24	582	1-1	709	
2001	30.55	38.46	6-15	27.95	11-27	2 170	13 500	6-15	496	11-27	684	
2002	31.67	40.32	8-21	27.96	1-24	3 170	16 700	8-10	510	1-24	1 000	
2003	30.41	40.85	5-18	27.21	1-31	1 990	19 500	5-18	331	1-31	627	
2004	29.77	36.71	5-18	27.25	12-12	1 680	10 500	5-18	388	1-13	531	
2005	30.18	37.76	6-2	27.04	11-8	2 090	11 300	6-2	394	1-27	658	
2006	29.89	40.31	7-19	27.08	11-9	2 470	17 700	7-18	479	11-9	780	
2007	29.45	38.43	8-24	26.86	11-7	1 640	14 500	8-23	492	11-7	517	
2008	29.42	37.51	6-16	26.81	10-24	1 830	13 400	6-16	505	10-19	579	
2009	28.74	35.52	7-3	26.46	11-25	1 560	10 400	7-3	468	11-9	492	
2010	29.87	40.64	6-25	26.44	12-4	2 440	19 400	6-25	502	11-5	769	
2011	27.73	34.99	6-16	26.05	12-21	1 250	9 650	6-16	414	8-7	394	
2012	29.94	36.84	6-13	26.05	1-1	2 290	12 800	6-13	556	10-22	726	
2013	29.85	35.64	5-19	27.83	3-13	2 070	10 300	5-19	244	8-14	654	
2014	30.03	36.43	5-26	27.75	10-20	2 010	12 500	5-26	421	10-31	634	
2015	31.22	36.27	11-15	28.98	2-11	2 450	13 700	11-15	457	1-5	773	
2016	31.79	37.24	6-16	29.99	3-3	2 760	15 000	6-16	477	10-17	873	
2017	31.44	41.24	7-3	29.83	11-17	2 130	19 900	7-4	317	11-6	673	
2018	31.02	32.69	11-22	29.87	12-28	1 350	5 930	6-9	305	2-18	425	
2019	31.32	41.42	7-10	29.15	11-5	2 940	26 400	7-10	332	12-12	926	
2020	31.91	36.23	7-11	29.83	1-1	1 860	12 800	4-4	241	12-29	589	

4-22　长沙站水位历年特征值表

年份	水位(m)					备注	年份	水位(m)					备注
	平均	最高	月日	最低	月日			平均	最高	月日	最低	月日	
1910		34.47	4-13	26.39	1-1	缺4月	1941		32.52	7-22	26.42	10-17	不全
1911	30.31	34.34	6-29	26.39	1-10		1942						
1912	29.36	35.38	6-28	26.24	12-16		1943						
1913	29.30	36.08	4-30	26.36	11-4		1944						
1914	29.74	36.94	6-19	26.57	1-16		1945						
1915	29.47	35.53	7-13	26.24	12-30		1946		34.44	6-20	25.84	10-24	缺1—5月
1916	28.13	32.85	5-4	25.66	12-23		1947		35.44	6-19	26.02	1-14	
1917	28.96	34.71	6-8	25.75	1-1		1948	29.99	36.17	5-20	26.18	1-12	
1918	29.32	36.14	5-26	25.53	2-3		1949	30.59	36.97	6-12	26.63	2-5	
1919	28.82	34.13	5-3	25.87	12-3		1950						
1920	29.84	36.78	6-27	25.60	1-16		1951	29.16	36.25	4-23	26.61	1-8	
1921	29.32	34.37	6-11	25.75	12-29		1952	30.19	35.49	6-3	26.54	12-23	
1922	28.97	34.01	6-29	25.93	1-1		1953	29.79	34.97	5-28	26.60	1-16	
1923	28.66	32.45	6-20	25.93	1-26		1954	30.91	37.40	7-1	26.10	11-30	
1924	29.59	37.45	7-3	25.93	12-27		1955	29.20	35.19	6-19	26.22	1-24	
1925	28.83	34.92	5-9	25.63	12-22		1956	29.13	36.53	6-1	26.19	12-20	
1926		38.31	7-3	25.87	1-1	缺11月	1957	29.28	34.88	4-25	26.17	1-9	
1927	29.04	35.66	5-17	26.18	12-31		1958	28.78	36.26	5-11	26.10	12-22	
1928	27.63	33.52	5-28	25.84	11-19		1959	28.89	35.44	6-23	26.22	10-30	
1929		34.13	7-24	25.87	12-7	缺1—3月	1960	29.06	35.25	5-17	26.67	2-25	
1930	29.00	35.44	5-5	26.60	1-15		1961	29.82	36.86	6-16	26.68	2-3	
1931	30.01	35.35	4-23	26.21	12-1		1962	29.84	37.78	7-2	26.72	2-19	
1932	29.15	36.33	6-27	26.08	1-24		1963	28.31	33.33	5-15	25.81	11-7	
1933	28.72	35.32	6-11	25.99	12-31		1964	29.98	36.92	6-26	26.15	12-31	
1934	28.29	35.78	6-20	25.87	2-16		1965	29.11	34.34	5-15	25.88	1-28	
1935	30.55	35.26	4-20	26.33	1-1		1966	28.82	35.27	7-13	26.25	12-6	
1936	29.27	35.17	6-5	26.05	12-10		1967	29.17	33.56	5-8	26.39	1-13	
1937	29.87	36.48	8-18	26.45	1-4		1968	29.93	37.80	6-28	26.8	1-22	
1938		35.05	6-17	26.57	1-18	缺11—12月	1969	29.35	36.41	8-12	26.82	12-31	
1939		33.31	4-16	26.27	1-26	缺1月	1970	30.42	37.21	5-10	26.83	1-7	
1940	28.71	35.44	6-29	26.27	1-12		1971	28.62	35.76	5-31	26.13	12-24	

续表

年份	水位(m)					备注	年份	水位(m)					备注
	平均	最高	月日	最低	月日			平均	最高	月日	最低	月日	
1972	28.66	34.81	5-10	26.13	1-28		1997	29.76	35.48	9-5	26.26	1-7	
1973	30.63	35.64	6-26	26.99	12-31		1998	30.98	39.18	6-27	25.35	11-14	
1974	29.20	34.85	7-1	26.50	12-26		1999	29.36	37.65	7-18	25.25	1-2	
1975	30.07	37.52	5-14	27.17	1-17		2000	29.62	34.84	6-24	26.40	1-1	
1976	29.62	38.37	7-13	26.93	2-20		2001	29.05	35.86	6-16	26.06	11-28	
1977	29.45	35.57	6-20	26.66	12-20		2002	30.17	38.38	8-22	26.09	1-25	
1978	28.61	37.23	5-21	26.28	12-30		2003	29.16	38.10	5-18	25.24	11-1	
1979	29.19	35.10	5-16	25.99	12-29		2004	28.47	34.43	5-19	25.37	1-14	
1980	29.94	36.01	5-10	26.12	1-1		2005	29.07	35.77	6-2	25.45	12-29	
1981	29.89	36.66	4-18	26.55	1-1		2006	28.38	37.48	7-19	25.49	11-9	
1982	30.37	38.35	6-19	26.88	2-1		2007	28.25	35.92	8-24	25.15	12-14	
1983	30.50	36.22	6-23	26.40	12-8		2008	28.34	35.11	6-16	25.17	10-25	
1984	29.34	37.07	6-4	26.64	1-17		2009	27.61	33.60	7-6	24.80	11-26	
1985	29.08	33.70	5-31	26.75	12-30		2010	28.84	38.46	6-25	24.81	11-18	
1986	28.55	34.24	7-10	26.32	12-12		2011	26.58	33.16	6-16	24.67	12-31	
1987	29.18	33.37	7-30	25.96	2-17		2012	29.14	35.01	6-13	24.63	1-1	
1988	29.24	35.12	9-11	26.15	12-31		2013	29.31	33.71	5-19	27.49	3-13	
1989	29.47	37.14	7-4	26.02	12-17		2014	29.59	34.34	5-26	27.70	1-6	
1990	29.43	35.26	6-16	26.20	1-5		2015	30.89	33.88	6-22	29.00	2-11	
1991	29.51	34.64	7-14	26.43	11-4		2016	31.42	35.92	7-5	29.83	3-3	
1992	29.39	37.85	7-8	25.71	12-2		2017	31.25	39.51	7-3	29.80	11-17	
1993	30.02	38.03	7-5	26.28	2-14		2018	30.93	32.1	11-17	29.65	12-28	
1994	30.13	38.91	6-19	27.06	1-11		2019	30.85	38.35	7-10	29.09	11-5	
1995	29.84	37.32	7-2	26.65	12-16		2020	31.74	35.95	7-11	29.81	1-1	
1996	29.49	37.18	7-19	26.32	12-29								

4-23 靖港站水位历年特征值表

年份	水位(m)					备注
	平均	最高	月日	最低	月日	
2010		34.25	6-25	21.27	12-6	
2011	23.40	29.29	6-16	21.07	12-31	
2012	25.70	31.73	7-27	21.04	1-1	

4-24 㮾梨站水位流量历年特征值表

年份	水位(m)					流量(m³/s)					径流量(10⁸ m³)	备注
	平均	最高	月日	最低	月日	平均	最大	月日	最小	月日		
1961	29.89	36.12	6-16	29.06	1-28	104	959	6-13	7	7-25	33.0	
1962	30.05	37.16	5-28	29.06	9-22	126	2 040	5-28	10.8	10-3	39.7	
1963	28.83	33.80	5-15	28.74	9-16	43	695	5-15	3.7	8-8	13.6	
1964	29.82	36.52	6-18	28.94	12-29	77	1 250	6-18	4.24	10-10	24.4	
1965	29.40	37.79	7-7	28.84	3-24	89	2 440	7-7	4.64	3-25	28.1	
1966	29.39	36.58	7-11	28.73	9-23	106	1 590	7-11	4.01	9-10	33.5	
1967	29.47	35.79	5-2	28.93	10-30	106	1 400	5-2	10.8	8-26	33.6	
1968	29.94	37.05	6-28	29.01	12-9	66	518	3-24	10.7	12-9	20.8	
1969	29.72	38.45	6-27	29.03	12-18	140	3 020	6-27	18	12-21	44.0	
1970	30.11	37.33	7-14	28.98	1-12	128	1 650	7-14	14.4	1-13	40.4	
1971	29.14	37.96	5-31	28.65	8-26	84	2 360	5-31	1.03	8-26	26.4	
1972	29.13	34.56	5-18	28.47	9-2	64	1 120	5-18	−1.18	8-22	20.3	
1973	30.27	38.18	6-26	29.02	12-31	155	2 360	6-26	10.7	12-31	48.7	
1974	29.43	35.99	5-6	28.65	4-13	74	1 630	5-6	2.31	4-13	23.4	
1975	29.89	37.94	5-19	29.00	2-1	116	1 880	5-19	15.3	2-1	36.6	
1976	29.70	38.41	7-12	28.88	9-20	106	2 140	7-12	8.68	9-20	33.3	

续表

年份	水位(m)					流量(m³/s)					径流量(10⁸ m³)	备注
	平均	最高	月日	最低	月日	平均	最大	月日	最小	月日		
1977	29.62	35.95	6-20	28.93	12-21	97	1 170	6-20	5.85	8-10	30.4	
1978	29.24	36.17	5-21	28.64	9-5	71	1 260	4-28	−17.9	5-19	22.4	
1979	29.56	36.45	6-28	28.87	12-2	94	1 660	6-28	12.9	12-2	29.7	
1980	29.95	35.18	4-29	28.82	1-2	92	1 070	6-14	−2.97	8-3	29.0	
1981	29.73	35.78	4-18	28.91	8-22	90	747	7-2	0.2	9-10	28.2	
1982	29.95	37.36	6-19	29.04	2-3	98	1 320	6-16	1.42	7-24	31.0	
1983	30.09	37.72	7-9	28.70	12-15	107	2 180	7-9	9.1	12-15	33.8	
1984	29.40	35.99	6-4	28.55	3-18	70	620	4-4	3.9	3-18	22.2	
1985	29.15	35.46	6-5	28.46	10-10	80	1 470	6-5	7.25	10-10	25.3	
1986	28.94	33.66	6-24	28.39	8-31	62	568	5-2	5.69	8-31	19.5	
1987	29.24	32.76	7-30	28.45	2-13	70	421	5-11	6.14	2-13	22.2	
1988	29.29	34.77	9-4	28.57	6-11	85	856	8-29	10.5	11-26	26.9	
1989	29.42	36.85	7-4	28.51	12-11	109	1 220	7-3	0.52	12-23	34.4	
1990	29.16	36.55	6-16	28.02	9-3	89	1 800	6-13	0.75	9-3	27.9	
1991	29.33	34.11	7-15	28.25	10-4	97	809	5-8	7.92	10-4	30.6	
1992	29.39	36.90	7-8	28.28	1-31	108	1 340	7-5	6.64	1-30	34.2	
1993	29.72	39.13	7-5	28.17	2-8	139	2 830	7-5	6.43	2-9	43.9	
1994	29.70	38.01	6-19	28.53	11-4	132	1 080	6-17	26.3	8-7	41.5	
1995	29.51	38.19	6-27	28.32	11-24	125	2 620	6-27	4.31	11-8	39.3	
1996	29.40	36.59	7-21	28.12	2-16	84	1 270	6-1	3.79	1-8	26.5	
1997	29.40	37.47	6-8	28.22	3-12	115	2 530	6-8	10.5	3-12	36.3	
1998	30.72	39.83	6-28	28.42	12-25	188	3 100	6-27	24	12-27	59.1	

续表

年份	水位(m)					流量(m³/s)					径流量 (10⁸ m³)	备注
	平均	最高	月日	最低	月日	平均	最大	月日	最小	月日		
1999	29.77	37.49	7-18	28.10	3-8	136	1 660	5-17	6.65	3-8	42.9	
2000	29.32	34.39	6-23	28.28	2-11	81	737	6-23	14.6	2-11	25.5	
2001	28.87	34.97	6-16	28.12	11-21	76	517	4-21	7.5	11-21	24.0	
2002	29.87	37.59	8-22	28.27	2-15	127	1 300	6-15	14.1	2-15	40.0	
2003	29.14	37.03	5-18	28.08	12-27	91	643	5-5	8.75	12-27	28.8	
2004	28.73	34.01	5-16	28.02	11-2	60	766	5-13	5.16	11-2	19.0	
2005	29.24	35.39	6-2	28.06	10-16	109	1 210	5-24	5.77	10-16	34.4	
2006	29.79	34.39	6-23	28.00	2-30	103	1 590	4-12	5.9	10-10	32.6	
2007	29.29	35.08	8-24	28.03	10-6	45	716	6-27	5.41	10-6	14.2	
2008	29.24	34.29	6-17	28.04	1-17	62	748	5-28	5.65	1-17	19.7	
2009	29.28	34.45	4-20	28.07	1-31	85	1 490	4-20	9.05	9-30	26.7	
2010	30.02	38.00	6-25	28.13	3-3	100	1 890	6-20	8.6	3-3	31.7	
2011	28.85	34.21	6-15	28.15	2-20	58	1 230	6-15	10.9	12-26	18.3	
2012	29.93	35.03	5-13	28.03	10-5	130	1 540	5-13	3.67	10-5	41.3	
2013	29.39	35.01	6-29	28.28	2-5	81	1 580	6-28	9.3	12-7	25.7	
2014	29.66	35.51	5-25	28.27	2-16	105	1 480	7-16	10.3	2-16	33.2	
2015	30.46	34.44	6-22	28.50	2-11	107	2 150	6-22	7.68	2-8	33.8	
2016	31.00	38.10	7-5	29.33	3-3	139	2 430	7-5	10.9	12-12	44.1	
2017	30.84	40.98	7-2	29.39	11-17	131	3 830	7-2	9.61	11-5	41.3	
2018												
2019	30.45	37.36	7-11	28.71	11-5	113	1 350	6-9	16.5	12-14	35.65	
2020	31.33	37.96	7-11	29.30	1-1	127	2 450	7-10	8.98	12-17	40.10	

4-25 罗汉庄站水位流量历年特征值表

年份	水位(m)					流量(m³/s)					径流量(10⁸ m³)	备注
	平均	最高	月日	最低	月日	平均	最大	月日	最小	月日		
1973	28.25	33.39	6-26	25.72	12-18							
1974	27.20	32.39	7-1	25.40	11-5							
1975	27.68	34.84	5-19	25.48	12-28							
1976	27.32	35.58	7-12	25.26	2-17							
1977	27.24	33.15	6-20	25.37	3-18							
1978	26.54	34.37	5-21	25.24	12-26							
1979	27.12	32.37	5-16	25.14	12-31							
1980												
1981												
1982												
1983												
1984												
1985												
1986												
1987												
1988												
1989												
1990												
1991												
1992												
1993												

续表

年份	水位(m)					流量(m³/s)					径流量(10⁸ m³)	备注
	平均	最高	月日	最低	月日	平均	最大	月日	最小	月日		
1994												
1995												
1996												
1997												
1998												
1999		35.22	7-18	—								
2000	27.24	32.22	6-24	24.69	1-30	51.7	912	6-8	0	4-11	16.34	
2001	26.71	33.13	6-16	24.69	10-25	53.5	630	4-20	6.42	9-9	16.86	
2002	27.79	35.76	8-22	24.72	1-12	73.9	1 070	4-24	−48.2	6-18	23.30	
2003	27.01	35.34	5-18	24.51	11-6							
2004	26.46	31.79	5-19	24.45	12-23							
2005	26.90	33.13	6-2	24.43	10-26							
2006	26.29	34.69	7-19	24.30	11-5							
2007	26.16	33.17	8-24	24.28	12-12							
2008	26.28	32.35	6-17	24.29	1-6							
2009	26.01	30.99	7-6	24.28	10-9							
2010	27.00	35.71	6-25	24.25	2-28							
2011	25.01	30.44	6-16	24.12	11-28							
2012	26.95	32.27	6-13	24.11	1-14							
2013	26.90	30.85	5-19	25.08	3-13							
2014	27.20	31.55	7-19	25.24	4-5							
2015	28.48	31.80	6-22	26.90	2-15							
2016	29.03	33.96	7-5	27.46	2-28							
2017	28.95	37.40	7-2	27.46	11-18							

4-26 螺岭桥站水位流量历年特征值表

年份	水位(m)					流量(m³/s)					径流量 (10⁸ m³)	备注
	平均	最高	月日	最低	月日	平均	最大	月日	最小	月日		
1961						6.74	192	6-9	0.15	7-15	2.13	
1962						7.91	177	6-24	0.353	2-21	2.49	
1963						3.46	160	5-14	0.0019	9-4	1.09	
1964						5.69	259	6-17	0.01	7-24	1.80	
1965	23.40	27.25	7-6	23.10	3-18	5.91	329	7-6	0.015 1	8-31	1.86	
1966	23.42	26.50	6-29	23.10	8-21	7.78	250	6-29	0.014	9-27	2.45	
1967	23.43	27.60	5-12	23.03	9-6	9.05	447	5-12	0.17	7-20	2.85	
1968						4.84	210	4-17	0.25	6-14	1.53	
1969						11	413	6-26	0.15	4-17	3.46	
1970						7.98	263	4-10	0.07	8-21	2.52	
1971						7	360	5-30	0.09	7-24	2.21	
1972						3.69	90.5	11-9	0	7-29	1.17	
1973						11.6	310	6-24	0.27	8-6	3.64	
1974	23.41	27.73	5-5	23.12	9-6	6.74	491	5-5	0.11	9-6	2.13	
1975						7.47	216	5-18	0.016	9-12	2.36	
1976						6.09	208	6-17	0.23	8-20	1.93	
1977						6.69	268	4-14	0.057	8-6	2.11	
1978						5.23	190	5-9	0.036	9-16	1.65	
1979						7.44	695	7-18	0.26	7-15	2.35	
1980						6.15	162	8-5	0.43	8-2	1.95	
1981						6.57	319	6-28	0.37	9-20	2.07	
1982						6.72	185	6-14	0.28	9-1	2.12	
1983	23.40	27.68	7-8	23.10	7-4	7.82	456	7-8	0.17	7-4	2.47	
1984						6.12	234	8-27	0.13	7-14	1.94	
1985						5.53	232	6-4	0.46	7-18	1.74	
1986						5.49	149	4-14	0.56	9-22	1.73	
1987	23.07	24.23	7-29	22.90	8-25	4.56	71	7-29	0.38	8-25	1.44	

续表

年份	水位(m)					流量(m³/s)					径流量 (10⁸ m³)	备注
	平均	最高	月日	最低	月日	平均	最大	月日	最小	月日		
1988	23.05	25.35	8-26	22.84	6-10	5.83	164	8-26	0.16	6-10	1.84	
1989	23.02	26.07	4-13	22.78	7-22	7.7	256	4-12	0.95	8-27	2.43	
1990	22.97	24.63	6-7	22.73	9-21	6.06	112	6-7	0.57	9-20	1.91	
1991	23.01	25.93	5-23	22.74	12-20	7.75	261	5-23	0.92	7-28	2.44	
1992	22.93	26.63	6-6	22.63	11-30	9.11	365	6-6	0.65	11-30	2.88	
1993	22.90	27.11	6-19	22.63	2-8	9.37	434	6-19	0.82	2-8	2.95	
1994	22.90	26.03	7-29	22.66	7-1	9.48	274	7-29	1.6	7-1	2.99	
1995	22.90	29.66	6-23	22.53	12-5	14.9	1 100	6-23	1.51	12-5	4.70	
1996	22.72	25.00	8-3	22.47	6-18	7.53	187	8-3	0.94	6-18	2.38	
1997	22.72	27.56	6-7	22.46	3-14	8.27	474	6-7	0.847	3-14	2.61	
1998	22.86	29.11	7-30	22.47	6-4	16.9	903	7-30	1.93	6-4	5.32	
1999	22.82	28.63	5-16	22.44	3-17	13	709	5-16	0.98	3-17	4.10	
2000	22.36	24.46	6-8	22.53	7-15	7.96	346	6-8	2.68	7-15	2.52	
2001	22.69	26.13	6-19	22.49	7-30	7.41	319	6-19	2.36	7-30	2.34	
2002	22.76	26.25	4-23	22.51	2-18	11.2	337	4-23	2.56	2-18	3.52	
2003	22.63	24.26	8-21	22.41	12-5	6.04	115	8-21	1.21	12-5	1.91	
2004	22.50	25.35	5-15	22.3	12-5	3.74	234	5-15	0.966	12-5	1.18	
2005	22.40	27.00	6-27	22.18	4-7	4.91	419	6-27	0.861	4-7	1.55	
2006	22.42	25.57	7-10	22.19	12-26	6.62	258	7-10	2.45	1-2	2.09	
2007	22.29	23.50	6-26	22.15	8-3	4.48	50	6-26	3.2	8-3	1.41	
2008	22.32	25.36	8-17	22.13	5-23	4.65	233	8-17	1.06	5-23	1.47	
2009	22.38	25.48	7-2	22.16	1-23	4.62	252	7-2	0.561	12-31	1.46	
2010	22.46	26.79	6-20	22.17	2-28	6.15	399	6-20	0.503	2-28	1.94	
2011	22.47	25.66	8-8	22.26	3-30	6.19	272	8-8	1.29	3-30	1.95	
2012	22.56	26.14	7-17	22.29	6-25	8.24	325	7-17	0.78	6-25	2.61	
2013	22.48	26.56	5-8	22.29	12-4	5.53	367	5-8	0.78	12-4	1.75	
2014	22.54	25.20	7-5	22.28	1-20	7.14	217	7-5	0.61	1-20	2.25	
2015	22.56	25.29	6-8	22.29	1-19	7.46	226	6-8	0.78	1-19	2.35	
2016	22.54	26.77	7-4	22.26	3-7	7.52	392	7-4	0.28	3-7	2.38	
2017	22.52	26.76	7-2	22.31	2-18	7.33	388	7-2	1.13	2-18	2.31	

4-27 宁乡(二)站水位流量历年特征值表

年份	水位(m)					流量(m³/s)					径流量(10⁸ m³)	备注
	平均	最高	月日	最低	月日	平均	最大	月日	最小	月日		
2000		44.18	6-22				1 210	6-22	0.815	7-18		
2001	39.81	44.71	6-10	39.17	9-28	42.5	1 480	6-10	0.493	9-28	13.4	
2002	39.94	45.45	8-20	39.25	6-24	58.5	1 950	8-20	1.52	6-24	18.5	
2003	39.77	42.59	6-10	39.16	7-19	38.4	657	6-10	0.69	7-19	12.1	
2004	39.74	44.36	5-15	39.26	3-18	32.1	1 480	5-15	2.08	3-18	10.1	
2005	39.84	43.88	6-1	39.18	8-3	46.6	1 160	6-1	0.97	8-3	14.7	
2006						48	1 180	4-12	0.597	11-6	15.2	
2007	39.73	42.21	9-9	39.07	9-22	22.4	613	9-9	0.33	6-23	7.08	
2008	39.48	42.29	11-1	38.97	7-3	22.6	529	11-7	0.4	7-29	7.15	
2009	39.52	42.39	6-2	39.00	7-22	26.6	699	6-2	0.317	3-20	8.39	
2010	39.69	44.71	6-24	39.01	1-19	50.8	2 300	6-24	0.144	1-19	16.0	
2011	39.69	42.28	6-15	39.05	3-16	19.7	837	6-15	0.287	8-3	6.20	
2012	40.04	43.27	7-17	39.40	3-28	50.6	1 340	7-17	0	1-26	16.0	
2013	39.81	43.47	6-27	39.18	12-16	42.5	1 770	6-27	0.116	3-10	13.4	
2014	37.11	40.24	8-18	36.37	1-4	52.8	1 310	8-18	0.18	1-4	16.6	
2015	37.01	40.97	6-21	36.37	2-11	50.2	1 880	6-21	0.254	2-11	15.8	
2016	37.07	42.04	7-4	36.41	2-29	63.8	2 570	7-4	0.562	2-29	20.2	
2017	36.93	44.45	7-1	36.24	12-11	58.5	5 690	7-1	0.025	11-18	18.4	

4-28 桃江(二)站水位流量历年特征值表

年份	水位(m)					流量(m³/s)					径流量 (10⁸ m³)	备注
	平均	最高	月日	最低	月日	平均	最大	月日	最小	月日		
1951	缺1月	40.68	4-28	33.88	2-7		7 660	4-28		2-7	201	
1952	35.27	40.91	8-25	33.89	12-25		8 100	8-25		12-26	300	
1953	35.44	40.83	5-26	33.91	8-6		7 150	5-26		8-6	296	
1954	35.52	42.91	7-25	33.79	11-15		11 300	7-25		11-15	372	
1955	34.99	43.82	8-27	33.75	10-24		15 300	8-27		10-24	239	
1956	34.72	40.1	5-10	33.62	12-15		5 960	5-10		12-15	183	
1957	34.85	38.90	4-27	33.69	1-4		4 340	4-27		10-24	178	
1958	35.00	40.69	7-18	33.96	12-20		6 840	7-18		12-20	206	
1959	35.07	40.77	6-3	33.80	10-12	663	6 960	6-3	60.9	10-12	209	
1960	30.66	35.61	6-4	29.92	1-18	504	3 820	3-12	74.5	10-19	160	
1961	35.30	40.38	6-15	33.75	2-28	796	6 400	6-15	59.3	2-28	251	
1962	35.38	40.34	6-30	33.66	10-9	848	6 360	6-30	41	1-9	267	
1963	34.73	38.67	5-9	33.38	10-6	429	4 000	5-9	17.6	10-6	135	
1964	35.17	40.21	4-12	33.39	9-11	763	6 260	4-12	15.5	9-11	241	
1965	35.06	39.62	6-3	33.60	1-5	634	5 300	6-3	36.3	1-5	200	
1966	35.02	40.46	7-14	33.79	10-6	631	6 290	7-14	58.3	10-6	199	
1967	35.19	40.77	5-19	33.97	1-4	732	6 390	5-19	96.9	1-4	231	
1968	35.30	39.44	4-19	34.27	1-2	794	4 930	4-19	178	1-2	251	
1969	35.36	41.84	8-11	34.36	3-3	806	7 720	8-10	223	3-3	254	
1970	35.36	42.27	7-13	34.41	2-9	1 020	9 000	7-13	272	2-9	321	
1971	35.06	41.06	5-31	33.43	12-6	649	6 730	5-31	21	12-6	205	
1972	34.90	37.32	5-7	33.47	1-15	516	2 450	5-7	24.9	1-15	163	
1973	35.64	39.64	6-26	34.04	12-30	1 010	5 280	6-26	111	12-30	317	
1974	34.96	40.12	7-13	33.72	12-25	551	5 790	7-13	75.5	12-25	174	

续表

年份	水位(m)					流量(m³/s)					径流量(10⁸ m³)	备注
	平均	最高	月日	最低	月日	平均	最大	月日	最小	月日		
1975	35.23	40.00	5-12	33.48	1-14	783	5 720	5-12	24.3	1-14	247	
1976	35.21	39.05	7-14	34.17	1-21	678	4 540	7-13	175	1-21	214	
1977	35.31	41.72	6-20	34.12	1-14	824	8 280	6-20	141	1-14	260	
1978	34.90	37.58	6-9	34.06	9-21	511	2 830	6-9	141	9-21	161	
1979	35.13	40.90	6-28	33.93	12-22	670	6 860	6-28	107	12-22	211	
1980	35.13	37.93	6-13	34.03	1-1	671	3 220	6-13	128	1-1	212	
1981	35.31	38.29	6-28	34.12	10-15	724	3 440	5-30	141	10-15	228	
1982	35.49	39.79	9-17	34.26	8-1	834	5 320	9-17	236	8-1	263	
1983	35.17	38.81	5-16	33.98	12-25	674	4 170	5-16	103	12-25	213	
1984	35.09	40.49	6-15	33.93	1-11	639	6 330	6-15	106	9-15	202	
1985	34.99	38.76	6-6	34.03	11-19	552	4 040	6-6	137	11-19	174	
1986	35.05	39.24	7-7	34.14	12-9	555	4 350	7-7	153	12-9	175	
1987	35.07	40.08	10-12	33.48	2-16	595	5 340	10-12	50.9	2-16	188	
1988	35.40	42.59	9-10	34.16	11-25	808	10 500	9-10	205	11-28	256	
1989	35.23	41.34	7-4	33.98	2-28	674	7 460	7-4	149	2-28	213	
1990	35.34	42.54	6-16	34.05	9-13	797	9 610	6-16	160	9-13	251	
1991	35.27	39.11	3-31	33.86	12-21	740	4 600	3-31	123	12-21	234	
1992	35.13	40.53	6-23	33.35	12-19	744	6 650	6-23	25.2	12-19	235	
1993	35.37	41.31	7-8	33.78	1-28	760	7 120	7-7	97.2	1-28	240	
1994	36.19	41.24	7-20	34.02	1-5	1 140	6 680	7-20	176	1-5	359	
1995	35.90	44.31	7-2	34.10	9-24	776	11 500	7-2	109	9-24	245	
1996	35.65	44.44	7-17	34.04	1-1	752	11 600	7-16	96.6	1-1	238	
1997	35.89	40.96	6-8	34.11	9-24	833	6 580	6-8	134	9-24	263	
1998	36.15	43.98	6-14	34.23	12-20	1 030	10 100	6-14	102	12-20	324	

续表

年份	水位(m)					流量(m³/s)					径流量 (10⁸ m³)	备注
	平均	最高	月日	最低	月日	平均	最大	月日	最小	月日		
1999	35.80	42.57	7-17	34.25	12-18	767	7 180	7-17	132	3-21	242	
2000	35.66	39.26	6-23	34.23	7-31	709	3 630	6-23	194	1-30	224	
2001	35.47	40.04	6-13	34.04	10-24	670	4 560	6-13	122	10-24	211	
2002	36.00	44.31	8-21	34.08	1-29	983	9 250	8-21	163	1-29	310	
2003	35.39	40.64	5-19	33.75	12-4	671	4 960	5-19	58.3	12-4	212	
2004	35.18	42.83	7-20	33.79	2-18	573	8 260	7-20	68.7	2-18	181	
2005	34.02	40.03	6-6	32.08	10-20	730	5 900	6-6	108	10-20	230	
2006	34.18	38.53	4-12	32.20	11-2	761	3 920	4-12	113	11-2	240	
2007	33.66	39.59	8-23	32.16	11-16	742	4 590	5-13	110	1-3	235	
2008	33.72	41.55	11-7	32.00	10-25	570	6 770	11-7	94.1	10-25	180	
2009	33.78	38.58	7-27	32.05	11-22	618	3 050	7-27	107	11-22	195	
2010	33.95	40.20	5-21	31.99	11-23	716	5 830	5-21	102	1-28	226	
2011	33.27	39.60	6-10	31.96	11-21	473	4 600	6-10	170	11-21	149	
2012	33.92	40.29	5-13	32.02	1-3	742	5 310	5-13	170	1-3	235	
2013	33.49	39.50	9-24	31.66	8-19	583	5 130	9-24	71.1	8-19	184	
2014	33.89	42.93	7-17	31.89	3-27	758	8 810	7-16	110	3-27	239	
2015	33.45	40.54	6-22	30.75	2-8	673	6 570	6-22	11.4	2-8	212	
2016	33.70	43.29	7-5	31.44	1-1	842	9 230	7-7	58	1-1	266	
2017	33.48	44.13	7-1	31.51	10-24	811	11 000	7-1	70.1	10-24	256	
2018	32.92	34.94	5-18	31.59	9-10	462	1 610	5-18	85.8	9-10	146	
2019	33.58	39.80	7-13	31.31	10-2	949	6 330	7-13	49.0	10-2	299	
2020	33.71	41.35	7-27	31.56	11-20	844	7 620	7-27	83.8	11-20	267	

4-29　益阳站水位流量历年特征值表

年份	水位(m)					流量(m³/s)					径流量 (10⁸ m³)	备注
	平均	最高	月日	最低	月日	平均	最大	月日	最小	月日		
1957		34.51	4-28	28.16	11-26							缺1—4月
1958	29.82	35.95	7-18	27.93	12-20							
1959	29.66	35.94	6-4	27.90	10-13							
1960	29.52	33.59	3-18	28.07	10-20							
1961	30.08	35.83	6-15	27.82	2-28							
1962	30.41	36.00	6-30	27.76	1-9							
1963	29.47	34.09	5-9	27.89	4-6							
1964	30.45	35.70	4-12	28.01	2-12							
1965	30.00	35.07	5-17	27.42	1-6							
1966	29.71	36.03	7-14	28.27	1-22							
1967	30.12	36.13	5-19	27.91	1-4							
1968	30.48	35.02	4-20	28.35	1-3							
1969	30.29	37.22	8-11	28.49	3-3							
1970	30.66	37.39	7-13	28.66	2-9							
1971	29.75	36.51	5-31	27.19	12-7							
1972	29.53	32.25	5-8	27.13	1-16							
1973	30.80	35.91	6-26	28.01	12-31							
1974	29.90	35.97	7-13	27.70	12-25							
1975	30.05	35.78	5-12	27.13	1-15							
1976	30.10	35.21	7-14	27.80	1-23							
1977	30.28	37.39	6-20	28.16	1-17							

续表

年份	水位(m)					流量(m³/s)					径流量 (10⁸ m³)	备注
	平均	最高	月日	最低	月日	平均	最大	月日	最小	月日		
1978	29.58	32.79	6-10	28.19	3-1							
1979	30.34	37.00	6-28	27.94	12-22							
1980	30.56	34.61	8-15	28.08	1-2							
1981	30.24	33.71	6-28	28.49	1-2							
1982	30.75	35.50	9-17	28.88	1-3							
1983	30.67	35.47	7-9	27.97	12-15							
1984	30.09	35.87	6-15	28.04	1-8							
1985	29.82	33.94	6-7	28.22	12-28							
1986	29.74	34.83	7-8	28.24	12-13							
1987	30.04	35.26	10-12	27.48	2-18							
1988	30.23	38.14	9-10	28.33	12-6							
1989	30.29	36.79	7-4	28.33	12-15							
1990	30.28	37.70	6-16	28.52	1-29							
1991	30.36	34.86	7-14	27.78	12-21							
1992	29.85	35.71	6-23	26.84	12-19							
1993	30.44	36.75	7-8	27.70	1-27							
1994	30.61	36.10	8-9	28.15	1-6							
1995	30.26	39.04	7-2	27.90	12-12							
1996	30.16	39.48	7-21	27.70	3-13							
1997	30.23	35.55	6-8	28.16	1-1							
1998	31.48	38.41	6-14	27.61	12-21							
1999	30.51	38.2	7-17	27.84	1-24	907	8 500	7-17	188	1-24	285.9	
2000	30.22	33.94	6-23	28.11	1-2	811	3 950	6-9	220	1-2	256.4	

续表

年份	水位(m)					流量(m³/s)					径流量 (10⁸ m³)	备注
	平均	最高	月日	最低	月日	平均	最大	月日	最小	月日		
2001	29.81	34.54	6-13	28.01	12-26	807	4 910	6-13	177	10-24	254.5	
2002	30.67	39.03	8-21	27.88	1-29	1 170	10 000	8-21	196	1-29	368.1	
2003	30.10	35.58	5-19	27.47	12-4	812	5 710	5-19	96.1	12-4	256.2	
2004	29.62	36.95	7-20	27.30	2-19	641	7 380	7-20	96.4	2-19	202.7	
2005	29.98	35.74	6-3	27.74	12-26	808	6 330	6-3	145	9-29	254.9	
2006	29.48	33.34	4-13	27.55	10-6	801	3 410	4-13	147	10-6	252.6	
2007	29.49	34.17	8-23	27.47	12-5	575	4 690	8-23	143	12-5	181.3	
2008	29.52	36.02	11-7	27.75	2-1	614	7 120	11-7	171	2-1	194.2	
2009	29.33	32.86	7-28	27.23	11-24	753	3 290	6-3	135	11-24	237.3	
2010	29.91	35.91	6-20	27.30	1-30	808	6 790	5-22	133	1-30	254.8	
2011	28.65	33.67	6-11	27.48	9-14	488	4 780	6-10	176	9-14	153.9	
2012	29.87	34.85	5-13	27.36	1-4	849	5 740	5-13	163	1-4	268.4	
2013	29.22	33.58	9-25	27.39	10-27	676	4 940	9-25	163	10-27	213	
2014	29.79	37.48	7-17	27.39	1-1	916	9 380	7-17	164	1-1	288.9	
2015	29.36	35.70	6-22	27.31	1-9	805	6 700	6-22	157	1-9	254	
2016	29.89	38.50	7-5	27.33	12-16	922	10 300	7-5	120	9-8	291.5	
2017	29.54	39.14	7-1	27.31	12-19	878	11 900	7-1	75	9-9	277	
2018	28.96	32.00	7-19	27.41	1-1							
2019	29.62	35.86	7-13	27.35	12-30							
2020	30.38	37.31	7-27	27.28	1-2							

4-30　桃源站水位流量历年特征值表

年份	水位(m)					流量(m³/s)					径流量(10⁸ m³)	备注
	平均	最高	月日	最低	月日	平均	最大	月日	最小	月日		
1951	32.96	42.53	4-29	31.38	2-7	1 630	19 000	4-29	243	2-7	513	
1952	33.98	43.31	7-13	31.55	12-28	2 670	22 900	7-13	354	12-29	846	
1953	33.51	40.22	6-27	31.50	1-15	2 120	15 200	6-27	345	10-4	668	
1954	34.40	44.39	7-30	31.40	11-28	3 270	23 900	7-30	290	11-17	1 030	
1955	33.21	42.27	5-30	31.23	10-24	1 870	17 700	5-30	236	10-24	590	
1956	32.83	41.56	5-31	31.05	12-18	1 540	16 000	5-30	188	12-18	486	
1957	33.18	41.79	8-9	31.08	1-7	1 880	14 400	8-9	201	1-7	594	
1958	33.37	41.49	7-16	31.30	12-21	2 120	16 200	7-15	290	12-21	667	
1959	33.08	40.51	6-4	31.20	10-30	1 830	13 700	6-4	277	10-30	578	
1960	32.77	43.50	7-11	31.10	10-19	1 490	21 100	7-11	235	10-19	470	
1961	33.04	39.91	4-20	31.12	1-28	1 710	12 100	4-20	241	1-28	540	
1962	33.43	42.71	5-29	31.54	2-24	2 070	19 900	5-29	374	10-8	653	
1963	32.99	42.55	7-12	31.25	2-4	1 760	19 100	7-12	263	9-20	554	
1964	33.77	42.15	6-26	31.44	12-24	2 460	18 000	6-19	387	12-24	777	
1965	33.33	42.34	6-4	31.39	1-30	2 030	18 000	7-7	375	1-30	640	
1966	32.84	41.79	7-13	31.09	9-29	1 620	17 700	7-13	212	9-26	511	
1967	33.67	42.38	5-5	31.19	1-27	2 460	18 600	5-5	270	1-27	775	
1968	33.68	39.89	7-21	31.66	1-21	2 330	12 100	7-20	482	1-21	738	
1969	33.66	45.40	7-17	31.46	12-31	2 550	29 000	7-17	406	12-31	805	
1970	33.55	44.07	7-15	31.42	11-13	2 400	23 100	7-15	400	11-13	757	
1971	33.12	40.56	6-1	31.19	12-22	1 910	14 000	5-31	265	12-22	602	
1972	33.01	38.54	5-8	31.02	9-3	1 780	9 560	5-8	218	9-3	564	
1973	33.78	42.50	6-24	31.18	12-30	2 490	17 500	6-24	284	12-30	786	

续表

年份	水位（m）					流量（m³/s）					径流量 （10⁸ m³）	备注
	平均	最高	月日	最低	月日	平均	最大	月日	最小	月日		
1974	32.97	43.59	7-1	31.10	1-11	1 800	22 700	7-1	268	1-11	567	
1975	33.05	41.30	6-11	31.19	1-29	1 900	15 800	6-11	292	1-29	599	
1976	33.35	39.28	5-2	31.21	1-22	2 090	10 900	5-2	300	1-22	660	
1977	33.89	43.12	6-16	31.36	1-19	2 720	19 000	6-16	364	1-19	859	
1978	32.77	38.02	6-1	31.38	3-4	1 440	8 340	6-1	383	3-4	455	
1979	33.1	43.42	6-28	31.06	12-26	1 890	19 000	6-27	240	12-26	596	
1980	33.73	43.15	8-12	31.09	1-11	2 430	19 900	8-12	260	1-11	768	
1981	32.88	38.56	5-30	31.29	12-31	1 520	9 200	5-30	326	10-15	479	
1982	33.81	41.29	6-18	31.15	1-23	2 410	15 200	6-18	275	1-23	760	
1983	33.65	40.77	7-8	31.31	12-13	2 170	12 500	7-15	349	12-13	684	
1984	33.08	42.80	6-2	31.22	2-15	1 730	20 100	6-2	318	2-15	547	
1985	32.82	39.70	6-7	31.36	10-23	1 440	11 400	6-7	367	10-23	454	
1986	32.92	40.79	7-5	31.38	12-13	1 590	14 100	7-5	376	12-13	500	
1987	33.25	40.83	7-5	31.26	2-3	1 890	13 300	7-4	312	2-3	595	
1988	33.04	42.79	8-30	31.32	12-26	1 760	17 900	9-4	357	12-26	558	
1989	33.28	39.24	4-13	31.32	1-8	1 800	10 600	4-13	361	1-8	569	
1990	33.39	43.28	6-15	31.29	9-21	2 010	21 100	6-15	320	9-21	635	
1991	33.73	43.63	7-13	31.52	12-22	2 300	19 700	7-13	436	12-22	725	
1992	33.08	42.09	5-17	30.97	12-5	1 820	16 400	5-17	187	12-5	576	
1993	33.71	44.77	8-1	31.27	1-3	2 270	23 600	8-1	273	1-3	717	
1994	33.57	43.02	10-12	31.27	11-10	2 140	18 700	10-11	324	11-10	674	
1995	33.68	45.86	7-2	31.22	12-8	2 320	25 800	7-2	320	12-8	731	
1996	33.55	46.90	7-19	31.16	3-4	2 290	29 100	7-17	288	3-4	724	

续表

年份	水位(m)					流量(m³/s)					径流量 (10⁸ m³)	备注
	平均	最高	月日	最低	月日	平均	最大	月日	最小	月日		
1997	33.40	38.86	6-11	31.46	9-8	1 930	9 690	6-11	450	9-8	607	
1998	34.24	46.03	7-24	30.71	12-10	2 590	25 000	7-24	184	12-10	816	
1999	33.52	46.62	6-30	30.80	1-29	2 280	27 100	6-30	228	1-29	719	
2000	33.39	40.93	6-9	31.19	1-3	1 940	13 600	6-9	360	1-3	614	
2001	33.09	39.79	6-22	31.01	12-27	1 750	11 500	6-21	289	12-27	551	
2002	33.98	43.13	5-14	31.21	1-2	2 690	18 400	5-14	368	1-2	847	
2003	33.55	45.39	7-10	31.10	8-18	2 240	21 400	7-10	329	8-18	708	
2004	33.31	45.64	7-21	30.87	11-6	2 060	22 800	7-21	231	11-6	651	
2005	33.16	41.50	6-3	30.68	10-26	1 650	13 400	6-3	134	10-26	520	
2006	32.87	37.67	5-11	30.80	1-30	1 420	7 100	5-11	170	1-30	449	
2007	33.37	44.65	7-26	30.85	11-18	1 820	20 800	7-26	168	11-26	575	
2008	33.38	43.97	11-7	30.52	1-24	1 880	18 400	11-7	93.8	1-24	595	
2009	33.15	39.72	4-24	30.96	11-1	1 730	11 000	4-24	221	11-1	547	
2010	33.60	43.85	7-13	30.64	2-16	2 110	17 600	7-12	130	2-16	666	
2011	32.62	39.15	6-9	30.86	8-24	1 200	9 440	6-9	183	8-24	379	
2012	33.66	44.66	7-19	30.25	10-2	2 190	19 800	7-19	44.4	10-2	692	
2013	33.25	42.49	9-26	30.75	12-22	1 860	15 000	9-26	165	12-22	587	
2014	33.81	47.37	7-17	30.55	10-21	2 500	25 300	7-17	91.1	10-21	787	
2015	33.46	41.01	6-22	30.72	12-31	2 280	13 000	6-22	205	12-31	718	
2016	33.39	41.02	7-6	29.70	12-4	2 600	12 700	6-29	196	9-2	823	
2017	32.92	45.43	7-2	29.73	12-7	2 420	22 000	7-2	285	12-7	762	
2018	32.08	35.58	6-8	29.78	1-2	1 630	4 790	6-6	250	7-24	514	
2019	32.67	40.28	7-13	29.73	9-18	2 350	12 800	6-18	263	9-18	742	
2020	33.73	44.04	9-17	29.56	12-31	2 910	20 400	9-17	36.5	7-31	922	

4-31　常德(二)站水位流量历年特征值表

年份	水位(m)					流量(m³/s)					径流量(10⁸ m³)	备注
	平均	最高	月日	最低	月日	平均	最大	月日	最小	月日		
1950		35.75	9-5	29.77	12-31							缺1—7月
1951	31.33	38.52	4-30	29.47	2-5							
1952	32.22	39.49	7-13	29.92	1-26							
1953	31.73	36.61	6-27	29.76	1-23							
1954	32.84	40.39	7-31	29.95	3-26	1 035	20 700	7-30	316	11-15	3 280	
1955	31.95	39.24	5-31	30.12	12-20		11 000	7-29	280	10-23		缺1—6月
1956	31.50	38.57	5-31	29.79	12-17	512	15 300	5-31	193	12-18	1 620	
1957	31.70	38.84	8-9	29.82	1-7	613	17 800	8-9	200	1-7	1940	
1958	31.87	38.30	5-10	29.93	12-22							
1959	31.54	37.57	6-4	29.88	—							
1960	31.30	39.71	7-11	29.74	12-28							
1961	31.56	37.08	4-20	29.66	1-27							
1962	31.95	39.06	5-30	30.01	2-23							
1963	31.54	38.98	7-12	29.77	2-5							
1964	32.30	38.96	6-26	30.07	12-23							
1965	31.85	38.90	6-4	29.90	1-30							
1966	31.43	38.55	7-14	29.85	12-10							
1967	32.09	38.95	5-5	29.83	1-28							
1968	31.98	37.12	7-21	30.11	1-22							
1969	31.84	40.68	7-17	29.82	12-20							
1970	31.79	39.74	7-15	29.80	1-2							
1971	31.31	37.44	6-7	29.34	12-22							
1972	31.18	35.18	5-9	29.16	8-30							
1973	31.36	38.96	6-24	29.17	12-31							

续表

年份	水位(m)					流量(m³/s)					径流量 (10⁸ m³)	备注
	平均	最高	月日	最低	月日	平均	最大	月日	最小	月日		
1974	31.21	39.38	7-1	29.08	1-11							
1975	31.23	37.63	6-11	29.15	2-1							
1976	31.47	36.26	5-2	29.19	1-23							
1977	31.91	39.4	6-16	29.35	1-20							
1978	30.84	35.41	6-2	29.29	3-4							
1979	31.20	39.97	6-28	28.94	12-12							
1980	31.89	39.41	8-12	29.03	1-12							
1981	31.12	35.79	5-30	29.30	12-31							
1982	31.94	38.00	6-18	29.05	1-23							
1983	31.88	38.37	7-9	29.27	12-19							
1984	31.17	38.95	6-2	29.21	3-8							
1985	30.93	36.70	6-8	29.38	12-21							
1986	30.92	37.44	7-6	29.24	12-13							
1987	31.30	37.66	7-5	29.01	3-11							
1988	31.04	39.31	9-4	29.06	12-31							
1989	31.42	36.13	4-13	29.08	1-1							
1990	31.44	39.06	6-15	29.49	1-9							
1991	31.74	40.04	7-13	29.25	12-2							
1992	31.00	38.46	5-18	28.58	12-6							
1993	31.73	40.43	8-1	28.98	2-1							
1994	31.73	40.43	8-1	28.98	2-1							
1995	31.68	41.5	7-2	29.18	12-8							
1996		42.49	5-20	28.97	1-19							
1997	31.3	35.91	6-11	29.30	9-15							

长江及四水梯级群影响下洞庭湖水文情势分析研究

续表

年份	水位（m）					流量（m³/s）					径流量 （10⁸ m³）	备注
	平均	最高	月日	最低	月日	平均	最大	月日	最小	月日		
1998	32.45	41.72	7-24	28.53	12-18							
1999	31.59	42.06	6-30	28.76	2-23							
2000	31.10	37.55	6-9	29.30	1-1	1 740	13 600	6-9	0	1-1	551.2	
2001	31.05	36.67	6-22	29.12	12-1	1 880	11 200	5-8	413	12-1	593.2	
2002	31.89	39.36	5-15	29.22	1-3	2 940	19 000	5-14	465	1-3	926.2	
2003	31.53	41.18	7-11	29.13	12-10	2 440	23 000	7-11	406	12-10	768.6	
2004	31.14	41.23	7-22	28.93	2-21	2 190	23 600	7-20	306	2-21	693.4	
2005	31.03	37.93	6-3	28.86	12-9	1 820	14 400	6-3	372	12-9	574.1	
2006	30.48	34.61	5-11	28.80	2-2	1 520	7 470	5-11	370	2-2	480.8	
2007	31.07	40.21	7-26	28.66	11-27	1 960	21 200	7-26	334	11-27	618.6	
2008	31.09	39.60	11-8	28.70	1-28	2 020	19 400	11-7	340	1-28	640.2	
2009	30.85	36.15	5-10	28.70	10-12	1 890	10 500	4-24	335	10-12	595.6	
2010	31.38	39.80	7-13	28.58	3-1	2 190	16 900	7-13	318	3-1	689.4	
2011	30.23	35.56	6-9	28.76	11-4	1 230	9 180	6-9	290	8-12	386.9	
2012	31.42	40.10	7-19	28.89	2-21	2 270	18 400	7-19	334	10-3	717.2	
2013	31.01	38.44	9-26	28.94	12-22	1 890	14 200	9-26	330	8-22	595.1	
2014	31.55	42.20	7-18	28.88	10-22							
2015	31.26	37.54	6-22	28.90	12-31							
2016	31.60	38.32	7-7	28.85	3-4							
2017	31.31	41.22	7-2	28.72	12-8							
2018	30.70	33.38	6-8	28.87	1-1							
2019	31.19	37.19	7-13	28.84	9-18							
2020	32.20	39.82	7-9	28.70	1-2							

4-32 石门站水位流量历年特征值表

年份	水位(m)					流量(m³/s)					径流量 (10⁸ m³)	备注
	平均	最高	月日	最低	月日	平均	最大	月日	最小	月日		
1952	58.28	65.90	7-11	57.21	7-7	508	10 300	7-11	51.6	7-7	161	
1953	58.09	67.70	6-27	57.20	1-24	385	14 200	6-27	50	1-24	122	
1954	58.64	85.00	6-25	57.22	11-25	837	14 500	6-25	53.2	11-25	264	
1955	58.07	66.25	6-24	57.02	12-16	444	11 400	6-24	30.4	12-16	140	
1956	57.97	63.62	5-15	57.01	1-17	422	6 570	5-15	31.1	1-17	133	
1957	58.05	67.47	7-30	57.02	1-1	484	14 500	7-30	32.2	1-1	153	
1958	58.28	65.87	8-15	57.10	2-22	619	11 000	8-15	42.6	2-22	195	
1959	58.03	63.00	6-9	56.95	9-19	403	5 540	6-9	29.7	9-19	127	
1960	57.99	65.43	6-26	57.13	10-14	390	10 100	6-26	50.2	10-14	123	
1961	58.07	62.16	3-3	57.06	1-19	390	4 080	3-3	40.8	1-19	123	
1962	58.24	65.92	6-23	57.23	2-9	527	11 000	6-23	66.2	2-9	166	
1963	58.16	66.4	7-12	57.07	3-5	554	12 000	7-12	47.4	3-5	175	
1964	58.50	67.63	6-29	57.21	12-24	696	14 200	6-29	65.2	12-24	220	
1965	58.01	63.78	9-12	57.12	1-26	385	6 680	9-12	53.4	1-26	121	
1966	57.83	66.85	6-29	56.95	9-28	339	13 000	6-29	32.2	9-28	107	
1967	58.36	63.85	6-19	57.11	1-23	572	6 680	6-19	50.6	1-23	180	
1968	58.08	64.93	7-20	57.17	1-17	440	8 790	7-20	60.4	1-17	139	
1969	58.17	66.59	7-12	57.05	12-20	557	12 200	7-12	43	12-20	176	
1970	58.16	65.56	5-29	57.02	2-4	500	10 200	5-29	41	2-4	158	
1971	58.09	63.74	5-23	57.08	12-22	435	6 670	5-23	50.3	1-14	137	
1972	58.02	63.92	6-26	56.91	9-2	417	7 010	6-26	35.9	9-2	132	
1973	58.27	65.46	6-24	56.93	12-26	578	9 330	6-23	34	12-26	182	
1974	57.85	63.58	9-30	56.87	1-27	339	6 480	9-30	26.4	1-27	107	
1975	58.13	65.58	6-10	57.05	2-23	465	9 880	6-10	52.8	2-23	147	

续表

年份	水位(m)					流量(m³/s)					径流量(10⁸ m³)	备注
	平均	最高	月日	最低	月日	平均	最大	月日	最小	月日		
1976	57.96	64.77	7-15	57.01	1-12	380	8 430	7-15	45.5	1-12	120	
1977	58.11	64.01	8-14	56.73	1-23	497	6 870	8-14	16.9	1-23	157	
1978	57.77	63.81	5-31	56.90	10-21	291	6 500	5-31	31.8	10-21	92	
1979	57.70	66.38	6-26	56.75	3-8	327	11 300	6-26	17.3	3-8	103	
1980	51.09	62.00	8-2	49.10	2-12	795	17 600	8-2	25.1	1-19	251	
1981	50.57	59.41	6-28	49.28	2-3	328	12 300	6-28	35.2	2-3	104	
1982	51.14	57.45	7-28	49.32	1-21	578	7 900	7-28	30.8	1-13	182	
1983	51.17	61.12	6-27	49.36	3-20	692	15 100	6-27	42.8	3-21	218	
1984	50.72	56.47	6-15	49.22	2-11	385	6 280	6-15	34.9	2-14	122	
1985	50.66	55.76	6-4	49.53	10-11	326	4 720	6-4	53.1	2-1	103	
1986	50.76	57.47	7-17	49.53	10-8	394	7 800	7-17	38	1-24	124	
1987	51.04	56.84	8-21	49.73	3-14	478	6 740	8-21	38.8	2-16	151	
1988	50.64	56.72	9-9	49.31	5-4	345	6 360	9-9	21.2	12-31	109	
1989	51.13	59.02	9-2	48.73	1-16	594	10 900	9-2	3.77	1-7	187	
1990	50.79	56.89	7-1	48.67	12-31	434	7 010	7-1	2.22	1-24	137	
1991	50.88	61.58	7-6	48.87	1-9	580	16 100	7-6	2.21	11-25	183	
1992	50.40	56.31	5-17	48.67	11-28	262	6 230	5-17	1.36	1-14	83	
1993	51.12	60.88	7-24	49.03	1-2	570	14 900	7-23	2.43	3-10	180	
1994	50.88	55.96	6-5	48.95	2-8	346	5 180	6-5	2.4	2-7	109	
1995	51.09	60.33	7-8	49.29	12-31	516	13 100	7-8	2.1	12-31	163	
1996	51.06	59.35	7-3	49.22	1-1	577	11 500	7-3	1	1-1	183	
1997	50.84	56.47	7-14	49.56	10-21	335	6 130	7-14	3.06	1-1	106	
1998	51.28	62.66	7-23	49.45	6-3	684	19 900	7-23	1.99	12-7	216	

续表

年份	水位(m)					流量(m³/s)					径流量 (10⁸ m³)	备注
	平均	最高	月日	最低	月日	平均	最大	月日	最小	月日		
1999	50.96	58.56	6-27	49.69	1-17	437	10 100	6-27	2.76	1-15	138	
2000	51.13	55.33	6-4	49.88	1-2	391	4 550	6-4	4.54	1-2	124	
2001	51.04	54.53	7-31	49.94	3-1	292	3 030	7-31	3.87	5-24	92	
2002	51.42	57.18	6-25	49.83	2-7	558	6 880	6-25	2.32	1-30	176	
2003	51.43	62.31	7-10	49.98	12-24	658	18 700	7-9	4.5	3-26	208	
2004	51.08	57.28	7-18	49.73	11-7	431	7 730	7-18	4.45	8-30	136	
2005	50.98	54.63	5-4	49.74	1-2	326	3 400	5-4	4.71	1-22	103	
2006	50.89	54.69	6-25	49.77	1-6	271	3 370	5-13	4.3	1-5	85	
2007	51.24	59.11	7-25	49.72	11-4	459	9 720	7-25	3.46	11-2	145	
2008	51.38	59.20	8-30	49.90	1-29	504	9 870	8-30	5	1-9	159	
2009	51.20	56.61	6-9	50.03	12-12	355	5 500	6-9	7.6	11-4	112	
2010	51.39	59.61	7-11	49.77	1-23	498	10 600	7-11	3.99	1-22	157	
2011	51.19	56.75	6-19	49.91	5-20	333	5 660	6-19	7.37	5-19	105	
2012	51.51	57.78	9-13	49.97	3-15	473	7 070	9-13	8.6	3-14	150	
2013	51.45	57.75	6-7	50.19	2-11	406	6 640	6-7	12	5-21	128	
2014	51.49	57.55	7-17	49.79	1-29	442	6 360	7-17	7.47	1-27	139	
2015	51.51	55.89	6-3	50.13	1-23	471	4 330	6-3	13	1-24	149	
2016	51.55	58.61	6-28	49.91	10-11	603	8 570	6-28	10	2-27	191	
2017	51.45	55.69	6-23	50.23	11-13	470	4 680	6-23	11.3	11-13	148	
2018	51.50	56.13	9-26	50.32	4-24	476	5 160	9-26	11	4-24	150	
2019	51.25	54.79	6-22	50.51	11-29	363	3 370	6-22	50	6-6	114	
2020	51.53	58.93	7-7	50.56	1-6	699	10 800	7-7	66.8	1-1	221	

4-33 津市站水位流量历年特征值表

年份	水位（m）					流量（m³/s）					径流量（10⁸ m³）	备注
	平均	最高	月日	最低	月日	平均	最大	月日	最小	月日		
1956	33.51	38.51	7-2	30.82	3-1	424	5 920	5-15	32.4	12-8	134	
1957	33.77	40.47	7-31	31.12	1-3	472	12 300	7-31	−11.8	7-22	149	
1958	33.77	39.06	7-19	30.91	2-25	603	8 510	5-6	43.7	2-26	190	
1959	33.70	38.06	7-2	31.07	1-26	392	5 460	7-1	35.6	9-12	124	
1960	33.54	39.40	7-11	31.88	12-31	361	7 580	7-10	50	10-13	117	
1961	33.66	36.50	8-17	31.59	1-23	375	3 740	3-3	47.5	1-22	118	
1962	33.91	39.72	6-4	31.89	2-13	494	10 600	6-24	65.8	2-11	156	
1963	33.69	40.82	7-12	31.34	3-10	529	9 420	7-12	44	3-9	167	
1964	34.29	41.56	6-30	32.06	2-8	693	10 700	6-29	76.3	12-26	219	
1965	33.83	38.33	9-13	32.01	3-21	328	5 700	9-12	62.3	1-19	120	
1966	33.64	41.47	6-29	32.19	3-18	328	9 820	6-29	20	9-19	104	
1967	34.02	38.59	6-20	32.01	1-28	574	6 130	6-20	58.3	1-29	181	
1968	33.75	40.26	7-20	31.69	3-1	430	7 820	7-20	62.2	3-1	136	
1969	33.67	41.38	7-13	31.63	12-21	579	12000	7-12	42.5	12-26	183	
1970	33.60	39.76	5-29	31.45	2-6	503	8 640	5-29	41.5	1-1	159	
1971	33.40	38.24	6-12	31.21	12-26	426	5 860	5-24	35.4	12-2	133	
1972	33.25	38.04	6-27	31.08	1-25	407	5 390	6-26	26.3	8-30	129	
1973	33.81	41.31	6-24	30.81	12-28	603	9 510	6-24	30.1	12-28	190	因多安桥堵口，澧水移堤，于1974年3月下迁约2.5 km。以上未包括樟柳河流量
1974	33.33	38.43	9-30	30.81	1-1	368	5 960	9-30	34.6	1-1	116	
1975	33.60	40.51	6-11	31.16	1-1	501	9 840	6-11	37.1	2-3	158	
1976	33.32	40.04	7-15	31.25	1-23	403	7 640	7-15	36.5	1-5	127	
1977	33.52	38.77	7-13	30.87	1-26	540	5 880	8-14	37.6	1-26	170	
1978	32.98	39.18	5-31	31.20	3-19	304	6 250	5-31	48.5	3-19	319	
1979	32.95	41.27	6-26	30.60	12-15	345	9 670	6-5	27.5	12-15	111	
1980	33.99	43.32	8-2	30.82	2-16	839	15 100	8-2	28.1	2-14	265	

续表

年份	水位(m)					流量(m³/s)					径流量 (10⁸ m³)	备注
	平均	最高	月日	最低	月日	平均	最大	月日	最小	月日		
1981	33.23	41.47	6-28	31.18	12-29	335	11 900	6-28	49.8	3-21	106	
1982	33.89	40.66	6-22	30.73	1-27	613	6 650	6-22	35.6	1-27	193	
1983	33.97	43.10	7-7	30.87	3-23	748	13 800	6-27	33.8	3-23	236	
1984	33.23	39.21	7-27	30.56	3-10	395	5 920	6-15	36.6	3-9	125	
1985	33.16	38.64	6-5	30.94	2-2	331	5 280	6-4	54.4	7-4	104	
1986	32.86	40.72	7-17	30.73	1-26	431	7 620	7-17	47.9	10-16	136	
1987	33.32	39.42	8-21	30.54	2-12	508	5 860	8-21	54.6	2-11	160	
1988	32.69	41.15	9-9	30.16	12-14	352	5 920	9-9	26.4	12-13	111	
1989	33.70	42.42	9-3	29.99	1-10	618	10 200	9-2	28.4	1-10	195	
1990	33.24	39.72	7-2	30.26	12-21	454	6 300	7-2	35.8	1-25	143	
1991	33.14	44.01	7-7	29.51	12-19	594	13 400	7-6	19.7	12-18	187	
1992	32.13	38.93	5-17	29.53	12-1	272	6 310	5-17	17.2	12-7	86	
1993	33.40	43.48	7-24	30.06	1-3	572	13 600	7-24	37.9	1-28	180	
1994	32.38	37.51	6-7	29.85	2-12	302	3 950	6-7	37.6	2-10	95	
1995	32.97	42.41	7-9	29.27	12-25	473	10 700	7-8	23.9	12-25	149	
1996	32.96	41.88	7-3	29.45	2-17	537	9 790	7-3	30.4	1-4	170	
1997	32.20	39.07	7-14	30.08	1-3	297	5 910	7-14	38.9	11-11	94	
1998	33.61	45.01	7-24	29.24	12-15	747	15 900	7-24	21.4	12-15	236	
1999	32.79	42.17	6-30	29.23	3-6	469	10 800	6-28	38.1	1-2	148	
2000	32.79	37.86	10-3	29.87	1-7	387	4 200	6-6	52	1-7	123	
2001	32.37	36.29	6-18	29.95	12-12	311	2 580	6-18	61.4	12-7	98	

续表

年份	水位（m）					流量（m³/s）					径流量 （10⁸ m³）	备注
	平均	最高	月日	最低	月日	平均	最大	月日	最小	月日		
2002	33.10	39.84	6-25	29.19	2-8	648	5 910	6-25	57.8	2-8	204	
2003	33.17	45.02	7-10	29.64	12-9	713	17 100	7-10	91.6	12-9	225	
2004	32.60	40.12	6-19	29.89	2-18	472	7 020	6-19	102	2-18	149	
2005	32.49	36.93	8-22	29.25	1-19	349	3 220	5-4	58.1	2-26	110	
2006	31.47	36.76	5-13	29.14	2-6	272	2 930	5-13	50	2-6	86	
2007	32.41	42.35	7-25	29.69	2-8	443	8 850	7-25	52.1	12-27	140	
2008	32.67	41.23	8-17	29.81	3-11	509	8 920	8-17	58.2	4-7	161	
2009	32.15	38.70	6-9	29.68	11-26	381	4 960	6-9	45.4	11-5	120	
2010	32.63	42.10	7-12	29.50	2-10	527	8 890	7-12	52	2-10	166	
2011	31.61	38.87	6-19	29.04	5-18	332	4 860	6-19	45.6	5-16	105	
2012	32.73	39.05	7-19	29.64	3-17	506	5 360	9-13	55.4	3-17	160	
2013	32.09	39.83	6-7	29.85	3-13	419	6 860	6-7	68	3-13	132	
2014	32.45	39.49	7-18	28.68	2-7	439	5 890	7-17	37.6	2-7	138	
2015	32.27	38.18	6-3	29.73	2-19	463	4 360	6-3	58	9-17	146	
2016	32.54	41.81	6-29	29.64	10-16	604	8 780	6-29	62.9	3-7	191	
2017	32.60	37.34	6-13	29.79	2-20	478	3 170	6-13	102	5-1	151	
2018	32.39	37.69	7-7	29.98	3-6	451	3 960	9-26	67.7	6-25	142	
2019	31.75	37.43	6-23	29.08	12-28	326	3 470	6-22	38.3	12-27	103	
2020	33.13	42.97	7-7	28.95	1-3	734	10 300	7-7	46.2	1-5	232	

4-34　合口站水位历年特征值表

年份	水位(m)					备注	年份	水位(m)					备注
	平均	最高	月日	最低	月日			平均	最高	月日	最低	月日	
2000	39.80	47.03	7-11	38.37	1-26		2004	39.77	44.31	7-17	37.51	12-31	
2001	39.70	43.64	6-19	38.52	5-15		2005	39.05	43.06	6-3	36.12	1-4	
2002	39.88	44.53	9-13	38.87	2-28		2006	41.82	48.02	6-28	40.48	12-16	
2003	39.86	44.60	6-7	38.24	5-13		2007	41.72	44.63	6-23	39.45	4-5	

4-35　临澧站水位流量历年特征值表

年份	水位(m)					流量(m³/s)					径流量 (10⁸ m³)	备注
	平均	最高	月日	最低	月日	平均	最大	月日	最小	月日		
2004		46.50	6-18				512	6-18	0.351	12-2		
2005	43.21	45.90	6-6	42.06	1-21	12.1	398	6-6	0.511	1-13	3.83	
2006	43.39	45.88	5-9	42.27	9-25	11.8	339	5-9	2.23	1-11	3.72	
2007	43.62	45.98	7-25	42.04	12-14	13.3	353	7-25	1.51	12-13	4.21	
2008	43.72	46.37	8-16	42.77	10-9	17	388	8-16	2.9	2-15	5.39	
2009	43.64	45.56	6-9	43.06	8-10	11.1	249	6-9	2	6-21	3.51	
2010	43.72	46.56	7-11	43.05	3-22	17.6	568	7-11	1.6	3-22	5.54	
2011	43.28	45.81	6-14	41.79	12-5	7.6	340	6-14	1.04	12-29	2.40	
2012	43.38	47.87	7-18	41.84	1-8	24.9	1 070	7-18	0	1-30	7.88	
2013	43.35	47.22	6-7	41.93	1-24	17	910	6-7	1.2	11-8	5.37	
2014	43.68	46.8	7-17	42.11	10-18	15.3	688	7-17	0	2-11	4.82	
2015	43.81	45.51	5-27	42.22	1-23	16.2	288	5-27	0	1-15	5.10	
2016	43.92	46.74	7-2	43.29	2-9	20.7	674	7-2	0	1-6	6.55	
2017	43.88	46.67	6-24	42.27	9-18	20.9	652	6-24	1.8	3-10	6.58	
2018												
2019	43.72	45.29	6-22	41.95	10-15	12	224	6-22	0	1-1	3.78	
2020	43.76	46.22	7-3	42.33	12-14	27.8	582	7-3	0	1-1	8.78	

4-36 澧县(二)站水位历年特征值表

年份	水位(m)					备注	年份	水位(m)					备注
	平均	最高	月日	最低	月日			平均	最高	月日	最低	月日	
2008	31.27	40.57	8-31	28.96	1-28		2015	30.65	37.03	6-3	28.25	1-24	
2009	30.87	37.70	6-9	28.63	1-1		2016	33.03	43.21	6-29	30.56	12-8	
2010	31.35	41.48	7-12	29.32	3-23		2017	32.79	38.00	6-24	29.94	12-13	
2011	30.59	37.96	6-19	28.82	5-20		2018						
2012	31.42	38.21	9-13	29.43	3-21		2019	31.70	29.02	12-28	37.73	6-22	
2013	30.98	39.23	6-7	29.41	3-5		2020	33.13	43.92	7-7	28.87	1-3	
2014	31.14	38.64	7-18	28.83	2-6								

4-37 沔泗洼站水位流量历年特征值表

年份	水位(m)					流量(m³/s)					径流量(10⁸ m³)	备注
	平均	最高	月日	最低	月日	平均	最大	月日	最小	月日		
1959	38.96	45.49	7-1	38.35	9-16	22.2	1 610	7-1	0	9-16	7.012	
1960	38.89	43.60	7-11	38.34	9-4	15.3	579	7-10	0.35	9-4	4.83	
1961	38.84	41.10	3-3	38.35	8-1	16.5	281	3-3	-0.1	8-17	5.197	
1962	39.02	43.41	6-4	38.54	2-22	20.1	516	5-4	-14.4	7-7	6.329	
1963	38.92	44.6	7-12	38.46	7-30	17	744	6-1	-57.5	7-10	5.363	
1964	39.07	45.68	6-26	38.51	7-23	30.8	1 350	6-25	1.9	7-22	9.74	
1965	38.91	42.38	8-10	38.45	3-20	19.9	507	8-10	1.17	8-1	6.272	
1966		46.11	6-29			15	1 290	6-28	0	9-17	4.742	
1967	39.08	43.72	5-8	38.56	1-30	31	672	5-7	2.52	1-30	9.789	
1968	38.95	43.93	7-20	38.51	6-29	13.1	275	9-20	-21.2	7-18	4.142	
1969	39.05	45.40	7-17	38.51	6-4	28.2	1 130	7-17	1.55	6-4	8.886	
1970	39.00	43.65	5-29	38.53	2-15	21.5	476	5-29	2.18	2-15	6.772	
1971	38.84	42.15	5-24	38.28	7-26	13.3	307	5-24	-6.22	8-25	4.19	
1972		41.62	11-4			15	388	11-4	-13	6-26	4.749	
1973	39.22	45.89	6-24	38.45	12-23	44.9	1 050	6-24	1.57	12-23	14.16	
1974		42.30	9-30			13.8	372	4-20	0	8-12	4.355	
1975	38.94	44.47	6-11	38.34	8-2	22.5	422	4-26	-3.89	6-28	7.091	

续表

年份	水位(m)					流量(m³/s)					径流量 (10⁸ m³)	备注
	平均	最高	月日	最低	月日	平均	最大	月日	最小	月日		
1976	38.93	43.82	7-15	38.49	8-24	19	622	6-7	1.78	8-24	5.993	
1977	39.04	44.09	6-14	38.42	3-10	28.4	880	6-14	1.14	7-19	8.94	
1978		43.27	5-31			16	472	4-27	0	8-4	5.06	
1979	38.85	45.46	6-5	38.34	3-7	16.6	934	6-5	−3.85	7-17	5.23	
1980	39.38	47.60	8-2	38.34	2-29	38.5	1 030	6-1	−196	8-2	12.2	
1981	38.86	45.92	6-28	38.36	12-3	18.6	748	6-28	0	7-20	5.86	
1982	39.15	44.99	6-22	38.35	5-25	30.9	742	5-27	−53.1	7-28	9.74	
1983	39.27	47.20	6-27	38.37	3-26	31.3	588	6-2	0.79	3-26	9.87	
1984	38.91	42.72	6-15	38.38	2-29	17.4	298	4-4	−10.1	7-27	5.5	
1985	38.83	43.25	6-4	38.43	12-6	16.2	585	6-4	1.58	1-26	5.12	
1986	39.00	45.20	7-18	38.44	3-28	23.3	780	7-18	1.64	8-29	7.34	
1987	39.22	43.12	8-21	38.51	3-13	25	600	6-13	−41.4	8-21	7.87	
1988	39.13	45.39	9-9	38.48	4-10	24.5	725	9-9	−29.6	6-12	7.76	
1989	39.40	47.39	9-3	38.56	3-16	38.4	1 110	9-2	1.9	2-9	12.11	
1990	39.15	43.74	7-2	38.54	12-28	24.3	567	3-14	−6.29	7-19	7.657	
1991	39.30	48.37	7-7	38.54	12-13	30.6	980	7-10	−23.3	7-6	9.65	
1992	38.96	44.31	5-17	38.45	2-21	16.4	872	5-17	0.63	2-21	5.181	
1993	39.36	47.81	7-24	38.49	3-7	27.7	550	7-24	−159	7-23	8.74	
1994	39.23	42.37	6-6	38.52	3-27	19.7	388	6-5	1.78	7-2	6.207	
1995	39.42	46.56	7-9	38.69	3-15	23.7	442	6-15	−294	7-8	7.474	
1996	39.38	46.00	7-3	38.61	3-15	23.6	665	6-3	−154	7-3	7.46	
1997	39.17	42.69	7-14	38.60	3-9	17	190	7-24	−9.18	7-20	5.354	
1998	39.74	49.91	7-24	38.41	11-23	36	992	7-24	−118	7-22	11.36	
1999	39.16	46.19	6-30	38.45	3-5	27.2	668	4-25	1.55	3-5	8.59	
2000	38.92	42.52	6-6	38.45	4-13	17.2	369	6-7	1.46	7-16	5.433	
2001	38.97	41.78	6-19	38.48	3-17	15.3	271	6-19	2.01	3-17	4.835	
2002	39.40	43.59	4-27	38.51	3-21	39.9	575	4-27	−36.6	6-25	12.59	
2003	39.28	49.48	7-10	38.53	8-27	35.9	847	7-10	−56.3	6-26	11.32	

4-38　官垸站水位流量历年特征值表

年份	水位(m)					流量(m³/s)					径流量(10⁸ m³)	备注
	平均	最高	月日	最低	月日	平均	最大	月日	最小	月日		
1955	33.81	39.20	6-28	31.05	3-21	326	1 540	6-29	1.6	3-21	103	
1956	33.62	38.48	7-2	30.79	3-2	292	2 100	7-1	1	12-31	92.3	
1957	33.90	38.68	7-31	31.78	1-10	缺1—4月	1 240	7-23	8	4-17		
1958	33.94	38.20	7-19	31.82	3-11	298	1990	8-26	0	1-1	93.9	
1959	33.84	37.34	7-2	31.94	1-24	203	1 550	8-18	0	1-1	64.1	
1960												
1961												
1962	缺1—5月	38.63	7-10			缺1—5月	2 040	7-11				
1963	33.86	38.82	7-12	31.06	3-6	347	1 420	5-30	−161	5-10	109	
1964	34.42	39.44	6-30	31.53	4-4	492	2 160	9-19	−279	4-17	156	
1965	34.17	37.42	6-13	31.78	3-24	436	1 930	7-19	−390	4-23	138	1959 年底因松澧分流工程上游青龙窖堵口失去控制作用而撤销，1961 年 1 月合口挖通
1966	33.69	38.03	6-30	31.27	2-7	340	2 210	9-6	−642	6-29	107	
1967	34.13	38.00	6-29	31.4	1-29	400	1 520	7-5	−211	4-19	126	
1968	34.08	39.38	7-21	31.39	3-7	493	2 340	7-8	−221	3-22	156	
1969	33.52	39.57	7-13	31.25	3-21	292	1 550	7-15	−442	8-31	92.0	
1970	33.69	39.38	7-22	31.13	2-20	360	1 710	8-3	−608	5-29	114	
1971	33.45	37.22	6-13	31.12	1-17	300	1 250	8-22	−370	5-24	94.6	
1972	33.27	36.88	6-27	30.82	2-4	232	1 260	6-29	−496	5-8	73.4	
1973	33.77	39.61	6-24	30.63	12-31	367	2 200	7-6	−724	4-17	116	
1974	33.56	38.33	8-14	30.62	8-14	429	2 420	8-14	−460	4-21	135	
1975	33.71	38.05	6-11	31.03	1-1	353	1 660	10-6	−608	6-11	111	
1976	33.40	38.77	7-15	31.13	1-23	317	2 040	7-22	−278	4-24	100	
1977	33.64	38.31	7-13	30.73	1-26	343	1 450	7-14	−502	4-28	108	
1978	33.11	37.79	6-28	30.92	3-20	291	1 690	7-9	−460	4-28	91.7	
1979	33.11	39.07	6-26	30.49	12-17	325	1 980	9-17	−1 470	6-5	103	

续表

年份	水位(m)					流量(m³/s)					径流量 (10⁸ m³)	备注
	平均	最高	月日	最低	月日	平均	最大	月日	最小	月日		
1980	33.92	41.27	8-3	30.65	1-29	385	2 270	8-29	−1 570	6-1	122	
1981	33.32	39.29	7-20	31.04	12-31	346	3 350	7-20	−915	4-19	109	
1982	33.77	39.26	6-22	30.65	1-29	356	2 780	8-1	−614	5-28	112	
1983	33.89	41.63	7-7	30.76	3-23	439	2 670	7-18	−1 650	6-27	140	
1984	33.24	38.90	7-28	30.65	3-14	363	2 530	7-12	−425	5-14	115	
1985	33.31	37.58	7-8	30.80	2-3	327	1 720	7-7	−591	5-6	103	
1986	32.83	39.07	7-18	30.56	12-16	234	1 780	7-8	−671	3-22	73.8	
1987	33.18	39.29	7-24	30.41	2-17	315	2 620	7-25	−790	4-27	99.5	
1988	32.77	40.22	9-9	29.87	5-6	318	1 970	9-7	−617	5-19	101	
1989	33.62	40.35	9-3	30.02	1-10	367	3 150	7-14	−684	9-3	116	
1990	33.28	38.47	7-2	30.17	12-22	305	1 670	7-5	−604	4-30	96.0	
1991	33.09	41.87	7-7	29.99	12-21	300	2 190	8-17	−865	7-7	94.5	
1992	32.34	38.40	7-21	29.96	1-31	257	1 930	7-20	−445	5-17	81.4	
1993	33.26	41.02	7-24	30.00	1-4	335	2 280	9-1	−1 500	7-24	106	
1994	32.31	35.68	7-16	29.99	2-13	153	1 190	7-16	−653	6-6	48.3	
1995	32.98	40.41	7-9	29.89	12-27	301	1 510	7-13	−817	6-2	95.0	
1996	32.91	40.98	7-21	29.84	2-19	303	1 880	7-25	−952	7-4	95.7	
1997	32.28	38.89	7-21	30.10	12-21	199	2 210	7-21	−247	3-2	62.8	
1998	33.64	43.00	7-24	29.83	12-14	482	2 770	8-19	−980	7-24	152	
1999	33.03	41.00	6-30	29.77	3-8	411	2 720	7-21	−882	4-25	130	

续表

年份	水位(m)					流量(m³/s)					径流量(10⁸ m³)	备注
	平均	最高	月日	最低	月日	平均	最大	月日	最小	月日		
2000	32.88	38.15	7-5	29.87	1-8	390	2 230	7-19	−447	6-5	123	
2001	32.51	36.18	7-9	29.93	12-25	307	1 480	9-9	−316	4-30	96.9	
2002	32.95	38.84	8-22	29.70	2-12	246	1 850	8-20	−792	4-27	77.5	
2003	33.04	42.81	7-11	29.81	12-9	265	1 900	9-6	−1 780	7-10	83.5	
2004	32.65	38.33	7-19	29.86	2-1	279	2 040	9-10	−1 110	5-12	88.2	
2005	32.70	37.56	8-24	29.67	1-21	400	1 900	9-1	−655	5-5	126	
2006	31.41	35.53	7-12	29.59	2-4	95.3	1 240	7-11	−423	5-10	30.0	
2007	32.43	40.68	7-26	29.65	2-8	290	1 750	7-31	−262	7-25	91.4	
2008	32.66	39.70	8-17	29.66	1-30	294	1 450	8-19	−467	11-1	93.0	
2009	32.17	36.52	8-8	29.55	11-27	245	1 610	8-7	−723	6-9	77.4	
2010	32.57	39.76	7-12	29.42	2-11	269	1 670	7-28	−371	10-15	84.8	缺1—4/11—12月
2011	31.56	36.90	6-19	29.40	5-18	136	943	6-27	−503	6-15	43.1	
2012	32.76	38.74	7-20	29.61	3-17	327	1 920	7-29	−281	4-14	104	
2013	32.06	37.32	6-8	29.83	3-14	192	1 200	7-23	−297	6-7	60.6	
2014	32.50	38.22	7-18	28.75	2-7	283	1 640	9-21	−423	10-30	89.2	
2015	32.20	36.51	7-3	29.62	2-19	171	1 110	7-4	−620	6-4	53.9	
2016	32.49	39.91	6-29	29.68	10-16	241	1 270	7-6	−305	4-7	76.1	
2017	32.60	37.24	7-3	29.74	2-20	234	1 030	7-14	−162	7-3	73.8	
2018	32.43	37.92	7-15	29.95	2-20	254	1 530	7-14	−303	9-26	80.0	
2019	31.97	36.64	6-25	29.19	12-2	227	1 210	8-1	−55.6	5-15	71.6	
2020						384	2 040	8-22	−368	6-14	121	

4-39　自治局(三)站水位流量历年特征值表

年份	水位(m)					流量(m³/s)					径流量	备注
	平均	最高	月日	最低	月日	平均	最大	月日	最小	月日	(10⁸ m³)	
1955	33.22	38.69	6-28	30.25	12-31		2 860	7-19	155	3-2		流量缺 1—2 月
1956	32.73	38.13	7-2	29.67	3-2	793	2 990	7-2	73	3-2	251	
1957	32.83	37.96	7-31	29.93	1-6	821	2 630	7-23	125	1-5	259	
1958	32.78	37.62	7-19	29.78	2-16	820	2 950	8-26	104	2-16	259	
1959	32.64	36.72	7-2	30.16	1-25	764	2 580	8-18	96.3	1-25	241	
1960	32.28	37.27	6-29	28.97	2-13	1 250	5 100	7-26	23.4	2-13	395	
1961	32.73	36.67	7-4	28.89	2-4	1 010	3 750	7-4	−344	3-3	317	
1962	32.67	38.00	7-10	29.13	3-5	1 080	4 120	7-10	36.4	3-16	341	
1963	32.60	38.16	7-12	28.89	3-12	1 040	3 150	7-14	19.8	2-22	329	
1964	33.23	38.81	6-30	29.39	2-10	1 340	4 500	7-3	48.4	2-7	424	1961 年 1 月因 松滋分 流工程 影响下 迁 2.5 km
1965	32.77	36.72	7-19	29.27	3-29	1 200	3 800	7-19	35.3	3-30	378	
1966	32.27	37.27	6-8	28.89	3-18	974	4 460	9-6	15.8	3-18	307	
1967	32.91	37.25	6-29	29.23	2-8	1 120	3 290	7-5	35	2-8	353	
1968	32.85	38.62	7-21	29.04	3-2	1 220	4 340	7-19	17.8	3-2	385	
1969	32.16	38.74	7-13	29.04	3-18	835	3 180	9-6	18	3-13	263	
1970	32.43	37.24	7-22	28.84	2-20	955	3 360	8-3	8.8	2-20	301	
1971	32.10	36.29	6-13	29.06	12-31	794	2 360	8-22	20.2	12-31	250	
1972	31.88	35.98	6-29	28.72	1-31	700	2 410	6-29	5.7	1-31	222	
1973	32.46	38.61	6-24	28.89	12-31	922	3 540	7-6	7.67	12-29	291	
1974	32.29	37.76	8-14	28.73	1-12	988	4 150	8-14	0	4-5	312	
1975	32.32	36.82	6-11	28.71	2-28	884	2 820	10-6	4.65	2-4	279	
1976	31.98	37.68	7-15	28.79	2-16	719	3 200	7-23	9.6	2-16	227	
1977	32.34	37.23	7-13	28.72	1-30	774	2 310	7-14	2.72	2-26	244	
1978	31.69	36.79	6-28	28.72	3-1	658	2 410	7-9	0	4-14	208	

续表

年份	水位(m)					流量(m³/s)					径流量 (10⁸ m³)	备注
	平均	最高	月日	最低	月日	平均	最大	月日	最小	月日		
1979	31.95	37.83	6-27	28.83	2-16	672	2 770	9-17	0	3-5	212	
1980	32.46	39.77	8-3	28.90	1-20	844	3 540	8-5	2.5	1-27	267	
1981	31.86	38.32	7-20	28.81	2-11	674	3 740	7-20	5.42	2-11	213	
1982	32.38	38.33	8-1	28.82	1-10	767	3 250	8-1	4.9	1-10	242	
1983	32.60	40.28	7-8	28.96	2-28	842	3 120	7-17	0	4-9	265	
1984	31.94	37.92	7-28	28.70	3-11	678	3 090	7-11	2.6	1-17	214	
1985	32.03	36.77	7-8	28.78	2-4	666	2 330	7-7	11.7	12-31	210	
1986	31.48	37.63	7-18	28.66	3-14	508	2 260	7-8	0.85	3-14	160	
1987	31.86	38.42	7-24	28.77	3-11	627	3 140	7-24	4	3-11	198	
1988	31.66	39.14	9-10	28.78	2-11	561	2 530	9-9	0	4-21	177	
1989	32.44	38.74	9-3	28.78	2-3	746	3 370	7-14	10	2-2	235	
1990	32.14	37.42	7-2	28.89	12-31	637	2 220	7-5	9.5	12-31	201	
1991	31.97	40.34	7-7	28.74	12-28	595	2 790	7-6	6	1-18	188	
1992	31.35	37.48	7-21	28.65	1-11	456	2 240	7-21	2.57	2-25	144	
1993	31.97	39.36	7-24	28.57	2-9	614	2 620	9-1	5.46	2-9	194	
1994	31.18	35.06	7-16	28.73	2-10	358	1 510	7-15	9.81	2-10	113	
1995	31.91	38.99	7-9	28.82	12-31	536	2 110	7-9	9.1	12-31	169	
1996	31.76	40.05	7-21	28.59	3-2	531	2 320	7-6	3.19	3-2	168	
1997	31.15	38.06	7-21	28.80	1-12	375	2 520	7-21	12.1	1-12	118	
1998	32.56	41.38	7-24	28.75	12-31	707	2 940	8-19	−750	7-24	223	
1999	32.07	39.73	7-1	28.70	2-2	597	2 730	7-21	6.4	2-2	188	
2000	31.83	37.39	7-5	28.96	1-9	550	2 310	7-19	19.1	5-9	174	

续表

年份	水位(m)					流量(m³/s)					径流量 (10⁸ m³)	备注
	平均	最高	月日	最低	月日	平均	最大	月日	最小	月日		
2001	31.48	35.52	9-9	29.04	1-5	456	1 590	9-9	14.4	3-16	144	
2002	31.86	38.24	8-22	28.69	2-15	524	2 210	8-21	5.64	2-15	165	
2003	31.95	41.28	7-11	29.15	12-26	545	2 990	7-10	32	12-25	172	
2004	31.60	37.36	7-21	28.67	2-18	498	2 380	9-10	8.47	2-20	158	
2005	31.69	36.73	8-24	28.90	12-30	538	2 060	9-1	18.5	2-7	170	
2006	30.31	34.79	7-12	28.60	2-4	226	1 420	7-11	6.71	2-3	71.4	
2007	31.31	38.98	7-26	28.71	2-8	484	2 460	7-26	15.5	2-8	153	
2008	31.50	38.03	8-17	28.64	2-11	520	2 360	8-17	15.8	2-12	165	
2009	31.67	36.50	8-7	29.45	12-20	448	1 840	8-7	13.5	12-20	141	
2010	31.93	38.46	7-12	29.21	2-14	517	2 380	7-12	4.11	2-15	163	
2011	30.96	35.51	6-19	29.30	5-5	276	1 480	6-19	10.3	2-10	87.0	
2012	32.08	38.35	7-26	29.14	3-20	550	2 270	7-26	11.8	3-21	174	
2013	31.39	36.24	7-22	29.28	3-15	379	1 690	7-22	11.7	3-15	119	
2014	31.99	37.63	7-19	29.19	2-4	517	2 310	9-21	8.7	2-4	163	
2015	31.62	36.11	7-4	29.32	2-19	379	1 520	7-3	12.1	2-19	119	
2016	32.00	38.66	7-3	29.55	2-14	470	2 270	6-29	28.9	2-14	149	
2017	32.07	36.86	7-3	29.52	1-31	479	1 420	7-14	32.5	1-31	151	
2018	31.90	37.58	7-15	29.70	2-19	477	2 030	7-15	40.7	2-19	151	
2019	31.67	36.04	8-2	29.59	12-24	417	1 660	8-2	26.2	11-30	131	
2020						675	2 660	7-8	31.7	1-1	214	

4-40 大湖口站水位流量历年特征值表

年份	水位(m)					流量(m³/s)					径流量(10⁸ m³)	备注
	平均	最高	月日	最低	月日	平均	最大	月日	最小	月日		
1955	33.45	38.63	6-28	30.72	2-7	386	1 190	6-30	50	2-7	122	
1956	33.04	38.31	7-1	30.08	3-3	399	1 440	7-1	18.7	3-3	126	
1957	33.20	37.90	7-31	30.30	3-4	405	1 200	7-23	36	3-4	128	
1958	33.05	38.06	8-26	29.89	2-14	396	1 350	8-26	11.2	2-14	125	
1959	32.90	36.97	8-18	29.91	1-29	373	1 190	8-17	17.7	12-30	118	
1960												
1961												
1962		38.43	7-12			缺1—3月	1 290	7-12	24.1	4-4		
1963	33.22	38.20	7-12	29.79	2-19	438	1 050	7-12	13	2-18	138	
1964	33.87	38.89	6-30	30.62	2-8	527	1 280	9-20	57.7	2-8	167	
1965	33.51	37.31	7-19	30.48	3-31	485	1 230	7-19	46	3-31	153	1959年底因松澧分流工程上游王守寺堵口,失去控制作用而撤销;1960年堵口挖开通流;1962年4月1日复站。基本水尺于1984年1月1日下迁420 m
1966	32.99	37.85	9-7	29.98	4-4	412	1 380	9-7	17.5	4-4	130	
1967	33.52	37.59	6-29	30.49	2-8	480	1 130	6-29	54.2	2-8	151	
1968	33.57	38.95	7-19	30.37	2-24	503	1 430	7-18	44	2-24	159	
1969	32.85	38.82	7-13	29.92	3-19	370	1 200	7-13	15.9	3-19	117	
1970	33.07	37.57	7-22	29.76	2-20	412	1 170	8-3	10.3	2-20	130	
1971	32.80	36.60	6-16	30.03	3-26	370	942	8-22	28.5	12-31	117	
1972	32.47	36.44	6-29	29.69	1-31	327	982	6-29	6.92	1-31	103	
1973	33.04	38.71	6-25	29.84	1-14	405	1 240	7-6	−14.1	4-6	128	
1974	33.08	38.41	8-14	29.72	3-22	420	1 500	8-13	6.22	3-23	133	
1975	33.04	37.10	6-29	29.90	4-6	412	1 150	10-6	0	4-9	130	
1976	32.76	38.17	7-23	29.90	2-13	367	1 340	7-21	11.7	2-13	116	
1977	33.13	37.59	7-13	30.00	1-30	418	1 250	7-13	13.4	1-30	132	
1978	32.50	37.33	6-28	29.67	4-14	329	1 180	7-9	1.28	5-4	104	
1979	32.65	37.99	6-27	29.69	3-5	354	1 400	9-17	0	3-13	112	
1980	33.21	39.80	8-3	29.78	2-7	459	1 690	8-3	3.78	2-7	145	

续表

年份	水位(m)					流量(m³/s)					径流量(10⁸ m³)	备注
	平均	最高	月日	最低	月日	平均	最大	月日	最小	月日		
1981	32.76	39.18	7-20	29.76	3-19	423	2 250	7-20	5.3	3-19	133	
1982	33.08	39.04	8-1	29.78	1-18	460	1 810	8-1	5.34	1-18	145	
1983	33.34	40.32	7-8	29.75	3-1	509	1 670	7-8	1.1	3-6	161	
1984	32.72	38.46	7-12	29.64	3-17	425	1 720	7-12	3.22	2-22	135	
1985	32.82	37.43	7-8	29.85	2-2	460	1 490	7-6	11.5	2-2	145	
1986	32.23	37.78	7-18	29.65	3-3	361	1 390	7-8	6.41	3-3	114	
1987	32.50	39.1	7-25	29.58	2-18	427	1 940	7-25	3.98	2-18	135	
1988	32.35	39.39	9-10	29.61	2-20	385	1 550	9-10	6.18	2-20	122	
1989	33.03	39.19	7-14	29.65	2-5	506	2 030	7-14	8.6	1-4	159	
1990	32.73	37.77	7-5	29.72	1-31	454	1 390	7-5	11.2	1-31	143	
1991	32.53	40.27	7-7	29.70	1-16	432	2 530	7-8	10	1-16	136	
1992	32.07	37.90	7-21	29.53	2-26	352	1 540	7-21	3.53	2-26	111	
1993	32.55	39.39	7-25	29.59	2-11	451	1 950	9-1	8.76	2-13	142	
1994	31.73	35.66	7-16	29.56	4-5	285	1 060	7-16	0	4-8	89.9	
1995	32.44	39.07	7-9	29.65	3-25	403	1 560	7-9	13	3-25	127	
1996	32.39	40.18	7-21	29.40	3-9	418	1 670	7-6	6.17	3-12	132	
1997	31.73	38.50	7-21	29.6	2-15	307	1 820	7-21	7.57	2-17	96.9	
1998	33.07	41.34	7-24	29.53	2-14	574	2 460	7-24	11.9	2-8	181	
1999	32.65	39.84	7-1	29.33	4-10	440	1 800	7-21	3.24	4-10	139	
2000	32.31	37.87	7-5	29.59	4-8	425	1 710	7-19	5.63	4-8	134	

续表

年份	水位（m）					流量（m³/s）					径流量	备注
	平均	最高	月日	最低	月日	平均	最大	月日	最小	月日	（10⁸ m³）	
2001	31.96	36.13	9-9	29.52	3-17	365	1 340	9-9	7.71	3-18	115	
2002	32.30	38.61	8-22	29.44	2-15	385	1 610	8-20	14.5	2-1	121	
2003	32.36	41.06	7-11	29.73	1-23	428	2 090	7-10	26.2	2-14	135	
2004	32.10	37.83	9-10	29.37	2-18	406	1 900	9-10	9.3	1-5	128	
2005	32.27	37.22	9-1	29.58	2-7	430	1 470	9-1	27.5	2-7	136	
2006	30.94	35.30	7-11	29.46	2-7	200	1 050	7-11	24.8	1-25	62.9	
2007	31.89	38.92	7-26	29.57	2-6	384	1 700	7-26	14.6	2-6	121	
2008	32.08	38.14	8-18	29.49	3-5	397	1 640	8-18	11.7	3-5	126	
2009	31.78	36.49	8-7	29.64	2-2	351	1 370	8-7	19.6	2-2	111	
2010	32.05	38.21	7-12	29.55	2-19	394	1 610	7-28	14.9	2-19	124	
2011	31.16	35.41	6-28	29.61	2-13	251	1 050	6-27	21.3	3-2	79.1	
2012	32.20	38.37	7-26	29.68	2-29	439	1 670	7-30	19.5	4-3	139	
2013	31.49	36.18	7-22	29.53	3-15	304	1 260	7-21	12.3	4-6	95.9	
2014	32.12	37.69	7-19	29.58	2-3	411	1 630	9-21	18	3-11	130	
2015	31.73	36.11	7-4	29.65	2-19	295	1 040	7-3	28.2	2-19	93.0	
2016	32.18	38.44	7-3	29.94	2-14	377	1 530	7-2	50.5	2-10	119	
2017	32.19	37.05	7-3	30.04	1-30	389	1 050	7-14	58.3	2-4	123	
2018	32.02	37.43	7-14	30.08	12-24	395	1 540	7-14	57.5	12-9	125	
2019	31.88	35.98	8-2	30.01	11-30	328	1 180	8-1	57.4	2-3	103	
2020						519	1 880	8-25	52.9	2-21	164	

4-41　汇口站水位流量历年特征值表

年份	水位(m)					流量(m³/s)					径流量 (10⁸ m³)	备注
	平均	最高	月日	最低	月日	平均	最大	月日	最小	月日		
1953		36.15	6-27	29.86	2-13							缺1月
1954	33.46	38.33	7-28	30.04	3-27							
1955	33.12	38.55	6-25	30.09	12-31							
1956	32.70	37.90	7-2	29.74	3-18							
1957	32.77	38.10	7-31	30.06	3-3							
1958	32.75	37.58	7-19	30.24	2-26							
1959	32.55	36.67	7-2	30.29	5-5							
1960	32.57	37.07	7-11	29.66	12-31							
1961	32.71	36.26	7-4	28.89	2-3							
1962	32.63	37.86	7-10	29.09	3-5							
1963	32.57	38.28	7-12	28.78	2-19							
1964	33.19	38.93	6-30	29.38	2-7							
1965	32.73	36.71	9-13	29.27	3-29							
1966	32.24	37.30	6-30	29.01	3-21							
1967	32.92	37.28	6-29	29.25	2-8							
1968	32.92	38.68	7-21	29.58	3-2							
1969	32.22	38.84	7-13	29.12	3-13							
1970	32.53	37.29	7-22	29.15	2-20							
1971	32.34	36.39	6-13	29.43	3-24							
1972	32.31	36.03	6-27	29.88	12-31							
1973	32.74	38.76	6-24	29.73	1-16							
1974	32.59	37.53	8-14	29.26	4-13							
1975	32.53	37.05	6-11	29.13	4-8							
1976		37.78	7-15	29.84	1-26							

续表

年份	水位(m)					流量(m³/s)					径流量 (10⁸ m³)	备注
	平均	最高	月日	最低	月日	平均	最大	月日	最小	月日		
1977	32.80	37.36	7-13	30.10	1-27		1 130	5-9	−286	7-12		
1978	32.29	36.89	6-28	30.07	4-18		1 110	5-31	−279	7-9		
1979		38.14	6-26	30.42	2-16		1 630	6-26	−264	9-25		
1980		40.34	8-3									
1981		38.25	7-20	0	3-1							
1982		38.33	6-22	0	1-1							
1983		40.67	7-8	0	4-1							
1984		38.05	7-28	0	1-1							
1985		36.90	7-8	0	11-23		652	6-5	−242	7-5		
1986		38.04	7-18				1 110	7-18	−147	7-8		
1987		38.52	7-24	0	1-1		876	8-21	−297	7-25		
1988		39.39	9-10	0	1-1		1 090	9-9				
1989												
1990												
1991												
1992												
1993		39.40	7-24	0	1-1		1 930	7-24	0	1-1		
1994		35.14	7-16	0	4-1		392	6-7	0	4-1	47 300	
1995		39.49	7-9	0	4-1		1 300	7-9	−149	7-4	11.0	
1996		40.28	7-21	0	4-6		1 300	7-6	−181	7-19	14.8	
1997		38.11	7-21	0	4-1		571	7-15	−19.6	7-10		
1998		41.94	7-24	0	4-1		3 080	7-24	−363	8-25	14 850	
1999												
2000		37.44	7-5	0	4-1	29.8	330	8-20	−91.7	7-19		水位缺 1—4、 11—12月

续表

年份	水位（m）					流量（m³/s）					径流量（10⁸ m³）	备注
	平均	最高	月日	最低	月日	平均	最大	月日	最小	月日		
2001		35.51	9-9	0	4-1	21	168	6-19	−42.7	9-10		水位缺1—3、10—12月
2002		38.27	8-22	0	4-1	92.2	601	6-25	−127	8-19		
2003		41.77	7-11	0	4-1	93.8	2 320	7-11	−250	9-6		
2004		37.48	7-21	0	4-1	59.3	637	6-19	−362	9-10		水位缺1—4、11—12月
2005		36.76	8-24	0	4-1	32.4	217	6-11	−170	9-2	6.00	
2006		34.85	7-12	0	4-1	14.4	206	5-13	−56.8	7-11	2.66	
2007		39.46	7-26	0	4-1						10.0	
2008		38.44	8-17	0	4-1		867	8-17	0		14.6	
2009		35.91	8-8	渠干	4-1		287	7-1	0			
2010		38.63	7-12	渠干	4-1		908	7-12	0			
2011		35.59	6-19	渠干	4-1		352	6-19	0			
2012		38.02	7-26	渠干	4-4		506	7-19	0			
2013		36.06	9-26	29.57	4-5		474	9-26	0			水位缺1—3、10—12月
2014		37.58	7-19	29.29	4-5		312	7-18	0			
2015		35.81	7-4	29.57	4-1		207	6-4	0			
2016		38.76	6-29	29.94	9-30		881	6-29	0			
2017		37.00	7-3	30.78	4-6		259	6-14	0			
2018		37.14	7-14	30.08	4-9		224	7-7	0			
2019		35.77	6-26	30.01	4-20	33.5	248	6-23	0	4-4	10.55	
2020		40.39	7-8	29.70	5-4	75.2	1 140	7-8	5.67	4-17	23.77	

4-42　石龟山站水位流量历年特征值表

年份	水位（m）					流量（m³/s）					径流量 (10⁸ m³)	备注
	平均	最高	月日	最低	月日	平均	最大	月日	最小	月日		
1952	32.60	36.65	7-13	29.99	1-27							
1953	32.15	35.85	6-27	29.98	2-13							
1954	33.26	38.14	7-28	30.08	3-27							
1955	33.17	38.39	6-25	30.35	2-4		8 190	6-25	0	12-11		流量缺 1—2月
1956	32.90	37.59	7-2	29.97	12-31	1 030	7 790	7-2	0	1-1	327	
1957	32.95	37.98	7-31	29.68	1-13	983	9 290	7-31	0	1-3	311	
1958	32.91	37.41	7-20	29.59	2-26	1 090	7 170	7-19	0.35	2-27	343	
1959	32.87	36.51	7-2	29.62	1-24	673	5 110	7-2	0.5	1-14	213	
1960	33.02	36.94	7-11	29.69	1-17	666	6 350	7-11	4	1-17	211	
1961	33.30	35.72	7-4	31.35	1-25	806	3 160	7-19	39	1-22	254	
1962	33.51	37.50	7-10	31.74	2-12	1 110	7 400	7-9	66.1	2-12	351	
1963	33.30	38.02	7-12	31.12	3-10	1 030	9 400	7-12	45.2	3-7	324	
1964	33.77	38.63	6-30	31.67	12-28	1 430	10 600	6-30	86	12-28	454	
1965	33.28	36.44	9-13	31.29	1-30	1 080	5 520	9-13	66.5	1-28	341	
1966	32.97	37.53	6-30	31.22	3-20	841	8 190	6-30	63.2	3-20	265	
1967	33.30	36.88	6-29	30.82	1-30	1 120	6 500	6-29	45.5	1-30	353	
1968	33.21	38.25	7-21	31.21	3-2	1 160	8 420	7-21	71.8	1-20	367	
1969	32.90	38.47	7-13	30.90	12-23	957	10 100	7-13	59.8	12-23	302	
1970	32.90	36.93	7-22	30.67	2-8	949	5 510	7-20	49.4	1-30	299	
1971	32.72	36.18	6-13	30.52	1-15	751	4 230	6-12	41	1-15	237	
1972	32.58	35.82	6-27	30.53	2-2	639	3 660	6-27	55.8	2-2	202	
1973	33.10	38.56	6-24	30.19	12-31	1 070	7 760	6-24	41.8	12-31	336	
1974	32.73	36.62	7-14	30.17	1-1	902	4 320	7-13	41.4	1-1	284	
1975	32.90	37.16	6-11	30.66	1-2	857	5 430	6-11	66.5	2-4	270	
1976	32.64	37.59	7-15	30.76	1-23	705	5 620	7-15	66.8	2-9	223	
1977	32.84	37.20	7-13	30.34	1-27	830	4 120	7-13	52.3	1-27	262	

续表

年份	水位(m)					流量(m³/s)					径流量 (10⁸ m³)	备注
	平均	最高	月日	最低	月日	平均	最大	月日	最小	月日		
1978	32.37	36.58	6-1	30.61	3-8	585	3 450	5-31	64.2	3-8	184	
1979	32.34	38.20	6-26	29.95	12-16	661	6 000	6-26	41.5	12-13	209	1979 年 1 月 1 日测流断 面下迁 1 170 m
1980	33.20	40.14	8-3	30.23	2-17	1 180	10 400	8-2	42.8	2-16	374	
1981	32.58	38.13	6-28	30.64	12-31	707	6 730	6-28	66.1	12-31	223	
1982	33.05	38.24	6-22	30.12	1-28	959	5 650	6-22	37.6	1-27	302	
1983	33.17	40.43	7-8	30.44	3-24	1 160	10 300	7-7	68	3-24	366	
1984	32.53	37.53	7-28	30.00	3-13	777	4 840	7-28	42.2	3-13	246	
1985	32.53	36.05	7-8	30.48	2-3	707	3 100	6-5	78.5	2-3	223	
1986	32.14	37.94	7-18	30.16	12-15	629	5 110	7-18	61.6	1-27	198	
1987	32.50	37.54	7-23	29.98	2-12	830	4 640	7-23	60.9	2-12	262	
1988	32.00	39.00	9-9	29.48	12-29	674	6 400	9-9	46.6	12-25	213	
1989	32.84	39.25	9-3	29.33	1-10	943	7 480	9-3	38.8	1-10	298	
1990	32.47	37.30	7-2	29.61	12-22	717	4 290	7-2	62.1	12-21	226	
1991	32.31	40.82	7-7	28.9	12-19	817	10 700	7-7	16.3	12-19	258	
1992	31.49	36.86	7-21	28.88	12-6	520	3 970	7-21	22	12-1	164	
1993	32.54	40.12	7-24	29.46	1-3	912	8 800	7-24	47.7	1-3	288	
1994	31.68	34.83	6-7	29.26	2-10	479	2 280	6-7	39.9	2-10	151	
1995	32.23	39.31	7-9	28.75	12-25	806	7 620	7-9	0	7-2	254	
1996	32.20	40.03	7-21	28.94	2-18	889	7 210	7-6	25.3	2-18	281	
1997	31.58	37.24	7-21	29.42	1-3	504	4 120	7-21	51.7	1-3	159	
1998	32.87	41.89	7-24	28.65	12-15	1 240	12 300	7-24	11.8	12-14	391	
1999	32.14	39.96	6-30	28.63	3-7	885	7 820	6-30	13.4	3-7	279	
2000	32.13	36.50	7-5	29.37	1-8	754	3 390	7-5	46.8	1-8	238	

续表

年份	水位(m)					流量(m³/s)					径流量 (10⁸ m³)	备注
	平均	最高	月日	最低	月日	平均	最大	月日	最小	月日		
2001	31.73	34.72	7-9	29.46	12-7	559	1 940	6-19	70	12-12	176	
2002	32.24	37.53	8-22	28.71	2-8	830	4 590	6-25	33.7	2-11	262	
2003	32.28	41.85	7-11	29.11	12-9	926	12 200	7-10	85.6	12-9	292	
2004	31.88	37.24	7-21	29.40	2-1	732	4 630	7-19	86.3	1-4	231	
2005	31.83	35.88	8-23	28.87	1-19	693	2 900	8-23	73.3	1-19	219	
2006	30.81	34.52	5-13	28.65	2-7	321	2 050	5-13	61	2-7	101	
2007	31.68	39.47	7-26	29.14	2-9	745	7 200	7-26	72.3	2-9	235	
2008	31.91	38.41	8-17	29.21	1-30	859	6 370	8-17	78.1	1-30	272	
2009	31.44	35.58	6-9	29.09	11-27	650	3 080	6-9	78	11-27	205	
2010	31.85	38.69	7-12	29.83	2-11	819	5 960	7-12	68.2	2-11	258	
2011	30.92	36.04	6-19	28.82	5-17	472	3 350	6-19	67	5-17	149	
2012	31.98	37.50	7-20	29.19	3-17	839	3 970	7-19	81.5	3-2	265	
2013	31.34	36.47	6-8	29.33	12-31	652	3 830	6-7	89.1	12-31	206	
2014	31.73	37.35	7-18	28.34	2-7	834	3 710	7-18	33.7	2-7	263	
2015	31.46	35.34	6-4	29.15	2-19	677	2 710	6-4	80.1	2-18	214	
2016	31.79	38.75	6-29	29.02	10-16	888	6 720	6-29	94.9	10-16	281	
2017	31.80	36.85	7-3	29.29	2-21	769	2 470	6-14	137	2-21	243	
2018	31.59	36.06	7-15	29.42	3-7	775	3 240	7-7	187	2-20	244	
2019	31.16	35.66	6-25	28.62	12-29	611	2 540	6-23	84.7	11-30	193	
2020	32.37	40.22	7-8	28.55	1-3	1 140	8 310	7-8	92.8	1-3	360	

4-43　安乡站水位流量历年特征值表

年份	水位(m)					流量(m^3/s)					径流量 ($10^8\ m^3$)	备注
	平均	最高	月日	最低	月日	平均	最大	月日	最小	月日		
1927		26.23	6-23	31.42	2-9							水位值不全
1928												
1929		35.71	9-25	32.02	12-21							水位值缺 1—8月
1930	33.37	36.6	6-26	32.02	1-1							
1931	33.84	36.41	8-11	31.75	12-31							
1932	33.24	36.29	7-10	31.42	4-6							
1933	33.25	36.84	6-22	31.42	1-1							
1934	33.54	36.44	7-5	31.35	12-30							
1935	33.45	36.80	7-8	30.96	2-8							
1936	32.25	35.99	8-8	29.62	3-18							
1937		37.76	8-20	30.71	1-5							水位值缺 9—12月
1938		36.87	7-24	31.14	3-5							
1939												
1940												
1941												
1942												
1943												
1944												
1945												
1946												
1947		35.75	8-8	29.66	12-31							水位值缺 1—7月
1948		35.53	6-25	29.22	1-21							水位值缺 7—9月

续表

年份	水位（m）					流量（m³/s）					径流量（10⁸ m³）	备注
	平均	最高	月日	最低	月日	平均	最大	月日	最小	月日		
1949		35.94	7-10	29.14	1-31							水位值不全
1950		36.77	7-11	30.16	3-9							水位值缺1—2月
1951	31.40	36.28	7-15	29.61	2-5							
1952	32.31	36.38	8-27	29.49	1-30							
1953	31.91	35.26	8-8	29.67	2-13	1 120	4 160	8-8	149	2-13	352	
1954	33.09	38.1	7-31	29.71	3-28	1 770	5 350	7-30	169	3-28	557	
1955	32.73	37.83	6-28	29.61	12-31	1 470	5 300	6-28	248	12-31	464	
1956	32.11	37.31	7-1	29.02	3-7	1 350	5 520	7-2	100	3-7	427	1955年1月基本水尺下迁1 km,与流量断面合并
1957	32.25	37.05	7-31	29.17	1-12	1 480	5 260	7-31	155	1-12	467	
1958	32.17	37.08	8-26	29.00	2-26	1 420	5 580	8-26	110	2-27	448	
1959	31.90	36.13	7-2	28.90	1-25	1 220	4 150	6-18	120	1-25	386	
1960	31.68	36.58	6-30	28.46	2-15	1 250	4 760	8-8	20	2-15	396	
1961	32.19	36.36	7-4	28.45	2-5	1 390	4 210	7-4	48	2-6	439	
1962	32.25	37.67	7-10	28.88	2-13	1 440	5 130	7-11	66	3-8	454	
1963	32.14	37.50	7-12	28.45	3-11	1 480	5 510	7-12	37.2	3-2	466	
1964	32.80	38.21	6-30	29.05	2-8	1 760	6 120	6-30	102	2-8	555	
1965	32.28	36.42	7-19	28.98	3-22	1 600	4 370	9-9	96.5	3-6	504	
1966	31.76	36.91	9-8	28.54	3-17	1 330	5 190	9-7	49	3-17	420	
1967	32.30	36.86	6-29	28.72	2-8	1 580	4 550	6-30	94	2-8	499	
1968	32.34	38.13	7-21	28.73	3-1	1 660	5 750	7-19	74	3-1	524	
1969	31.68	38.04	7-13	28.62	3-20	1 270	6 100	7-13	64	3-20	402	
1970	31.96	36.91	7-22	28.59	1-28	1 400	4 180	8-3	25	1-30	442	
1971	31.59	35.68	6-16	28.61	12-28	1 260	3 710	6-16	58.4	12-31	399	
1972	31.32	35.50	6-29	28.07	2-3	1 130	3 530	6-29	2.8	1-22	359	
1973	32.02	37.94	6-25	28.45	12-31	1 430	5 370	9-12	40	4-6	450	
1974	31.76	37.33	8-14	28.23	1-13	1 400	5 410	8-14	19.2	3-26	441	

年份	水位(m)					流量(m³/s)					径流量 (10⁸ m³)	备注
	平均	最高	月日	最低	月日	平均	最大	月日	最小	月日		
1975	31.84	36.15	6-29	28.31	2-3	1 290	3 910	6-29	17.4	2-3	406	
1976	31.53	37.25	7-23	28.47	1-25	1 170	4 390	7-22	17	1-25	371	
1977	31.89	36.64	7-14	28.34	1-29	1 330	4 500	7-13	27	1-29	420	
1978	31.16	36.28	6-28	28.35	4-20	1 080	4 080	6-27	15.9	4-20	341	
1979	31.39	37.34	6-27	28.38	12-31	1 070	4 180	6-27	2.82	3-6	336	
1980	32.04	38.79	8-3	28.23	1-28	1 410	6 390	8-3	11.5	1-28	447	
1981	31.48	37.85	7-20	28.65	2-12	1 140	5 140	7-20	23.5	2-12	358	
1982	31.97	37.83	8-2	28.41	1-29	1 290	4 760	8-1	16	1-29	407	
1983	32.21	39.38	7-8	28.87	12-28	1 450	6 480	7-8	39.2	3-22	458	
1984	31.51	37.28	7-28	28.49	3-13	1 150	4 470	7-28	15	2-10	364	
1985	31.59	36.24	7-8	28.79	1-23	1 160	3 640	7-8	32	1-31	366	
1986	31.09	36.80	7-18	28.59	2-16	963	4 440	7-18	14.8	2-28	304	
1987	31.45	37.90	7-25	28.37	2-19	1 110	4 600	7-24	23.2	2-19	350	
1988	31.23	38.60	9-10	28.45	2-24	1 020	5 050	9-9	0	5-3	324	
1989	31.96	37.92	7-15	28.52	1-1	1 350	5 400	9-3	23.8	1-1	425	
1990	31.71	36.90	7-3	28.63	1-30	1 140	3 850	7-3	34	12-27	360	
1991	31.64	39.34	7-7	28.47	12-24	1 150	6 880	7-7	30	1-19	362	
1992	30.95	36.90	7-21	28.17	12-14	850	4 020	7-21	31.5	12-24	269	
1993	31.65	38.53	7-25	28.33	1-3	1 100	5 460	7-24	24	2-16	347	
1994	30.88	34.66	10-14	28.63	1-17	679	2 610	7-16	18.5	3-27	214	
1995	31.59	38.28	7-9	28.62	12-25	979	4 630	7-9	10.9	4-1	309	
1996	31.41	39.72	7-21	28.12	3-8	1 000	5 020	7-6	30.8	2-21	317	
1997	30.88	37.48	7-21	28.67	1-3	714	4 210	6-21	0	2-15	225	
1998	32.32	40.44	7-24	28.31	12-19	1 290	7 270	7-23	29.4	12-31	408	

续表

年份	水位(m)					流量(m³/s)					径流量	备注
	平均	最高	月日	最低	月日	平均	最大	月日	最小	月日	(10⁸ m³)	
1999	31.61	39.16	7-18	28.18	3-6	1 140	5 190	7-1	20	4-12	359	
2000	31.45	36.73	7-5	28.60	1-6	981	3 970	7-4	33.8	1-9	310	
2001	31.01	34.78	9-9	28.70	12-26	791	2 840	9-9	11.8	3-16	249	
2002	31.43	38.00	8-24	28.53	2-14	925	3 690	8-22	19.8	2-17	292	
2003	31.49	40.19	7-11	28.72	12-7	1 020	7 030	7-11	54.3	12-30	323	
2004	31.08	37.03	7-21	28.34	2-21	946	4 140	7-19	20.2	2-22	299	
2005	31.25	36.00	8-24	28.69	12-30	1 020	3 670	8-24	29.3	2-8	323	
2006	29.88	34.03	7-12	28.19	2-3	411	2 510	7-11	22.5	2-10	130	
2007	30.89	38.00	7-26	28.34	12-5	884	5 130	7-26	28	2-5	279	
2008	31.06	37.06	8-18	28.35	1-30	963	4 530	8-17	13.1	1-15	305	
2009	30.67	35.21	8-8	28.27	11-28	776	3 100	8-7	42.7	3-23	245	
2010	31.10	37.34	7-13	28.16	3-1	920	4 410	7-12	34	1-16	290	
2011	30.02	34.26	6-28	28.53	5-14	503	2 830	6-19	29	3-15	159	
2012	31.23	37.41	7-21	28.42	2-24	1 070	4 050	7-26	38.5	3-16	337	
2013	30.57	34.97	7-22	28.46	12-23	749	3 130	7-22	22.7	3-17	236	
2014	31.13	37.22	7-19	28.35	2-5	981	3 910	9-22	22.7	2-5	309	
2015	30.72	35.17	7-4	28.58	1-6	825	2 870	7-4	63	1-9	260	
2016	31.16	37.61	7-3	28.71	3-5	938	4 410	6-29	117	2-14	297	
2017	31.13	37.08	7-3	28.61	2-20	1 000	2 550	7-14	176	1-31	316	
2018	30.68	36.28	7-15	28.67	1-3	980	3 710	7-14	167	2-19	309	
2019	30.77	35.09	6-25	28.43	12-31	827	2 880	8-2	147	12-31	261	
2020						1 330	5 270	7-8	165	1-1	421	

4-44 肖家湾(二)站水位历年特征值表

年份	水位(m)					备注	年份	水位(m)					备注
	平均	最高	月日	最低	月日			平均	最高	月日	最低	月日	
1956		34.99	7-2	28.99	12-28	缺1—5月	1982	30.74	35.27	6-23	27.96	1-29	
1957	31.03	35.27	8-10	28.87	1-6		1983	30.90	36.58	7-9	28.37	12-31	
1958	30.99	35.62	7-20	28.70	2-28		1984	30.30	34.29	7-28	28.05	3-11	
1959	30.78	34.16	7-3	28.60	1-26		1985	30.27	33.54	7-8	28.28	1-24	
1960	30.59	34.76	7-11	28.26	2-18		1986	29.96	34.14	7-22	28.13	2-16	
1961							1987	30.27	34.82	7-25	27.91	2-19	
1962							1988	30.10	36.37	9-10	27.97	2-24	
1963							1989	30.65	34.68	9-4	28.03	1-2	
1964							1990	30.49	34.76	7-3	28.21	1-30	
1965							1991	30.49	36.37	7-11	27.99	12-25	
1966							1992	29.92	34.34	7-9	27.66	12-23	
1967							1993	30.57	35.74	7-25	27.88	1-3	
1968							1994	29.99	33.33	10-14	28.15	2-11	
1969							1995	30.47	36.19	7-4	28.07	12-25	
1970							1996	30.34	38.15	7-21	27.66	3-9	
1971							1997	29.91	34.77	7-24	28.10	1-4	
1972							1998	31.20	38.15	7-25	27.75	12-19	
1973							1999	30.57	37.31	7-18	27.77	2-26	
1974							2000	30.38	34.10	7-5	28.15	1-6	
1975							2001	30.01	32.78	6-23	28.19	12-25	
1976							2002	30.54	36.62	8-24	28.07	2-14	
1977		34.73	6-21	29.99	10-28	迁左岸下游约1 km	2003	30.48	37.77	7-11	28.27	12-12	
1978	缺1—3月	33.46	6-28	27.93	4-21		2004	30.09	35.88	7-22	27.92	2-21	
							2005	30.20	33.59	8-24	28.23	12-29	
1979	30.28	35.93	6-28	27.91	2-8		2006	29.19	32.01	7-12	27.76	2-3	
1980	30.77	36.17	8-6	27.82	2-20		2007	29.95	35.96	7-27	27.89	12-5	
1981	30.26	34.36	7-21	28.17	2-11		2008	30.07	34.41	8-18	27.86	1-30	

年份	水位(m)					备注	年份	水位(m)					备注
	平均	最高	月日	最低	月日			平均	最高	月日	最低	月日	
2009	29.78	32.97	8-11	27.84	11-28		2015	29.85	33.8	6-24	28.07	1-9	
2010	30.20	35.46	7-13	27.72	3-2		2016	30.27	36.28	7-7	28.09	10-17	
2011	29.24	32.45	6-20	28.04	5-14		2017	30.16	36.60	7-3	28.05	12-14	
2012	30.30	35.75	7-20	27.98	2-22		2018	29.86	33.79	7-15	28.09	1-3	
2013	29.73	33.52	9-27	27.96	12-24		2019	29.93	33.94	7-14	27.97	12-29	
2014	30.21	36.02	7-18	27.92	2-5		2020	30.89	37.04	7-10	27.95	1-1	

4-45　南县(罗文窖)站水位流量历年特征值表

年份	水位(m)					流量(m³/s)					径流量 (10⁸ m³)	备注
	平均	最高	月日	最低	月日	平均	最大	月日	最小	月日		
1947		35.25	8-8	27.86	12-31							水位缺 1—6月
1948	31.00	35.79	7-22	27.49	1-29							
1949		34.82	6-30	27.05	2-4							水位缺 7—11月
1950	30.55	35.81	7-12	27.49	1-11							
1951	30.09	35.03	7-16	27.57	1-13							
1952	29.90	35.22	9-20	25.35	1-21							
1953	28.96	33.97	8-8	26.43	12-25							
1954	30.39	36.03	8-8	25.85	3-27							
1955	30.34	35.52	7-19	27.24	4-25	1 190	5 290	6-27	14	4-25	376	
1956	30.08	35.42	7-1	27.11	3-6	844	5 010	7-1	4	3-6	267	
1957	30.04	34.89	7-23	27.25	2-10	1 010	4 380	7-22	16.5	2-10	318	
1958	29.95	35.46	8-26	26.87	2-27	971	4 980	8-26	1.5	2-27	306	
1959	29.69	35.02	8-17	26.87	1-27	831	4 670	8-18	4.3	1-27	264	
1960	29.56	34.97	8-8	26.83	2-26	910	4 250	8-8	2.85	2-26	288	
1961	29.93	34.89	7-4	26.93	2-28	1 050	4 520	7-3	3.3	2-28	333	
1962	30.12	36.3	7-12	26.90	3-6	1 210	4 950	7-11	3.4	3-6	382	
1963	29.85	34.46	7-15	26.64	3-22	1 170	3 960	7-14	1.31	3-22	368	
1964	30.67	36.35	7-3	27.06	2-11	1 480	4 870	7-2	19.1	2-11	469	
1965	30.27	35.08	7-19	26.8	3-12	1 320	4 200	7-18	2.75	3-12	417	
1966	29.59	35.24	9-7	26.67	4-2	962	4 590	9-6	1.54	4-2	303	
1967	29.89	34.93	7-6	26.83	2-14	994	3 910	6-28	2.15	2-14	314	
1968	30.15	36.23	7-22	26.74	3-9	1 110	4 490	7-8	2.56	2-22	352	
1969	29.21	35.55	7-20	26.55	4-22	666	3 920	7-13	0	4-18	210	
1970	29.51	35.04	7-22	26.60	2-25	841	3 610	8-2	0	2-13	265	
1971	28.79	33.31	6-16	26.38	4-13	529	2 870	6-16	0.38	4-13	167	

续表

年份	水位(m)					流量(m³/s)					径流量 (10⁸ m³)	备注
	平均	最高	月日	最低	月日	平均	最大	月日	最小	月日		
1972	28.186	32.56	6-29	26.21	4-26	336	2 580	6-29	0	4-24	106	
1973	29.37	34.96	7-6	26.40	4-8	650	3 590	7-6	0.35	12-28	205	
1974	29.44	35.11	8-14	27.01	4-11	749	4 160	8-14	0	4-8	236	
1975	29.21	33.23	10-6	26.78	12-25	498	2 790	10-6	0.22	4-15	157	
1976	28.60	35.12	7-23	26.43	12-21	381	3 620	7-22	0.3	1-24	121	
1977	28.84	33.99	6-23	26.23	3-10	419	2 810	7-13	0.51	3-10	132	
1978	28.40	33.21	6-28	26.26	4-25	326	2 680	6-27	0	4-15	103	
1979	28.61	34.68	9-17	26.14	4-20	0	3 880	9-17	0	4-16	0	
1980	29.53	36.33	8-30	26.78	1-22							
1981	28.83	35.60	7-20	26.50	12-31							
1982	29.10	35.52	8-1	26.33	5-12							
1983	29.61	36.32	7-18	26.40	4-2							
1984	29.24	34.95	7-12	26.93	12-7	0	3 670	7-12	0	1-1	156	
1985	28.95	33.64	7-8	26.64	2-5	0	2 610	7-8	0	1-1	0	
1986	28.45	33.72	7-8	26.39	3-11	289	2 500	7-8	0	1-1	91	
1987	28.92	35.41	7-25	26.71	4-25	431	3 940	7-25	0	1-1	136	
1988	28.84	35.65	9-11	26.25	5-4	368	3 160	9-7	0	1-1	116	
1989	29.31	35.88	7-15	26.57	12-28	438	4 360	7-14	0	1-1	138	
1990	28.84	34.72	7-5	26.46	2-9	351	2 600	7-5	0	1-1	111	
1991	28.86	35.35	7-15	26.42	4-12	435	3 130	8-16	0	1-1	137	
1992	28.59	34.57	7-21	26.50	3-15	289	2 860	7-21	0	1-1	91.4	
1993	29.23	35.64	9-2	26.66	4-30	507	3 490	9-1	0	1-1	160	
1994	28.50	32.48	6-30	26.78	4-4	185	1 050	7-16	0	1-1	58.2	
1995	29.11	35.38	7-6	26.58	4-12	355	2 030	7-12	0	1-1	112	
1996	29.11	36.71	7-21	26.46	4-18	412	2 670	7-25	0	1-1	130	

续表

年份	水位(m)					流量(m³/s)					径流量 (10⁸ m³)	备注
	平均	最高	月日	最低	月日	平均	最大	月日	最小	月日		
1997	28.51	35.02	7-21	26.75	4-2	229	2 710	7-21	0	1-1	72.2	
1998	30.12	37.57	8-19	26.72	5-6	688	3 680	8-18	0	1-1	217	
1999	29.93	37.48	7-21	27.16	4-14	488	3 800	7-21	0	1-1	154	
2000	29.50	35.32	7-19	27.11	4-13	365	2 800	7-19	0	1-1	115	
2001	28.88	33.45	9-9	26.92	12-31	231	1 370	9-8	0	1-1	72.9	
2002	29.27	36.53	8-24	26.81	2-7	326	2 640	8-21	0	1-1	103	
2003	29.09	35.66	7-14	26.79	12-30	283	2 280	7-14	0	1-1	89.3	
2004	28.85	35.32	9-10	26.53	4-21	266	2 730	9-10	0	1-1	84.1	
2005	29.20	34.50	9-1	26.88	4-29	325	1850	9-1	0	1-1	102	
2006	27.65	31.96	7-12	26.76	4-8	72.4	847	7-11	0	1-1	22.8	
2007	28.69	35.17	8-1	26.42	5-23	284	2 380	8-1	0	1-1	89.5	
2008	28.87	33.78	8-18	26.73	3-8	263	1 460	8-18	0	1-1	83.3	
2009	28.61	33.75	8-10	26.82	2-21	215	1 280	8-7	0	1-1	67.9	
2010	29.14	35.26	7-29	26.89	12-9	317	2 070	7-27	0	1-1	100	
2011	27.77	32.13	6-28	26.62	5-18	107	859	6-28	0	1-1	33.8	
2012	29.15	35.58	7-31	26.67	2-4	350	2 290	7-29	0	1-1	111	
2013	28.31	33.04	7-22	26.55	5-4	191	1 100	7-21	0	1-1	60.1	
2014	28.97	34.57	7-20	26.61	1-24	296	1 640	9-21	0	1-1	93.3	
2015	28.35	33.57	7-4	26.53	2-19	184	1 210	7-3	0	1-1	58.0	
2016	28.71	35.86	7-7	26.35	10-18	277	1 590	7-21	0	1-1	87.6	
2017	28.65	35.22	7-3	26.32	2-21	220	1 330	7-13	0	1-1	69.5	
2018	28.20	34.07	7-19	26.31	12-2	227	1 600	7-15	0	1-1	71.5	
2019	28.17	33.94	7-25	26.09	12-11	212	1 270	8-1	0	1-1	66.9	
2020						486	2 420	7-24	0	1-1	154	

4-46 南咀站水位流量历年特征值表

年份	水位(m)					流量(m³/s)					径流量 (10⁸ m³)	备注
	平均	最高	月日	最低	月日	平均	最大	月日	最小	月日		
1950		33.49	7-12	28.70	12-31							水位缺 1—2月
1951	29.98	33.06	7-18	27.99	2-4							
1952	30.62	34.27	8-28	28.17	1-30							
1953	30.17	32.17	8-10	28.34	1-24							
1954	31.25	36.05	7-31	28.28	3-28		14 400	7-31	490	3-28		流量缺 1—2月
1955	30.31	33.81	6-29	28.24	12-31	2 500	12 300	6-26	312	12-31	788	
1956	30.02	33.05	7-3	28.01	1-21	2 070	8 880	5-13	230	1-21	654	
1957	30.13	33.65	8-10	27.92	1-13	2 170	12 700	8-10	178	1-12	686	
1958	30.16	33.46	8-26	28.16	2-6	2 330	10 400	7-18	172	2-27	735	
1959	30.04	32.74	7-6	28.04	1-28	1 935	6 110	6-5	140	1-27	611	
1960	29.87	33.29	7-12	28.01	2-15	1 690	12 200	7-11	108	1-22	533	
1961	30.19	32.39	7-21	27.80	1-29	2 060	4 780	11-20	130	2-12	649	
1962	30.41	34.48	7-12	28.16	2-13	2 110	8 860	5-30	179	2-28	667	
1963	30.12	33.83	7-13	27.97	2-7	2 150	12 800	7-13	116	3-4	678	1958年1月 基本水尺下 迁1 km与 测流断面重 合;1975年 1月1日基 本水尺又下 迁100 m
1964	30.75	35.16	7-3	28.45	2-7	2 550	11 700	6-26	254	2-7	808	
1965	30.36	32.87	9-14	28.21	2-1	2 060	6 880	6-5	256	2-12	651	
1966	30.02	33.35	7-15	28.13	3-17	1 850	10 600	6-30	122	3-21	583	
1967	30.40	33.86	6-30	27.97	1-30	2 470	9 410	5-8	167	1-30	781	
1968	30.54	35.25	7-22	28.24	2-29	2 320	9 990	7-21	195	2-28	733	
1969	30.22	35.52	7-18	28.18	3-20	2 120	14 400	7-18	180	3-20	669	
1970	30.34	34.49	7-17	28.14	1-5	2 210	10 500	7-15	139	2-2	697	
1971	29.96	32.88	6-8	28.04	12-23	2 030	7 080	6-8	136	12-29	639	
1972	29.75	32.03	6-29	27.81	2-3	1 850	4 970	6-28	77.2	1-23	585	
1973	30.40	34.75	6-28	27.94	12-31	2 360	12 600	6-25	118	12-31	745	
1974	30.06	34.24	7-16	27.81	1-9	2 060	9 070	7-2	89.2	1-21	651	

续表

年份	水位(m)					流量(m³/s)					径流量(10⁸ m³)	备注
	平均	最高	月日	最低	月日	平均	最大	月日	最小	月日		
1975	30.13	33.00	6-12	27.90	2-2	2 280	9 100	6-12	83	2-2	721	
1976	30.02	34.09	7-16	28.00	1-23	1 990	7 060	7-16	139	1-27	630	
1977	30.28	34.42	6-21	27.97	1-28	2 390	10 100	6-16	38.2	1-30	752	
1978	29.67	32.74	6-28	28.02	3-5	1 710	6 560	6-2	88.2	3-3	541	
1979	30.10	35.54	6-28	27.81	12-15	1 820	10 700	6-27	27	3-7	574	
1980	30.51	35.29	8-6	27.83	1-28	2 410	12 300	8-6	69.7	2-27	762	
1981	30.02	33.46	7-21	28.17	12-30	1 880	8 080	6-29	130	3-18	593	
1982	30.51	34.66	6-23	27.96	1-29	2 290	10 100	6-23	85.4	1-29	722	
1983	30.66	35.79	7-9	28.28	12-31	2 420	11 800	7-8	63.8	3-26	765	
1984	30.08	33.45	7-28	28.11	3-21	2 050	7 660	6-16	164	1-4	648	
1985	30.02	32.91	7-9	28.31	12-28	2 010	6 270	6-8	177	1-12	634	
1986	29.77	33.63	7-8	28.17	1-30	1 720	7 220	7-7	122	4-3	543	
1987	30.08	34.05	7-25	27.90	2-18	2 080	8 740	7-5	138	3-14	656	
1988	29.90	35.78	9-10	27.97	12-31	1 890	10 600	9-10	192	1-17	597	
1989	30.39	33.96	7-16	27.98	1-1	2 400	9 180	9-4	157	1-10	757	
1990	30.25	34.28	7-3	28.33	1-30	2 100	7 160	7-3	210	1-30	663	
1991	30.32	35.82	7-14	28.10	12-25	2 130	12 800	7-7	176	12-28	672	
1992	29.78	34.20	7-9	27.69	12-23	1 650	7 650	5-18	104	2-4	521	
1993	30.40	35.02	8-3	27.91	1-1	2 150	11 800	7-25	137	1-29	678	
1994	29.90	33.12	10-13	28.23	2-10	1 450	5 810	10-14	148	2-4	459	
1995	30.33	36.05	7-4	28.13	12-31	2 070	8 990	7-9	159	4-4	653	
1996	30.20	37.62	7-21	27.76	3-9	2 160	14 600	7-21	119	3-2	683	
1997	29.80	34.26	7-25	28.19	1-3	1 420	7 100	7-21	87	2-1	447	
1998	31.07	37.21	7-25	27.74	12-17	2 530	18 000	7-24	143	12-16	798	

续表

年份	水位（m）					流量（m³/s）					径流量（10⁸ m³）	备注
	平均	最高	月日	最低	月日	平均	最大	月日	最小	月日		
1999	30.43	36.83	7-22	27.83	2-25	2 260	16 400	7-1	143	2-28	711	
2000	30.19	33.46	7-5	28.18	1-6	2 020	6 730	7-5	185	1-9	640	
2001	29.84	32.59	6-23	28.21	12-25	1 650	5 060	9-10	211	12-25	520	
2002	30.41	36.38	8-24	28.14	2-14	2 120	8 150	6-30	205	2-14	667	
2003	30.28	36.50	7-11	28.21	12-11	2 180	19 000	7-11	244	12-11	688	
2004	29.91	35.46	7-23	27.97	2-21	1 930	11 000	7-22	211	2-21	610	
2005	30.01	33.40	6-4	28.28	12-10	1 950	6 330	8-24	317	12-10	615	
2006	29.12	31.49	7-20	27.85	2-3	937	4 450	7-12	200	2-3	296	
2007	29.79	35.14	7-27	27.92	12-5	1 800	12 300	7-26	229	12-5	567	
2008	29.86	33.93	11-10	27.91	1-30	1 970	8 940	8-18	203	1-30	623	
2009	29.60	32.36	8-10	27.85	11-28	1 650	5 340	7-3	251	1-2	521	
2010	30.06	34.88	7-13	27.78	3-2	2 040	10 600	7-13	199	3-2	642	
2011	29.10	31.89	6-20	28.05	5-14	1 270	5 440	6-20	280	5-14	400	
2012	30.09	35.17	7-20	28.00	2-22	2 180	9 980	7-20	236	2-15	689	
2013	29.55	33.03	9-27	27.96	12-23	1 620	7 100	9-27	270	3-11	512	
2014	30.02	35.53	7-18	27.96	2-5	2 070	10 700	7-18	112	2-5	654	
2015	29.70	33.66	6-24	28.08	1-9	1 730	5 720	7-3	228	2-19	546	
2016	30.09	35.96	7-8	27.96	10-17	2 110	10 100	6-30	292	3-5	668	
2017	29.92	36.51	7-3	27.99	12-13	2 100	7 430	7-3	340	2-21	661	
2018	29.58	33.00	7-15	28.03	1-2	1940	6 750	7-14	418	1-2	611	
2019	29.74	33.88	7-14	27.87	11-24	1 700	6 140	6-25	231	12-2	536	
2020						2 800	12 600	7-9	276	1-2	886	

4-47　沙湾站水位历年特征值表

年份	水位（m）					备注	年份	水位（m）					备注
	平均	最高	月日	最低	月日			平均	最高	月日	最低	月日	
1952		34.44	8-27	28.72	12-31	缺1—4月	1979		35.98	6-28	28.72	4-15	
1953	30.20	32.11	8-10	28.33	1-25		1980		35.58	8-6	29.44	4-9	
1954	31.30	36.36	8-1	28.54	3-27		1981		32.82	7-3	29.24	10-31	汛期站（缺1—3、11—12月）
1955	30.34	33.86	6-29	28.46	2-4		1982		34.95	6-23	29.47	4-16	
1956	30.06	32.93	7-4	28.15	12-31		1983		36.01	7-9	29.00	4-6	
1957	30.20	34.13	8-10	28.09	1-12		1984		33.77	6-3	28.56	4-1	
1958	30.24	33.68	7-20	28.54	12-28		1985		33.07	6-8	29.17	10-22	
1959	30.04	32.75	7-7	28.29	1-27		1986	29.77	33.71	7-8	28.32	2-15	
1960	29.95	33.81	7-12	28.29	12-31		1987	30.09	33.96	7-5	28.05	2-19	
1961	30.20	32.06	7-21	28.80	1-29		1988	29.91	35.94	9-10	28.16	12-31	
1962	30.51	34.43	7-10	28.51	2-25		1989	30.32	33.54	9-6	28.15	1-11	
1963	30.21	34.39	7-13	28.24	2-7		1990	30.22	34.34	7-3	28.48	1-30	
1964	30.84	35.32	7-3	28.74	12-28		1991	30.39	36.20	7-14	28.24	12-24	
1965	30.41	32.93	9-14	28.37	2-1		1992	29.86	34.32	7-8	28.03	12-2	
1966	30.04	33.64	7-14	28.4	3-17		1993	30.44	35.48	8-2	28.08	1-1	
1967	30.44	33.97	6-30	28.11	1-30		1994	30.05	33.99	10-12	28.39	1-17	
1968	30.59	35.43	7-21	28.54	3-1		1995	30.37	36.66	7-4	28.33	12-10	
1969	30.32	36.04	7-18	28.30	3-20		1996	30.26	37.98	7-21	27.97	3-8	
1970	30.40	34.82	7-16	28.33	1-4		1997	29.94	34.22	7-26	28.39	1-3	
1971	29.95	33.14	6-8	28.14	12-23		1998	31.20	37.63	7-25	27.98	12-20	
1972		31.93	6-29	29.40	4-1		1999	30.49	37.04	7-3	28.01	2-25	
1973		35.02	6-25	29.08	4-1		2000	30.19	33.32	6-10	28.40	1-6	
1974		34.38	7-16	28.40	4-1	汛期站（缺1—3、11—12月）	2001	29.83	32.96	6-23	28.34	12-24	
1975		33.37	6-12	28.46	4-7		2002	30.52	36.50	8-24	28.33	1-7	
1976		34.17	7-17	29.15	4-11		2003	30.27	36.99	7-11	28.32	12-11	
1977		34.60	6-21	29.54	10-28		2004	29.89	36.18	7-22	28.10	2-21	
1978		32.75	6-29	28.22	4-20		2005	29.94	33.86	6-4	28.33	12-10	

续表

年份	水位(m)					备注	年份	水位(m)					备注
	平均	最高	月日	最低	月日			平均	最高	月日	最低	月日	
2006	29.24	31.54	5-14	28.00	2-3	缺1—4月	2014	30.09	36.34	7-18	28.15	1-3	
2007	29.81	35.49	7-27	28.11	12-4		2015	29.78	34.15	6-23	28.21	1-9	
2008	29.83	34.48	11-9	28.5	2-1		2016	30.21	36.10	7-7	28.05	10-17	
2009	29.60	32.44	5-10	28.28	11-28		2017	29.95	37.15	7-3	28.02	12-11	
2010	30.10	35.27	7-13	27.89	3-2		2018	29.52	32.36	7-17	28.06	1-1	
2011	29.10	31.6	6-21	28.20	11-4		2019	29.84	34.29	7-14	27.91	11-24	
2012	30.12	35.48	7-20	28.11	2-21		2020	30.70	36.62	7-10	27.87	1-3	
2013	29.59	33.57	9-27	28.08	12-23								

4-48　小河咀站水位流量历年特征值表

年份	水位(m)					流量(m³/s)					径流量 (10⁸ m³)	备注
	平均	最高	月日	最低	月日	平均	最大	月日	最小	月日		
1951		32.54	7-24	28.50	12-27							水位缺 1—7月
1952	30.46	33.94	8-28	28.32	1-28							
1953	29.99	31.74	8-10	28.32	1-23							
1954	31.08	35.72	8-1	28.51	3-26		15 100	8-1	340	12-31		流量缺 1—4月
1955	30.15	33.29	6-29	28.43	2-4	2 720	11 700	6-26	34.6	2-4	859	
1956	29.87	32.49	7-4	28.1	12-31	2 410	9 320	5-24	210	12-31	762	
1957	29.98	33.44	8-10	28.07	1-10	2 680	13 900	8-10	200	1-10	845	
1958	30.03	33.13	7-20	28.46	2-3	2 870	12 500	8-26	385	12-30	905	
1959	29.86	32.35	7-6	28.25	1-26	2 104	8 620	7-6	360	1-26	665	
1960	29.75	33.11	7-12	28.25	12-30	2 160	13 200	7-12	311	12-30	684	
1961	29.97	31.74	7-21	28.06	1-29	2 370	6 310	7-21	250	1-24	748	
1962	30.30	34.12	7-13	28.49	2-16	3 140	10 700	7-10	503	2-16	989	
1963	29.96	33.61	7-13	28.23	2-6	2 700	16 500	7-13	385	2-1	851	
1964	30.57	34.8	7-3	28.68	12-28	3 810	15 800	7-1	522	12-26	1 205	
1965	30.17	32.49	9-14	28.31	2-3	3 190	10 100	7-8	398	2-3	1 006	
1966	29.84	33.17	7-14	28.37	3-20	2 390	12 000	7-1	320	12-10	754	
1967	30.20	33.51	6-30	28.11	1-31	3 280	12 700	6-26	321	1-30	1 030	
1968	30.38	34.98	7-22	28.49	3-3	3 450	14 100	7-21	655	1-21	1 092	
1969	30.12	35.39	7-18	28.45	3-10	3 150	18 500	7-18	458	12-31	995	
1970	30.22	34.3	7-16	28.42	1-2	3 180	15 000	7-16	452	1-3	1 002	
1971	29.80	32.71	6-8	28.16	12-23	2 240	9 840	6-8	346	12-17	707	
1972	29.61	31.58	6-29	28.03	2-1	1 910	6 570	5-9	244	9-4	603	
1973	30.31	34.58	6-28	28.11	12-31	3 250	15 800	6-25	329	12-31	1 025	
1974	29.93	34.01	7-16	28.02	1-12	2 500	11 700	7-2	273	1-11	789	
1975	29.93	32.89	6-12	28.11	2-3	2 350	10 500	6-12	312	2-3	740	

续表

年份	水位(m)					流量(m³/s)					径流量 (10⁸ m³)	备注
	平均	最高	月日	最低	月日	平均	最大	月日	最小	月日		
1976	29.93	33.90	7-16	28.14	1-23	2 420	9 300	7-17	415	1-23	766	
1977	30.17	34.28	6-21	28.17	1-20	3 080	12 700	6-16	432	1-21	973	
1978	29.56	32.36	6-29	28.22	3-5	1 760	8 490	6-28	458	3-5	554	
1979	30.06	35.58	6-28	28.06	12-12	2 310	14 400	6-28	351	12-27	728	
1980	30.45	35.04	8-6	28.15	1-1	3 320	16 200	8-6	345	1-27	1 050	
1981	29.89	32.67	7-23	28.38	12-31	2 000	7 290	6-30	518	12-31	632	
1982	30.43	34.50	6-23	28.25	1-24	3 070	13 300	6-23	416	1-24	968	
1983	30.56	35.53	7-9	28.37	12-23	3 090	15 600	7-8	436	12-19	976	
1984	29.96	33.26	6-3	28.27	3-25	2 160	11 700	6-2	423	12-7	684	
1985	29.83	32.68	6-8	28.39	12-27	1 750	9 120	6-8	449	10-22	551	
1986	29.68	33.33	7-8	28.34	1-29	1 890	10 200	7-7	465	12-13	596	
1987	29.97	33.50	7-5	28.10	2-15	2 420	11 600	7-5	423	3-14	765	
1988	29.82	35.6	9-10	28.15	12-31	2 060	13 800	9-10	396	12-31	652	
1989	30.21	33.31	7-17	28.15	1-1	2 340	8 420	9-6	425	1-1	739	
1990	30.11	34.03	7-3	28.48	2-2	2 290	11 100	6-15	558	1-10	723	
1991	30.25	35.67	7-14	28.27	12-22	2 690	16 100	7-14	487	12-23	849	
1992	29.74	34.12	7-9	27.81	12-8	2 050	10 800	5-18	301	11-30	649	
1993	30.33	34.92	8-2	28.03	1-1	2 790	14 500	8-2	361	1-1	881	
1994	29.94	33.23	10-13	28.42	1-16	2 290	12 200	10-12	465	11-11	723	
1995	30.25	36.22	7-4	28.31	12-9	2 650	14 900	7-4	455	12-9	835	
1996	30.16	37.57	7-21	27.97	3-11	2 590	18 400	7-21	332	3-5	818	
1997	29.84	33.93	7-26	28.40	1-4	1 980	8 030	7-27	437	9-15	625	
1998	31.07	37.04	7-25	27.89	12-17	3 580	22 200	7-24	339	12-23	1 129	

续表

年份	水位（m）					流量（m³/s）					径流量 (10⁸ m³)	备注
	平均	最高	月日	最低	月日	平均	最大	月日	最小	月日		
1999	30.38	36.60	7-18	27.99	2-24	2 820	22 100	7-1	365	2-21	889	
2000	30.08	32.84	6-28	28.38	1-1	2 330	9 520	6-10	546	1-1	738	
2001	29.74	32.61	6-23	28.31	12-26	1 920	7 680	6-23	417	12-1	605	
2002	30.40	36.25	8-24	28.30	1-6	2 920	12 800	5-16	471	1-6	921	
2003	30.16	36.21	7-11	28.28	12-11	2 570	23 100	7-11	427	11-18	812	
2004	29.80	35.51	7-23	28.08	2-20	2 170	18 600	7-22	400	2-21	686	
2005	29.86	33.45	6-4	28.31	12-10	1 880	9 740	6-3	265	12-9	594	
2006	29.16	31.36	7-20	27.98	2-6	1 420	5 140	5-12	224	2-3	446	
2007	29.71	34.84	7-27	28.01	12-4	2 030	15 800	7-27	340	11-23	641	
2008	29.74	33.94	11-9	28.02	1-31	1 950	13 300	11-8	435	1-31	617	
2009	29.51	31.96	5-10	27.91	11-24	1 820	7 230	5-10	412	11-30	573	
2010	29.99	34.68	7-13	27.90	3-1	2 340	14 700	7-13	426	3-1	736	
2011	29.02	31.38	6-21	28.16	11-4	1 270	5 440	6-10	487	11-4	399	
2012	30.00	34.97	7-20	28.08	2-21	2 440	15 000	7-20	530	2-21	772	
2013	29.48	32.99	9-27	28.05	12-23	1 970	11 400	9-27	484	12-23	621	
2014	29.96	35.62	7-18	28.12	1-3	2 640	20 000	7-18	514	1-3	833	
2015	29.67	33.73	6-23	28.16	1-8	2 270	10 400	6-23	563	12-31	714	
2016	30.06	35.78	7-7	28.00	10-17	2 770	11 100	6-30	473	10-17	876	
2017	29.80	36.64	7-3	27.99	12-11	2 380	15 100	7-3	467	12-11	752	
2018	29.37	32.16	7-17	27.99	1-1	1 760	4 120	7-10	515	1-1	556	
2019	29.70	33.97	7-14	27.94	12-29	2 440	9 720	6-19	479	12-29	770	
2020	30.60	36.15	7-10	27.86	1-2	3 570	16 200	7-10	431	1-2	1 128	

4-49　牛鼻滩站水位历年特征值表

年份	水位（m）				备注	年份	水位（m）				备注
	平均	最高	月日	最低	月日			平均	最高	月日	最低	月日	
1954		37.30	7-31	30.46	12-28	缺1—6月	1981	31.09	34.89	5-30	29.39	12-31	
1955	31.73	36.91	5-30	30.08	12-20		1982	31.84	36.94	6-23	29.12	1-24	
1956	31.30	36.26	5-31	29.74	12-17		1983	31.81	37.46	7-9	29.37	12-19	
1957	31.49	36.33	8-9	29.78	1-7		1984	31.14	37.51	6-2	29.31	3-8	
1958	31.61	36.14	7-18	29.90	12-20		1985	30.92	35.73	6-8	29.48	12-21	
1959	31.33	35.61	6-4	29.85	1-22		1986	30.91	36.25	7-6	29.33	12-13	
1960	31.14	36.95	7-11	29.73	12-26		1987	31.25	36.52	7-5	29.11	3-12	
1961	31.35	35.32	4-20	29.61	1-28		1988	31.02	37.90	9-4	29.16	12-31	
1962	31.70	36.56	5-30	29.95	2-24		1989	31.38	35.10	4-13	29.18	1-1	
1963	31.32	36.63	7-13	29.73	2-5		1990	31.38	37.51	6-15	29.60	1-9	
1964	31.99	36.55	6-26	29.99	12-24		1991	31.65	38.63	7-13	29.36	12-22	
1965	31.62	36.42	6-4	29.87	1-30		1992	30.95	37.06	5-18	28.71	12-6	
1966	31.23	36.38	7-14	29.79	12-10		1993	31.64	38.62	8-1	29.10	2-1	
1967	31.77	36.51	5-5	29.76	1-31		1994	31.41	37.50	10-12	29.39	11-11	
1968	31.86	36.23	7-21	30.14	1-21		1995	31.59	39.59	7-2	29.31	12-8	
1969	31.69	38.10	7-18	29.91	12-28		1996	31.42	40.57	7-19	28.95	3-4	
1970	31.68	37.46	7-15	29.88	1-3		1997	31.25	35.24	7-27	29.46	9-15	
1971	31.27	36.12	6-7	29.42	12-22		1998	32.36	40.02	7-24	28.72	12-17	
1972	31.15	34.98	5-9	29.25	8-30		1999	31.52	40.06	7-1	28.88	2-22	
1973	31.86	37.31	6-24	29.26	12-31		2000	31.35	36.13	6-9	29.40	1-1	
1974	31.17	37.46	7-2	29.17	1-12		2001	31.02	35.44	6-22	29.29	12-1	
1975	31.16	36.31	6-12	29.23	1-31		2002	31.76	37.74	5-15	29.33	1-3	
1976	31.40	35.41	5-2	29.27	1-22		2003	31.46	39.50	7-11	29.26	12-10	
1977	31.77	37.76	6-16	29.44	1-20		2004	31.08	39.42	7-22	29.07	2-21	
1978	30.85	34.71	6-2	29.41	3-5		2005	31.02	36.5	6-3	28.98	12-9	
1979	31.18	38.55	6-28	29.06	12-11		2006	30.49	33.88	5-11	28.92	2-2	
1980	31.80	37.97	8-12	29.14	1-11		2007	31.04	38.38	7-26	28.79	11-27	

续表

年份	水位(m)					备注	年份	水位(m)					备注
	平均	最高	月日	最低	月日			平均	最高	月日	最低	月日	
2008	31.04	37.69	11-8	28.82	1-31		2015	31.22	36.42	6-23	29.05	12-31	
2009	30.82	35.10	5-10	28.83	11-23		2016	31.56	37.54	7-7	29.00	3-4	
2010	31.30	37.99	7-13	28.70	3-1		2017	31.29	39.70	7-3	28.87	12-8	
2011	30.28	34.54	6-9	28.90	11-4		2018	30.76	33.12	6-8	29.04	1-1	
2012	31.35	38.26	7-19	29.01	2-21		2019	31.18	36.38	7-13	28.99	9-18	
2013	20.97	36.75	9-26	29.06	12-22		2020	32.17	38.75	7-10	28.84	1-2	
2014	31.47	39.89	7-18	29.03	10-22								

4-50　周文庙站水位历年特征值表

年份	水位(m)					备注	年份	水位(m)					备注
	平均	最高	月日	最低	月日			平均	最高	月日	最低	月日	
1952		35.12					1968	30.95	35.59	7-21	28.77	1-21	
1953		32.72					1969	30.69	36.85	7-18	28.59	12-30	
1954		36.30					1970	30.72	35.95	7-15	28.55	1-3	
1955		35.94					1971	30.27	34.33	6-7	28.21	12-23	
1956		34.97					1972	30.14	33.23	5-9	28.09	1-30	
1957		35.26					1973	30.89	35.71	6-25	28.18	12-31	
1958		34.84				1952—1966年水位由接港口站相关而来	1974	30.32	35.47	7-2	28.05	1-12	因河道淤浅,接港口于1967年7月7日迁往下游周文庙
1959		34.26					1975	30.32	34.60	6-12	28.18	2-2	
1960		35.50					1976	30.46	34.26	7-17	28.23	1-23	
1961		34.00					1977	30.78	35.55	6-16	28.39	1-19	
1962		35.23					1978	30.03	33.27	6-2	28.49	3-4	
1963		35.43					1979	30.38	36.75	6-28	28.14	12-12	
1964		35.52					1980	30.97	36.17	8-6	28.27	1-12	
1965		34.88					1981	30.37	33.23	5-30	28.62	12-30	
1966		34.97					1982	31.02	35.53	6-23	28.35	1-23	
1967	缺1—3月	34.85	5-6	29.10	12-27		1983	31.08	36.33	7-9	28.62	12-19	

续表

年份	水位（m）					备注	年份	水位（m）					备注
	平均	最高	月日	最低	月日			平均	最高	月日	最低	月日	
1984	30.41	35.44	6-3	28.55	3-8		2003	30.75	37.87	7-11	28.65	12-11	
1985	30.26	34.15	6-8	28.76	12-27		2004	30.38	37.56	7-22	28.43	2-21	
1986	30.18	34.46	7-6	28.65	12-14		2005	30.37	34.98	6-3	28.48	12-9	
1987	30.51	34.93	7-5	28.37	3-12		2006	29.79	32.63	5-12	28.31	2-5	
1988	30.31	36.33	9-10	28.42	12-31		2007	30.32	36.58	7-27	28.21	12-4	
1989	30.68	33.94	9-6	28.43	1-1		2008	30.34	35.85	11-8	28.23	1-31	
1990	30.66	35.49	6-15	28.89	1-10		2009	30.12	33.71	5-10	28.21	11-30	
1991	30.88	37.06	7-14	28.65	12-23		2010	30.61	36.36	7-13	28.14	3-1	
1992	30.22	35.30	5-18	28.97	12-6		2011	29.60	33.09	6-9	28.30	11-4	
1993	30.90	36.70	8-2	28.34	1-1		2012	30.63	36.52	7-20	28.41	2-21	
1994	30.61	35.60	10-12	28.78	11-12		2013	30.23	35.01	9-26	28.45	12-23	
1995	30.85	37.72	7-4	28.67	12-9		2014	30.69	37.81	7-18	28.41	12-31	
1996	30.70	38.79	7-20	28.25	3-5		2015	30.44	35.06	6-23	28.59	12-31	
1997	30.50	34.38	7-27	28.91	9-15		2016	30.79	36.46	7-7	28.41	3-4	
1998	31.64	38.33	7-24	28.05	12-18		2017	30.53	37.99	7-3	28.25	12-8	
1999	30.84	38.09	7-1	28.23	2-23		2018	30.06	32.37	7-17	28.42	1-1	
2000	30.66	34.58	6-10	28.78	1-1		2019	30.41	35.03	7-14	28.40	11-22	
2001	30.31	34.01	6-22	28.63	12-28		2020	31.37	37.34	7-10	28.23	1-2	
2002	31.01	36.77	8-24	28.71	1-3								

4-51 甘溪港站水位流量历年特征值表

年份	水位(m)					流量(m³/s)					径流量 (10⁸ m³)	备注
	平均	最高	月日	最低	月日	平均	最大	月日	最小	月日		
1951		35.07	4-29	27.87	12-21							水位缺 1—3 月
1952	30.54	35.41	8-26	28.16	1-27							
1953	30.33	35.61	5-27	28.10	1-10							
1954	31.34	36.88	6-29	28.35	12-31							
1955	29.95	36.69	8-27	27.91	2-2	78	1 380	8-27	−205	6-27	2.50	
1956	29.58	34.48	5-23	27.61	12-25	−18.6	964	5-29	−256	8-24	−5.90	
1957	29.55	33.4	4-28	27.58	1-8	−44.3	718	4-28	−260	7-7	−14.0	
1958	29.59	34.84	7-18	27.73	12-21	−38.3	985	5-10	−237	7-10	−12.1	
1959	29.47	34.73	6-4	27.60	1-24	−21.5	985	6-4	−258	8-18	−6.80	
1960	29.28	32.57	3-18	27.62	12-26	−63.4	548	3-18	−319	7-12	−20.0	
1961	29.75	34.75	6-15	27.35	2-3							
2002	30.26	37.35	8-21	27.78	1-29	−22.1	1 530	8-21	−371	6-22	−6.97	
2003	29.81	34.60	7-12	27.55	12-4	−120	851	5-19	−682	7-11	−37.9	
2004	29.37	35.12	7-20	27.39	2-18	−139	1 340	7-20	−451	6-27		
2005	29.67	34.34	6-3	27.76	12-27	−67.7	952	6-2	−253	5-6	−21.3	
2006	29.12	32.17	7-18	27.56	10-7	−15.9	730	4-13	−222	5-16	−5.02	
2007	29.31	33.34	7-28	27.48	12-5	−159	876	8-23	−651	7-27	−50.0	
2008	29.34	34.47	11-8	27.66	2-1	−155	1 050	11-7	−444	8-20	−49.1	
2009	29.16	32.04	7-28	27.32	11-24	−114	472	7-28	−381	4-26	−36.0	
2010	29.76	34.50	6-20	27.48	3-1	−76.6	1 130	5-22	−506	7-13	−24.2	
2011	28.58	32.45	6-11	27.61	9-14	−131	659	6-11	−311	6-28	−41.4	
2012	29.69	34.28	7-21	27.50	1-4	−116	826	5-13	−435	7-21	−36.8	
2013	29.06	32.30	9-25	27.45	10-27	−130	800	9-25	−444	9-27	−41.0	
2014	29.61	35.98	7-17	27.46	1-1	−120	1 400	7-17	−507		−37.7	
2015	29.24	34.6	6-22	27.45	1-9	−126	1 040	6-22	−404	6-10	−39.7	
2016	29.73	37.06	7-5	27.42	12-16	87.1	457	6-29	−1 580	7-5	27.5	
2017	29.40	37.65	7-2	27.39	12-19	111	356	6-15	−1 890	7-1	34.9	
2018	28.88	31.91	7-19	27.43	1-1	172	339	7-9	−96.6	5-18	54.2	
2019	29.44	34.91	7-13	27.38	11-26	53.7	332	7-2	−929	7-13	16.9	
2020	30.11	36.39	7-27	27.21	1-3	160	547	9-18	−1 060	7-27	50.7	

注：缺 1962—2001 年数据。

4-52　沙头(二)站水位流量历年特征值表

年份	水位(m)					流量(m³/s)					径流量(10⁸ m³)	备注
	平均	最高	月日	最低	月日	平均	最大	月日	最小	月日		
1956	29.24	34.29	5-23	26.97	12-20	640	5 260	5-23	94.5	12-21	202	
1957	29.32	33.22	4-28	26.95	1-5	645	3 680	4-28	94	1-5	203	
1958	29.38	34.53	7-18	27.33	12-23	726	5 870	5-10	120	12-23	229	
1959	29.24	34.44	6-4	27.24	1-26	706	5 810	6-4	141	1-26	222	
1960	29.11	32.45	3-18	27.37	12-26	587	3 040	3-18	200	12-26	187	
1961	29.57	34.41	6-15	27.00	2-3	871	5 150	6-15	141	2-28	275	
1962	29.93	34.73	6-30	27.34	1-10	902	5 280	6-30	108	1-10	284	
1963	29.06	32.77	5-9	27.26	1-29	543	3 370	5-9	177	1-28	171	
1964	30.06	34.34	4-13	27.57	2-12	808	4 990	4-12	156	9-17	256	
1965	29.56	33.73	5-17	27.02	1-6	717	4 500	6-17	109	1-6	226	
1966	29.24	34.59	7-14	27.68	1-22	692	5 150	7-14	255	10-4	218	
1967	29.65	34.56	5-19	27.29	1-4	817	5 990	5-19	188	1-4	258	
1968	30.01	34.48	7-22	27.73	1-16	815	4 060	4-20	281	2-23	258	
1969	29.74	35.47	8-12	27.85	3-4	898	6 830	8-11	338	3-4	283	
1970	30.09	35.62	7-13	27.93	2-9	1 020	7 840	7-13	418	2-9	321	
1971	29.20	34.88	6-1	26.65	12-7	731	6 410	5-31	113	12-7	231	
1972	28.90	31.36	5-11	26.51	1-16	619	1 960	5-8	95.5	1-16	196	
1973	30.21	34.90	6-26	27.05	12-31	1 020	4 410	6-26	168	12-31	321	
1974	29.37	34.57	7-13	26.84	1-3	643	5 140	7-13	142	12-26	203	
1975	29.49	34.41	5-12	26.48	1-15	827	4 840	5-12	90.5	1-15	261	
1976	29.52	34.26	7-14	27.46	1-23	781	3 740	7-14	259	1-23	247	

续表

年份	水位(m)					流量(m³/s)					径流量(10⁸ m³)	备注
	平均	最高	月日	最低	月日	平均	最大	月日	最小	月日		
1977	29.71	35.82	6-20	27.27	1-17	907	7 110	6-20	216	1-15	286	
1978	29.07	31.78	6-10	27.34	3-2	601	2 260	6-10	208	3-1	189	
1979	29.89	35.83	6-28	26.96	12-23	706	6 170	6-28	181	12-23	223	
1980	30.08	34.20	8-15	27.13	1-2	761	3 120	8-11	202	1-2	241	
1981	29.68	32.64	7-23	27.78	1-3	775	3 040	6-28	245	10-17	244	
1982	30.17	34.31	6-20	28.09	1-3	916	4 440	9-17	343	7-31	289	下游横岭湖围垦区与1979年6月27日15时溃口
1983	30.19	35.00	7-10	27.33	12-27	768	3 500	5-16	178	12-15	242	
1984	29.52	34.21	6-15	27.33	1-8	737	5 240	6-15	211	1-8	233	
1985	29.27	32.55	6-7	27.54	12-28	664	3 090	6-7	248	12-28	209	
1986	29.12	33.50	7-8	27.54	12-13	682	3 700	7-7	253	12-13	215	
1987	29.44	33.51	10-12	26.74	2-13	729	4 440	10-12	165	2-13	230	
1988	29.53	36.57	9-10	27.64	12-6	896	7 120	9-10	291	12-6	283	
1989	29.76	35.12	7-4	27.68	2-9	838	6 210	7-4	287	2-11	264	
1990	29.71	35.85	6-16	27.92	1-31	915	7 950	6-16	339	1-29	289	
1991	29.84	34.67	7-14	27.41	12-21	858	3 710	3-31	215	12-21	271	
1992						803	5 160	6-23	116	12-19	254	
1993	29.94	35.33	7-8	27.29	1-1	869	5 640	7-8	217	1-29	274	
1994	29.92	34.42	8-9	27.77	1-6	1 140	5 590	7-20	288	1-6	359	
1995	29.84	37.32	7-3	27.52	12-29	890	8 680	7-2	234	12-29	281	
1996	29.69	38.15	7-21	27.26	3-13	872	9 310	7-17	198	3-13	276	
1997	29.62	33.84	7-26	27.78	1-1	893	4 750	6-8	76	9-5	282	
1998	30.92	37.08	7-31	27.15	12-22							
1999	30.03	36.90	7-18	27.43	1-24	911	6 790	7-17	−1 240	7-23	287	

续表

年份	水位(m)					流量(m³/s)					径流量 (10⁸ m³)	备注
	平均	最高	月日	最低	月日	平均	最大	月日	最小	月日		
2000	29.74	32.72	6-24	27.74	1-2	871	3 110	6-9	335	1-2	275	
2001	29.33	33.01	6-13	27.66	12-3	812	3 910	6-13	232	9-11	256	
2002	30.18	37.24	8-21	27.60	1-29	1 160	8 820	8-21	270	1-29	367	
2003	29.70	34.55	7-12	27.25	12-4	909	4 510	5-19	235	12-4	287	
2004	29.26	35.03	7-20	27.11	2-18	817	6 420	7-20	228	2-18	258	
2005	29.60	34.32	6-3	27.57	12-27	914	4 960	6-3	318	12-27	288	
2006	29.05	32.32	7-18	27.38	10-7	854	3 020	4-13	292	10-7	269	
2007	29.20	33.30	7-29	27.27	12-5	730	3 700	8-23	249	12-5	230	
2008	29.25	34.38	11-8	27.53	2-1	758	6 090	11-8	322	6-17	240	
2009	29.04	32.02	7-28	27.08	11-24	797	2 620	7-28	298	11-24	251	
2010	29.67	34.54	6-24	27.21	1-30	893	5 590	6-20	253	1-30	282	
2011	28.45	32.45	6-11	27.41	9-14	608	3 490	6-11	285	9-14	192	
2012	29.64	34.22	7-21	27.27	1-4	879	4 630	5-13	282	1-4	278	
2013	29.02	32.43	9-25	27.30	10-27	737	3 690	9-25	228	8-20	233	
2014	29.56	35.91	7-17	29.32	1-1	969	7 460	7-17	293	1-1	306	
2015	29.15	34.61	6-22	27.24	1-9	882	5 110	6-22	230	2-9	278	
2016	29.66	36.99	7-5	27.24	12-16	969	9 130	7-5	264	12-16	307	
2017	29.33	37.68	7-2	27.22	12-19	932	10 200	7-1	228	12-19	294	
2018	28.80	31.90	7-19	27.30	1-1	633	1 410	5-18	271	1-1	200	
2019	29.38	34.97	7-13	27.25	11-26	957	5 320	7-13	245	11-26	302	
2020	30.02	36.31	7-27	27.04	1-3	938	6 680	7-27	229	1-3	297	

4-53　杨堤站水位流量历年特征值表

年份	水位(m)					流量(m³/s)					径流量 (10⁸ m³)	备注
	平均	最高	月日	最低	月日	平均	最大	月日	最小	月日		
1953	29.59	33.94	5-27	27.27	1-3		1 360	8-23	175	6-6		流量缺 1—5 月
1954	30.69	35.54	6-29	27.38	12-31	394	1 630	5-26	−110	6-12	124	
1955	29.08	34.31	8-27	26.46	1-24	369	1 980	8-27	−114	7-27	116	
1956												
1957												
1958												
1959												
1960	28.24	31.16	5-16	26.31	12-26	400	1 080	3-18	166	8-17	127	
1961	28.72	33.06	6-15	25.89	2-3	442	1 240	6-15	0	8-31	139	
1962	29.10	33.82	7-4	26.44	1-10	438	1 320	10-14	−197	6-21	138	
1963	28.20	31.36	5-9	26.15	1-29	421	1 170	5-9	186	1-29	133	
1964	29.31	34.01	7-4	26.55	2-13	437	1 280	4-11	164	10-2	138	
1965	28.74	32.44	5-17	26.02	1-6	436	1 570	6-4	177	1-6	137	
1966	28.40	33.28	7-14	26.74	3-21	449	1 440	7-14	280	3-21	142	
1967	28.85	32.90	5-19	26.31	1-4	456	1 590	5-19	194	7-5	144	
1968	29.28	34.22	7-22	26.75	1-17	419	1 260	4-19	−690	6-28	133	
1969	28.87	34.46	7-18	26.87	3-4	484	1 710	8-11	257	7-26	153	
1970	29.26	34.16	7-16	26.92	2-9	472	1 700	7-13	44.9	6-7	149	
1971	28.26	33.38	6-1	25.56	12-8	455	1 540	5-31	120	12-8	143	
1972	27.99	30.98	5-11	25.37	1-16	427	850	5-8	93.8	1-16	135	
1973	29.45	34.14	6-26	26.07	12-31	472	1 280	6-20	−102	7-8	149	
1974	28.59	33.43	7-15	25.79	1-3	382	1 370	7-13	148	7-24	121	
1975	28.72	33.40	5-15	25.45	1-15	402	1 300	5-11	−334	5-22	127	

续表

年份	水位(m)					流量(m³/s)					径流量(10⁸ m³)	备注
	平均	最高	月日	最低	月日	平均	最大	月日	最小	月日		
1976	28.69	33.71	7-14	26.48	1-26	419	1 140	6-8	−516	7-12	132	
1977	28.86	34.46	6-20	26.29	1-17	454	1 550	6-20	0	6-25	143	
1978	28.11	31.27	5-21	26.28	3-2	425	852	5-9	−670	5-21	134	
1979	28.94	34.05	6-28	25.92	12-26	616	2 200	6-28	199	12-26	194	
1980	29.25	33.8	9-1	26.06	1-2	493	1 110	6-13	−341	4-28	156	
1981	28.78	32.12	4-13	26.66	1-3	452	1 190	6-29	−675	4-18	143	
1982	29.29	33.80	6-19	26.92	1-3	519	1 350	9-17	−797	6-18	164	
1983	29.43	34.67	7-10	26.24	12-27	460	1 160	5-16	−417	6-23	145	
1984	28.61	33.10	6-4	26.23	1-8	469	1 510	6-15	−157	6-5	148	
1985	28.34	31.21	6-7	26.44	12-28	477	1 160	6-7	266	9-28	151	
1986	28.09	32.46	7-10	26.42	12-11	477	1 150	7-7	222	6-24	150	
1987	28.50	32.40	7-29	25.55	2-13	485	1 350	10-12	182	2-13	153	
1988	28.51	35.17	9-10	26.42	12-6	507	1 820	9-10	227	4-15	160	
1989	28.84	33.83	7-4	26.51	12-15	488	1 550	4-13	−300	5-19	154	
1990	28.74	34.06	6-16	26.68	1-31	514	1 980	6-16	312	1-31	162	
1991	28.90	34.30	7-15	26.23	12-21	525	1 230	3-31	263	12-21	166	
1992	28.37	34.12	7-8	25.14	12-19	432	1 530	6-23	−425	7-9	137	
1993	29.07	34.19	7-8	26.04	1-1	481	1 490	7-8	240	1-1	152	
1994	28.92	33.74	6-19	26.64	1-6	559	1 650	7-20	−834	6-20	176	
1995	28.95	35.94	7-3	26.33	12-30	493	2 060	7-3	54	6-20	156	
1996	28.75	37.03	7-21	26.02	3-13	452	2 200	7-17	−288	8-5	143	
1997	28.67	33.31	7-26	26.51	1-1	499	1 440	6-8	−556	9-5	157	
1998	30.12	36.4	7-31	25.91	12-22	504	2 340	6-14	52.5	5-26	159	

续表

年份	水位(m)					流量(m³/s)					径流量 (10⁸ m³)	备注
	平均	最高	月日	最低	月日	平均	最大	月日	最小	月日		
1999	29.15	36.14	7-18	26.22	1-24	439	1 550	7-17	−380	5-29	139	
2000	28.89	32.19	7-9	26.58	1-2	481	1 120	6-9	−22.3	10-25	152	
2001	28.42	32.02	6-22	26.47	12-26	475	1 200	6-13	−178	6-17	150	
2002	29.29	36.10	8-21	26.41	1-30	493	1 840	8-21	−700	8-11	156	
2003	28.80	34.11	7-13	26.04	12-5	493	988	5-5	242	12-5	155	
2004	28.30	33.93	7-23	25.89	2-19	458	1 970	7-20	225	2-18	145	
2005	28.70	33.26	6-3	26.36	12-28	483	1 440	6-6	208	6-23	152	
2006	27.97	32.17	7-19	26.21	10-6	467	1 100	4-13	−792	7-19	147	
2007	28.23	32.89	7-29	26.06	12-5	460	1 000	8-23	−601	8-25	145	
2008	28.28	32.50	11-8	26.32	2-1	484	1 820	11-8	−527	6-17	153	
2009	28.08	31.28	7-7	25.95	11-24	484	926	7-28	239	11-24	153	
2010	28.81	33.95	6-25	26.09	1-30	489	1 680	5-22	−430	6-22	154	
2011	27.43	30.78	6-11	26.37	9-14	492	1 490	6-11	299	5-16	155	
2012	28.79	33.71	7-21	26.21	1-4	531	1 600	5-13	244	3-8	168	
2013	28.07	30.84	5-19	26.22	10-27	515	1 560	9-25	125	8-20	162	
2014	28.64	34.26	7-17	26.21	1-1	581	2 240	7-14	316	1-1	183	
2015	28.21	33.13	6-22	26.15	1-10	547	1 660	6-22	216	11-18	173	
2016	28.78	35.66	7-5	26.18	12-16	558	2 340	7-5	−32.9	6-16	176	
2017	28.39	36.66	7-3	26.18	12-18	582	2 260	7-1	319	12-18	184	
2018	27.82	31.50	7-19	26.19	1-1	514	826	9-27	321	1-1	162	
2019	28.43	34.06	7-13	26.17	12-30	586	1 470	5-14	214	7-17	185	
2020	29.16	35.38	7-27	25.96	1-3	615	1 620	7-27	337	1-3	195	

4-54　湘阴站水位流量历年特征值表

年份	水位(m)					流量(m³/s)					径流量 (10⁸ m³)	备注
	平均	最高	月日	最低	月日	平均	最大	月日	最小	月日		
1925	26.56	30.48	5-9	23.01	12-20							
1926	27.44	33.68	7-7	23.04	1-1		10 500	7-3	630	4-7		流量缺 3—6月
1927	27.05	31.70	7-24	23.28	12-31							
1928	25.53	29.69	8-15	22.71	12-8							
1929		31.03	8-14	22.71	1-5		5 940	7-24	202	3-24		水位、流量 缺12月
1930	27.30	31.33	6-29	23.41	1-17		4 610	6-22	430	1-2		流量缺 3—5月
1931		34.04	8-15	23.59	12-4		9 940	4-23	380	11-14		水位、流量 缺12月
1932	27.27	31.76	6-27	23.07	1-29							
1933	27.08	33.29	6-23	23.56	12-31		7 340	6-11	60	10-16		流量缺 1—3月
1934	26.83	31.51	6-24	23.04	2-20	1 290	9 160	6-23	250	12-28	405	
1935	28.75	34.09	7-10	23.68	1-1	2 900	9 120	4-20	270	1-1	914	
1936	27.08	31.54	8-11	23.50	12-11							
1937	28.26	33.75	8-19	23.64	1-14							
1938		32.63	7-29	23.94	1-18							水位缺 11—12月
1939												
1940												
1941												
1942												
1943												
1944												
1945												
1946		32.12	7-13	24.20	12-10							水位缺 1—5月

续表

年份	水位(m)					流量(m³/s)					径流量(10⁸ m³)	备注
	平均	最高	月日	最低	月日	平均	最大	月日	最小	月日		
1947	27.43	32.22	8-12	23.68	12-15							
1948	28.53	33.53	7-25	23.41	1-12							
1949	29.20	33.68	7-21	24.20	2-5							
1950		32.50	7-18	24.22	12-31							水位缺1—4月
1951	27.42	31.70	7-26	23.72	2-12							
1952	28.66	33.57	9-3	24.08	12-30							
1953	28.03	31.58	5-28	23.79	1-17							
1954	29.48	35.41	8-3	24.00	12-31		8 840	7-1	200	12-5		流量缺1—3月
1955	27.26	32.51	7-2	23.38	1-25	1 270	7 020	6-19	170	7-8	401	
1956		31.85	5-31	23.04	12-20							
1957	26.99	32.06	8-13	22.98	1-11							
1958	26.88	31.97	5-11	23.04	12-24							
1959	26.51	31.5	6-24	23.08	1-28							1924年10月由伪海关设立水尺在洞庭庙,流量段在扁担关;1954年4月基本水尺上迁1 200 m至对岸与之重合;1956年撤销,恢复城关水尺
1960	26.67	30.94	8-16	23.32	2-26							
1961	27.51	31.9	6-16	23.21	2-3							
1962	27.69	33.7	7-13	23.39	2-18							
1963	26.59	30.86	7-17	23.24	2-7							
1964	28.25	34.17	7-4	23.26	12-31							
1965	27.30	31.56	7-22	23.91	2-5							
1966	26.71	32.26	7-14	23.18	12-7							
1967	27.38	32.68	7-4	23.14	1-13							
1968	27.83	34.39	7-22	23.39	1-23							
1969	27.18	34.41	7-19	23.51	12-30							

续表

年份	水位(m)					流量(m³/s)					径流量 (10⁸ m³)	备注
	平均	最高	月日	最低	月日	平均	最大	月日	最小	月日		
1970	27.94	33.64	7-17	23.43	1-3							
1971	26.35	31.95	5-31	22.77	12-24							
1972	26.12	30.76	5-11	22.71	1-29							
1973	28.27	33.94	6-28	23.29	12-31							
1974	26.91	33.34	7-16	22.86	12-26							
1975	27.62	32.75	5-20	23.29	1-18	缺1— 3月	8 380	5-14	312	10-6		
1976	27.17	33.65	7-15	23.33	1-23	1 740	9 730	7-13	434	1-23	550	
1977	27.36	33.74	6-21	23.27	12-20	1 460	5 770	6-20	369	12-13	459	
1978	26.28	31.43	5-21	23.16	12-31	1 270	8 770	5-21	351	10-23	400	
1979	26.81	32.68	6-30	22.73	12-30							
1980	28.00	33.97	9-1	22.76	1-1							
1981	27.59	32.23	7-28	23.33	1-3							
1982	28.32	33.78	6-19	23.55	2-2							
1983	28.59	34.81	7-10	23.24	12-16							
1984	27.22	33.08	6-4	23.32	1-16							
1985	27.08	30.91	7-12	23.44	12-31							
1986	26.39	32.56	7-10	23.11	12-13							
1987	27.09	32.52	7-29	22.65	2-17							
1988	27.03	34.70	9-11	22.84	12-30							
1989	27.71	33.06	7-5	22.80	1-2							
1990	27.53	33.46	7-5	23.18	1-4							
1991	27.65	34.40	7-15	23.23	12-23							
1992	27.02	34.23	7-9	22.43	12-3							
1993	27.89	33.62	7-8	23.04	2-14							
1994	27.62	33.80	6-19	23.68	1-12							
1995	27.76	35.37	7-3	23.22	12-31							

续表

年份	水位(m)					流量(m³/s)					径流量 (10⁸ m³)	备注
	平均	最高	月日	最低	月日	平均	最大	月日	最小	月日		
1996	27.31	36.66	7-22	22.90	12-30							
1997	27.26	33.25	7-26	22.88	1-7							
1998	29.03	36.35	7-31	22.38	12-28							
1999	27.40	36.25	7-22	22.23	2-21							
2000	27.57	32.28	7-9	23.04	1-1							
2001	26.96	31.83	6-16	23.40	12-4							
2002	27.98	35.97	8-23	22.88	1-25							
2003	27.37	34.20	7-13	22.47	12-8							
2004	26.59	33.63	7-24	22.29	2-2							
2005	27.33	32.62	6-4	22.59	12-29							
2006	25.95	32.6	7-19	22.71	11-19							
2007	26.36	32.93	8-6	22.39	12-5							
2008	26.71	31.99	11-10	22.56	1-9							
2009	26.02	31.28	8-10	22.28	11-27							
2010	27.09	33.94	6-25	21.92	12-11							
2011	24.70	29.99	6-30	21.61	12-31							
2012	26.94	33.74	7-26	21.51	1-4							
2013	25.69	30.44	5-19	21.35	12-31							
2014	26.37	33.58	7-20	21.19	2-5							
2015	26.05	32.40	6-22	21.13	1-9							
2016	26.62	35.06	7-8	21.32	12-19							
2017	26.11	36.25	7-3	20.62	12-29							
2018	25.22	31.56	7-19	20.83	1-1							
2019	26.06	33.75	7-16	20.54	12-20							
2020	27.25	35.20	7-11	20.83	1-3							

4-55　草尾站水位流量历年特征值表

年份	水位(m)					流量(m³/s)					径流量 (10⁸ m³)	备注
	平均	最高	月日	最低	月日	平均	最大	月日	最小	月日		
1946												
1947		34.07	9-12	29.40	12-30							水位值缺 1—6 月
1948	31.79	35.15	7-25	29.24	1-23							
1949												
1950												
1951		32.46	7-25	29.26	12-29							水位值缺 1—3 月
1952		30.08	3-10	28.13	1-30							水位值 不全
1953												
1954												
1955												
1956												
1957												
1958												
1959												
1960												
1961												
1962												
1963												
1964												
1965												
1966												
1967	30.13	33.46	6-30	27.81	1-30	1 010	2 800	6-30	168	1-30	319	
1968	30.29	34.93	7-22	28.08	2-29	1 060	3 000	7-22	253	2-29	334	
1969	29.99	35.16	7-18	28.08	3-20	947	3 540	7-17	192	3-20	299	
1970	30.10	34.14	7-17	28.00	1-5	1 030	3 110	7-16	200	1-5	324	

续表

年份	水位(m)					流量(m³/s)					径流量 (10⁸ m³)	备注
	平均	最高	月日	最低	月日	平均	最大	月日	最小	月日		
1971	29.73	32.57	6-8	27.90	12-23	899	2 130	6-8	238	12-23	284	
1972	29.52	31.65	6-29	27.69	2-2	830	1 890	6-28	164	2-2	263	
1973	30.17	34.45	6-28	27.79	12-31	1 010	3 250	6-25	184	12-31	320	
1974	29.83	33.93	7-16	27.67	1-14	935	2 630	7-14	166	1-14	295	
1975	29.90	32.72	6-12	27.77	2-3	951	2 550	6-12	192	2-3	300	
1976	29.80	33.80	7-16	27.86	1-26	908	2 380	7-22	218	1-26	287	
1977	30.04	34.14	6-21	27.84	1-26	1 010	2 670	6-16	214	1-26	317	
1978	29.45	32.4	6-29	27.88	3-7	812	2 180	6-28	238	3-7	256	
1979	29.89	35.11	6-28	27.69	12-16	1 040	4 640	6-27	208	12-16	329	
1980	30.30	34.95	8-6	27.72	1-29	1 130	3 910	8-6	204	1-29	357	
1981	29.81	33.15	7-21	28.03	12-30	953	2 640	7-20	297	12-30	301	
1982	30.29	34.42	6-23	27.84	1-29	1 140	3 220	6-23	244	1-29	360	
1983	30.44	35.53	7-9	28.13	12-30	1 190	3 660	7-8	344	12-30	376	
1984	29.87	33.11	7-30	27.96	3-21	1 010	2 590	7-28	306	3-21	318	
1985	29.80	32.58	7-9	28.18	12-27	986	2 370	7-8	352	12-27	311	
1986	29.57	33.29	7-9	28.04	2-15	902	2 800	7-8	317	2-15	284	
1987	29.88	33.68	7-25	27.82	2-18	1 020	3 090	7-25	244	2-18	323	
1988	29.72	35.50	9-10	27.87	12-31	969	3 660	9-10	261	12-31	306	
1989	30.18	33.69	7-16	27.86	1-1	1 130	2 850	9-4	257	1-1	356	
1990	30.05	34.00	7-3	28.20	1-30	1 060	2 730	7-3	385	1-30	336	
1991	30.12	35.52	7-14	28.00	12-24	1 100	3 900	7-11	323	12-24	347	
1992	29.61	34.00	7-9	27.61	12-8	872	2 770	6-26	221	12-8	276	
1993	30.22	34.69	8-3	27.82	1-1	1 100	3 530	7-25	277	1-1	346	
1994	29.73	32.79	10-13	28.09	2-11	923	2 560	10-13	342	2-11	291	
1995	30.14	35.84	7-4	28.03	12-31	1 100	3 480	7-4	330	12-31	346	
1996	30.03	37.37	7-21	27.66	3-9	1 040	4 820	7-21	229	3-9	329	

年份	水位(m)					流量(m³/s)					径流量 (10⁸ m³)	备注
	平均	最高	月日	最低	月日	平均	最大	月日	最小	月日		
1997	29.65	34.02	7-26	28.09	1-3	892	2 610	7-25	345	1-3	281	
1998	30.91	36.96	7-25	27.62	12-17	1 270	5 080	7-24	235	12-17	402	
1999	30.27	36.61	7-22	27.73	2-26	1 090	5 010	7-1	264	2-26	344	
2000	30.03	33.23	7-6	28.08	1-6	1 080	2 520	7-5	355	1-6	341	
2001	29.69	32.4	6-23	28.13	12-25	962	2 080	6-23	344	12-25	303	
2002	30.28	36.22	8-24	28.05	2-14	1 130	3 300	8-24	316	2-14	356	
2003	30.12	36.22	7-11	28.13	12-11	1 140	5 620	7-11	390	12-11	360	
2004	29.77	35.18	7-23	27.90	2-20	1 010	4 150	7-22	345	2-20	319	
2005	29.88	33.20	6-4	28.21	12-10	1 010	2 550	6-4	422	12-10	318	
2006	29.02	31.38	7-20	27.77	2-4	724	1 720	5-14	350	2-4	228	
2007	29.67	34.87	7-27	27.85	12-5	998	4 100	7-27	379	12-5	315	
2008	29.73	33.65	11-10	27.85	1-30	1 040	3 310	11-8	358	1-30	328	
2009	29.48	32.18	8-10	27.80	11-28	930	2010	7-2	346	11-28	293	
2010	29.96	34.62	7-13	27.72	3-1	1 060	3 550	7-13	335	3-1	334	
2011	28.98	31.68	6-28	28.01	5-14	778	2 040	6-20	462	5-14	245	
2012	29.98	34.94	7-20	27.96	2-21	1 150	3 780	7-20	426	2-21	365	
2013	29.42	32.73	9-27	27.90	12-24	1 010	3 040	9-27	403	12-24	317	
2014	29.88	35.23	7-18	27.89	2-5	1 160	4 300	7-18	410	2-5	367	
2015	29.56	33.46	6-24	28.00	1-9	1 050	2 640	6-6	447	1-9	332	
2016	29.98	35.75	7-8	27.94	10-17	1 200	3 620	6-30	449	3-5	381	
2017	29.77	36.37	7-3	27.91	12-14	1 190	3 580	7-3	467	12-13	375	
2018	29.46	32.79	7-16	27.95	1-2	1 070	2 490	7-14	461	1-3	337	
2019	29.58	33.70	7-14	27.77	11-24	1 070	2 660	6-25	429	11-24	337	
2020						1 440	4 480	7-10	420	1-3	454	

4-56　东南湖站水位历年特征值表

年份	水位（m）					备注	年份	水位（m）					备注
	平均	最高	月日	最低	月日			平均	最高	月日	最低	月日	
1951		32.11	7-25	28.35	12-28	缺1—7月	1978	29.64	32.15	6-29	28.38	3-7	
1952	30.22	33.56	9-3	28.22	1-29		1979	30.24	35.5	6-27	28.22	12-13	
1953	29.82	31.47	8-10	28.37	1-23		1980	30.45	34.63	8-7	28.27	2-19	
1954	30.92	35.37	8-3	28.37	3-28		1981	29.93	32.91	7-22	28.42	12-31	
1955	30.05	33.05	7-2	28.39	12-31		1982	30.38	34.30	6-24	28.30	1-29	
1956	29.75	32.26	7-4	28.13	12-30		1983	30.54	35.4	7-10	28.54	12-30	
1957	29.83	32.87	8-11	28.08	1-13		1984	30.00	33.05	6-4	28.42	3-22	
1958	29.86	32.63	8-28	28.33	2-5	1952年3月下迁300 m；1966年12月上迁100 m；1969年以前称黄土包站；1970年1月1日迁对河芦苇场，称东南湖站	1985	29.88	32.23	7-9	28.51	12-28	
1959	29.77	32.14	7-7	28.24	1-25		1986	29.71	33.10	7-9	28.43	1-30	
1960	29.62	32.36	7-12	28.22	12-31		1987	29.98	33.34	7-26	28.19	2-15	
1961	29.87	31.67	7-21	28.00	2-3		1988	29.88	35.40	9-10	28.32	2-25	
1962	30.15	34.05	7-13	28.32	2-15		1989	30.25	33.57	7-17	28.30	1-1	
1963	29.84	32.75	7-13	28.22	2-5		1990	30.15	34.02	7-5	28.57	2-1	
1964	30.44	34.59	7-3	28.57	2-9		1991	30.25	35.24	7-14	28.31	12-24	
1965	30.08	32.30	7-21	28.37	2-2		1992	29.79	34.22	7-9	27.88	12-23	
1966	29.78	32.88	7-15	28.39	3-20		1993	30.36	34.39	8-3	28.06	1-1	
1967	30.14	33.23	6-30	28.23	1-31		1994	29.92	33.10	6-20	28.39	1-30	
1968	30.35	34.85	7-22	28.46	3-3		1995	30.25	35.90	7-4	28.33	12-31	
1969	30.09	34.96	7-19	28.52	3-13		1996	30.18	37.27	7-22	28.00	3-9	
1970	30.18	34.04	7-17	28.45	1-6		1997	29.85	33.95	7-22	28.46	1-4	
1971	29.80	32.35	6-8	28.34	12-22		1998	31.13	36.78	7-31	28.15	12-17	
1972	29.63	31.32	6-29	28.20	1-30		1999	30.49	36.66	7-22	28.20	2-24	
1973	30.29	34.43	6-28	28.26	12-31		2000	30.17	33.03	7-9	28.50	1-7	
1974	29.98	33.90	7-16	28.19	1-12		2001	29.83	32.41	6-23	28.50	12-26	
1975	29.99	32.83	6-21	28.26	2-3		2002	30.47	36.3	8-24	28.45	2-1	
1976	29.94	33.89	7-16	28.34	1-24		2003	30.23	35.33	7-12	28.50	12-11	
1977	30.17	34.16	6-21	28.35	1-23		2004	29.90	34.84	7-23	28.25	2-20	

续表

年份	水位(m)					备注	年份	水位(m)					备注
	平均	最高	月日	最低	月日			平均	最高	月日	最低	月日	
2005	30.01	33.28	6-4	28.57	12-10		2013	29.58	32.27	9-27	28.28	12-23	
2006	29.31	31.73	7-20	28.18	2-6		2014	30.02	34.87	7-19	31.00	1-3	
2007	29.84	34.28	7-27	28.27	12-5		2015	29.76	33.44	6-23	39.00	1-9	
2008	29.87	33.50	11-10	28.25	1-31		2016	30.17	35.72	7-8	28.28	10-18	
2009	29.64	32.01	8-11	28.22	11-24		2017	29.92	36.58	7-4	28.29	12-12	
2010	30.13	34.28	7-14	28.14	3-2		2018	29.62	32.58	7-17	28.31	1-1	
2011	29.18	31.42	6-29	28.40	5-14		2019	29.81	33.99	7-16	28.15	12-29	
2012	30.14	34.67	7-21	28.32	2-22		2020	30.68	35.99	7-11	28.09	1-3	

4-57 沅江(二)站水位历年特征值表

年份	水位(m)					备注	年份	水位(m)					备注
	平均	最高	月日	最低	月日			平均	最高	月日	最低	月日	
1925	28.93	32.08	5-8	27.48	1-1		1941						
1926	不全	33.36	7-7	27.60	2-6		1942						
1927	不全	31.65	7-27	27.38	2-7		1943						
1928	不全	30.92	8-6	27.20	2-10		1944						
1929	不全	31.38	8-12	27.29	1-1		1945						
1930	29.25	31.80	6-28	27.63	1-1		1946						
1931	29.79	34.15	8-15	27.69	2-13		1947	缺1—6月	32.47	8-11	28.02	12-29	
1932	29.25	31.77	7-12	27.63	1-17		1948	30.52	33.85	7-25	28.11	1-13	
1933	29.32	33.39	6-23	27.66	2-6		1949	缺10月	33.48	7-12	28.67	1-29	
1934	29.27	31.07	6-27	27.63	2-15		1950						
1935	29.84	34.21	7-10	27.72	2-4		1951		32.01	7-25	28.50	12-27	
1936	29.01	31.47	8-13	27.6	12-10		1952	30.29	33.48	8-28	28.37	1-26	
1937	缺9—12月	33.72	8-20	27.63	1-13		1953	29.92	31.38	8-11	28.32	1-24	
1938	缺9—12月	32.72	7-28	28.21	1-15		1954	30.94	35.26	8-1	28.50	3-26	
1939							1955	30.03	32.85	7-1	28.42	12-28	
1940							1956	29.76	32.03	7-5	28.14	12-25	

续表

年份	水位（m）					备注	年份	水位（m）					备注
	平均	最高	月日	最低	月日			平均	最高	月日	最低	月日	
1957	29.83	32.60	8-11	28.11	1-8		1989	30.16	33.28	7-17	28.26	1-1	
1958	29.87	32.39	7-20	28.43	2-3		1990	30.07	33.81	7-5	28.53	2-1	
1959	29.75	31.91	7-7	28.25	1-27		1991	30.21	35.09	7-14	28.37	12-22	
1960	29.64	32.13	7-12	28.25	12-30		1992	29.74	34.01	7-9	27.89	12-24	
1961	29.88	31.42	7-21	28.07	1-26		1993	30.30	34.26	8-3	28.14	1-1	
1962	30.15	33.88	7-13	28.37	2-18		1994	29.94	32.90	6-20	28.49	1-15	
1963	29.82	32.49	7-13	28.21	2-6		1995	30.22	35.76	7-4	28.41	12-10	
1964	30.42	34.40	7-3	28.67	2-10		1996	30.15	37.09	7-21	28.06	3-13	
1965	30.06	31.94	7-22	28.33	2-3	1952年7月12日下迁1200 m；1983年12月6日上迁600 m；流向原定由资江流入万子湖为顺流，因河道来水情况变化、河床演变及人类活动影响，1980年改变原定流向，以万子湖流入资江为顺流	1997	29.84	33.77	7-26	28.48	1-4	
1966	29.78	32.67	7-15	28.38	3-21		1998	31.06	36.58	7-31	28.01	12-18	
1967	30.10	32.92	6-30	28.19	1-31		1999	30.39	36.43	7-22	28.10	2-24	
1968	30.30	34.59	7-22	28.52	3-3		2000	30.06	32.72	7-9	28.47	1-1	
1969	30.04	34.70	7-19	28.47	3-12		2001	29.73	32.30	6-23	28.41	12-26	
1970	30.15	33.78	7-17	28.45	1-3		2002	30.37	36.08	8-23	28.40	1-6	
1971	29.76	32.19	6-8	28.22	12-22		2003	30.12	35.18	7-12	28.40	12-11	
1972	29.58	31.26	6-29	28.12	1-31		2004	29.78	34.73	7-23	28.17	2-20	
1973	30.25	34.22	6-28	28.19	12-31		2005	29.87	33.16	6-4	28.41	12-10	
1974	29.89	33.66	7-16	28.11	1-12		2006	29.22	31.47	7-20	28.11	2-6	
1975	29.91	32.62	5-21	28.17	2-3		2007	29.72	34.16	7-27	28.12	12-4	
1976	29.90	33.66	7-16	28.20	1-23		2008	29.72	33.40	11-10	28.15	1-31	
1977	30.11	33.93	6-21	28.23	1-20		2009	29.51	31.72	7-8	28.02	11-24	
1978	29.57	31.93	6-29	28.29	3-7		2010	30.00	34.13	7-14	28.03	3-2	
1979	30.09	35.28	6-27	28.14	12-12		2011	29.08	31.26	6-29	28.26	11-4	
1980	30.39	34.38	8-7	28.21	1-1		2012	29.99	34.53	7-21	28.19	2-22	
1981	29.91	32.60	7-23	28.47	12-31		2013	29.47	32.41	9-27	28.14	12-23	
1982	30.39	34.06	6-23	28.34	1-29		2014	29.91	34.82	7-18	28.21	1-2	
1983	30.51	35.14	7-9	28.45	12-23		2015	29.63	33.39	6-23	28.25	1-8	
1984	29.94	32.92	6-4	28.36	3-23		2016	30.01	35.51	7-8	28.07	10-17	
1985	29.82	32.21	6-9	28.48	12-27		2017	29.78	36.43	7-3	28.09	12-11	
1986	29.68	32.97	7-9	28.42	1-29		2018	29.41	32.12	7-18	28.09	1-1	
1987	29.95	33.07	7-27	28.20	2-10		2019	29.68	33.77	7-17	28.00	12-29	
1988	29.84	35.23	9-10	28.28	12-30		2020	30.53	35.83	7-11	27.95	1-2	

4-58 杨柳潭站水位历年特征值表

年份	水位(m)					备注	年份	水位(m)					备注
	平均	最高	月日	最低	月日			平均	最高	月日	最低	月日	
1953	28.87	30.47	5-27	27.06	1-3		1980	29.69	34.06	9-1	27.11	1-1	
1954	30.16	35.04	8-3	27.47	3-26		1981	29.13	32.32	7-23	27.54	1-3	
1955	29.04	32.48	7-2	27.26	12-29		1982	29.58	33.66	6-24	27.74	1-3	
1956	28.70	31.51	7-6	26.94	12-31		1983	29.72	34.86	7-10	27.35	12-26	
1957	28.74	32.09	8-13	26.88	1-13		1984	29.05	32.45	6-4	27.34	1-7	
1958	28.80	31.95	8-29	27.29	12-30		1985	28.83	31.21	7-11	27.44	12-28	
1959	28.63	31.27	7-7	27.06	1-27		1986	28.70	32.46	7-10	27.44	1-29	
1960	28.56	30.85	7-12	27.17	12-30		1987	29.00	32.62	7-27	27.11	2-13	
1961	28.82	30.95	4-25	26.95	2-2		1988	28.94	34.8	9-11	27.42	12-19	
1962	29.19	33.64	7-13	27.27	2-21		1989	29.24	33.00	7-17	27.46	2-10	
1963	28.61	31.16	7-14	27.08	2-6		1990	29.12	33.45	7-5	27.64	1-31	
1964	29.43	34.13	7-3	27.48	12-31		1991	29.28	34.54	7-14	27.33	12-21	
1965	28.98	31.53	7-22	27.19	2-7		1992	28.81	33.74	7-9	26.48	12-24	
1966	28.65	32.20	7-15	27.39	3-21		1993	29.46	33.63	7-8	26.97	1-1	
1967	29.02	32.60	7-7	27.28	1-26		1994	29.12	32.71	6-20	27.58	1-22	
1968	29.35	34.35	7-22	27.45	1-18		1995	29.33	35.36	7-3	27.39	12-13	
1969	29.02	34.41	7-19	27.50	3-4		1996	29.26	36.74	7-21	27.05	3-13	
1970	29.21	33.48	7-17	27.49	2-10		1997	28.98	33.38	7-26	27.53	1-1	
1971	28.57	31.51	6-2	27.08	12-29		1998	30.35	36.33	7-31	26.95	12-22	
1972	28.34	30.01	5-11	27.01	2-1		1999	29.59	36.21	7-23	27.23	1-24	
1973	29.38	33.90	6-27	27.08	12-31		2000	29.23	32.34	7-9	27.51	1-2	
1974	28.90	33.3	7-16	26.96	1-4		2001	28.84	31.55	6-23	27.44	12-26	
1975	28.91	32.28	5-21	26.99	2-2		2002	29.63	35.82	8-23	27.40	1-29	
1976	28.86	33.39	7-16	27.18	1-26		2003	29.25	34.36	7-12	27.27	12-5	
1977	29.00	33.65	6-21	27.08	1-20		2004	28.85	33.91	7-23	27.02	2-19	
1978	28.58	31.08	6-29	27.17	3-2		2005	29.10	32.61	6-4	27.44	12-28	
1979	29.68	35.1	6-27	27.08	12-19		2006	28.48	31.33	7-20	27.26	10-11	

年份	水位(m)					备注	年份	水位(m)					备注
	平均	最高	月日	最低	月日			平均	最高	月日	最低	月日	
2007	28.85	33.15	7-28	27.18	12-5		2014	29.11	33.81	7-19	27.31	1-1	
2008	28.86	32.33	11-10	27.33	2-1		2015	28.75	32.57	6-23	27.25	1-9	
2009	28.66	31.30	8-10	27.08	11-24		2016	29.26	35.09	7-8	27.22	10-18	
2010	29.26	33.49	7-31	27.14	3-1		2017	28.93	36.05	7-4	27.22	12-19	
2011	28.15	30.4	6-30	27.36	5-15		2018	28.53	31.65	7-19	27.21	1-1	
2012	29.24	33.80	7-21	27.26	1-3		2019	28.95	33.49	7-16	27.18	11-26	
2013	28.63	30.94	9-28	27.29	10-27		2020	29.80	35.25	7-11	27.17	1-3	

4-59　营田站水位历年特征值表

年份	水位(m)					备注	年份	水位(m)					备注
	平均	最高	月日	最低	月日			平均	最高	月日	最低	月日	
1952		33.18	9-22	22.68	12-31	缺1—3月	1968	27.28	34.31	7-22	22.11	1-22	
1953	27.12	30.25	8-12	22.20	1-17		1969	26.59	34.34	7-19	22.30	12-31	
1954	28.76	35.05	8-3	22.72	12-31		1970	27.27	33.40	7-17	22.14	1-3	
1955	26.61	32.42	7-2	21.91	12-31		1971	25.77	31.32	6-8	21.28	12-22	
1956	26.11	31.45	7-6	21.31	12-22		1972	25.44	29.60	5-11	21.05	12-31	
1957	26.38	31.99	8-13	21.25	1-12		1973	27.63	33.83	6-28	21.59	12-31	
1958	26.29	31.86	8-29	21.68	12-23		1974	26.28	33.27	7-16	21.22	1-14	
1959	25.90	31.08	7-7	21.49	1-28		1975	26.96	32.21	5-21	21.59	1-19	
1960	26.00	30.41	8-15	21.98	2-22		1976	26.55	33.36	7-4	21.84	1-24	
1961	25.84	30.71	4-24	21.56	2-4		1977	26.84	33.55	6-21	22.23	12-20	
1962	27.13	33.62	7-13	21.12	2-18		1978	25.64	30.92	6-30	21.78	12-31	
1963	26.02	30.8	7-17	21.29	2-6		1979	25.98	32.47	6-30	21.19	12-26	
1964	27.80	34.10	7-4	22.00	12-31		1980	27.40	33.92	9-1	21.27	1-1	
1965	26.72	31.49	7-22	21.34	2-3		1981	26.92	32.07	7-23	22.07	1-3	
1966	26.11	32.01	7-14	22.21	12-10		1982	27.74	33.27	6-24	22.26	2-1	
1967	26.90	32.54	7-5	21.65	1-27		1983	28.05	34.66	7-10	22.15	12-22	

续表

年份	水位(m)					备注	年份	水位(m)					备注
	平均	最高	月日	最低	月日			平均	最高	月日	最低	月日	
1984	26.59	32.16	6-4	22.16	1-17		2003	26.93	34.16	7-14	21.42	12-31	
1985	26.58	30.87	7-11	22.41	12-30		2004	26.09	33.48	7-24	20.97	2-1	
1986	25.83	32.24	7-10	22.20	12-14		2005	26.89	32.16	6-4	21.72	12-29	
1987	26.51	32.45	7-27	21.34	2-13		2006	25.32	31.27	7-20	21.66	12-30	
1988	26.43	34.60	9-11	21.88	12-30		2007	25.87	32.84	8-6	21.40	12-7	
1989	27.27	32.90	7-17	21.85	1-2		2008	26.27	31.77	9-6	21.70	1-10	
1990	27.10	33.31	7-5	22.50	1-8		2009	25.60	31.16	8-11	21.51	12-6	
1991	27.20	34.32	7-15	22.16	12-22		2010	26.65	33.40	7-31	21.35	12-8	
1992	26.37	33.61	7-9	21.26	12-4		2011	24.43	29.83	6-30	21.34	12-31	
1993	27.33	33.44	9-4	21.82	2-4		2012	26.75	33.7	7-26	21.21	1-5	
1994	26.97	32.60	6-20	22.67	1-13		2013	25.55	30.05	6-13	21.07	12-11	
1995	27.25	35.13	7-4	22.00	12-31		2014	26.20	33.43	7-20	21.02	2-5	
1996	26.72	36.54	7-22	21.75	3-13		2015	25.87	32.19	6-23	20.89	1-10	
1997	26.66	33.17	7-26	21.91	1-7		2016	26.44	34.97	7-8	21.18	12-19	
1998	28.53	36.26	7-31	21.38	12-26		2017	25.95	35.89	7-4	20.45	12-30	
1999	26.89	36.15	7-22	21.09	2-21		2018	25.10	31.49	7-19	20.63	1-1	
2000	27.07	32.21	7-9	22.00	1-1		2019	25.87	33.39	7-17	20.36	12-20	
2001	26.47	31.11	6-23	21.41	12-11		2020	27.11	35.07	7-11	20.64	1-3	
2002	27.43	35.76	8-23	21.95	1-17								

4-60　伍市站水位流量历年特征值表

年份	水位(m)					流量(m³/s)					径流量 (10⁸ m³)	备注
	平均	最高	月日	最低	月日	平均	最大	月日	最小	月日		
2007	30.91	33.15	3-19	30.38	12-14							
2008	30.87	34.09	11-7	30.27	10-21							
2009	30.48	33.86	4-20	29.83	10-15	70.35	996	4-20	5.56	10-15	16.9	
2010	30.44	37.25	6-20	29.53	12-2	126	3 290	6-20	6.32	1-9	39.8	
2011	29.81	32.94	6-16	29.27	12-24	63.9	1 050	6-16	9.55	12-24	20.2	
2012	30.14	36.37	5-12	29.20	11-8	150	2 900	5-12	8.5	8-8	47.3	
2013	29.55	34.00	5-8	28.79	12-13	81.5	1 710	5-8	1.47	12-13	25.7	
2014	29.70	35.12	7-16	29.05	10-19	111	2 190	7-16	6	10-19	35.0	
2015	29.72	34.26	5-16	29.05	10-19	131	1840	5-16	6.44	10-19	41.3	
2016	29.85	35.97	7-4	29.04	12-8	141	2 810	7-4	4.3	12-8	44.5	
2017	29.76	37.62	7-1	28.75	11-10	166	3 830	7-1	2.47	3-9	52.4	
2018	29.33	31.75	4-14	28.77	8-26	65.5	794	4-14	4.69	9-11	20.7	
2019	29.40	33.09	3-2	28.53	12-18	95.1	1 340	3-2	5	2-1	30.0	
2020	29.96	35.94	8-10	28.77	1-9	145	2 720	8-10	11.9	10-29	46.0	

4-61　鹿角(二)站水位历年特征值表

年份	水位(m)					备注	年份	水位(m)					备注
	平均	最高	月日	最低	月日			平均	最高	月日	最低	月日	
1951		31.26	7-27	20.97	12-29	缺1—5月	1961	25.39	29.91	7-22	18.98	2-4	
1952	26.66	33.10	9-22	20.50	1-29		1962	25.81	33.48	7-13	19.87	2-25	
1953	25.67	30.06	8-11	20.09	1-18		1963	24.79	30.29	7-18	19.05	2-7	
1954	27.79	35.00	8-3	21.10	3-28		1964	26.79	33.91	7-4	20.70	12-31	
1955	25.40	32.34	7-2	19.72	12-31		1965	25.63	31.37	7-22	19.65	2-6	
1956	24.73	31.36	7-6	18.87	12-28		1966	24.91	31.09	7-16	20.30	3-21	
1957	24.92	31.82	8-13	18.71	1-11		1967	25.85	32.28	7-7	19.92	1-27	
1958	24.93	31.71	8-29	19.72	12-31		1968	26.25	34.12	7-23	20.71	3-2	
1959	24.37	30.56	7-8	18.96	1-27		1969	25.38	33.95	7-20	20.68	12-31	
1960	24.46	29.96	8-11	19.51	2-19		1970	26.09	32.89	7-22	20.45	1-6	

年份	水位(m)					备注	年份	水位(m)					备注
	平均	最高	月日	最低	月日			平均	最高	月日	最低	月日	
1971	24.70	30.19	6-10	19.95	12-24		1996	25.93	35.73	7-21	20.35	3-13	
1972	24.24	28.56	6-5	19.27	1-31		1997	25.71	32.80	7-25	20.95	1-4	
1973	26.54	33.42	6-29	20.20	12-31		1998	27.69	36.14	8-20	20.49	12-27	
1974	25.32	32.85	7-16	19.58	1-15		1999	26.19	35.91	7-23	20.02	2-22	
1975	25.97	31.23	5-23	20.08	2-4		2000	26.27	32.03	7-9	21.18	1-1	
1976	25.35	33.04	7-24	20.42	1-25		2001	25.72	30.21	6-25	21.62	12-31	
1977	25.80	32.50	6-25	20.97	1-13		2002	26.59	35.24	8-24	20.91	1-26	
1978	24.67	30.34	6-30	20.72	3-3		2003	26.22	33.83	7-15	20.74	12-31	
1979	25.05	31.55	9-26	20.56	12-30		2004	25.45	32.51	7-24	20.15	2-2	
1980	26.50	33.83	9-2	20.61	1-1		2005	26.25	31.79	9-5	21.17	12-29	
1981	25.93	31.86	7-23	21.15	1-4		2006	24.55	30.08	7-21	20.98	12-30	
1982	26.70	32.57	8-4	21.12	2-1		2007	25.25	32.68	8-4	20.86	12-6	
1983	27.17	34.41	7-18	21.35	12-26		2008	25.66	31.41	9-7	21.02	2-2	
1984	25.75	31.83	7-31	21.21	2-14		2009	25.08	30.98	8-11	21.01	12-6	
1985	25.79	30.66	7-12	21.61	12-30		2010	26.13	33.32	7-31	20.90	3-2	
1986	25.03	31.37	7-10	21.31	1-29		2011	24.20	29.65	6-30	21.27	12-31	
1987	25.67	32.18	7-27	20.69	2-17		2012	26.48	33.53	7-29	21.19	1-5	
1988	25.57	34.08	9-16	20.97	12-31		2013	25.33	29.90	7-26	21.04	12-11	
1989	26.53	32.76	7-17	20.91	1-2		2014	26.05	32.96	7-20	20.97	2-5	
1990	26.32	32.89	7-6	21.74	1-9		2015	25.71	31.78	6-24	20.89	1-10	
1991	26.40	33.82	7-15	21.33	12-23		2016	26.28	34.75	7-8	21.16	12-19	
1992	25.55	32.59	7-10	20.28	12-25		2017	25.86	35.31	7-4	20.46	12-29	
1993	26.44	33.25	9-3	20.55	1-1		2018	25.05	31.51	7-19	20.64	1-1	
1994	25.94	30.84	6-21	21.63	1-30		2019	25.76	33.06	7-17	20.42	12-20	
1995	26.42	34.08	7-4	21.16	12-31		2020	27.01	34.90	7-28	20.69	1-2	

4-62　注滋口(三)站水位历年特征值表

年份	水位(m)					备注	年份	水位(m)					备注
	平均	最高	月日	最低	月日			平均	最高	月日	最低	月日	
1949		33.12	6-20	28.31	1-29	缺7—12月	1976						
1950		33.36	7-12	27.14	12-31	缺1月	1977	汛期站	32.54	6-24			
1951	28.45	32.50	7-25	25.35	12-28		1978	汛期站	31.03	6-28			
1952	29.48	34.06	9-20	25.15	1-21		1979	汛期站	32.15	9-24			
1953	28.23	32.25	8-8	26.18	12-25		1980	汛期站	34.15	8-31			1977年5月1日恢复,水尺在街西口下游约20 m;1978年下迁300 m(采用吴淞资用高程32.172 m)
1954	29.74	35.18	8-4	25.80	3-27		1981	汛期站	32.85	7-20			
1955	29.11	33.60	6-30	25.96	4-26		1982	汛期站	33.16	8-2			
1956	29.10	33.26	7-2	26.94	12-29		1983	汛期站	34.66	7-18			
1957	28.91	33.17	8-12	26.82	1-11		1984	汛期站	32.78	7-12			
1958	28.82	33.38	8-27	26.58	3-11		1985	汛期站	31.98	7-8			
1959	28.30	32.30	8-18	26.19	12-31		1986	汛期站	32.08	7-9			
1960	28.02	32.66	6-29	25.78	2-13		1987	汛期站	32.99	7-25			
1961							1988	汛期站	34.24	9-16			
1962							1989						
1963							1990						
1964							1991						
1965						因河岸崩塌1960年下迁200 m;1961年1月停测(采用吴淞平差前高程32.404 m)	1992						
1966							1993						
1967							1994						
1968							1995						
1969							1996						缺1—4、11—12月
1970							1997						
1971							1998		36.27	8-20	26.17	5-6	
1972							1999						
1973							2000	30.47	33.90	7-19	26.91	5-23	
1974							2001	29.70	32.31	9-9	26.82	6-2	
1975							2002	30.53	35.47	8-24	26.54	10-11	

续表

年份	水位(m)					备注	年份	水位(m)					备注
	平均	最高	月日	最低	月日			平均	最高	月日	最低	月日	
2003	30.24	34.43	7-14	26.49	10-31		2012		34.21	7-30	25.77	10-29	缺1—4、11—12月
2004	29.85	33.89	9-10	26.71	10-31		2013		31.50	7-25	25.40	10-30	
2005							2014		33.46	7-20	25.67	10-28	
2006	27.15	30.8	7-12	25.44	9-2		2015		32.37	7-5	25.51	10-29	
2007	29.20	33.77	8-1	25.46	5-23		2016		34.94	7-8	25.48	9-28	
2008							2017		35.13	7-4	26.10	5-5	
2009							2018		32.65	7-19	25.6	5-1	
2010		34.04	7-30	25.65	5-7	缺1—4、11—12月	2019		33.22	7-18	25.47	10-6	
2011		30.91	6-28	25.23	5-20		2020		35.19	7-28	25.18	5-12	

4-63　岳阳站水位流量历年特征值表

年份	水位（m）					流量（m³/s）					径流量 (10⁸ m³)	备注
	平均	最高	月日	最低	月日	平均	最大	月日	最小	月日		
1946		29.16	9-28	18.79	12-31							水位缺 1—8 月
1947	24.09	31.81	8-11	18.22	3-5							
1948	25.91	33.23	7-25	17.93	1-18							
1949		31.27	10-1	18.59	2-6							水位缺 6—9 月
1950	25.15	32.06	7-18	19.01	12-31							
1951	23.83	31.12	7-27	17.53	2-11							
1952	25.48	32.95	9-22	18.08	1-29							
1953	24.51	29.92	8-11	18.65	1-25							
1954	26.70	34.82	8-3	18.50	3-29							1951—1960 年水尺设 岳阳楼下； 1961 年 1 月 下迁 800 m。
1955	24.37	32.20	7-2	18.41	12-31							
1956	23.58	31.25	7-6	17.59	2-1							
1957	23.73	31.67	8-13	17.80	1-11							
1958	23.70	31.57	8-30	18.03	1-31							
1959	23.09	30.35	7-8	17.41	1-28							
1960	23.04	29.77	8-11	17.32	2-16							
1961	24.27	29.75	7-22	17.29	2-3							
1962	24.59	33.22	7-13	18.11	3-3							
1963	23.70	30.03	7-17	17.46	2-9							
1964	25.78	33.63	7-4	19.28	2-10							
1965	24.71	31.18	7-22	18.6	2-7							
1966	23.70	30.66	7-16	19.41	3-21	9 970	29 400	8-11	1 330	12-23		
1967	24.94	32.09	7-7	19.50	2-4	14 900	35 500	7-23	1 290	1-6		
1968		33.88	7-23	18.69	3-3							水位缺 11—12 月
1969		33.66	7-20									
1970		32.70	7-22									

续表

年份	水位(m)					流量(m³/s)					径流量(10⁸ m³)	备注
	平均	最高	月日	最低	月日	平均	最大	月日	最小	月日		
1971		29.94	6-17									
1972		28.32	7-2									
1973		33.18	6-29									
1974		32.62	7-16									
1975	缺1—3、11—12月	30.81	5-23									
1976		32.90	7-24									
1977		32.23	6-24									
1978		30.16	6-30									
1979		31.42	9-26									汛期站
1980		33.72	9-2									
1981		31.73	7-22									
1982		32.44	8-4									
1983		34.28	7-18									
1984		31.70	7-31									
1985		31.52	7-12	22.56	4-2							
1986		31.01	7-10	20.42	4-2							
1987		32.03	7-27	20.94	4-1							
1988		33.87	9-17	21.71	5-6							
1989												
1990												
1991												
1992												
1993	25.68	33.10	9-4	19.10	2-6							
1994	25.08	30.34	6-22	20.31	2-5							
1995	25.57	33.77	7-6	20.3	12-31							
1996	25.20	35.39	7-21	18.81	3-13							

续表

年份	水位(m)					流量(m³/s)					径流量 (10⁸ m³)	备注
	平均	最高	月日	最低	月日	平均	最大	月日	最小	月日		
1997	24.86	32.60	7-25	19.93	1-7							
1998	26.93	36.06	8-20	19.96	12-31							
1999	25.63	35.76	7-22	18.94	3-24							
2000	25.56	31.90	7-9	20.2	2-16							
2001	25.02	29.90	6-26	20.85	12-31							
2002	25.90	35.07	8-24	19.96	1-24							
2003	25.51	33.71	7-15	20.11	12-31							
2004	24.94	32.17	7-25	19.33	2-2							
2005	25.68	31.64	9-5	20.60	12-31							
2006	23.92	29.73	7-21	20.15	12-30							
2007	24.62	32.60	8-4	20.2	1-1							
2008	25.13	31.28	9-7	20.29	1-10							
2009	24.57	30.91	8-11	20.46	12-6							
2010	25.54	33.31	7-31	20.25	3-2							
2011	23.65	29.44	6-30	20.63	12-29							
2012	25.85	33.38	7-29	20.62	1-3							
2013	24.65	29.86	7-26	20.44	12-12							
2014	25.52	32.69	7-21	20.44	2-5							
2015	25.20	31.48	6-24	20.46	1-11							
2016	25.75	34.53	7-8	20.66	12-20							
2017	25.35	34.82	7-4	19.98	12-29							
2018		31.43	7-19	21.72	4-11							
2019		32.73	7-17	22.63	10-26							水位缺 1—3、 11—12 月
2020		34.75	7-28	22.13	5-5							

4-64　城陵矶(七里山)站水位流量历年特征值表

年份	水位(m)					流量(m³/s)					径流量(10⁸ m³)	备注
	平均	最高	月日	最低	月日	平均	最大	月日	最小	月日		
1951						9 830	25 500	5-3	1 550	2-12	3 099	
1952	缺1—4月	32.78	9-22	19.46	12-31	13 300	35 400	8-28	2 070	12-31	4 198	1952年4月在七里山设基本水尺
1953	24.44	29.85	8-11	18.64	1-24	10 800	20 600	8-15	1 710	1-18	3 412	
1954	26.59	34.55	8-3	18.44	3-29	16 700	43 400	8-2	2 650	3-28	5 268	
1955	24.31	32.06	7-2	18.41	12-31	11 100	29 100	7-3	1 580	12-31	3 498	
1956	23.52	31.15	7-6	17.60	2-1	9 880	29 800	6-3	930	12-28	3 124	
1957	23.66	31.52	8-13	17.81	1-11	10 100	28 700	8-12	950	1-1	3 191	
1958	23.63	31.44	8-29	18.01	1-31	10 400	30 800	5-14	1 560	12-30	3 294	
1959	23.03	30.23	7-7	17.41	1-28	8 690	23 800	7-9	975	1-27	2 741	
1960	22.95	29.66	8-11	17.27	2-16	8 190	22 000	7-15	1 350	2-18	2 589	
1961	24.24	29.70	7-22	17.29	2-3	10 600	25 900	4-26	1 100	2-3	3 347	
1962	24.55	33.18	7-13	18.07	3-3	11 500	35 100	7-2	1 530	2-20	3 614	
1963	23.67	29.97	7-17	17.46	2-9	8 420	23 500	7-19	1 120	2-5	2 656	
1964	25.74	33.50	7-4	19.28	2-10	12 700	39 600	7-4	1 730	12-31	4 007	
1965	24.69	31.12	7-22	18.60	2-7	10 000	22 000	9-15	1 070	2-7	3 154	
1966	23.68	30.57	7-16	18.40	3-21	8 460	29 700	7-15	1 560	3-21	2 669	
1967	24.90	31.99	7-6	18.49	2-4	10 300	27 700	7-2	1 280	1-24	3 244	
1968	25.24	33.79	7-23	18.67	3-3	11 500	35 500	7-22	1 770	1-23	3 625	
1969	24.08	33.56	7-20	18.76	3-7	9 660	38 600	7-19	1800	12-31	3 047	
1970	24.90	32.60	7-22	18.38	1-27	11 400	34 200	7-18	1 550	1-11	3 607	
1971	23.50	29.89	6-17	18.18	12-29	7 350	26 400	6-4	1 190	12-29	2 319	
1972	22.98	28.26	7-2	17.42	2-1	6 480	17 100	5-13	860	1-31	2048	
1973	25.36	33.05	6-29	18.88	12-31	11 500	32 900	6-2	1 300	12-31	3 617	
1974	24.41	32.51	7-17	18.16	1-16	8 330	29 800	7-17	1 150	1-7	2 625	
1975	25.18	30.68	5-23	18.96	2-4	9 230	28 400	5-16	377	10-5	2 911	

续表

年份	水位(m)					流量(m³/s)					径流量 (10⁸ m³)	备注
	平均	最高	月日	最低	月日	平均	最大	月日	最小	月日		
1976	24.44	32.86	7-24	18.75	1-27	8 310	25 000	7-27	1 360	1-27	2 628	
1977	24.97	32.14	6-24	19.04	1-20	9 450	28 900	7-2	1860	1-12	2 980	
1978	23.59	30.13	6-30	18.23	3-4	6 320	18 900	6-6	1 400	9-8	1990	
1979	23.94	31.35	9-26	18.77	3-8	7 480	27 700	7-2	875	12-22	2 360	
1980	25.66	33.71	9-2	19.17	2-20	10 100	28 100	8-17	1 220	1-3	3 200	
1981	25.11	31.71	7-22	18.68	2-12	8 420	22 300	7-29	1 640	1-1	2 660	
1982	25.82	32.37	8-4	19.64	2-6	10 200	29 200	6-25	1 470	1-31	3 220	
1983	26.41	34.21	7-18	20.52	12-28	10 200	34 300	7-10	1 470	12-27	3 220	
1984	24.89	31.68	7-31	19.40	2-14	7 770	22 500	6-6	1 420	1-4	2 460	
1985	24.98	30.50	7-12	19.96	2-4	7 120	17 700	6-11	1 670	12-29	2 240	
1986	24.10	30.98	7-10	19.49	1-30	6 310	23 600	7-11	1 360	12-15	1990	
1987	24.67	32.03	7-27	18.90	2-20	7 720	22 700	7-29	964	2-13	2 430	
1988	24.62	33.80	9-16	19.61	2-22	7 620	31 300	9-11	1 260	12-31	2 410	
1989	25.88	32.54	7-17	20.08	1-2	8 720	21 900	7-19	1 170	1-2	2 750	
1990	25.61	32.65	7-6	20.43	2-2	8 070	23 600	7-7	1 790	1-1	2 544	
1991	25.54	33.52	7-16	20.45	12-30	8 500	29 600	7-15	1 660	12-30	2 679	
1992	24.84	32.15	7-10	19.32	12-28	7 590	28 000	7-9	750	12-4	2 400	
1993	25.65	33.04	9-4	19.09	2-6	9 250	28 800	7-9	1 200	1-1	2 918	
1994	25.05	30.24	6-22	20.30	2-5	8 680	24 700	6-20	2 200	2-4	2 736	
1995	25.53	33.68	7-6	20.30	12-31	9 070	37 700	7-3	1 480	12-29	2 861	
1996	25.16	35.31	7-22	18.77	3-13	8 940	43 900	7-21	880	11-9	2 826	
1997	24.82	32.56	7-25	19.88	1-8	8 160	26 400	7-27	1860	1-1	2 574	
1998	26.86	35.94	8-20	19.95	12-27	12 700	35 900	7-31	1 240	12-28	4 008	
1999	25.60	35.68	7-22	18.94	3-24	9 480	34 200	7-19	1 120	1-4	2 991	
2000	25.52	31.84	7-9	20.19	2-16	8 210	19 500	6-14	1910	1-3	2 595	
2001	24.99	29.86	6-25	20.84	12-31	7 360	17 600	6-24	2 190	12-31	2 321	
2002	25.85	34.91	8-24	19.92	1-24	10 800	35 900	8-24	1 730	1-14	3 393	

续表

年份	水位(m)					流量(m³/s)					径流量 (10⁸ m³)	备注
	平均	最高	月日	最低	月日	平均	最大	月日	最小	月日		
2003	25.46	33.61	7-14	20.10	12-31	8 510	26 800	5-22	1 210	9-6	2 685	
2004	24.90	32.06	7-25	19.31	2-2	7 370	29 200	7-24	1 370	1-1	2 329	
2005	25.65	31.62	9-5	20.58	12-31	7 660	22 900	6-8	1 090	10-7	2 415	
2006	23.90	29.70	7-21	20.13	12-30	6 310	19 700	7-21	1 730	11-18	1990	
2007	24.60	32.58	8-4	20.17	1-1	6 640	20 500	7-29	1 280	12-3	2094	
2008	25.10	31.24	9-6	20.27	1-10	7 130	20 800	11-12	1930	1-13	2 256	
2009	24.54	30.87	8-11	20.43	12-7	6 400	16 600	7-8	1 550	12-5	2018	
2010	25.51	33.28	7-30	20.2	3-2	8 870	28 100	6-26	1 600	1-1	2 799	
2011	23.62	29.41	6-29	20.62	12-29	4 680	13 900	6-17	1 260	9-22	1 475	
2012	25.81	33.38	7-29	20.59	1-4	9 040	23 600	6-14	1930	1-4	2 860	
2013	24.61	29.82	7-25	20.41	12-12	7 160	17 600	5-19	2 030	12-11	2 259	
2014	25.46	32.60	7-21	20.38	2-5	8 640	27 900	7-19	2 070	2-3	2 725	
2015	25.15	31.38	6-24	20.39	1-11	8 280	24 200	6-24	2 140	1-9	2 610	
2016	25.69	34.47	7-8	20.66	12-20	9 860	31 000	7-9	1 960	10-18	3 119	
2017	25.30	34.63	7-4	19.95	12-29	8 800	49 400	7-4	1 970	12-30	2 776	
2018	24.55					6 310	15 800	7-23	978	7-6	1 990	
2019	25.18	32.65	7-17	19.95	12-1	9 110	30 700	7-15	698	9-18	2 873	
2020	26.45	34.74	7-28	20.19	1-1	10 800	33 100	7-12	1 850	1-2	3 404	

附表5 单站含沙量输沙率历年特征值表

5-1 宜昌站含沙量输沙率历年特征值表

年份	含沙量（kg/m³）					输沙率（kg/s）					平均输沙量（万t）	备注
	最高	月日	最低	月日	平均	最大日均	月日	输沙模数	平均	泥沙类型		
1950	3.25	7-5	0.054	2-28	0.889	131 000	7-5	0	12 800	悬移质	40 366	
1951	2.78	7-14	0.012	2-11	0.929	148 000	7-14	0	13 000	悬移质	41 100	
1952	2.54	9-16	0.026	2-9	1.07	138 000	9-16	0	15 900	悬移质	50 400	
1953	4.45	8-5	0.03	2-19	0.953	170 000	8-5	0	12 200	悬移质	38 600	
1954	4.18	5-27	0.026	3-24	1.31	192 000	7-21	0	23 900	悬移质	75 400	
1955	3.43	9-16	0.03	4-21	1.15	175 000	7-18	0	16 700	悬移质	52 600	
1956	5.29	7-9	0.03	2-15	1.51	181 000	7-9	0	19 800	悬移质	62 700	
1957	5.15	7-12	0.017	3-3	1.21	208 000	7-12	0	16 400	悬移质	51 700	
1958	7.36	7-5	0.016	3-28	1.41	268 000	8-25	0	18 500	悬移质	58 300	
1959	10.5	7-26	0.02	1-29	1.3	258 000	7-26	0	15 100	悬移质	47 600	
1960	3.13	9-9	0.018	2-1	1.04	148 000	8-8	416	13 200	悬移质	41 800	
1961	4.99	7-1	0.02	4-17	1.11	245 000	7-2	484	15 500	悬移质	48 700	
1962	6.99	8-1	0.034	3-17	1.07	242 000	8-1	491	15 700	悬移质	49 400	
1963	5.23	5-30	0.009 0	3-1	1.24	204 000	5-30	559	17 800	悬移质	56 200	
1964	8.37	7-29	0.017	3-6	1.19	232 000	7-29	620	19 700	悬移质	62 300	
1965	3.87	7-11	0.016	4-9	1.17	138 000	7-11	574	18 300	悬移质	57 700	
1966	5.59	8-3	0.014	4-4	1.54	205 000	9-4	656	20 900	悬移质	66 000	
1967	5.11	5-29	0.023	2-6	1.2	174 000	7-5	540	17 200	悬移质	54 300	
1968	5.51	8-10	0.016	2-22	1.38	224 000	7-7	708	22 500	悬移质	71 200	
1969	9.47	5-5	0.01	3-13	1.12	120 000	7-15	410	13 100	悬移质	41 200	
1970	7.5	5-30	0.018	1-30	1.17	137 000	5-31	485	15 500	悬移质	48 800	
1971	6.02	7-16	0.015	3-22	1.07	128 000	7-16	415	13 200	悬移质	41 700	

续表

年份	含沙量(kg/m³)					输沙率(kg/s)					平均输沙量(万t)	备注
	最高	月日	最低	月日	平均	最大日均	月日	输沙模数	平均	泥沙类型		
1972	4.1	7-14	0.009 0	2-25	1.08	139 000	7-14	384	12 200	悬移质	38 600	
1973	6.19	9-11	0.008 0	2-6	1.19	260 000	9-11	507	16 200	悬移质	51 000	
1974	4.36	7-3	0.011	2-26	1.35	220 000	8-12	671	21 400	悬移质	67 500	
1975	5.41	8-10	0.024	3-18	1.09	132 000	8-10	467	14 900	悬移质	47 000	
1976	4.16	4-23	0.019	3-24	0.899	12 600	7-22	366	11 600	悬移质	36 800	
1977	6.31	7-11	0.02	1-31	1.1	229 000	7-11	461	14 700	悬移质	46 400	
1978	4.69	7-8	0.012	3-20	1.13	193 000	7-8	440	14 000	悬移质	44 200	
1979	5.34	7-16	0.011	3-25	1.33	0			0		52 700	
1980	4.55	7-5	0.02	2-22	1.16	185 000	8-29	535	17 000	悬移质	53 800	
1981	7.68	8-29	0.023	12-16	1.65	452 000	7-18	724	23 100	悬移质	72 800	
1982	7.54	7-18	0.008 0	3-5	1.25	311 000	7-18	558	17 800	悬移质	56 100	
1983	7.54	10-17	0.008 0	2-9	1.31	191 000	8-4	619	19 700	悬移质	62 200	
1984	7.99	7-26	0.006 0	3-19	1.49	218 000	7-10	668	21 300	悬移质	67 200	
1985	4.34	7-5	0.008 0	2-22	1.16	179 000	7-5	528	16 800	悬移质	53 100	
1986	4.25	7-6	0.011	2-27	0.95	163 000	7-6	359	11 500	悬移质	36 100	
1987	5.28	7-23	0.009 0	3-10	1.24	261 000	7-23	531	16 900	悬移质	53 400	
1988	5.8	9-22	0.01	12-31	1.02	166 000	7-29	429	13 600	悬移质	43 100	
1989	6.28	7-12	0.009 0	2-10	1.07	299 000	7-12	506	16 200	悬移质	50 900	
1990	4.9	8-23	0.009 0	1-29	1.03	108 000	6-27	455	14 500	悬移质	45 800	
1991	4.77	8-14	0.01	2-11	1.27	203 000	8-14	547	17 400	悬移质	55 000	
1992	4.43	7-18	0.007 0	12-18	0.784	191 000	7-18	320	10 200	悬移质	32 200	
1993	3.54	8-3	0.006 0	3-15	1.01	126 000	8-3	461	14 700	悬移质	46 400	
1994	2.62	6-9	0.006 0	2-28	0.606	58 100	6-29	209	6 670	悬移质	21 000	
1995	4.86	8-16	0.004 0	3-21	0.859	162 000	8-16	361	11 500	悬移质	36 300	
1996	6.21	9-20	0.005 0	3-1	0.852	98 500	7-13	357	11 400	悬移质	35 900	
1997	4.8	9-25	0.006 0	1-21	0.927	117 000	7-22	335	10 700	悬移质	33 700	

年份	含沙量（kg/m³）					输沙率（kg/s）					平均输沙量（万 t）	备注
	最高	月日	最低	月日	平均	最大日均	月日	输沙模数	平均	泥沙类型		
1998	4.88	6-30	0.008 0	2-16	1.42	210 000	8-26	739	23 500	悬移质	74 300	
1999	4.05	8-19	0.007 0	3-26	0.898	120 000	7-2	431	13 700	悬移质	43 300	
2000	3.22	6-27	0.006 0	2-3	0.828	132 000	7-3	388	12 340	悬移质	39 000	
2001	4.54	10-8	0.01	2-9	0.718	110 000	8-23	297	9 478	悬移质	29 900	
2002	2.62	8-29	0.009 0	4-2	0.578	76 000	8-23	227	7 219	悬移质	22 800	
2003	1.2	9-14	0.004 0	11-26	0.238	37 700	9-6	97.1	3 095	悬移质	9 760	
2004	1.66	9-10	0.002 0	1-4	0.155	92 200	9-9	63.6	2 024	悬移质	6 400	
2005	1.58	8-21	0.003 0	4-24	0.239	59 300	8-21	109	3 490	悬移质	11 000	
2006	0.304	7-12	0.002 0	1-1	0.032	6 950	7-12	9.04	288	悬移质	909	
2007	1.53	8-3	0.002 0	3-4	0.131	54 700	8-3	52.4	1 670	悬移质	5 270	
2008	0.588	8-17	0.003 0	2-8	0.077	20 900	8-17	31.8	1 010	悬移质	3 200	
2009	0.81	8-9	0.002 0	10-21	0.092	30 800	8-9	34.9	1 110	悬移质	3 510	
2010	0.473	7-23	0.002 0	1-1	0.081	16 400	7-26	32.6	1 040	悬移质	3 280	
2011	0.109	7-2	0.002 0	1-6	0.018	1 880	7-2	6.2	198	悬移质	623	
2012	0.525	7-10	0.001 0	4-4	0.092	20 900	7-8	42.5	1 350	悬移质	4 270	
2013	1.12	7-21	0.001 0	5-6	0.08	38 000	7-23	29.8	950	悬移质	3 000	
2014	0.162	9-5	0.002 0	1-1	0.021	4 280	9-5	9.35	298	悬移质	940	
2015	0.103	7-2	0.002 0	1-1	0.009 0	2 610	7-2	3.69	118	悬移质	371	
2016	0.185	7-1	0.002 0	1-1	0.02	5 440	7-1	8.42	268	悬移质	847	
2017	0.061	9-6	0.002 0	1-1	0.008 0	1 030	9-7	3.29	105	悬移质	331	
2018	1.31	7-19	0.002 0	1-1	0.077	47 200	7-19	36	1 150	悬移质	3 620	
2019	0.206	8-11	0.002 0	1-1	0.02	5 510	8-11	8.74	279	悬移质	879	
2020	0.872	8-26	0.002 0	1-1	0.086	38 400	8-25	46.5	1 480	悬移质	4 680	

5-2 枝城站含沙量输沙率历年特征值表

年份	含沙量(kg/m³)					输沙率(kg/s)					平均输沙量(万 t)	备注
	最高	月日	最低	月日	平均	最大日均	月日	输沙模数	平均	泥沙类型		
1938	4.6	7-6	0.073	3-3	0	223 000	7-9	0	0	悬移质		
1950												
1951	3.19	7-14	0.04	12-22	0	194 000	7-14	0	0	悬移质	41 600	
1952	3.99	7-6	0.013	2-21	1.09	115 000	8-22	0	16 800	悬移质	53 200	
1953	3.14	9-11	0.031	1-12	0.917	127 000	8-7	0	12 100	悬移质	38 100	
1954	2.16	7-5	0.005 0	2-14	1	110 000	7-5	0	18 900	悬移质	59 500	
1955	3.87	9-17	0.043	3-4	1.03	155 000	7-19	0	15 400	悬移质	48 400	
1956	4.8	6-15	0.033	3-9	1.48	205 000	6-30	0	20 400	悬移质	64 400	
1957	4.58	7-12	0.01	3-3	1.23	192 000	7-12	0	17 400	悬移质	55 000	
1958	5.69	8-26	0.034	2-12	1.56	325 000	8-26	0	21 200	悬移质	66 900	
1959	7.39	7-26	0.038	1-26	1.27	223 000	8-16	0	15 100	悬移质	47 500	
1960	2.15	6-21	0.021	2-14	0	89 000	6-29				42 200	
1961											48 900	
1962											50 100	
1963											57 200	
1964											62 900	
1965											58 000	
1966											66 200	宜昌＋清江
1967											55 000	
1968											72 500	
1969											43 500	
1970											49 500	
1971											42 500	
1972											39 000	
1973											51 700	
1974											68 000	

续表

年份	含沙量(kg/m³)					输沙率(kg/s)					平均输沙量(万 t)	备注
	最高	月日	最低	月日	平均	最大日均	月日	输沙模数	平均	泥沙类型		
1975											50 600	
1976											37 500	
1977											47 600	
1978											44 800	
1979											53 900	
1980											56 000	
1981											73 400	宜昌+清江
1982											58 000	
1983											65 500	
1984											68 100	
1985											53 600	
1986											36 900	
1987											54 500	
1988											43 700	
1989											▶51 402	
1990											▶46 367	
1991											▶55 450	
1992	4.03	7-18	0.017	12-27	0.8	170 000	7-18	0	10 400	悬移质	33 000	
1993	3.37	7-21	0.012	2-14	0.97	117 000	7-21	444	14 400	悬移质	45 500	
1994	2.33	7-6	0.022	3-20	0.68	55 600	7-15	228	7 390	悬移质	23 300	
1995	4.36	8-17	0.02	3-25	0.87	147 000	8-17	359	11 700	悬移质	36 800	
1996	2.38	7-13	0.018	3-1	0.82	105 000	7-5	342	11 100	悬移质	35 000	
1997	2.85	7-9	0.017	1-12	0.9	101 000	7-9	319	10 400	悬移质	32 700	
1998	3.91	8-26	0.01	3-1	1.31	198 000	8-26	684	22 200	悬移质	▶74 503	
1999	2.51	7-1	0.012	3-26	0.877	119 000	7-20	413	13 400	悬移质	42 300	

续表

年份	含沙量(kg/m³)					输沙率(kg/s)					平均输沙量(万 t)	备注
	最高	月日	最低	月日	平均	最大日均	月日	输沙模数	平均	泥沙类型		
2000	2.67	7-6	0.017	2-9	0.83	116 000	7-3		12 530	悬移质	39 600	
2001	2.81	8-23	0.016	2-16	0.748	88 600	8-24	307	9 953	悬移质	31 400	
2002	2.01	8-6	0.017	12-31	0.622	71 600	8-22	243	7 897	悬移质	24 900	
2003	1.05	9-6	0.006 0	12-30	0.31	43 300	9-6	128	4 152	悬移质	13 100	
2004	1.73	9-10	0.004 0	1-6	0.191	83 100	9-10	78.4	2 540	悬移质	8 030	
2005	1.57	8-21	0.004 0	3-27	0.258	58 600	8-21	114	3 720	悬移质	11 700	
2006	0.336	7-13	0.002 0	12-30	0.041	7 410	7-12	11.7	381	悬移质	1 200	
2007	1.52	8-4	0.002 0	1-1	0.162	59 900	8-4	66.4	2 160	悬移质	6 800	
2008	0.625	8-18	0.003 0	1-1	0.092	22 600	8-18	38.3	1 240	悬移质	3 920	
2009	0.889	8-9	0.002 0	2-1	0.102	32 500	8-9	39.9	1 300	悬移质	4 090	
2010	0.503	7-24	0.002 0	1-23	0.09	17 600	7-27	37	1 200	悬移质	3 790	
2011	0.1	6-28	0.003 0	11-30	0.027	2 470	6-28	9.52	309	悬移质	980	
2012	0.634	7-8	0.002 0	4-4	0.103	23 900	7-8	47.3	1 530	悬移质	4 840	
2013	1.17	7-24	0.002 0	3-18	0.083	39 300	7-24	31	1 000	悬移质	3 170	
2014	0.227	9-6	0.002 0	1-20	0.027	5 840	9-6	11.9	388	悬移质	1 220	
2015	0.127	7-2	0.003 0	1-2	0.014	3 350	7-2	5.55	180	悬移质	570	
2016	0.172	7-1	0.003 0	2-14	0.026	4 960	7-1	11	357	悬移质	1 130	
2017	0.111	10-3	0.003 0	3-3	0.012	1 500	10-3	5.37	174	悬移质	▶550	
2018	1.36	7-19	0.003 0	1-1	0.086	48 900	7-19	40.6	1 320	悬移质	4 160	
2019	0.216	8-11	0.003	1-1	0.025	5 790	8-11	11	354	悬移质	1 120	
2020	0.992	8-26	0.003	2-8	0.098	42 000	8-26	54	1 740	悬移质	5 510	

5-3　沙市(二郎矶)站含沙量输沙率历年特征值表

年份	含沙量(kg/m³)					输沙率(kg/s)					平均输沙量(万 t)	备注
	最高	月日	最低	月日	平均	最大日均	月日	输沙模数	平均	泥沙类型		
1991	3.78	8-14	0.053	3-16	1.16	138 000	8-14	0	14 800	悬移质	46 500	
1992	4.09	7-19	0.057	12-31	0.8	155 000	7-19	0	9 840	悬移质	31 100	
1993	2.97	8-4	0.041	1-8	0.97	87 500	8-15	0	13 100	悬移质	41 400	
1994	2.38	7-7	0.018	3-18	0.61	52 200	6-30	0	6 490	悬移质	20 500	
1995	4.79	8-17	0.041	2-4	0.86	136 000	8-17	0	10 800	悬移质	33 900	
1996	2.45	7-7	0.035	2-28	0.76	89 000	7-7	0	9 470	悬移质	29 900	
1997	2.94	7-9	0.037	2-4	0.89	94 100	7-17	0	9 760	悬移质	30 800	
1998	3.78	8-27	0.035	2-20	1.27	148 000	8-27		19 100	悬移质	60 400	
1999	2.33	9-11	0.028	3-26	0.897	87 500	7-20		12 500	悬移质	39 300	
2000	2.81	6-28	0.065	5-10	0.856	100 000	7-3		11 730	悬移质	37 100	
2001	3.24	8-24	0.039	1-29	0.786	94 000	8-24		9 822	悬移质	31 000	
2002	1.99	8-15	0.053	1-31	0.642	66 900	8-15		7 634	悬移质	24 100	
2003	1.15	9-7	0.046	12-28	0.352	36 300	7-14	134	4 362	悬移质	13 800	
2004	1.68	9-10	0.037	1-27	0.246	71 400	9-10		3 022	悬移质	9 560	
2005	1.55	8-22	0.024	2-4	0.313	50 600	8-22	128	4 200	悬移质	13 200	
2006	0.46	7-11	0.017	11-16	0.088	10 300	7-11	23.7	776	悬移质	2 450	
2007	1.67	8-4	0.01	12-28	0.198	50 300	8-4	72.8	2 380	悬移质	7 510	
2008	0.75	8-18	0.011	1-1	0.127	23 400	8-18		1 560	悬移质	4 920	
2009	0.899	8-10	0.01	11-29	0.137	28 400	8-9		1 600	悬移质	5 060	
2010	0.596	7-25	0.012	12-9	0.126	18 000	7-27		1 520	悬移质	4 800	
2011	0.229	8-7	0.012	5-15	0.054	5 080	8-7		573	悬移质	1810	
2012	0.71	7-8	0.018	4-15	0.146	23 300	7-9		1960	悬移质	6 180	
2013	1.26	7-25	0.011	10-11	0.114	34 500	7-25		1 280	悬移质	4 020	
2014	0.28	9-6	0.008 0	10-21	0.067	7 560	9-19		875	悬移质	2 760	
2015	0.189	7-3	0.01	11-25	0.039	4 440	7-3		450	悬移质	1 420	
2016	0.36	7-2	0.011	12-18	0.052	9 370	7-2		661	悬移质	2 090	
2017	0.105	7-12	0.009 0	12-28	0.04	2 440	10-8		514	悬移质	1 620	
2018	1.4	7-20	0.008 0	2-25	0.115	42 900	7-20		1 570	悬移质	4 950	
2019	0.245	8-12	0.01	1-23	0.046	5 660	8-12		595	悬移质	1 880	
2020	1.01	8-27	0.007	11-15	0.118	33 000	8-26		1 860	悬移质	5 870	

表5-4　监利站含沙量输沙率历年特征值表

年份	含沙量（kg/m³）					输沙率（kg/s）				泥沙类型	平均输沙量（万t）	备注
	最高	月日	最低	月日	平均	最大日均	月日	输沙模数	平均			
1951	2.1	7-21	0.062	1-31	0.879	52 000	9-12	0	8380	悬移质	26 400	
1952	2.77	8-13	0.041	1-29	0.833	67 300	8-13	0	8300	悬移质	26 200	
1953	4.32	7-5	0.089	4-3	1.01	112 000	7-8	0	9390	悬移质	29 600	
1954	1.78	9-28	0.105	3-24	0.611	28 700	7-23	0	7030	悬移质	22 200	
1955	3.2	9-19	0.105	4-23	0.816	47 000	9-19	0	7820	悬移质	24 700	
1956	2.5	6-16	0.212	5-8	1.12	72 500	7-1	0	10 200	悬移质	32 100	
1957	4.1	7-14	0.203	3-17	1.07	87 300	7-14	0	10 100	悬移质	31 800	
1958	3.32	7-8	0.172	3-31	1.21	82 300	8-26	0	11 000	悬移质	34 800	
1959	6.74	7-29	0.089	2-25	1.12	132 000	8-17	0	10 100	悬移质	31 700	
1960	2.51	6-30	0.13	1-10	0	62 800	6-30	0	0	悬移质	26 700	
1961											▲34 200	
1962											▲26 600	
1963											▲37 100	
1964											▲40 700	
1965											▲38 000	
1966	5.18	1-1	0.051	1-1	0	132 000	9-4	0	0	悬移质	43 000	
1967	3.13	6-25	0.15	2-15	1.14	70 400	6-25	0	12 700 000	悬移质	39 900	
1968	3.11	8-11	0.13	2-29	1.11	90 200	8-11	0	14 000 000	悬移质	44 300	
1969	2.51	9-6	0.243	3-19	0.918	72 000	9-6	0	8 850 000	悬移质	27 900	

续表

年份	含沙量(kg/m³)						输沙率(kg/s)						备注
	最高	月日	最低	月日	平均	最大日均	月日	输沙模数	平均	泥沙类型	平均输沙量(万t)		
1970											▲29 400		
1971											▲35 600		
1972											▲35 900		
1973											▲30 700		
1974											▲47 400		
1975	11	8-11	0.15	3-17	1.15	181 000	8-11	0	13 200	悬移质	41 600		
1976	3.12	8-31	0.159	4-11	0.972	72 200	8-31	0	10 600	悬移质	33 600		
1977	5.18	7-13	0.23	2-15	1.07	145 000	7-13	0	12 100	悬移质	38 200		
1978	3.64	9-11	0.16	3-14	1.13	101 000	7-10	0	12 000	悬移质	37 900		
1979	4.17	7-24	0.14	2-17	1.31						44 800		
1980	3.26	7-7	0.112	5-10	1.03	78 400	8-30	0	12 900	悬移质	40 800		
1981	6.39	8-30	0.099	4-16	1.46	190 000	7-19	0	17 400	悬移质	54 900		
1982	6.08	7-19	0.134	3-3	1.15	201 000	7-19	0	14 400	悬移质	45 400		
1983	3.75	9-11	0.075	3-7	1.14	118 000	9-13	0	14 800	悬移质	46 700		
1984	7.05	8-14	0.13	4-15	1.35	125 000	8-14	0	16 200	悬移质	51 200		
1985	4.19	7-4	0.066	3-1	1.16	125 000	7-6	0	14 600	悬移质	46 000		
1986	3.37	9-13	0.13	4-18	1.01	89 400	7-8	0	11 200	悬移质	35 500		
1987	3.76	7-15	0.084	3-31	1.12	108 000	7-24	0	13 500	悬移质	42 600		
1988	3.81	7-31	0.073	3-8	0.98	113 000	7-31	0	11 400	悬移质	35 900		

续表

年份	含沙量（kg/m³）					输沙率（kg/s）				泥沙类型	平均输沙量（万t）	备注
	最高	月日	最低	月日	平均	最大日均	月日	输沙模数	平均			
1989	4.42	7-13	0.1	2-20	1.05	171 000	7-13	0	14 500	悬移质	45 600	
1990	2.62	6-25	0.092	3-31	1.02	69 200	6-25	0	13 100	悬移质	41 500	
1991	3.07	7-3	0.049	4-5	1.11	111 000	8-15	0	13 700	悬移质	43 100	
1992	3.62	7-20	0.082	4-1	0.8	117 000	7-20	0	9 490	悬移质	30 000	
1993	2.6	7-22	0.1	3-12	0.88	69 300	7-23		11 300	悬移质	35 700	
1994	2.17	7-1	0.081	2-22	0.65	40 600	7-1	0	6 630	悬移质	20 900	
1995	4.23	8-18	0.07	4-22	0.85	114 000	8-18	0	10 200	悬移质	32 100	
1996	2.66	7-6	0.079	4-24	0.76	86 100	7-6	0	9 230	悬移质	29 200	
1997	3.09	7-17	0.09	12-31	0.88	96 500	7-17	0	9 520	悬移质	30 000	
1998	2.9	7-2	0.039	3-16	0.923	83 400	7-14		12 900	悬移质	40 700	
1999	2.47	4-29	0.059	3-25	0.787	64 200	7-2		10 200	悬移质	32 200	
2000	2.52	6-29	0.11	3-13	0.845	85 600	7-4		11 070	悬移质	35 000	
2001	2.72	8-25	0.079	3-14	0.791	69 500	8-25		9 260	悬移质	29 200	
2002	1.72	8-16	0.047	12-23	0.564	52 000	8-16		6 264	悬移质	19 800	
2003	1.1	9-8	0.037	6-5	0.357	33 200	9-5		4 140	悬移质	13 100	
2004	1.57	9-9	0.042	3-29	0.285	60 200	9-10		3 365	悬移质	10 600	

续表

年份	含沙量（kg/m³）					输沙率（kg/s）				泥沙类型	平均输沙量（万 t）	备注
	最高	月日	最低	月日	平均	最大日均	月日	输沙模数	平均			
2005	1.58	8-23	0.019	2-21	0.346	48 600 000	8-23		4 430	悬移质	▲14 000	
2006	0.449	7-11	0.041	4-9	0.144	10 100 000	7-11	37.7	1 240	悬移质	▲3 900	
2007	1.4	8-5	0.034	1-20	0.257	40 400	8-5	90.8	2 980	悬移质	9 390	
2008	0.688	8-19	0.038	1-10	0.2	20 000	8-18	73.6	2 400	悬移质	7 600	
2009	0.913	8-10	0.04	3-18	0.193	26 300	8-10	68.3	2 240	悬移质	7 060	
2010	0.546	7-25	0.018	4-24	0.163	16 300	7-26	58.3	1 910	悬移质	6 020	
2011	0.27	8-7	0.042	12-13	0.134	5 820	8-7		1 420	悬移质	4 480	
2012	0.657	7-12	0.018	11-22	0.184	21 200	7-12	72.1	2 350	悬移质	7 450	
2013	1.21	7-26	0.014	4-8	0.163	31 100	7-25	54.6	1 790	悬移质	5 640	
2014	0.34	9-8	0.031	3-13	0.131	8 780	9-20		1 670	悬移质	5 270	
2015	0.201	7-4	0.017	11-23	0.092	4 320	7-4		1 050	悬移质	3 310	
2016	0.215	7-4	0.02	2-29	0.085	5 250	6-30		1 040	悬移质	3 290	
2017	0.167	9-3	0.0070	7-7	0.074	3 360	10-7		919	悬移质	▲2 900	
2018	1.26	7-21	0.029	11-22	0.176	32 400	7-21		2 320	悬移质	7 320	
2019	0.323	8-13	0.02	3-15	0.108	6 590	8-13		1 350	悬移质	4 250	
2020	0.892	8-28	0.018	2-14	0.158	26 500	8-22		2 370	悬移质	7 510	

5-5 螺山站含沙量输沙率历年特征值表

年份	含沙量(kg/m³)					输沙率(kg/s)					平均输沙量(万 t)	备注
	最高	月日	最低	月日	平均	最大日均	月日	输沙模数	平均	泥沙类型		
1953	2.47	8-8	0.196	11-3	0	100 000	8-8	0	0	悬移质	▶42 200	
1954	1.06	5-29	0.048	2-1	0.356	44 400	5-29	0	10 100	悬移质	31 800	
1955	1.22	6-28	0.097	2-18	0.5	59 000	6-29	0	10 200	悬移质	32 100	
1956	1.97	8-23	0.205	6-9	0.646	78 800	7-2	0	12 400	悬移质	39 100	
1957	1.72	7-23	0.242	5-8	0.675	70 900	7-23	0	13 300	悬移质	41 900	
1958	2.33	7-8	0.122	3-25	0.72	86 500	7-11	0	14 400	悬移质	45 400	
1959	3.61	7-30	0.2	6-13	0.693	121 000	8-1	0	12 200	悬移质	38 400	
1960	1.44	9-10	0.244	6-8	0.638	51 600	8-8	278	11 100	悬移质	35 000	
1961	3	7-4	0.161	3-31	0.643	113 000	7-4	325	13 300	悬移质	42 100	
1962	2.17	8-4	0.175	5-24	0.493	77 900	8-4	258	10 600	悬移质	33 400	
1963	2.81	5-30	0.133	2-12	0.734	85 600	7-12	335	13 800	悬移质	43 400	
1964	3.07	8-1	0.148	4-2	0.583	104 000	8-1	343	14 000	悬移质	44 400	
1965	1.91	7-7	0.182	5-28	0.645	65 000	7-13	337	13 800	悬移质	43 600	
1966	3.42	9-4	0.142	4-1	0.819	133 000	9-5	375	15 400	悬移质	48 500	
1967	2.01	5-23	0.241	2-4	0.73	72 400	5-23	381	15 700	悬移质	49 400	
1968	2	8-10	0.222	2-26	0.697	89 100	7-8	398	16 300	悬移质	51 500	
1969	2.03	9-6	0.2	3-3	0.63	80 200	9-6	296	12 100	悬移质	38 300	
1970	1.77	9-27	0.147	3-28	0.567	57 700	9-27	298	12 300	悬移质	38 600	
1971	2.57	7-19	0.139	3-10	0.718	65 300	8-23	309	12 700	悬移质	40 000	
1972	2.41	7-17	0.211	1-30	0.776	69 800	6-29	314	12 800	悬移质	40 600	
1973	2.89	9-13	0.179	1-31	0.539	114 000	9-13	299	12 300	悬移质	38 700	
1974	2.15	9-10	0.133	3-24	0.786	90 800	8-13	402	16 500	悬移质	52 100	
1975	5.66	8-12	0.23	2-24	0.741	157 000	8-12	370	15 200	悬移质	47 900	

续表

年份	含沙量（kg/m³）					输沙率（kg/s）					平均输沙量（万 t）	备注
	最高	月日	最低	月日	平均	最大日均	月日	输沙模数	平均	泥沙类型		
1976	2.66	8-31	0.197	2-3	0.699	71 200	8-31	329	13 500	悬移质	42 600	
1977	4.09	7-13	0.18	3-7	0.69	125 000	7-14	338	13 900	悬移质	43 800	
1978	2.98	7-10	0.2	2-5	0.87	98 600	7-10	353	14 500	悬移质	45 700	
1979	2.47	7-20	0.2	4-16	0.89	89 500	8-5	395	16 200	悬移质	51 200	
1980	2.11	6-20	0.19	2-18	0.685	79 400	6-27	371	15 200	悬移质	48 100	
1981	4.4	8-31	0.165	2-13	0.98	167 000	7-20	475	19 500	悬移质	61 500	
1982	5.15	7-20	0.18	4-16	0.725	177 000	7-20	392	16 100	悬移质	50 800	
1983	3.63	9-12	0.19	12-28	0.7	125 000	9-12	395	16 200	悬移质	51 200	
1984	3.64	8-15	0.11	2-14	0.89	123 000	8-15	426	17 500	悬移质	55 200	
1985	3.42	7-7	0.13	1-14	0.8	120 000	7-7	381	15 600	悬移质	49 300	
1986	2.52	9-14	0.16	12-13	0.7	80 800	7-9	300	12 300	悬移质	38 800	
1987	2.65	7-16	0.12	2-5	0.7	100 000	7-16	331	13 600	悬移质	42 800	
1988	3.4	7-31	0.11	3-11	0.59	91 300	8-1	276	11 300	悬移质	35 700	
1989	3.3	7-13	0.15	1-3	0.65	109 000	7-14	348	14 300	悬移质	45 100	
1990	1.79	8-2	0.13	3-8	0.65	66 400	6-26	325	13 300	悬移质	42 100	
1991	2.65	7-4	0.11	4-17	0.69	91 100	8-16	343	14 100	悬移质	44 400	
1992	2.26	7-20	0.093	2-5	0.5	83 400	7-20	237	9 720	悬移质	30 700	
1993	1.88	7-23	0.12	4-13	0.54	69 200	7-23	294	12 100	悬移质	38 100	
1994	1.25	9-9	0.12	12-25	0.42	33 100	7-18	192	7 860	悬移质	24 800	
1995	3.19	8-19	0.08	5-19	0.49	95 800	8-19	243	10 000	悬移质	31 500	
1996	1.83	7-7	0.079	12-22	0.44	72 900	7-7	219	8 960	悬移质	28 300	
1997	2.4	7-9	0.072	1-16	0.51	75 200	7-18	232	9 510	悬移质	30 000	
1998	1.15	7-3	0.069	1-31	0.44	62 000	7-20	279	11 500	悬移质	36 100	

续表

年份	含沙量（kg/m³）					输沙率（kg/s）					平均输沙量（万 t）	备注
	最高	月日	最低	月日	平均	最大日均	月日	输沙模数	平均	泥沙类型		
1999	1.39	7-2	0.074	2-1	0.437	56 500	7-2	239	9 800	悬移质	30 900	
2000	1.86	7-4	0.086	2-5	0.544	81 600	7-4	277	11 360	悬移质	35 900	
2001	2.28	8-25	0.09	2-23	0.513	63 300	8-25	236	9 696	悬移质	30 600	
2002	1.05	8-17	0.09	2-14	0.322	46 100	8-17	175	7 172	悬移质	22 600	
2003	0.86	9-9	0.065	6-6	0.229	28 400	9-9	113	4 621	悬移质	14 600	
2004	1.51	9-10	0.041	2-12	0.205	57 500	9-10	95	3 883	悬移质	12 300	
2005	1.32	8-23	0.055	12-31	0.229	45 600	8-23	114	4 670	悬移质	14 700	
2006	0.377	4-14	0.074	12-29	0.125	8 610	7-20	44.9	1840	悬移质	5 810	
2007	0.817	8-6	0.04	1-1	0.168	36 300	8-6	73.5	3 020	悬移质	9 520	
2008	0.535	8-20	0.043	2-23	0.151	19 400	8-20	70.7	2 890	悬移质	9 150	
2009	0.675	8-11	0.055	10-14	0.139	23 900	8-11	59.6	2 450	悬移质	7 720	
2010	0.479	4-23	0.045	2-18	0.129	13 500	7-30	64.6	2 650	悬移质	8 370	
2011	0.225	6-12	0.062	2-8	0.097	4 680	6-12	34.8	1 430	悬移质	4 500	
2012	0.512	7-9	0.049	1-29	0.14	19 500	7-10	75.7	3 100	悬移质	9 800	
2013	0.974	7-25	0.047	2-13	0.147	30 100	7-25	64.7	2 660	悬移质	8 380	
2014	0.228	5-28	0.034	1-28	0.109	7 460	7-20	56.8	2 330	悬移质	7 360	
2015	0.395	11-16	0.035	2-16	0.097	7 750	11-16	45.9	1890	悬移质	5 950	
2016	0.382	3-25	0.047	2-13	0.096	7 280	3-25	51.1	2 090	悬移质	6 610	
2017	0.713	7-21	0.035	2-10	0.118	10 500	7-4	39.5	1 620	悬移质	5 110	
2018	0.338	3-24	0.034	2-2	0.077	28 100	7-21	56.1	2 300	悬移质	7 260	
2019	0.247	3-9	0.046	11-1	0.077	5 720	7-13	40.4	1 660	悬移质	5 230	
2020	0.582	8-22	0.04	4-16	0.118	27 400	8-23	74.1	3 040	悬移质	9 600	

5-6　汉口(武汉关)站含沙量输沙率历年特征值表

年份	含沙量(kg/m³)					输沙率(kg/s)					平均输沙量(万 t)	备注
	最高	月日	最低	月日	平均	最大日均	月日	输沙模数	平均	泥沙类型		
1953	1.92	7-27	0.115	4-10		72 600	7-27			悬移质	▶35 500	
1954	0.762	5-31	0.036	8-27	0.264	35 700	6-1		8.48	悬移质	26 700	
1955	0.982	9-27	0.132	2-8	0.504	43 800	8-18		11.4	悬移质	▶35 900	
1956	2.67	8-16	0.072	3-3	0.729	97 900	8-23		15.6	悬移质	49 200	
1957	1.8	7-22	0.105	2-25	0.599	80 300	7-22		12.3	悬移质	38 800	
1958	2.82	7-9	0.094	2-22	0.74	114 000	7-10		16.2	悬移质	51 000	
1959	3.34	8-1	0.119	1-31	0.628	84 900	8-20		11.8	悬移质	37 200	
1960	1.85	9-8	0.09	2-17	0.661	64 800	8-11	277.5	12.7	悬移质	40 200	
1961	2.62	7-5	0.07	2-16	0.612	97 600	7-5	290	13.7	悬移质	43 200	
1962	2.31	8-21	0.098	3-5	0.553	103 000	8-21	274	13	悬移质	40 800	
1963	2.34	6-1	0.066	3-8	0.757	91 600	6-1	344	16.2	悬移质	51 200	
1964	2.76	8-3	0.144	2-6	0.656	117 000	8-3	389	18.3	悬移质	57 900	
1965	2.38	7-15	0.08	3-23	0.694	109 000	7-15	346	16.3	悬移质	51 500	
1966	3.14	9-6	0.075	4-2	0.772	129 000	9-6	323	15.2	悬移质	48 000	
1967	1.84	6-25	0.121	2-8	0.699	74 200	7-9	339	16	悬移质	50 400	
1968	1.6	8-14	0.102	3-1	0.634	81 400	9-22	342	16.1	悬移质	50 900	
1969	1.42	9-8	0.11	3-10	0.505	65 500	9-8	228	10.8	悬移质	34 000	
1970	1.74	9-30	0.082	2-2	0.523	69 600	9-30	265	12.5	悬移质	39 500	
1971	1.97	7-21	0.106	3-13	0.657	58 600	8-25	275	13	悬移质	40 900	
1972	1.9	7-19	0.11	2-3	0.659	61 800	7-19	251	11.8	悬移质	37 400	
1973	2.52	9-15	0.111	4-1	0.5	100 000	9-15	259	12.2	悬移质	38 600	
1974	1.76	8-14	0.098	3-22	0.653	76 500	8-15	310	14.7	悬移质	46 200	
1975	4.42	8-14	0.099	3-29	0.644	165 000	8-14	323	15.2	悬移质	48 000	

续表

年份	含沙量(kg/m³)					输沙率(kg/s)					平均输沙量(万 t)	备注
	最高	月日	最低	月日	平均	最大日均	月日	输沙模数	平均	泥沙类型		
1976	2.11	9-2	0.118	2-11	0.545	64 300	9-2	245	11.5	悬移质	36 500	
1977	3.43	7-15	0.075	1-21	0.6	131 000	7-15	284	13.4	悬移质	42 300	
1978	2.41	9-13	0.083	3-15	0.69	81 000	7-12	264	12.5	悬移质	39 300	
1979	1.96	7-21	0.086	4-9	0.7	82 500	9-17	291	13.7	悬移质	43 300	
1980	1.74	6-27	0.081	2-22	0.506	74 400	6-27	268	12.6	悬移质	39 800	
1981	3.38	9-1	0.093	3-13	0.708	146 000	7-21	328	15.5	悬移质	48 900	
1982	3.77	7-21	0.084	1-31	0.559	137 000	7-21	290	13.7	悬移质	43 200	
1983	2.37	9-13	0.084	4-8	0.53	96 000	9-13	306	14.5	悬移质	45 600	
1984	3.04	8-17	0.1	2-8	0.7	108 000	8-17	337	15.8	悬移质	50 100	
1985	2.64	7-6	0.1	1-2	0.6	103 000	7-8	276	13	悬移质	41 100	
1986	1.91	9-12	0.078	3-31	0.55	64 400	9-15	218	10.3	悬移质	32 500	
1987	2.02	7-4	0.09	3-13	0.61	89 800	7-26	281	13.3	悬移质	41 800	
1988	2.56	8-2	0.085	2-1	0.53	83 600	8-2	237	11.1	悬移质	35 200	
1989	2.29	7-15	0.07	1-6	0.51	115 000	7-15	269	12.7	悬移质	40 100	
1990	1.53	7-21	0.11	1-1	0.53	63 500	6-28	261	12.3	悬移质	38 900	
1991	1.7	8-17	0.12	1-18	0.59	88 700	8-17	292	13.8	悬移质	43 500	
1992	1.71	7-22	0.08	2-11	0.45	78 600		200	9.39	悬移质	29 700	
1993	1.65	7-25	0.086	1-26	0.46	66 600	7-25	232	10.9	悬移质	34 500	
1994	0.98	9-12	0.091	2-13	0.36	29 500	7-19	157	7.38	悬移质	23 300	
1995	2.39	8-21	0.089	3-24	0.46	79 300	8-20	222	10.5	悬移质	33 000	
1996	1.53	7-8	0.08	3-5	0.4	67 500	7-8	196	9.21	悬移质	29 100	
1997	1.94	7-10	0.072	3-14	0.48	85 900	7-19	204	9.64	悬移质	30 400	
1998	0.98	7-16	0.086	12-29	0.4	56 900	7-26	245	11.5	悬移质	36 400	

年份	含沙量（kg/m³）					输沙率（kg/s）					平均输沙量（万 t）	备注
	最高	月日	最低	月日	平均	最大日均	月日	输沙模数	平均	泥沙类型		
1999	0.92	7-3	0.042	2-23	0.37	53 300	7-3	190	8.95	悬移质	28 200	
2000	1.57	7-1	0.061	2-12	0.451	72 300	7-5	226	10.61	悬移质	33 600	
2001	1.46	9-30	0.081	3-26	0.435	47 200	8-27	192	9.042	悬移质	28 500	
2002	0.959	8-18	0.071	2-16	0.31	47 300	8-22	161	7.575	悬移质	23 900	
2003	0.969	9-8	0.046	2-8	0.224	41 200	9-8	111	5.24	悬移质	16 500	
2004	1.37	9-12	0.043	12-6	0.201	60 300	9-12	91.4	4.31	悬移质	13 600	
2005	1.05	8-25	0.038	4-30	0.233	50 700	8-25	117	5.51	悬移质	17 400	
2006	0.334	7-19	0.029	11-10	0.108	10 100	7-18	38.7	1.83	悬移质	5 760	
2007	0.722	8-7	0.036	2-17	0.176	34 900	8-7	76.6	3.61	悬移质	11 400	
2008	0.577	8-20	0.029	1-11	0.149	24 800	8-20	67.9	3.18	悬移质	10 100	
2009	0.619	8-12	0.024	1-28	0.139	24 100	8-12	58.7	2.77	悬移质	8 740	
2010	0.483	4-24	0.038	2-24	0.149	27 000	7-28	74.6	3.52	悬移质	11 100	
2011	0.593	9-20	0.035	2-7	0.125	13 900	9-21	46.1	2.18	悬移质	6 860	
2012	0.485	7-12	0.065	11-9	0.166	19 800	7-14	84.7	3.99	悬移质	12 600	
2013	0.898	7-26	0.04	2-7	0.146	31 000	7-26	62.4	2.94	悬移质	9 280	
2014	0.203	9-24	0.027	1-29	0.112	8 600	7-21	54.1	2.55	悬移质	8 050	
2015	0.317	11-19	0.031	2-17	0.093	7 180	7-7	42.3	2	悬移质	6 300	
2016	0.256	3-27	0.036	2-15	0.091	8 990	7-8	45.6	2.15	悬移质	6 790	
2017	0.312	3-26	0.035	1-26	0.094	11 400	7-4	46.9	2.21	悬移质	6 980	
2018	0.589	7-23	0.034	1-2	0.119	24 200	7-23	53.5	2.52	悬移质	7 960	
2019	0.236	3-11	0.033	12-21	0.081	5 800	7-15	38.5	1 820	悬移质	5 730	
2020	0.45	8-24	0.027	1-1	0.101	22 400	8-24	59.5	2 800	悬移质	8 860	

5-7　新江口站含沙量输沙率历年特征值表

年份	含沙量(kg/m³)					输沙率(kg/s)					平均输沙量(万t)	备注
	最高	月日	最低	月日	平均	最大日均	月日	输沙模数	平均	泥沙类型		
1955	3.74	9-17	0	2-4	1.19	12 800	7-18	0	1 240	悬移质	3 920	
1956	3.75	8-15	0.028	2-29	1.22	10 700	6-30	0	1 140	悬移质	3 600	
1957	3.69	7-13	0.024	12-31	1.12	11 900	7-13	0	1 100	悬移质	3 470	
1958	2.72	7-6	0.012	1-30	1.17	13 900	8-26	0	1 120	悬移质	3 540	
1959	9.54	7-27	0.019	4-30	0.995	19 900	7-27	0	779	悬移质	2 460	
1960	2.99	7-9	0.013	2-16	0.982	10 200	8-8	0	834	悬移质	2 640	
1961	3.48	7-2	0.008 0	1-8	0.948	14 600	7-2	0	967	悬移质	3 050	
1962	3.07	8-2	0.014	2-5	0.964	10 700	8-2	0	1 060	悬移质	3 340	
1963	4.29	5-28	0.006 0	1-31	1.06	11 300	5-30	0	1 120	悬移质	3 520	
1964	7.46	5-26	0.009 0	2-3	1.11	17 100	7-29	0	1 470	悬移质	4 640	
1965	2.96	7-5	0.01	3-28	0.984	9 500	7-19	0	1 210	悬移质	3 800	
1966	4.33	8-4	0.01	4-19	1.24	13 300	9-6	0	1 250	悬移质	3 930	
1967	4.15	5-30	0.015	1-26	1.03	11 500	7-6	0	1 190	悬移质	3 750	
1968	3.62	8-11	0	1-1	1.26	17 900	7-7	0	1 700	悬移质	5 370	
1969	3.22	10-3	0	1-1	0.975	12 000	7-12	0	858	悬移质	2 700	
1970	4.24	6-1	0.029	4-2	0	8 060	6-1	0	0	悬移质	3 106	
1971	4.26	7-17	0	12-14	0	7 920	7-17	0	0	悬移质	▶3 600	
1972	3.06	7-15	0	1-1	1.01	9 210	7-15	0	773	悬移质	2 440	
1973	3.88	9-12	0.011	1-10	1.07	14 500	9-12	0	1 090	悬移质	3 430	
1974	3.29	7-4	0.006 0	1-14	1.16	13 200	7-4	0	1 410	悬移质	4 460	
1975	13.4	8-10	0.007 0	4-1	0.972	32 100	8-10	0	1 040	悬移质	3 270	
1976	2.86	8-30	0.003 0	1-30	0.854	9 020	7-20	0	806	悬移质	2 550	
1977	5.74	7-12	0.004 0	3-1	1.03	20 700	7-12	0	1 050	悬移质	3 300	

年份	含沙量（kg/m³）					输沙率（kg/s）					平均输沙量（万 t）	备注
	最高	月日	最低	月日	平均	最大日均	月日	输沙模数	平均	泥沙类型		
1978	3.81	9-9	0	2-1	1.12	13 300	7-9	0	980	悬移质	3 090	
1979	4.31	7-10	0	1-1	1.25	10 200	9-14	0	1 140	悬移质	3 580	
1980	3.11	7-6	0	1-1	1.04	13 500	8-29	0	1 170	悬移质	3 700	
1981	7.25	8-29	0	1-1	1.68	30 400	7-19	0	1 730	悬移质	5 460	
1982	4.47	7-19	0	1-1	1.2	18 600	8-1	0	1 280	悬移质	4 040	
1983	3.18	6-27	0	1-1	1.22	12 800	8-4	0	1 450	悬移质	4 580	
1984	7.04	8-13	0	1-1	1.48	18 500	7-27	0	1 560	悬移质	4 950	
1985	3.69	7-3	0	1-1	1.1	12 500	7-5	27	1 170	悬移质	3 690	
1986	3.43	7-17	0	1-1	0.96	10 100	7-7	0	778	悬移质	2 450	
1987	3.75	7-14	0	1-1	1.24	13 600	7-24	0	1 170	悬移质	3 680	
1988	3.71	7-30	0	1-1	1.04	12 200	7-30	0	947	悬移质	2 990	
1989	4.13	7-12	0	1-1	1.01	25 000	7-12	0	1 110	悬移质	3 510	
1990	2.83	9-3	0	1-1	1.03	6 920	6-24	0	959	悬移质	3 030	
1991	3.35	7-16	0	1-1	1.31	12 800	8-14	0	1 158	悬移质	3 650	
1992	3.73	7-19	0	1-1	0.88	13 400	7-19	0	641	悬移质	2 030	
1993	2.88	9-10	0	1-1	1	6 940	8-4	0	943	悬移质	2 980	
1994	2	6-30	0	1-1	0.69	4 000	6-29	0	365	悬移质	1 150	
1995	3.55	8-17	0	1-1	0.93	11 200	8-17	0	788	悬移质	2 490	
1996	2.01	7-5	0	1-1	0.87	6 850	7-6	0	740	悬移质	2 340	
1997	2.6	7-23	0	1-1	1.02	8 960	7-23	0	647	悬移质	2 040	
1998	3.12	7-1	0	1-1	1.38	15 900	8-26		1 779	悬移质	5 610	
1999	1.95	7-4	0	1-1	0.909	9 530	7-20		974	悬移质	3 070	

续表

年份	含沙量(kg/m³)					输沙率(kg/s)					平均输沙量(万 t)	备注
	最高	月日	最低	月日	平均	最大日均	月日	输沙模数	平均	泥沙类型		
2000	2.4	6-13	0	1-1	0.864	7 780	7-17		834.8	悬移质	2 640	
2001	2.73	8-24	0	1-1	0.804	6 290	8-24		609.6	悬移质	1 920	
2002	1.72	8-14	0	1-1	0.644	5 930	8-24		465.8	悬移质	1 470	
2003	0.876	9-8	0	1-1	0.302	2 640	9-6		245.9	悬移质	775	
2004	1.46	9-10	0	1-1	0.228	6 940	9-10		182.6	悬移质	578	
2005	1.4	8-22	0	1-1	0.327	4 760	8-22		312	悬移质	985	
2006	0.4	7-14	0	1-1	0.082	759	7-10		28.2	悬移质	88.9	
2007	1.28	8-4	0	1-1	0.205	4 700	8-4		167	悬移质	527	
2008	0.565	8-18	0	1-1	0.113	1 760	8-18		91.7	悬移质	290	
2009	0.851	8-9	0	1-1	0.163	2 800	8-9		111	悬移质	349	
2010	0.463	7-25	0	1-1	0.134	1 660	7-27		110	悬移质	347	
2011	0.176	8-8	0	1-1	0.049	342	8-7		25.1	悬移质	79.3	
2012	0.563	7-9	0	1-1	0.161	2 280	7-9		160	悬移质	506	
2013	1.15	7-25	0	1-1	0.146	3 440	7-24		95.9	悬移质	302	
2014	0.204	9-7	0	1-1	0.055	521	9-20		47.7	悬移质	150	
2015	0.127	7-3	0	1-1	0.029	336	7-3		17.8	悬移质	56.2	
2016	0.442	7-7	0	1-1	0.074	1 130	8-8		60.3	悬移质	191	
2017	0.121	7-10	0	1-1	0.042	306	7-13		33.4	悬移质	105	
2018	1.22	7-20	0	1-1	0.151	4 140	7-20		136	悬移质	429	
2019	0.228	8-12	0	1-1	0.065	528	8-11		50	悬移质	158	
2020	1.21	8-27	0	1-1	0.169	4 330	8-21		209	悬移质	661	

5-8 沙道观站含沙量输沙率历年特征值表

年份	含沙量(kg/m³)					输沙率(kg/s)					平均输沙量(万t)	备注
	最高	月日	最低	月日	平均	最大日均	月日	输沙模数	平均	泥沙类型		
1955	3.56	9-17	0.016	2-28	0.113	7 200	7-19	0	764	悬移质	2 410	
1956	3.84	6-16	0.013	12-30	1.23	8 680	6-30	0	725	悬移质	2 290	
1957	2.88	7-13	0.005 0	2-27	1.08	6 650	7-24	0	589	悬移质	1 860	
1958	2.98	7-12	0.009 0	1-30	1.34	9 120	8-26	0	660	悬移质	2 080	
1959	9.08	7-27	0.008 0	1-14	1.2	9 990	7-27	0	427	悬移质	1 350	
1960	2.46	8-9	0.004 0	12-20	1.12	5 980	8-8	0	460	悬移质	1 460	
1961	2.89	7-2	0	1-1	0.351	6 880	7-2	0	481	悬移质	1 520	
1962	3.72	8-2	0.004 0	1-9	1.07	7 770	8-2	0	582	悬移质	1 840	
1963	3.22	5-30	0.005 0	2-21	1.12	6 920	5-30	0	606	悬移质	1910	
1964	6.84	7-30	0	2-27	1.14	9 780	7-30	0	766	悬移质	2 420	
1965	2.72	8-19	0	2-26	1.09	5 580	7-19	0	659	悬移质	2 080	
1966	4.03	8-2	0	1-7	1.43	7 940	9-6	0	656	悬移质	2 070	
1967	3.34	7-6	0	1-1	1.18	6 450	7-6	0	545	悬移质	1 720	
1968	4.01	8-10	0	1-1	1.47	9 150	7-7	0	843	悬移质	2 660	
1969	3.26	7-15	0	1-1	1.2	6 530	7-12	0	399	悬移质	1 260	
1970	4.06	6-1	0	1-1	1.13	4 760	7-29	0	453	悬移质	1 430	
1971	4.73	7-17	0	1-1	1.05	3 930	8-22	0	347	悬移质	1 090	
1972	3.15	7-15	0	1-1	1.14	4 440	7-15	0	292	悬移质	924	
1973	4.13	9-12	0	1-1	1.26	8 060	9-12	0	499	悬移质	1 570	
1974	3.55	7-4	0	1-1	1.38	7 800	8-13	0	641	悬移质	2 020	
1975	8.89	8-10	0	1-1	1.14	8 790	8-10	0	371	悬移质	1 170	
1976	2.79	8-30	0	1-1	0.981	4 350	7-20	0	262	悬移质	830	
1977	5.43	7-12	0	1-1	1.22	8 720	7-12	0	356	悬移质	1 120	

年份	含沙量(kg/m³)					输沙率(kg/s)					平均输沙量(万 t)	备注
	最高	月日	最低	月日	平均	最大日均	月日	输沙模数	平均	泥沙类型		
1978	3.42	7-9	0	1-1	1.28	5 460	7-9	0	310	悬移质	977	
1979	3.89	7-23	0	1-1	1.37	4 450	9-14	0	404	悬移质	1 270	
1980	3.07	7-6	0	1-1	1.14	5 860	8-29	0	428	悬移质	1 350	
1981	6.74	8-29	0	1-1	1.91	11 900	7-19	0	608	悬移质	1920	
1982	4.28	7-19	0	1-1	1.33	7 690	8-1	0	439	悬移质	1 380	
1983	2.9	7-15	0	1-1	1.28	4 640	8-4	0	488	悬移质	1 540	
1984	7.66	8-13	0	1-1	1.76	6 660	7-27	0	542	悬移质	1 710	
1985	3.73	7-3	0	1-1	1.35	4 750	7-5	0	378	悬移质	1 190	
1986	3.24	7-17	0	1-1	1.18	3 490	7-7	0	228	悬移质	718	
1987	3.71	7-14	0	1-1	1.44	5 770	7-24	0	396	悬移质	1 250	
1988	3.62	7-30	0	1-1	1.16	3 680	7-30	0	277	悬移质	875	
1989	4.11	7-12	0	1-1	1.17	8 110	7-12	0	337	悬移质	1 060	
1990	3.56	6-22	0	1-1	1.18	2 370	6-24	0	304	悬移质	961	
1991	3.76	7-16	0	1-1	1.56	4 980	8-15	0	416	悬移质	1 310	
1992	4.42	7-19	0	1-1	0.99	4 930	7-19	0	174	悬移质	553	
1993	2.38	7-22	0	1-1	1.09	2 390	9-3	0	304	悬移质	960	
1994	1.94	6-30	0	1-1	0.87	1 260	6-30	0	81.1	悬移质	256	
1995	3.29	8-17	0	1-1	0.99	3 410	8-17	0	217	悬移质	687	
1996	1.97	8-1	0	1-1	1.03	2 580	7-6	0	228	悬移质	722	
1997	2.31	7-16	0	1-1	1.35	2 670	7-17	0	165	悬移质	523	
1998	3.55	7-13	0	1-1	1.32	5 150	8-26		530	悬移质	1 670	
1999	1.85	8-5	0	1-1	0.83	2 320	7-20		232	悬移质	732	

续表

年份	含沙量（kg/m³）					输沙率（kg/s）					平均输沙量（万 t）	备注
	最高	月日	最低	月日	平均	最大日均	月日	输沙模数	平均	泥沙类型		
2000	2.16	6-28	0	1-1	0.893	2 550	7-3		219.7	悬移质	695	
2001	2.24	8-24	0	1-1	0.904	1 780	8-24		149.1	悬移质	470	
2002	1.52	8-24	0	1-1	0.765	1 920	8-24		123.1	悬移质	388	
2003	0.854	9-7	0	1-1	0.355	917	9-7		78.13	悬移质	246	
2004	1.38	9-10	0	1-1	0.29	2 390	9-9		52.71	悬移质	167	
2005	1.49	8-22	0	1-1	0.409	1 740	8-22		98.9	悬移质	312	
2006	0.316	7-13	0	1-1	0.147	185	7-11		4.86	悬移质	15.3	
2007	1.27	8-4	0	1-1	0.249	1 390	8-4		48	悬移质	151	
2008	0.606	8-18	0	1-1	0.166	649	8-18		29.3	悬移质	92.6	
2009	0.865	8-10	0	1-1	0.232	973	8-10		35.7	悬移质	112	
2010	0.484	7-25	0	1-1	0.183	611	7-27		36.3	悬移质	114	
2011	0.254	7-9	0	1-1	0.077	155	7-9		5.47	悬移质	17.2	
2012	0.544	7-10	0	1-1	0.197	738	7-10		47.4	悬移质	150	
2013	1.23	7-25	0	1-1	0.227	1 210	7-25		29.9	悬移质	94.3	
2014	0.196	9-20	0	1-1	0.095	320	9-20		19.2	悬移质	60.4	
2015	0.13	7-1	0	1-1	0.048	110	7-1		4.78	悬移质	15.1	
2016	0.145	7-2	0	1-1	0.063	158	7-2		11.2	悬移质	35.4	
2017	0.114	7-14	0	1-1	0.029	86	7-14		4.7	悬移质	14.8	
2018	1.16	7-20	0	1-1	0.18	1 310	7-20		36	悬移质	114	
2019	0.221	8-12	0	1-1	0.064	166	8-12		11.1	悬移质	35.1	
2020	0.993	8-27	0	1-1	0.182	1 360	8-25		66.5	悬移质	210	

5-9 弥陀寺站含沙量输沙率历年特征值表

年份	含沙量(kg/m³)					输沙率(kg/s)					平均输沙量(万 t)	备注
	最高	月日	最低	月日	平均	最大日均	月日	输沙模数	平均	泥沙类型		
1953	2.98	9-12	0.035	12-31	0	6 800					▶1 630	
1954	2.36	7-22	0	1-31	0.971	8 090					2 620	
1955	4.15	9-18	0.047	2-2	0	6 800	7-18	0	0	悬移质	▶2 760	
1956	2.93	8-23	0.014	12-31	0	8 090	6-30	0	831	悬移质	2 640	
1957	4.19	7-11	0	2-5	0	8 680	7-11	0	0	悬移质	▶2 280	
1958	4.31	7-6	0	1-13	1.35	10 100	7-8	0	791	悬移质	2 500	
1959	7.25	7-27	0	1-4	1.34	12 700	8-16	0	672	悬移质	2 120	
1960	2.54	9-10	0	1-5	0.858	5 740	8-8	0	578	悬移质	1 830	
1961	2.82	7-2	0	1-1	1.01	7 950	7-2	0	701	悬移质	2 210	
1962	3.14	8-2	0.01	3-19	0.945	7 160	8-2	0	703	悬移质	2 220	
1963	3.44	5-31	0.01	2-14	1.1	7 510	5-30	0	814	悬移质	2 570	
1964	6.42	7-30	0.015	2-21	1.03	11 000	7-30	0	879	悬移质	2 780	
1965	3.1	7-5	0.013	3-27	1	5 540	7-19	0	784	悬移质	2 470	
1966	3.89	8-4	0.014	3-19	1.36	7 730	8-9	0	833	悬移质	2 630	
1967	3.03	7-6	0.021	2-5	0	6 580	7-6	0	0	悬移质	▶2 566	
1968	3.6	8-11	0	1-1	1.26	7 770	7-7	0	982	悬移质	3 100	
1969	3.84	5-6	0	1-1	1.12	6 710	7-12	0	588	悬移质	1 850	
1970	3.7	6-1	0.023	4-1	0	4 990	7-27	0	0	悬移质	▶2 289	
1971	5.13	7-17	0.037	12-25	0	5 550	7-17	0	0	悬移质	▶2 243	
1972	3.24	7-15	0	2-1	1.13	5 570	7-15	0	445	悬移质	1 410	
1973	4.11	9-12	0	1-6	1.19	8 230	9-12	0	668	悬移质	2 110	
1974	3.64	7-4	0	1-5	1.33	7 200	7-4	0	857	悬移质	2 700	
1975	10.6	8-10	0	2-1	1.19	12 800	8-10	0	625	悬移质	1 970	

续表

年份	含沙量(kg/m³)					输沙率(kg/s)					平均输沙量(万 t)	备注
	最高	月日	最低	月日	平均	最大日均	月日	输沙模数	平均	泥沙类型		
1976	2.52	8-30	0	1-8	0.961	4 850	7-20	0	447	悬移质	1 410	
1977	6.12	7-12	0	1-1	1.22	12 100	7-12	0	606	悬移质	1 910	
1978	3.86	7-9	0	1-1	1.23	6 770	7-9	0	505	悬移质	1 590	
1979	4.02	7-10	0	1-1	1.37	4 580	9-14	0	587	悬移质	1 850	
1980	3.48	7-6	0	1-1	1.17	5 710	8-29	0	615	悬移质	1 940	
1981	6.59	8-29	0	1-1	1.74	10 700	7-18	0	826	悬移质	2 600	
1982	4.51	7-18	0	1-1	1.26	9 100	7-18	0	658	悬移质	2 080	
1983	3.3	8-4	0	1-1	1.38	7 050	8-4	0	765	悬移质	2 410	
1984	8.15	8-13	0	1-1	1.67	9 370	7-27	0	787	悬移质	2 490	
1985	3.79	7-3	0	1-1	1.24	5 710	7-5	0	567	悬移质	1 790	
1986	3.72	7-17	0	1-1	1.16	4 650	7-7	0	393	悬移质	1 240	
1987	3.54	7-14	0	1-1	1.3	5 510	7-2	1 130	536	悬移质	1 690	
1988	3.56	7-30	0	1-1	1.13	5 160	7-30	0	458	悬移质	1 450	
1989	4.07	7-12	0	1-1	1.07	7 280	7-12	0	505	悬移质	1 590	
1990	2.67	7-17	0	1-1	1.19	3 510	6-24	0	494	悬移质	1 560	
1991	3.21	7-16	0	1-1	1.39	5 110	8-14	0	550	悬移质	1 730	
1992	3.66	7-19	0	1-1	0.94	6 630	7-19	0	311	悬移质	985	
1993	2.72	8-4	0	1-1	1.07	4 160	8-4	0	478	悬移质	1 510	
1994	2.32	6-27	0	1-1	0.85	2 460	6-30	0	206	悬移质	652	
1995	4.01	8-17	0	1-1	1.03	5 670	8-17	0	419	悬移质	1 320	
1996	1.94	7-31	0	1-1	0.92	3 080	7-31	0	368	悬移质	1 160	
1997	2.58	7-23	0	1-1	1.15	3 940	7-23	0	321	悬移质	1 010	
1998	3.21	7-1	0	1-1	1.28	6 580	8-27		736	悬移质	2 320	

续表

年份	含沙量(kg/m³)					输沙率(kg/s)					平均输沙量(万 t)	备注
	最高	月日	最低	月日	平均	最大日均	月日	输沙模数	平均	泥沙类型		
1999	1.91	9-11	0	1-1	0.915	3 410	7-20		464	悬移质	1 470	
2000	2.62	6-28	0	1-1	0.853	3 690	6-28		375.3	悬移质	1 190	
2001	2.69	8-24	0	1-1	0.78	3 010	8-24		251.3	悬移质	793	
2002	1.46	8-14	0	1-1	0.609	2 260	8-24		196.8	悬移质	621	
2003	0.8	9-7	0	1-1	0.275	998	9-7		92	悬移质	290	
2004	1.13	9-10	0	1-1	0.188	2 110	9-9		61.82	悬移质	196	
2005	1.15	8-22	0	1-1	0.296	1 740	8-22		115	悬移质	361	
2006	0.289	7-13	0	1-1	0.071	203	7-11		7.79	悬移质	24.6	
2007	1.22	8-5	0	1-1	0.174	1 380	8-5		55	悬移质	173	
2008	0.494	8-18	0	1-1	0.103	591	8-18		32.2	悬移质	102	
2009	0.736	8-9	0	1-1	0.139	1 040	8-9		38.2	悬移质	121	
2010	0.425	7-25	0	1-1	0.133	744	7-27		45	悬移质	142	
2011	0.108	7-4	0	1-1	0.04	64.1	8-7		6.02	悬移质	19	
2012	0.566	7-9	0	1-1	0.145	797	7-31		52.4	悬移质	166	
2013	1.26	7-25	0	1-1	0.169	1 380	7-25		36.8	悬移质	116	
2014	0.212	9-6	0	1-1	0.054	178	9-20		15.7	悬移质	49.4	
2015	0.116	7-16	0	1-1	0.025	81.1	7-3		4	悬移质	12.6	
2016	0.146	7-21	0	1-1	0.047	147	7-21		10.3	悬移质	32.6	
2017	0.117	7-11	0	1-1	0.027	116	7-12		4.77	悬移质	15	
2018	1.26	7-20	0	1-1	0.153	1 210	7-20		28.6	悬移质	90.3	
2019	0.19	8-12	0	1-1	0.052	130	8-12		7.81	悬移质	24.6	
2020	0.843	8-28	0	1-1	0.158	1 140	8-22		46.7	悬移质	148	

5-10　董家垱站含沙量输沙率历年特征值表

年份	含沙量(kg/m³)					输沙率(kg/s)					平均输沙量(万 t)	备注
	最高	月日	最低	月日	平均	最大日均	月日	输沙模数	平均	泥沙类型		
2019	—	—	—	—	—	79.5	8-1	—	4.2	悬移质	10	
2020	0.451	8-22	0	1-1	0.146	845	8-22	—	45.5	悬移质	140	0.451

5-11　康家岗站含沙量输沙率历年特征值表

年份	含沙量(kg/m³)					输沙率(kg/s)					平均输沙量(万 t)	备注
	最高	月日	最低	月日	平均	最大日均	月日	输沙模数	平均	泥沙类型		
1955	3.74	8-4	0	6-1	0	7 480	7-19	0	0	悬移质	▶1 910	
1956	5.45	6-14	0.061	10-9	0	9 400	7-1	0	466	悬移质	1 470	
1957	4.01	7-12	0	1-1	0	7 490	7-23	0	0	悬移质	▶1 300	
1958	4.66	8-26	0.002 0	10-31	0	10 300	8-26	0	0	悬移质	▶1 350	
1959	11.2	7-28	0.062	9-5	3.4	8 100	8-17	0	222	悬移质	700	
1960	4.89	6-29	0.017	10-28	2.46						▶1 102	
1961											▶1 043	
1962											▶948	
1963	7	5-31	0	1-1	2.08						▶1 016	
1964	7.32	7-30	0.017	11-16	1.67	5 450	9-16	0	370	悬移质	1 170	
1965	3.54	7-6	0.019	5-19	1.7	4 060	9-7	0	333	悬移质	1 050	
1966	5.68	8-5	0	1-1	2.37	4 900	9-6	0	249	悬移质	780	
1967	5	7-7	0	1-1	1.97	3 180	7-7	0	188	悬移质	592	
1968	5.39	8-11	0	5-19	2.37	6 330	7-8	0	370	悬移质	1 170	
1969	5.65	7-16	0.02	10-25	2.26	4 210	7-16	0	126	悬移质	399	
1970	3.18	6-2	0.014	5-30	1.85	2 600	8-3	0	128	悬移质	404	
1971	4.02	6-17	0.042	6-5	1.94	981	6-17	0	42	悬移质	132	
1972	4.2	7-16	0	6-24	2.04	641	7-15	0	18.8	悬移质	59.5	

续表

年份	含沙量(kg/m³)					输沙率(kg/s)					平均输沙量(万 t)	备注
	最高	月日	最低	月日	平均	最大日均	月日	输沙模数	平均	泥沙类型		
1973	5.12	9-12	0	5-15	2.04	3 400	7-6	0	103	悬移质	326	
1974	4.01	7-5	0.047	10-19	2.04	2 900	8-13	0	161	悬移质	506	
1975	10.3	8-11	0.026	6-26	1.94	932	10-6	0	45.5	悬移质	144	
1976	3.31	8-30	0.033	6-24	1.76	1 600	7-21	0	40.7	悬移质	129	
1977	6.82	7-12	0.05	9-15	2.32	1 600	7-13	0	43	悬移质	136	
1978	3.39	7-9	0.065	9-7	1.86	942	7-9	0	19.9	悬移质	62.6	
1979	3.24	7-11	0.028	10-19	1.69	1 120	9-24	0	47.2	悬移质	149	
1980	3.95	6-25	0	1-1	1.61	1 780	8-30	0	85.1	悬移质	269	
1981	7	8-30	0	1-1	2.54	3 550	7-19	0	99	悬移质	312	
1982	5.84	7-19	0	1-1	1.95	2 360	7-19	0	93	悬移质	293	
1983	3.97	9-13	0	6-27	1.95	1 760	8-5	0	130	悬移质	409	
1984	7.31	8-13	0	9-21	2.55	1 950	7-27	0	103	悬移质	325	
1985	4.76	7-6	0	10-11	2.12	1 250	7-6	0	57.8	悬移质	182	
1986	4.55	7-18	0	1-1	1.99	1 040	7-8	0	29.5	悬移质	93.2	
1987	4.18	7-3	0	6-29	1.9	1 870	7-24	0	62.3	悬移质	197	
1988	3.28	7-30	0	6-20	1.27	644	9-7	0	30.1	悬移质	95.3	
1989	4.11	7-30	0	6-11	1.74	1 960	7-13	0	49.5	悬移质	156	
1990	3.08	6-26	0	5-19	1.56	541	7-4	0	30.2	悬移质	95.2	
1991						1 470	8-15	0	64.4	悬移质	203	
1992	3.82	7-19	0	5-11	1.51	1 180	7-19	0	26.7	悬移质	84.5	
1993	2.6	7-22	0	7-1	1.39	638	8-30	0	58.5	悬移质	184	
1994	2.06	7-1	0	6-9	0.91	144	7-1	0	6.43	悬移质	20.3	
1995	3.9	8-18	0	9-28	1.04	494	8-18	0	26.4	悬移质	83.3	
1996	2.05	7-6	0	6-5	1.14	432	8-1	0	36.4	悬移质	115	

续表

年份	含沙量(kg/m³)					输沙率(kg/s)					平均输沙量(万 t)	备注
	最高	月日	最低	月日	平均	最大日均	月日	输沙模数	平均	泥沙类型		
1997	3.61	7-17	0	6-11	1.7	734	7-17	0	23.4	悬移质	73.7	
1998	2.99	7-1	0	6-24	1.51	1 290	8-27		120	悬移质	379	
1999	2.28	7-4	0	6-19	1.28	639	7-20		56.5	悬移质	178	
2000	3.19	6-29	0	6-8	1.46	662	7-3		42.29	悬移质	134	
2001	2.83	8-24	0	6-11	1.33	238	8-24		17.4	悬移质	54.9	
2002	2.06	8-8	0	5-6	1.07	427	8-24		25	悬移质	78.8	
2003	0.965	9-8	0	5-23	0.557	169	7-14		12.71	悬移质	40.1	
2004	1.66	9-9	0	6-1	0.485	402	9-9		7.077	悬移质	22.4	
2005	1.34	8-23	0	5-24	0.536	209	8-23		12	悬移质	38	
2006	0.294	7-15	0	1-1	0.177	12.9	7-11		0.262	悬移质	0.825	
2007	1.37	8-6	0	1-1	0.339	174	8-5		6.3	悬移质	19.9	
2008	0.875	8-20	0	1-1	0.204	60.4	8-20		2.55	悬移质	8.08	
2009	0.71	8-9	0	1-1	0.244	82.4	8-10		2.54	悬移质	8.01	
2010	0.456	7-25	0	1-1	0.191	71.5	7-28		3.5	悬移质	11	
2011	0.105	7-11	0	1-1	0.07	3.42	6-27		0.128	悬移质	0.402	
2012	0.488	7-10	0	1-1	0.23	90.8	7-30		4.67	悬移质	14.8	
2013	1.11	7-25	0	1-1	0.27	64.5	7-25		1.4	悬移质	4.42	
2014	0.201	9-8	0	1-1	0.065	13.1	9-20		0.68	悬移质	2.14	
2015	0.081	7-4	0	1-1	0.045	4.71	7-4		0.126	悬移质	0.397	
2016	0.17	6-30	0	1-1	0.068	12.6	7-22		0.773	悬移质	2.44	
2017	0.104	7-16	0	1-1	0.037	5.61	7-16		0.135	悬移质	0.425	
2018	0.855	7-21	0	1-1	0.23	57.2	7-21		1.69	悬移质	5.34	
2019	0.184	8-13	0	1-1	0.065	8.52	8-4		0.441	悬移质	1.39	
2020	0.837	8-28	0	1-1	0.173	104	8-22		4.45	悬移质	14.1	

5-12　管家铺站含沙量输沙率历年特征值表

年份	含沙量(kg/m³)					输沙率(kg/s)					平均输沙量(万 t)	备注
	最高	月日	最低	月日	平均	最大日均	月日	输沙模数	平均	泥沙类型		
1955	5.65	9-24	0	2-14	0	36 200	7-19	0	0	悬移质	▶13 600	
1956	6.47	6-17	0.007 0	2-21	1.97	44 900	7-1	0	3 790	悬移质	12 000	
1957	5.44	7-13	0.001 0	3-25	1.76	41 700	7-13	0	3 360	悬移质	10 600	
1958	6.66	7-9	0.007 0	2-17	2.08	60 600	8-26	0	3 820	悬移质	12 000	
1959	9.78	7-28	0.01	12-29	1.86						7 830	
1960	4.93	8-8	0.052	11-21	0.574						10 164	
1961	6.69	7-3	0.008 0	2-17	1.84						10 011	
1962	6.3	8-2	0.009 0	2-27	1.81	51 300	8-17	0	2 480	悬移质	10 495	
1963						52 600	5-30	0	3 420	悬移质	10 785	
1964	7.53	7-30	0.012	3-2	1.75	43 800	7-30	0	4 260	悬移质	13 500	
1965	4.35	7-12	0	2-28	1.6	34 100	7-12	0	3 400	悬移质	10 700	
1966	5.97	9-4	0.008 0	3-15	2.07	55 200	9-4	0	3 060	悬移质	9 650	
1967	5.16	7-7	0.008 0	2-21	0	35 900	6-28	0	0	悬移质	10 231	
1968	5.95	7-7	0	1-1	2.27	55 800	7-7	0	4 240	悬移质	13 400	
1969	4.29	7-16	0	1-1	1.66	27 700	7-13	0	1 780	悬移质	5 610	
1970	4.26	6-2	0	1-1	1.65	27 200	8-3	0	2 140	悬移质	6 750	
1971	4.01	8-22	0	1-1		14 800	8-22	0	0	悬移质	7 311	
1972	4.4	7-15	0	1-1	1.63	15 000	7-16	0	774	悬移质	2 450	
1973	6.7	7-7	0	1-1	1.92	38 600	7-6	0	1870	悬移质	5 900	
1974	5.21	7-5	0	1-1	2.05	28 900	8-13	0	2 520	悬移质	7 960	
1975	12.7	8-11	0	1-1	1.64	23 200	8-11	0	1 170	悬移质	3 680	
1976	3.24	8-30	0	1-1	1.48	18 900	7-21	0	825	悬移质	2 610	
1977	6.49	7-13	0	1-1	1.78	25 500	7-13	0	988	悬移质	3 110	

年份	含沙量(kg/m³)					输沙率(kg/s)					平均输沙量(万 t)	备注
	最高	月日	最低	月日	平均	最大日均	月日	输沙模数	平均	泥沙类型		
1978	4.66	7-9	0	1-1	1.6	18 500	7-9	0	712	悬移质	2 240	
1979	3.96	7-17	0	1-1	1.85	15 900	9-17	0	1 130	悬移质	3 570	
1980	3.94	8-29	0	1-1	1.65	23 200	8-30	0	1 470	悬移质	4 650	
1981	8.05	8-30	0	1-1	2.62	51 100	7-19	0	1880	悬移质	5 930	
1982	7.11	7-19	0	1-1	1.9	35 000	7-19	0	1 530	悬移质	4 830	
1983	4.46	9-13	0	1-1	2.03	24 600	8-5	0	2010	悬移质	6 350	
1984	7.06	8-13	0	1-1	2.24	23 100	7-11	0	1 640	悬移质	5 180	
1985	4.95	7-6	0	1-1	1.78	16 900	7-6	0	1 030	悬移质	3 240	
1986	4.41	7-18	0	1-1	1.48	13 700	7-8	0	553	悬移质	1 740	
1987	5.43	7-24	0	1-1	1.8	27 100	7-24	0	1 030	悬移质	3 240	
1988	3.99	7-30	0	1-1	1.34	10 500	9-7	0	627	悬移质	1 980	
1989	4.57	7-13	0	1-1	1.47	26 300	7-13	0	833	悬移质	2 630	
1990	3.04	6-25	0	1-1	1.41	7 830	7-5	0	638	悬移质	2 010	
1991	4.2	8-15	0	1-1	1.94	18 300	8-15	0	1 070	悬移质	3 370	
1992	4.31	7-19	0	1-1	1.27	15 700	7-19	0	458	悬移质	1 450	
1993	3.24	7-22	0	1-1	1.54	10 800	8-15	0	963	悬移质	3 040	
1994	2.03	7-1	0	1-1	0.71	1 990	7-1	0	152	悬移质	482	
1995	4.03	8-18	0	1-1	1.11	7 090	8-18	0	477	悬移质	1 500	
1996	2.45	7-8	0	1-1	1.1	5 980	7-8	0	529	悬移质	1 670	
1997	3.19	7-17	0	1-1	1.41	9 270	7-17	0	397	悬移质	1 250	
1998	3.07	7-1	0	1-1	1.7	13 400	8-27		1 648	悬移质	5 200	
1999	2.26	7-4	0	1-1	1.28	8 730	7-21		815	悬移质	2 570	

续表

年份	含沙量(kg/m³)					输沙率(kg/s)					平均输沙量(万 t)	备注
	最高	月日	最低	月日	平均	最大日均	月日	输沙模数	平均	泥沙类型		
2000	2.83	6-29	0	1-1	1.22	8 300	7-3		589.9	悬移质	1870	
2001	2.44	8-25	0	1-1	1.04	3 440	9-8		315.9	悬移质	996	
2002	2.01	8-16	0	1-1	0.973	5 870	8-23		413.6	悬移质	1 300	
2003	1.2	9-5	0	1-1	0.539	2 940	9-5		221.6	悬移质	699	
2004	2.05	9-9	0	1-1	0.458	7 190	9-9		151.9	悬移质	480	
2005	1.48	8-22	0	1-1	0.51	3 590	8-22		221	悬移质	697	
2006	0.328	7-14	0	1-1	0.113	308	7-11		10.3	悬移质	32.4	
2007	1.54	8-5	0	1-1	0.383	3 520	8-5		146	悬移质	459	
2008	0.941	8-18	0	1-1	0.212	1 430	8-19		75.8	悬移质	240	
2009	1.31	8-11	0	1-1	0.259	2 090	8-11		75.2	悬移质	237	
2010	0.858	7-29	0	1-1	0.239	2 140	7-29		99.5	悬移质	314	
2011	0.16	8-14	0	1-1	0.074	119	6-26		10.3	悬移质	32.5	
2012	0.786	7-8	0	1-1	0.286	2 110	7-29		129	悬移质	407	
2013	1.18	7-24	0	1-1	0.169	1 600	7-24		41.4	悬移质	131	
2014	0.37	9-4	0	1-1	0.119	766	9-20		45.9	悬移质	145	
2015	0.137	7-6	0	1-1	0.029	163	7-6		6.99	悬移质	22	
2016	0.335	6-29	0	1-1	0.128	571	7-22		49.2	悬移质	155	
2017	0.182	7-13	0	1-1	0.046	282	7-13		14.3	悬移质	45	
2018	1.08	7-21	0	1-1	0.218	1 780	7-21		66.8	悬移质	211	
2019	0.232	8-13	0	1-1	0.09	323	7-31		26.5	悬移质	83.6	
2020	0.947	8-29	0	1-1	0.242	2 640	8-26		160	悬移质	506	

5-13　三岔河站含沙量输沙率历年特征值表

年份	含沙量(kg/m³)					输沙率(kg/s)					平均输沙量(万t)	备注
	最高	月日	最低	月日	平均	最大日均	月日	输沙模数	平均	泥沙类型		
1956	4.02	6-17	0.0020	1-1	1.36	19 700	6-30	0	1 200	悬移质	3 790	
1957	2.5	7-12	0.004 0	1-31	1.12	12 900	7-22	0	969	悬移质	3 060	
1958										悬移质		
1959										悬移质		
1960										悬移质		
1961										悬移质		
1962										悬移质		
1963										悬移质		
1964	6.67	7-31	0.013	2-4	1.35					悬移质		
1965										悬移质		
1966	5.11	9-7	0.014	6-14	1.97					悬移质		
1967	3.33	7-8	0.008	5-17	0					悬移质		
1968	4.11	7-7	0	1-14	1.75	18 100	7-7	0	1 230	悬移质	3 880	
1969	3.75	9-6	0.001	2-1	1.04	12 000	9-6	0	430	悬移质	1 360	
1970	2.63	8-6	0.006	12-30	0	8 100	8-2	0	0	悬移质		
1971	2.56	8-23	0	12-19	0.858	2 940	7-4	0	235	悬移质	742	
1972	2.84	7-16	0	1-1	0.765	3 070	7-16	0	114	悬移质	360	
1973	3.36	9-13	0	12-28	0.973	7 120	7-7	0	355	悬移质	1 120	
1974	3.74	8-13	0	1-1	1.38	11 200	8-13	0	601	悬移质	1 890	
1975	2.58	8-15	0.002	1-6	0.822	3 880	10-6	0	199	悬移质	628	
1976	2.02	7-21	0	12-18	0.592	4 010	7-22	0	109	悬移质	346	
1977	5.15	7-13	0	1-1	0.78	7 860	7-13	0	142	悬移质	447	
1978	2.88	7-10	0	1-1	0.79	3 480	7-10	0	103	悬移质	326	

续表

年份	含沙量（kg/m³）					输沙率（kg/s）					平均输沙量（万 t）	备注
	最高	月日	最低	月日	平均	最大日均	月日	输沙模数	平均	泥沙类型		
1979	2.34	8-2	0.004	4-9	0	3 770	9-15	0	428	悬移质	1 349	
1980	1.7	8-30	0.006	4-21	0	4 810	8-30	0	519	悬移质	1 642	
1981	5.1	8-31	0.005	4-8	0	9 580	7-20	0	234	悬移质	738	
1982	4.19	7-19	0.003	4-27	0	7 410	7-19	0	113	悬移质	356	
1983	3.63	9-11	0	4-1	0	6 910	8-5	0	353	悬移质	1 114	
1984	3.03	7-9	0	4-1	1.32	5 530	7-10	0	320	悬移质	1 010	
1985	3.54	7-5	0	5-16	0	4 320	7-6	0	197	悬移质	622	
1986	1.85	9-14	0.016	11-11	0	1 060	9-14	0	59.3	悬移质	187	
1987	2.41	7-16	0	1-1	0.79	4 310	7-25	0	159	悬移质	503	
1988	2.03	8-1	0	1-1	0.38	1 370	8-1	106	53.5	悬移质	169	
1989	3.34	7-12	0	1-1	0.71	5 490	7-13	53	124	悬移质	392	
1990	1.65	8-2	0	1-1	0.59	1 100	7-23		77.7	悬移质	245	
1991	2.34	8-15	0	1-1	0.73	3 120	8-15	0	124	悬移质	392	
1992	2.26	7-20	0	1-1	0.56	3 050	7-20		55.3	悬移质	175	
1993	1.15	8-16	0	1-1	0.59	1 570	8-15		120	悬移质	380	
1994	0.57	7-17	0	1-1	0.23	228	7-16	0	11.5	悬移质	36.3	
1995	1.83	8-19	0	1-1	0.4	1 000	8-19	0	54.4	悬移质	172	
1996	0.52	8-17	0	1-1	0.23	494	8-3	0	37.1	悬移质	117	
1997	1.03	7-9	0	1-1	0.42	878	7-18	0	30.8	悬移质	97.2	
1998	0.706	7-20	0	1-1	0.344	1 050	7-20		111	悬移质	351	
1999	1.03	9-13	0	1-1	0.29	670	9-13		61.5	悬移质	194	

续表

年份	含沙量(kg/m³)					输沙率(kg/s)					平均输沙量(万 t)	备注
	最高	月日	最低	月日	平均	最大日均	月日	输沙模数	平均	泥沙类型		
2000	1.11	7-4	0	1-1	0.521	1 180	7-4		84.48	悬移质	267	
2001	1.41	9-27	0	1-1	0.545	724	9-9		52.53	悬移质	166	
2002	1.11	7-17	0	1-1	0.3	775	8-16		40.53	悬移质	128	
2003	1.08	9-5	0	1-1	0.271	772	9-5		34.92	悬移质	110	
2004	1.49	9-10	0	1-1	0.28	1 650	9-10		26.49	悬移质	83.8	
2005	0.893	8-23	0	1-1	0.297	740	8-24		38	悬移质	120	
2006	0.137	7-12	0	1-1	0.074	42.4	7-12		1.44	悬移质	4.53	
2007	0.358	8-6	0	1-1	0.143	289	8-6		17.6	悬移质	55.5	
2008	0.191	8-24	0	10-20	0.085	84.1	8-20		7.99	悬移质	25.3	
2009	0.471	8-11	0	9-30	0.145	251	8-11		12.3	悬移质	38.9	
2010	0.18	7-27	0	11-4		146	7-27			悬移质	38.8	
2011	0.149	8-7	0	1-1	0.045	29.5	8-7		1.27	悬移质	4.00	
2012	0.264	7-10	0	1-1	0.087	167	7-11		12.1	悬移质	38.2	
2013	0.591	7-27	0	1-1	0.125	250	7-25		8.28	悬移质	26.1	
2014	0.116	9-9	0	1-1	0.042	50.3	9-22		4.71	悬移质	14.8	
2015	0.072	7-5	0	1-1	0.034	28.9	7-5		1.83	悬移质	5.77	
2016	0.078	8-3	0	1-1	0.045	53	8-3		5.48	悬移质	17.3	
2017	0.088	10-9	0	1-1	0.042	36.6	7-14		3.16	悬移质	9.96	
2018	0.346	7-23	0	1-1	0.116	180	7-23		9.77	悬移质	30.8	
2019	0.13	8-15	0	1-1	0.062	54.2	8-3		4.93	悬移质	15.5	
2020	0.298	8-31	0	1-1	0.077	224	8-30		16.1	悬移质	50.8	

5-14 湘潭站含沙量输沙率历年特征值表

年份	含沙量(kg/m³)					输沙率(kg/s)					平均输沙量(万t)	备注
	最高	月日	最低	月日	平均	最大日均	月日	输沙模数	平均	泥沙类型		
1959	0.894	6-21	0	1-16	0.188					悬移质	1 200	
1960	0.665	8-14	0.003	1-13	0.19					悬移质	1 090	
1961										悬移质	1 410	
1962										悬移质	1 090	
1963										悬移质	269	
1964	0.528	6-17	0.003	11-12	0.138	5 990	4-13	113	289	悬移质	914	
1965	0.79	5-1	0.001	3-16	0.148	7 600	5-1	75.7	194	悬移质	613	
1966	0.716	4-9	0	12-10	0.117	4 960	4-9	70.3	180	悬移质	569	
1967	0.66	6-25	0.003	1-1	0.146	2 660	5-8	93.3	239	悬移质	755	
1968	0.994	6-18	0.001	9-25	0.245	12 100	7-11	251	641	悬移质	2 030	
1969	0.722	5-20	0.006	12-25	0.132	4 170	5-20	80.2	208	悬移质	655	
1970	0.708	10-21	0.006	8-4	0.199	6 810	4-3	223	576	悬移质	1820	
1971	0.572	5-30	0.004	12-16	0.108	4 210	5-30	59.2	153	悬移质	483	
1972	1.94	8-22	0.005	1-12	0.182	8 660	8-22	121	313	悬移质	988	
1973	0.639	8-17	0.005	12-28	0.155	6 750	8-17	180	467	悬移质	1 470	
1974	1.03	7-17	0.002	11-6	0.179	7 710	7-21	101	261	悬移质	823	
1975	1.29	8-6	0.005	12-31	0.198	9 720	8-6	216	559	悬移质	1 760	
1976	1.09	8-13	0.006	2-19	0.212	11 500	7-11	194	501	悬移质	1 580	
1977	1.08	5-31	0.011	1-8	0.19	6 600	6-11	149	386	悬移质	1 220	
1978	0.98	5-20	0.009	7-13	0.21	15 700	5-20	131	338	悬移质	1 070	
1979	1.79	4-19	0.005	12-31	0.23	10 900	6-22	160	416	悬移质	1 310	

续表

年份	含沙量（kg/m³）					输沙率（kg/s）					平均输沙量（万 t）	备注
	最高	月日	最低	月日	平均	最大日均	月日	输沙模数	平均	泥沙类型		
1980	0.64	4-12	0.005	6-30	0.19	7 860	4-27	141	363	悬移质	1 150	
1981	0.82	4-18	0.006	7-20	0.2	9 440	4-17	189	488	悬移质	1 540	
1982	1.03	6-19	0.004	7-21	0.17	18 100	6-19	168	434	悬移质	1 370	
1983	1.1	6-22	0.005	7-22	0.19	13 800	6-22	175	453	悬移质	1 430	
1984	1.05	6-2	0.005	7-21	0.18	11 500	6-2	126	325	悬移质	1 030	
1985	2.18	8-29	0.006	7-21	0.15	11 600	5-31	103	268	悬移质	844	
1986	0.91	6-24	0.006	8-2	0.16	6 200	6-24	89.1	231	悬移质	727	
1987	1.02	10-14	0.005	7-16	0.1	3 780	10-14	64.8	167	悬移质	529	
1988	0.5	4-14	0.005	12-24	0.1	3 240	4-14	70.8	183	悬移质	578	
1989	0.76	5-18	0.005	1-1	0.14	6 120	5-18	100	259	悬移质	817	
1990	0.66	7-4	0.006	7-23	0.11	3 280	7-4	88.6	229	悬移质	723	
1991	0.43	3-29	0.003	7-19	0.069	2 280	3-31	45	117	悬移质	368	
1992	0.52	7-7	0.007	1-26	0.152	7 740	7-8	146	377	悬移质	1 190	
1993	0.489	5-5	0.006	9-4	0.092	3 970	7-5	79.8	207	悬移质	651	
1994	0.677	4-25	0.011	1-1	0.147	7 620	6-18	186	481	悬移质	1 520	
1995	0.469	7-1	0.005	11-8	0.087	5 270	7-1	78.3	203	悬移质	639	
1996	0.748	8-4	0.006	1-1	0.093	7 110	8-4	75.8	196	悬移质	619	
1997	1.23	9-4	0.006	1-3	0.109	8 260	9-4	117	302	悬移质	952	
1998	0.57	5-22	0.002	8-3	0.102	7 180	3-10	105	273	悬移质	859	
1999	0.462	5-27	0.004	7-10	0.077	5 570	5-28	58.4	151	悬移质	477	
2000	0.547	9-4	0.002	7-27	0.073	3 780	10-24	63.5	164	悬移质	518	

年份	含沙量（kg/m³）					输沙率（kg/s）					平均输沙量（万 t）	备注
	最高	月日	最低	月日	平均	最大日均	月日	输沙模数	平均	泥沙类型		
2001	0.604	4-21	0.004	9-10	0.073	5 400	6-15	61.6	159	悬移质	503	
2002	0.588	6-19	0.007	1-1	0.115	6 800	6-19	141	366	悬移质	1 150	
2003	0.361	5-16	0.003	9-9	0.062	5 650	5-18	47.3	123	悬移质	386	
2004	0.313	5-19	0.003	1-1	0.048	2 890	5-18	31.4	81.1	悬移质	256	
2005	0.391	5-29	0.003	9-20	0.073	2 550	5-29	58.9	152	悬移质	481	
2006						15 400	7-18	119	309	悬移质	975	
2007	0.582	7-5	0.007	2-12	0.108	9 190	8-24	68.5	177	悬移质	559	
2008	0.464	6-16	0.013	1-28	0.088	6 440	6-16	62.2	161	悬移质	508	
2009	0.755	11-15	0.004	12-6	0.064	2 600	7-3	38.5	99.5	悬移质	314	
2010	0.471	5-26	0.005	11-26	0.111	6 240	6-22	104	271	悬移质	853	
2011	0.394	8-26	0.003	2-4	0.032	2 990	6-16	15.6	40.4	悬移质	127	
2012	0.581	6-13	0.004	7-29	0.055	5 610	6-13	48.4	125	悬移质	395	
2013	0.489	6-15	0.002	9-29	0.072	2 760	8-26	57.9	150	悬移质	473	
2014	0.472	4-21	0	8-5	0.055	4 780	5-26	42.4	110	悬移质	346	
2015	0.357	7-3	0	1-3	0.085	9 570	11-15	80.5	208	悬移质	657	
2016	0.566	6-16	0	1-5	0.058	5 080	7-16	62.5	161	悬移质	510	
2017	0.723	6-10	0	1-2	0.092	9 140	7-5	75.8	196	悬移质	619	
2018	0.153	6-9	0	1-2	0.011	602	6-9	5.81	15	悬移质	47.4	
2019	0.847	3-7	0	1-2	0.1	13 200	7-10	113	294	悬移质	926	
2020	0.28	4-5	0	1-2	0.029	3 060	4-5	20.9	54.1	悬移质	171	

5-15　桃江(二)站含沙量输沙率历年特征值表

年份	含沙量(kg/m³)					输沙率(kg/s)					平均输沙量(万 t)	备注
	最高	月日	最低	月日	平均	最大日均	月日	输沙模数	平均	泥沙类型		
1959	1.16	6-13	0	1-15	0.16	4 350	6-4		106	悬移质	334	
1960	0.936	5-17	0	10-16	0.139	2 700	3-18		69.9	悬移质	220	
1961						1 280	6-15		52.8	悬移质	166	
1962										悬移质	266	
1963						3 280	5-9		25	悬移质	78.8	
1964	0.846	4-6	0.001	12-10	0.069	1 720	6-18	61.3	52.3	悬移质	166	
1965	0.864	6-3	0.001	1-13	0.047	1 250	6-4	34.4	29.5	悬移质	93.2	
1966	0.756	7-13	0	1-10	0.057	1820	7-13	41.7	35.7	悬移质	113	
1967	1.39	3-30	0.002	1-9	0.111	4 550	5-19	94.5	81.2	悬移质	256	
1968	2.35	6-9	0.002	1-1	0.069	1 520	8-24	63.9	54.9	悬移质	173	
1969	7.45	8-10	0.004	2-25	0.23	14 500	8-10	218	185	悬移质	583	
1970	0.89	5-1	0.003	1-1	0.098	3 420	7-13	118	99.5	悬移质	314	
1971	2.29	5-24	0.002	10-31	0.092	4 580	5-24	70.4	59.6	悬移质	188	
1972	0.7	5-8	0.002	1-8	0.027	885	5-8	16.7	14.1	悬移质	44.6	
1973	1.48	6-22	0.002	1-1	0.065	2 990	6-22	77.1	65.4	悬移质	206	
1974	0.998	7-12	0.001	10-22	0.07	2 240	7-13	45.3	38.4	悬移质	121	
1975	2.9	8-12	0.001	1-20	0.087	3 330	8-12	80.1	68	悬移质	214	
1976	0.901	6-8	0.002	1-1	0.057	2 120	6-8	45.7	38.6	悬移质	122	
1977	2.09	6-19	0.003	1-1	0.15	7 330	6-19	143	121	悬移质	383	
1978	2.79	8-29	0.003	11-7	0.061	2 490	8-30	36.9	31.3	悬移质	158	
1979	2.48	6-5	0.001	1-1	0.075	3 440	6-5	1.58	50.1	悬移质	103	

续表

年份	含沙量(kg/m³)					输沙率(kg/s)					平均输沙量(万 t)	备注
	最高	月日	最低	月日	平均	最大日均	月日	输沙模数	平均	泥沙类型		
1980	1.1	8-11	0.002	1-1	0.049	802	8-11	1.03	32.6	悬移质	114	
1981	1.12	6-29	0.002	1-1	0.05	993	6-29	42.5	36	悬移质	110	
1982	0.835	9-1	0	10-15	0.042	638	6-19	1.1	34.9	悬移质	77	
1983	0.47	7-9	0	1-1	0.036	638	7-9	0.766	24.3	悬移质	163	
1984	2.12	6-15	0	1-1	0.08	5 340	6-15	1.63	51.4	悬移质	66	
1985	0.887	8-26	0.001	1-1	0.038	923	6-7	0.662	21	悬移质	158	
1986	0.83	7-6	0	1-1	0.038	1 790	7-6	25.1	21.2	悬移质	67	
1987	1.4	10-12	0.001	1-1	0.046	2 810	10-12	32.3	27.3	悬移质	86.2	
1988	2.05	9-9	0	1-2	0.091	4 600	9-10	86.9	73.2	悬移质	232	
1989	0.87	4-13	0	12-2	0.062	3 090	4-13	49.1	41.6	悬移质	131	
1990	4.13	8-2	0	1-3	0.15	7 710	6-15	139	118	悬移质	371	
1991	1.01	8-28	0.002	10-29	0.05	1 600	3-30	43.7	37	悬移质	117	
1992	0.776	6-23	0.002	1-5	0.062	2 210	6-23	55	46.5	悬移质	147	
1993	1.16	7-27	0.005	1-27	0.07	2 100	7-8	62.9	53.3	悬移质	168	
1994	0.746	8-20	0.062	1-23	0.081	1 710	8-20	109	92.2	悬移质	291	
1995	1.29	6-26	0	1-27	0.069	3 860	7-2	63.4	53.6	悬移质	169	
1996	0.989	7-15	0	1-3	0.095	4 380	7-15	84.7	71.5	悬移质	226	
1997	0.833	6-8	0	1-4	0.03	2 610	6-8	29.1	24.7	悬移质	77.8	
1998	1.9	6-14	0	1-9	0.097	8 900	6-14	118	99.7	悬移质	315	
1999	1.37	5-17	0	1-6	0.05	2 770	5-17	45.6	38.6	悬移质	122	
2000	0.565	6-23	0	1-2	0.01	801	6-23	8.76	7.39	悬移质	23.4	

续表

年份	含沙量(kg/m³)					输沙率(kg/s)					平均输沙量(万 t)	备注
	最高	月日	最低	月日	平均	最大日均	月日	输沙模数	平均	泥沙类型		
2001	2.48	7-8	0	1-14	0.029	1 600	7-8	23	19.5	悬移质	61.4	
2002	0.644	5-14	0	1-3	0.045	2 520	5-14	52.2	44.2	悬移质	139	
2003	0.054	5-18	0	1-2	0.007	158	5-18	5.64	4.77	悬移质	15	
2004	1.08	7-20	0	1-2	0.044	3 440	7-20	30.1	25.4	悬移质	80.4	
2005	2.19	6-6	0	1-2	0.038	2 580	6-6	32.5	27.6	悬移质	87	
2006						429	4-13	9.44	8	悬移质	25.2	
2007	0.278	8-23	0	1-3	0.006	767	8-23	3.86	3.28	悬移质	10.3	
2008	0.403	11-7	0	1-4	0.021	1980	11-7	14	11.8	悬移质	37.4	
2009	0.024	7-27	1	1-3	0.001	50.5	7-27	0.923	0.784	悬移质	2.47	
2010	0.4	6-24	0	1-4	0.023	1 410	6-20	19.2	16.3	悬移质	51.3	
2011	0.479	6-11	1	1-3	0.01	730	6-11	5.31	4.51	悬移质	14.2	
2012	0.438	5-10	0	1-4	0.021	1 000	7-17	18.1	15.3	悬移质	43.8	
2013	0.207	9-24	0	1-1	0.007	331	9-24	4.56	3.87	悬移质	12.2	
2014	0.387	7-17	0	1-1	0.023	2 060	7-17	20.7	17.6	悬移质	55.4	
2015	0.03	6-22	0	1-2	0.016	1 180	6-22	13	11	悬移质	34.8	
2016	1.49	7-5	0	1-1	0.055	11 000	7-5	55.3	46.7	悬移质	148	
2017	0.704	7-7	0	1-1	0.084	6 480	7-1	80	67.9	悬移质	214	
2018	0.074	7-1	0	1-1	0.227	22	7-1	0.267	0.227	悬移质	0.715	
2019	0.559	4-29	0	1-1	0.05	1 190	7-11	55.3	47	悬移质	148	
2020	0.378	7-27	0	1-1	0.008	1 310	7-27	8.45	7.15	悬移质	22.6	

5-16　桃源站含沙量输沙率历年特征值表

年份	含沙量(kg/m³)					输沙率(kg/s)					平均输沙量(万 t)	备注
	最高	月日	最低	月日	平均	最大日均	月日	输沙模数	平均	泥沙类型		
1959	1.41	6-12	0	1-5	0.163	14 700	6-12		297	悬移质	935	
1960	1.24	7-10	0	1-1	0.185	19 500	7-10		275	悬移质	869	
1961						3 520	4-19		112	悬移质	353	
1962						15 300	5-30		343	悬移质	1 080	
1963						29 200	7-12		538	悬移质	1 700	
1964	1.53	6-30	0.003	8-30	0.228	16 900	6-19	209	560	悬移质	1 770	
1965	2.94	7-7	0.001	9-26	0.287	35 000	7-7	218	583	悬移质	1840	
1966	1.53	7-13	0	12-1	0.227	19 500	7-13	137	368	悬移质	1 160	
1967	1.76	5-5	0	1-1	0.287	19 600	5-5	263	705	悬移质	2 220	
1968	1.62	7-21	0	1-1	0.156	10 400	7-21	136	364	悬移质	1 150	
1969	2.59	7-3	0	1-1	0.4	42 000	7-17	377	1 020	悬移质	3 210	
1970	2.98	7-15	0	1-1	0.338	50 800	7-15	300	811	悬移质	2 560	
1971	1.12	5-25	0	1-1	0.238	9 640	5-31	168	454	悬移质	1 430	
1972	1.91	6-28	0.002	12-5	0.17	4 930	6-28	113	303	悬移质	959	
1973	2.04	6-24	0	12-1	0.216	18 500	6-24	199	539	悬移质	1 700	
1974	3.1	6-21	0	12-24	0.299	19 600	7-1	199	539	悬移质	1 700	
1975	1.23	6-11	0	12-29	0.186	13 800	6-11	130	353	悬移质	1 110	
1976	1.23	6-30	0.001	1-9	0.189	7 770	5-1	147	394	悬移质	1 250	
1977	2.47	7-13	0	11-27	0.28	20 300	6-16	284	768	悬移质	2 420	
1978	0.67	6-12	0	2-18	0.1	4 060	5-20	54.6	147	悬移质	465	
1979	2.14	6-29	0.001	12-15	0.303	23 100	6-26	212	572	悬移质	1800	

续表

年份	含沙量(kg/m³)					输沙率(kg/s)					平均输沙量(万 t)	备注
	最高	月日	最低	月日	平均	最大日均	月日	输沙模数	平均	泥沙类型		
1980	1.14	6-1	0	2-7	0.175	14 100	8-6	158	426	悬移质	1 350	
1981	1.73	6-28	0	1-1	0.093	5 780	6-29	52.5	142	悬移质	448	
1982	0.73	6-18	0	1-1	0.088	8 930	6-18	78.1	211	悬移质	665	
1983	1.3	6-23	0	1-1	0.123	6 940	7-16	98.8	267	悬移质	842	
1984	1.51	6-2	0	1-1	0.15	25 300	6-2	96.5	260	悬移质	822	
1985	1.29	5-30	0	1-1	0.116	8 840	5-30	61.5	167	悬移质	527	
1986	0.86	6-23	0	1-1	0.11	5 220	6-24	66.1	179	悬移质	563	
1987	1.42	8-2	0	1-1	0.14	5 370	7-2	98.2	265	悬移质	837	
1988	1.49	5-22	0	1-1	0.15	8 300	7-1	98.3	265	悬移质	838	
1989	0.72	6-9	0	1-1	0.06	2 870	6-9	40.2	109	悬移质	343	
1990	2.05	6-15	0	1-1	0.19	26 200	6-15	140	377	悬移质	1 190	
1991	1.04	7-13	0	1-1	0.14	14 800	7-13	120	324	悬移质	1 020	
1992	0.828	6-18	0	1-5	0.122	7 290	5-17	82.2	222	悬移质	701	
1993	1.81	7-10	0	1-8	0.182	16 600	7-10	153	413	悬移质	1 300	
1994	0.678	1-11	0	1-1	0.124	10 600	10-11	98.4	266	悬移质	839	
1995	1.03	7-3	0	1-1	0.132	19 700	7-2	113	307	悬移质	967	
1996	0.726	7-20	0	1-1	0.138	17 400	7-19	117	316	悬移质	1 000	
1997	0.168	6-11	0	1-1	0.015	870	6-11	10.6	28.7	悬移质	90.5	
1998	0.415	7-25	0	1-1	0.064	5 960	6-26	61.3	166	悬移质	522	
1999	0.489	7-1	0	1-1	0.078	10 500	7-1	65.8	178	悬移质	561	
2000	0.213	6-14	0	1-1	0.024	1 360	6-13	17.4	47	悬移质	149	

续表

年份	含沙量(kg/m³)					输沙率(kg/s)					平均输沙量(万 t)	备注
	最高	月日	最低	月日	平均	最大日均	月日	输沙模数	平均	泥沙类型		
2001	0.502	6-23	0	1-1	0.021	2 720	6-23	13.7	37	悬移质	117	
2002	0.189	6-21	0	1-1	0.032	2 010	6-21	31.6	85.3	悬移质	269	
2003	0.615	7-11	0	1-1	0.038	8 870	7-11	31.1	84	悬移质	265	
2004	0.541	7-22	0	1-1	0.059	10 300	7-22	45	121	悬移质	384	
2005	0.121	6-3	0	1-1	0.009	1 180	6-3	5.76	15.5	悬移质	49	
2006						385	5-11	1.21	3.26	悬移质	10.3	
2007	0.234	7-25	0	1-1	0.012	2 750	7-26	8.21	22.2	悬移质	70	
2008	0.081	8-5	0	1-1	0.009	824	11-8	6.13	16.5	悬移质	52.2	
2009	0.042	4-24	0	1-1	0.003	252	4-24	1.76	4.74	悬移质	15	
2010	0.242	7-12	0	1-1	0.022	2 700	7-12	17.1	46.2	悬移质	146	
2011	0.061	6-9	0	1-1	0.004	406	6-9	1.68	4.54	悬移质	14.3	
2012	0.206	7-19	0	1-1	0.016	2 690	7-19	12.9	34.7	悬移质	110	
2013	0.531	9-24	1	2-2	0.007	1 320	9-25	4.81	13	悬移质	41	
2014	0.655	7-7	0	1-1	0.037	11 800	7-17	34.5	93.4	悬移质	294	
2015	0.143	6-2	0	1-1	0.013	1 490	6-3	10.6	28.6	悬移质	90.1	
2016	0.452	7-7	0	1-1	0.019	3 830	7-7	18.7	50.3	悬移质	159	
2017	0.492	7-3	0	1-1	0.05	7 410	7-2	44.4	120	悬移质	378	
2018	0.025	5-27	0	1-1	0.001	81.5	5-27	0.679	1.84	悬移质	5.79	
2019	0.044	5-21	0	1-1	0.009	435	7-13	7.93	21.4	悬移质	67.6	
2020	0.161	7-9	0	1-1	0.019	2 140	9-17	20.7	55.6	悬移质	176	

5-17　石门站含沙量输沙率历年特征值表

年份	含沙量（kg/m³）					输沙率（kg/s）					平均输沙量（万 t）	备注
	最高	月日	最低	月日	平均	最大日均	月日	输沙模数	平均	泥沙类型		
1959	6.4	6-9	0	1-1	0.333	19 200	6-9		134	悬移质	422	
1960	3.7	6-26	0	3-14	0.387	27 300	6-26		151	悬移质	477	
1961						5 000	8-17		45.2	悬移质	142	
1962						14 500	7-7		228	悬移质	718	
1963						17 000	8-22		299	悬移质	942	
1964	4.58	8-10	0	11-30	0.362	17 000	6-29	552	253	悬移质	800	
1965	3.6	8-4	0	1-1	0.319	6 490	4-22	268	123	悬移质	389	
1966	5.08	6-27	0	8-1	0.475	21 800	6-29	350	161	悬移质	507	
1967	6.47	7-22	0	1-1	0.393	10 800	6-19	490	225	悬移质	711	
1968	4.81	7-2	0	1-1	0.448	13 600	7-18	430	197	悬移质	624	
1969	9.21	4-23	0	1-1	0.783	20 700	7-16	905	436	悬移质	1 380	
1970	11.1	7-3	0	1-1	0.672	22 800	5-29	695	336	悬移质	1 060	
1971	6.51	5-23	0	2-21	0.352	14 700	5-23	317	153	悬移质	483	
1972	8.43	6-26	0	1-1	0.317	16 000	6-26	273	132	悬移质	416	
1973	5.37	4-30	0	1-1	0.388	8 890	6-24	463	224	悬移质	705	
1974	3.75	9-29	0	1-1	0.264	7 990	9-30	185	89.5	悬移质	282	
1975	6.25	8-9	0	1-1	0.335	14 000	6-10	323	156	悬移质	493	
1976	6.03	6-22	0	8-29	0.361	9 440	6-22	285	137	悬移质	434	
1977	4.15	7-19	0	2-1	0.38	7 930	7-19	392	189	悬移质	597	
1978	3.24	8-9	0	1-1	0.18	4 900	5-31	108	52.2	悬移质	165	
1979	9.75	6-6	0	1-1	0.81	21 100	6-4	548	265	悬移质	835	

续表

年份	含沙量（kg/m³）					输沙率（kg/s）					平均输沙量（万 t）	备注
	最高	月日	最低	月日	平均	最大日均	月日	输沙模数	平均	泥沙类型		
1980	6.63	5-31	0	1-1	0.89	35 000	6-26	1 460	704	悬移质	2 230	
1981	6.4	4-18	0	12-1	0.55	19 600	6-28	372	181	悬移质	570	
1982	10.2	6-20	0	1-1	0.542	24 600	6-20	645	313	悬移质	9.87	
1983	5.99	9-9	0	2-24	0.79	36 100	7-5	1 120	546	悬移质	1 720	
1984	6.69	6-14	0	1-1	0.32	9 710	6-14	251	121	悬移质	384	
1985	3.15	9-13	0	1-1	0.16	3 230	6-4	10.9	53	悬移质	167	
1986	2.45	6-16	0	1-1	0.3	11 800	7-17	246	120	悬移质	377	
1987	5.42	7-21	0	1-1	0.32	9 390	8-21	313	152	悬移质	479	
1988	4.38	6-11	0	1-1	0.28	4 800	6-12	203	98.1	悬移质	310	
1989	3.12	9-2	0	1-1	0.3	19 700	9-2	371	180	悬移质	568	
1990	1.57	7-2	0	1-1	0.12	3 740	7-2	105	50.8	悬移质	160	
1991	2.76	7-6	0	1-1	0.4	26 800	7-6	473	230	悬移质	724	
1992	1.34	5-18	0	12-31	0.07	1 430	5-17	37.7	18.3	悬移质	57.7	
1993	4.46	7-23	0	5-10	0.346	33 000	7-24	406	197	悬移质	622	
1994	0.561	6-5	0	1-1	0.039	761	6-5	27.8	13.5	悬移质	42.5	
1995	3.25	7-8	0	1-1	0.287	16 300	7-8	305	148	悬移质	467	
1996	2.59	7-3	0	1-18	0.328	16 700	7-3	390	189	悬移质	596	
1997	2.85	7-14	0	1-3	0.109	6 880	7-14	75.3	36.6	悬移质	115	
1998	3.19	7-22	0	1-1	0.489	41 100	7-23	689	334	悬移质	1 055	
1999	1.54	6-27	0	1-1	0.168	5 490	6-28	151	73.4	悬移质	231	
2000	0.351	10-2	0	1-1	0.027	592	6-6	21.7	10.5	悬移质	33.2	

右上角：续表

年份	含沙量(kg/m³)					输沙率(kg/s)					平均输沙量(万 t)	备注
	最高	月日	最低	月日	平均	最大日均	月日	输沙模数	平均	泥沙类型		
2001	0.136	8-1	0	1-1	0.007	103	8-1	4.4	2.14	悬移质	6.74	
2002	3.61	6-19	0	1-1	0.169	5 420	6-25	194	94.6	悬移质	298	
2003	5.69	6-25	0	1-1	0.535	37 000	7-9	725	352	悬移质	1 110	
2004	1.64	5-11	0	1-1	0.142	4 710	7-18	126	61.2	悬移质	193	
2005	0.333	5-4	0	1-1	0.023	414	5-4	15.3	7.41	悬移质	23.4	
2006	0.376	5-9	0	1-1	0.020	302	5-13	11	5.35	悬移质	16.9	
2007	1.82	7-24	0	1-3	0.122	5 910	7-25	115	55.8	悬移质	176	
2008	1.54	8-16	0	1-1	0.012 1	8 780	8-16	126	61	悬移质	193	
2009	974	6-9	0	1-1	0.037	2 260	6-9	27.2	13.2	悬移质	41.7	
2010	2.11	7-11	0	1-1	0.127	11 200	7-11	130	63	悬移质	199	
2011	1.35	6-18	0	1-1	0.044	1 670	6-19	29.9	14.5	悬移质	45.7	
2012	1.95	9-13	0	1-1	0.052	4 820	9-13	51	24.7	悬移质	78	
2013	2.1	6-7	0	1-1	0.066	5 870	6-7	55.4	26.9	悬移质	84.8	
2014	1.51	7-17	0	1-1	0.05	3 050	7-17	45.5	22.1	悬移质	69.6	
2015	0.407	6-3	0	1-1	0.023	1 110	6-3	22	10.7	悬移质	33.6	
2016	1.84	6-20	0	1-1	0.146	5 890	7-19	182	88	悬移质	278	
2017	0.318	6-23	0	1-1	0.017	472	6-13	16.5	7.99	悬移质	25.5	
2018	0.342	7-6	0	1-1	0.018	641	9-26	17.6	8.55	悬移质	27	
2019	0.206	6-23	0	1-1	0.008	313	6-23	6.11	2.97	悬移质	9.36	
2020	1.72	7-7	0	1-1	0.183	12 000	7-7	263	128	悬移质	403	

5-18 官垸站含沙量输沙率历年特征值表

年份	含沙量(kg/m³)					输沙率(kg/s)					平均输沙量(万t)	备注
	最高	月日	最低	月日	平均	最大日均	月日	输沙模数	平均	泥沙类型		
1973	2.83	8-4	0.006	12-19	0	5 180	7-6	0	0	悬移质		
1974	3.22	7-5	0.003	12-21	1.2	4 770	7-5	0	515	悬移质	1 620	
1975	9.62	8-11	0.005	1-19	1.04	8 440	8-11	0	368	悬移质	1 160	
1976	2.68	8-31	0.006	12-16	0.899	3 780	7-21	0	285	悬移质	900	
1977	4.79	7-13	0	1-1	1.1	6 370	7-13	0	379	悬移质	1 190	
1978	3.31	7-10	0	1-1	1.22	5 040	7-10	0	354	悬移质	1 120	
1979	5.69	6-5	0	1-1	1.25	3 990	9-15	0	405	悬移质	1 280	
1980	7.37	6-1	0	1-1	0.93	4 750	8-30	0	357	悬移质	1 130	
1981	5.4	8-30	0	1-1	1.7	10 200	7-19	0	587	悬移质	1 850	
1982	4	7-19	0	1-1	1.18	7 700	7-19	0	421	悬移质	1 330	
1983	3.04	6-27	0	1-1	1.1	5 260	8-5	0	482	悬移质	1 540	
1984	6.6	8-14	0	1-1	1.47	5 010	8-14	0	532	悬移质	1 680	
1985	3.51	7-4	0	1-1	1.16	4 520	7-5	0	378	悬移质	1 190	
1986	2.25	9-13	0	1-1	0.87	3 450	7-8		224	悬移质	709	
1987	3.53	7-15	0	1-1	0.383	4 140	7-25	0	385	悬移质	1 220	
1988	3.4	7-31	0	1-1	0.96	4 430	7-31	413	314	悬移质	992	
1989	3.24	7-13	0	1-1	0.92	7 750	7-13	15	375	悬移质	1 180	
1990	2.57	7-18	0	1-1	0.94	2 700	6-25		354	悬移质	1 120	
1991	2.74	8-8	0	1-1	1.09	5 080	8-15	0	396	悬移质	1 250	
1992	2.64	7-20	0	1-1	0.76	4 140	7-20		212	悬移质	671	
1993						2 610	8-16		336	悬移质	1 060	
1994	1.76	7-1	0	1-1	0.62	1 480	7-1	0	113	悬移质	358	
1995	3.17	8-18	0	1-1	0.76	4 050	8-18	0	259	悬移质	819	
1996	2.3	7-7	0	1-1	0.64	2 500	7-7	0	205	悬移质	650	
1997	2.1	7-8	0	1-1	0.82	2 870	7-24	0	184	悬移质	581	

续表

年份	含沙量（kg/m³）					输沙率（kg/s）				泥沙类型	平均输沙量（万 t）	备注
	最高	月日	最低	月日	平均	最大日均	月日	输沙模数	平均			
1998	2.16	7-2	0	1-1	0.91	3 630	8-27		480	悬移质	1 520	
1999	1.63	9-12	0	1-1	0.72					悬移质		
2000	1.91	6-29	0	1-1	0.708	2 620	7-7		281.4	悬移质	890	
2001	1.79	8-25	0	1-1	0.675	2 050	8-25		207.3	悬移质	654	
2002	1.29	8-5	0	1-1	0.471	1 870	8-25		135.6	悬移质	428	
2003	1.27	7-11	0	1-1	0.287	1 650	9-6		83.86	悬移质	264	
2004	1.11	9-10	0	1-1	0.228	2 150	9-10		64.1	悬移质	203	
2005	1.27	8-22	0	1-1	0.317	1 780	8-23		129	悬移质	407	
2006	0.333	7-11	0	1-1	0.14	365	7-11		13.6	悬移质	43	
2007	0.99	8-5	0	1-1	0.194	1 430	8-5		56.7	悬移质	179	
2008	0.37	8-20	0	4-1	0.114	480	8-20		33.8	悬移质	107	
2009	0.666	8-9	0	4-1	0.172	1 010	8-10		42.9	悬移质	135	
2010	0.346	7-25	0	4-1	0.133	541	7-28		36.3	悬移质	114	
2011	0.275	6-19	0	4-1	0.063	99.4	8-7		8.34	悬移质	26.3	
2012	0.489	7-10	0	4-1	0.151	700	7-10		49.5	悬移质	157	
2013	0.933	7-26	0	4-1	0.137	1 050	7-25		29.2	悬移质	92.2	
2014	0.107	9-4	0	4-1	0.038	127	9-4		11.5	悬移质	36.1	
2015	0.094	6-4	0	4-1	0.029	66.8	7-6		4.72	悬移质	14.9	
2016	0.088	4-11	0	4-1	0.044	98.1	7-6		10.5	悬移质	33.2	
2017	0.044	6-9	0.001	7-19	0.015	32.4	7-13		3.72	悬移质	11.7	
2018	0.794	7-21	0	10-25	0.121	841	7-21		32.2	悬移质	102	
2019	0.127	8-1	0	4-1	0.042	146	8-1		9.64	悬移质	30.4	
2020	0.575	8-28	0.006	4-13	0.12	973	8-22		47.1	悬移质	149	

5-19 自治局(三)站含沙量输沙率历年特征值表

年份	含沙量(kg/m³)					输沙率(kg/s)					平均输沙量(万 t)	备注
	最高	月日	最低	月日	平均	最大日均	月日	输沙模数	平均	泥沙类型		
1973	2.67	8-4	0.005	12-31	0	7 470	7-7	0	0	悬移质		
1974	2.73	7-5	0.004	1-2	1.08	8 050	7-5	0	1 070	悬移质	3 360	
1975	11.6	8-11	0.006	2-24	0.88	14 500	8-11	0	778	悬移质	2 450	
1976	2.53	8-31	0.009	1-27	0.715	4 740	8-31	0	514	悬移质	1 630	
1977	4.87	7-13	0	1-1	0.85	9 410	7-13	0	660	悬移质	2 080	
1978	3.01	9-11	0	1-1	0.93	6 580	7-10	0	610	悬移质	1 920	
1979	3.53	7-11	0	1-1	1.03	4 870	9-15	0	689	悬移质	2 170	
1980	2.57	7-7	0	1-1	0.75	4 650	8-30	0	629	悬移质	1 990	
1981	4.76	8-30	0	1-1	1.07	8 860	8-30	0	724	悬移质	2 280	
1982	3.6	7-19	0	1-1	0.771	7 950	7-19	0	591	悬移质	1 860	
1983	2.26	9-11	0	1-1	0.82	5 080	8-5	0	693	悬移质	2 190	
1984	6.33	8-14	0	1-1	1.12	8 260	8-14	0	763	悬移质	2 410	
1985	3.05	7-4	0	1-1	0.86	5 360	7-5	0	572	悬移质	1 800	
1986	2.31	7-18	0	1-1	0.81	4 290	7-18	0	413	悬移质	1 300	
1987	3.08	7-15	0	1-1	0.89	5 150	7-15	0	559	悬移质	1 760	
1988	2.86	7-16	0	1-1	0.77	4 340	7-31	19	429	悬移质	1 360	
1989	2.32	7-13	0	1-1	0.73	6 570	7-13	2	545	悬移质	1 720	
1990	2.24	7-18	0	1-1	0.82	3 080	8-1		525	悬移质	1 650	
1991	2.8	8-8	0	1-1	0.86	4 570	8-15	0	514	悬移质	1 620	
1992	2.3	7-20	0	1-1	0.65	4 460	7-20		298	悬移质	943	
1993	1.85	7-23	0	1-1	0.66	2 920	7-23		407	悬移质	1 290	
1994	1.51	7-1	0	1-1	0.49	1 700	7-1	0	176	悬移质	555	
1995	2.85	8-18	0	1-1	0.73	4 090	8-18	0	390	悬移质	1 230	
1996	1.34	9-22	0	1-1	0.55	2 130	8-2		292	悬移质	926	
1997	2.26	7-8	0	1-1	0.75	3 220	7-24	0	280	悬移质	885	

续表

年份	含沙量(kg/m³)					输沙率(kg/s)					平均输沙量(万 t)	备注
	最高	月日	最低	月日	平均	最大日均	月日	输沙模数	平均	泥沙类型		
1998	1.68	7-2	0	1-1	0.63	3 430	7-19		448	悬移质	1 410	
1999	1.51	8-21	0	1-1	0.55	2 010	9-12	0	326	悬移质	1 030	
2000	1.59	6-29	0	1-1	0.578	2 530	7-4		317.9	悬移质	1 010	
2001	2	8-25	0	1-1	0.61	2 650	8-25		278.2	悬移质	877	
2002	1.22	7-16	0	1-1	0.394	1 750	8-25		206.6	悬移质	652	
2003	0.733	7-3	0	1-1	0.251	1 120	9-5		137	悬移质	432	
2004	0.991	9-10	0	1-1	0.177	2 160	9-10		87.9	悬移质	278	
2005	1.15	8-23	0	1-1	0.268	1 980	8-23		144	悬移质	455	
2006	0.299	7-15	0	1-1	0.092	360	7-12		20.7	悬移质	65.4	
2007	0.83	8-5	0	1-1	0.161	1 510	8-5		77.8	悬移质	245	
2008	0.346	8-19	0	4-1	0.104	638	8-19		54.2	悬移质	171	
2009	0.678	8-9	0	4-1	0.145	1 190	8-10		65.1	悬移质	205	
2010	0.304	7-30	0.008	4-11		632	7-29			悬移质	175	
2011	0.254	6-19	0	4-1	0.062	298	6-19		17	悬移质	53.5	
2012	0.453	7-11	0	4-1	0.123	854	7-11		67.4	悬移质	213	
2013	0.919	7-26	0	4-1	0.114	1 460	7-25		43.2	悬移质	136	
2014	0.162	9-4	0	4-1	0.041	238	9-4		21	悬移质	66.1	
2015	0.082	6-4	0	4-1	0.022	82.5	7-2		8.39	悬移质	26.5	
2016	0.099	6-29	0	4-1	0.036	212	6-29		16.9	悬移质	53.5	
2017	0.071	6-11	0.001	7-5	0.028	84.2	7-14		13.2	悬移质	41.7	
2018	0.824	7-21	0.006	4-5	0.101	1 280	7-21		48.2	悬移质	152	
2019	0.123	8-6	0.004	11-28	0.031	173	8-6		13	悬移质	41.1	
2020	0.511	8-28	0.005	4-25	0.095	1 040	8-22		64.3	悬移质	203	

5-20 大湖口站含沙量输沙率历年特征值表

年份	含沙量(kg/m³)					输沙率(kg/s)					平均输沙量(万 t)	备注
	最高	月日	最低	月日	平均	最大日均	月日	输沙模数	平均	泥沙类型		
1973	2.89	9-13	0.012	12-28	0	3 130	9-13	0	0	悬移质		
1974	2.92	7-5	0.006	3-21	1.11	2 970	7-5	0	462	悬移质	1 470	
1975	11.9	8-11	0.007	2-26	0.879	6 580	8-11	0	362	悬移质	1 141	
1976	2.75	8-30	0.005	1-17	0.73	2 640	7-21	0	268	悬移质	848	
1977	4.88	7-13	0	1-1	0.87	5 560	7-13	0	365	悬移质	1 150	
1978	3.32	9-11	0	1-1	0.97	3 340	7-10	0	319	悬移质	1 010	
1979	3.66	7-11	0	1-1	1.09	2 690	9-15	0	386	悬移质	1 220	
1980	2.6	7-6	0	1-1	0.78	3 150	8-30	0	358	悬移质	1 130	
1981	6.38	8-30	0	1-1	1.32	6 470	8-30	0	557	悬移质	1 760	
1982	4.27	7-19	0	1-1	0.952	5 320	7-19	0	438	悬移质	1 380	
1983	2.52	9-11	0	1-1	0.95	3 180	8-5	0	482	悬移质	1 520	
1984	6.58	8-14	0	1-1	1.13	5 480	8-14	0	478	悬移质	1 510	
1985	2.88	7-4	0	1-1	0.86	3 460	7-6	0	397	悬移质	1 250	
1986	2.16	7-18	0	1-1	0.78	2 250	7-8	0	280	悬移质	884	
1987	3.13	7-15	0	1-1	0.94	3 430	7-15	0	403	悬移质	1 270	
1988	2.84	7-16	0	1-1	0.82	4 340	7-31	19	429	悬移质	1 360	
1989	2.99	7-13	0	1-1	0.8	4 830	7-13	454	403	悬移质	1 270	
1990	2.29	7-18	0	1-1	0.83	2 080	7-18		375	悬移质	1 180	
1991	2.51	8-9	0	1-1	0.94	3 430	8-15	0	408	悬移质	1 290	
1992	2.3	8-5	0	1-1	0.67	3 130	7-20		235	悬移质	744	
1993	1.98	7-23	0	1-1	0.71	2 170	7-23		318	悬移质	1 000	
1994	1.73	7-1	0	1-1	0.53	1 400	7-1	0	151	悬移质	476	
1995	2.67	8-18	0	1-1	0.74	3 180	8-18	0	298	悬移质	940	
1996	1.65	8-21	0	1-1	0.66	1 960	8-2	0	275	悬移质	871	
1997	2.35	7-8	0	1-1	0.78	2 560	7-24	0	239	悬移质	756	

续表

年份	含沙量(kg/m³)					输沙率(kg/s)					平均输沙量(万 t)	备注
	最高	月日	最低	月日	平均	最大日均	月日	输沙模数	平均	泥沙类型		
1998	2.12	7-2	0	1-1	0.67	3 250	7-19		387	悬移质	1 220	
1999	1.61	8-21	0	1-1	0.64	1 720	7-9	0	281	悬移质	888	
2000	1.7	6-29	0	1-1	0.639	2 140	7-18		271.4	悬移质	858	
2001	1.93	8-25	0	1-1	0.609	2 100	8-25		222.3	悬移质	701	
2002	1.22	7-16	0	1-1	0.433	1 270	8-18		166.6	悬移质	525	
2003	0.771	9-9	0	1-1	0.257	977	9-8		110	悬移质	347	
2004	1.18	9-10	0	1-1	0.188	1940	9-10		76.35	悬移质	241	
2005	1.19	8-23	0	1-1	0.263	1 540	8-23		113	悬移质	356	
2006	0.319	7-11	0	1-1	0.072	286	7-11		14.3	悬移质	45.1	
2007	1.17	8-5	0	1-1	0.155	1 490	8-5		59.5	悬移质	188	
2008	0.439	8-20	0	4-1	0.106	607	8-19		41.9	悬移质	132	
2009	0.726	8-11	0	4-1	0.122	892	8-10		42.9	悬移质	135	
2010	0.444	7-28	0.007	4-19		651	7-28			悬移质	159	
2011	0.246	6-18	0	4-1	0.055	162	6-19		13.9	悬移质	43.8	
2012	0.512	7-10	0	4-1	0.138	723	7-10		60.5	悬移质	191	
2013	0.938	7-26	0	4-1	0.114	1 080	7-25		34.8	悬移质	110	
2014	0.126	9-4	0	4-1	0.043	175	9-22		17.6	悬移质	55.5	
2015	0.069	7-2	0	4-1	0.021	58.5	7-2		6.1	悬移质	19.2	
2016	0.114	6-29	0	4-1	0.037	148	7-3		14	悬移质	44.4	
2017	0.074	8-7	0.002	7-5	0.026	65.9	9-1		9.95	悬移质	31.4	
2018	0.904	7-21	0.002	11-29	0.1	1 080	7-21		39.4	悬移质	124	
2019	0.133	8-7	0.004	11-28	0.033	137	8-7		10.9	悬移质	34.3	
2020	0.694	8-28	0.003	4-15	0.107	1 030	8-26		55.4	悬移质	175	

5-21 石龟山站含沙量输沙率历年特征值表

年份	含沙量（kg/m³）					输沙率（kg/s）					平均输沙量（万t）	备注
	最高	月日	最低	月日	平均	最大日均	月日	输沙模数	平均	泥沙类型		
1955	0.49	6-23	0.009 0	4-26	0	3 290	6-28	0	0	悬移质		
1956	0.865	6-17	0	1-1	0.095	4 790	7-1	0	98.3	悬移质	727	
1957	0.739	7-30	0.001 0	10-14	0.22	6 020	7-31	0	216	悬移质	681	
1958	0.547	8-28	0.011	12-15	0.207	2 860	7-16	0	226	悬移质	714	
1959	0.525	8-17	0.001 0	1-10	0.141	1 840	7-2	0	95.3	悬移质	300	
1960	0.607	7-11	0.007 0	11-27	0.153							
1961												
1962												
1963												
1964												
1965	0	1-1	0	1-1	0	1 880	4-23	0	0	悬移质		
1966												
1967												
1968												
1969												
1970												
1971												
1972												
1973												
1974												
1975												
1976												
1977												

续表

年份	含沙量(kg/m³)					输沙率(kg/s)					平均输沙量（万 t）	备注
	最高	月日	最低	月日	平均	最大日均	月日	输沙模数	平均	泥沙类型		
1978												
1979												
1980												
1981												
1982												
1983												
1984												
1985												
1986												
1987												
1988												
1989												
1990	1.71	9-17	0	1-1	0.36	2 890	7-19		261	悬移质	822	
1991	2.09	9-4	0	1-1	0.5	7 400	7-7	0	405	悬移质	1 280	
1992	1.63	7-20	0	1-1	0.36	3 790	7-20		186	悬移质	589	
1993	1.96	7-24	0	1-1	0.41	13 400	7-24		373	悬移质	1 180	
1994	0.89	9-8	0	1-1	0.19	1 120	6-6	0	92.3	悬移质	291	
1995	1.93	8-18	0	1-1	0.41	6 690	7-9	0	329	悬移质	1 040	
1996	1.48	7-3	0	1-1	0.31	5 640	7-4	0	272	悬移质	860	
1997	1.08	7-9	0	1-1	0.34	3 550	7-15	0	173	悬移质	548	
1998	1.22	7-23	0	1-1	0.35	11 600	7-24		429	悬移质	1 350	
1999	1	6-28	0	1-1	0.28	4 140	6-28	0	249	悬移质	788	

年份	含沙量(kg/m³)					输沙率(kg/s)					平均输沙量(万 t)	备注
	最高	月日	最低	月日	平均	最大日均	月日	输沙模数	平均	泥沙类型		
2000	0.918	8-21	0	1-1	0.281	1 980	7-4		212.2	悬移质	671	
2001	1.3	9-27	0	1-1	0.362	1 780	8-25		202.3	悬移质	638	
2002	1.46	7-23	0	1-1	0.213	3 660	6-25		176.5	悬移质	557	
2003	2.22	6-25	0	1-1	0.265	15 000	7-10		245.5	悬移质	774	
2004	1.11	5-12	0	1-1	0.165	2 810	6-19		121.1	悬移质	383	
2005	0.658	8-22	0	1-1	0.173	1 730	8-23		120	悬移质	379	
2006	0.342	5-10	0	1-1	0.052	449	5-13		16.6	悬移质	52.4	
2007	0.62	7-24	0	1-1	0.12	2 770	7-24		89.2	悬移质	281	
2008	0.812	8-17	0	5-17	0.097	3 900	8-17		83.6	悬移质	264	
2009	0.535	8-10	0	10-5	0.1	1 100	6-9		65	悬移质	205	
2010	1.12	7-12	0	10-31	0.11	4 770	7-12		89.8	悬移质	283	
2011	0.748	6-15	0	5-1	0.071	1 400	6-19		33.7	悬移质	106	
2012	0.451	6-28	0	5-1	0.09	1 230	6-28		75.3	悬移质	238	
2013	0.977	6-7	0	5-1	0.104	2 420	6-7		68	悬移质	214	
2014	0.685	10-30	0	5-1	0.048	1 840	10-30		39.8	悬移质	126	
2015	0.33	6-3	0	5-1	0.031	646	6-3		21.2	悬移质	66.7	
2016	1.37	6-21	0.015	10-31	0.08	3 730	6-21		71.2	悬移质	225	
2017	0.244	6-13	0.004 0	7-5	0.043	469	6-14		32.9	悬移质	104	
2018	0.57	7-22	0.02	10-16	0.084	1 180	7-22		65.3	悬移质	206	
2019	0.196	6-23	0.017	6-14	0.044	438	6-23		26.9	悬移质	84.8	
2020	1.03	6-14	0.023	6-10	0.136	4 350	7-8		155	悬移质	489	

5-22　安乡站含沙量输沙率历年特征值表

年份	含沙量(kg/m³)					输沙率(kg/s)					平均输沙量(万 t)	备注
	最高	月日	最低	月日	平均	最大日均	月日	输沙模数	平均	泥沙类型		
1955	2.31	9-19	0.011	12-31	0.669	6 310	9-19	0	983	悬移质	3 100	
1956	2.14	6-16	0	3-5	0.734	8 190	6-29	0	991	悬移质	3 130	
1957	1.92	7-30	0.008	1-9	0.682	7 780	7-30	0	1 010	悬移质	3 190	
1958	2.38	7-8	0.001	12-15	0.866	9 990	8-26	0	1 230	悬移质	3 880	
1959	5.63	7-29	0.017	1-15	0.752	12 900	7-29	0	917	悬移质	2 890	
1960	1.7	7-26	0.009	4-2	0.514							
1961												
1962												
1963												
1964												
1965												
1966												
1967												
1968												
1969												
1970												
1971												
1972												
1973	2.26	8-4	0.011	12-31	0	9 150	9-13					
1974	2.6	7-6	0.009	1-21	1.01	10 100	8-13	0	1 420	悬移质	4 460	
1975	9.7	8-12	0.008	2-21	0.829	18 300	8-12	0	1 070	悬移质	3 380	
1976	2.51	8-31	0.006	1-30	0.678	6 590	8-31	0	793	悬移质	2 510	
1977	4.84	7-13	0	1-1	0.86	18 600	7-13	0	1 150	悬移质	3 610	

续表

年份	含沙量（kg/m³）					输沙率（kg/s）					平均输沙量（万 t）	备注
	最高	月日	最低	月日	平均	最大日均	月日	输沙模数	平均	泥沙类型		
1978	3.24	9-11	0	1-1	0.91	9 940	7-10	0	978	悬移质	3 090	
1979	3.57	7-11	0	1-1	1.07	6 920	7-19	0	1 140	悬移质	3 580	
1980	2.56	7-7	0	1-1	0.73	7 890	7-7	0	1 030	悬移质	3 240	
1981	5.12	8-30	0	1-1	1.11	12 700	8-31	0	1 270	悬移质	4 020	
1982	3.54	7-19	0	1-1	0.791	10 800	7-20	0	1 020	悬移质	3 220	
1983	2.28	9-11	0	1-1	0.81	7 340	9-11	0	1 180	悬移质	3 710	
1984	6.43	8-14	0	1-1	1.06	14 200	8-14	0	1 220	悬移质	3 860	
1985	2.98	7-5	0	1-1	0.82	8 210	7-5	0	957	悬移质	3 020	
1986	2.13	9-13	0	1-1	0.76	6 410	7-18	0	732	悬移质	2 310	
1987	2.99	7-15	0	1-1	0.87	7 410	7-16	0	961	悬移质	3 030	
1988	2.75	7-16	0	1-1	0.75	7 510	7-31	324	768	悬移质	2 430	
1989	2.51	7-13	0	1-1	0.74	10 700	7-13	41	992	悬移质	3 130	
1990	2.37	7-18	0	1-1	0.78	5 320	7-19		889	悬移质	2 800	
1991	2.51	8-9	0	1-1	0.87	7 090	8-16	0	1 000	悬移质	3 160	
1992	2.29	7-20	0	1-1	0.61	7 310	7-20		521	悬移质	1 650	
1993	1.86	7-23	0	1-1	0.66	6 880	7-24		727	悬移质	2 290	
1994	1.63	7-1	0	1-1	0.52	3 170	7-1	0	354	悬移质	1 110	
1995	2.76	8-18	0	1-1	0.69	6 430	8-18	0	678	悬移质	2 140	
1996	1.4	9-22	0	1-1	0.55	3 840	7-7	0	555	悬移质	1 760	
1997	2.18	7-8	0	1-1	0.72	5 310	7-17	0	510	悬移质	1 610	
1998	1.64	7-2	0	1-1	0.6	6 830	7-23		781	悬移质	2 470	
1999	1.48	8-21	0	1-1	0.55	3 770	9-12	0	625	悬移质	1 970	

年份	含沙量（kg/m³）					输沙率（kg/s）					平均输沙量（万 t）	备注
	最高	月日	最低	月日	平均	最大日均	月日	输沙模数	平均	泥沙类型		
2000	1.66	6-30	0	1-1	0.612	4 780	7-18		600.1	悬移质	1 900	
2001	1.84	8-25	0	1-1	0.604	4 200	8-25		477.7	悬移质	1 510	
2002	1.26	7-16	0	1-1	0.401	2 990	8-26		371.1	悬移质	1 170	
2003	0.717	7-9	0	1-1	0.272	4 130	7-11		277.7	悬移质	876	
2004	1.09	9-10	0	1-1	0.178	4 320	9-10		168.7	悬移质	533	
2005	1.18	8-23	0	1-1	0.267	3 850	8-23		272	悬移质	857	
2006	0.295	7-15	0	1-1	0.089	584	7-11		36.4	悬移质	115	
2007	0.927	8-6	0	1-1	0.17	2 910	8-5		150	悬移质	474	
2008	0.44	8-17	0	4-1	0.106	1 620	8-17		102	悬移质	323	
2009	0.697	8-10	0	4-1	0.119	1 930	8-11		92.5	悬移质	292	
2010	0.31	7-28	0.007	11-25	0.106	1 110	7-29		97.8	悬移质	308	
2011	0.262	6-19	0	4-1	0.062	606	6-19		31.3	悬移质	98.6	
2012	0.489	7-10	0	4-1	0.11	1 640	7-10		118	悬移质	373	
2013	0.946	7-26	0	4-1	0.112	2 610	7-26		84	悬移质	265	
2014	0.105	9-5	0	4-1	0.04	386	9-21		38.9	悬移质	123	
2015	0.087	6-4	0	4-1	0.025	201	7-4		20.9	悬移质	65.9	
2016	0.162	6-29	0	4-1	0.034	587	6-29		32	悬移质	101	
2017	0.066	6-10	0	1-1	0.024	114	7-11		24	悬移质	75.7	
2018	0.774	7-21	0.002	11-12	0.087	1 720	7-22		85	悬移质	268	
2019	0.144	8-14	0.004	11-27	0.039	324	8-7		32.3	悬移质	102	
2020	0.574	8-28	0.008	4-28	0.098	1 980	8-28		130	悬移质	410	

5-23 南县(罗文窖)站含沙量输沙率历年特征值表

年份	含沙量(kg/m³)					输沙率(kg/s)					平均输沙量(万 t)	备注
	最高	月日	最低	月日	平均	最大日均	月日	输沙模数	平均	泥沙类型		
1955	3.24	9-17	0.004 0	12-31	0	10 900	6-27	0	1 659	悬移质		
1956	4.01	6-17	0.01	12-20	0	16 100	7-1	0	1 660	悬移质		
1957	3.96	7-13	0.008 0	1-10	1.48	15 000	7-22	0	1 490	悬移质	4 710	
1958	4.62	7-7	0.02	3-6	1.78	15 700	8-27	0	1 730	悬移质	5 460	
1959	5.83	7-29	0.015	1-27	1.42	16 600	8-17	0	1 190	悬移质	3 760	
1960												
1961												
1962												
1963												
1964	7.05	7-31	0	1-1	0	20 300	7-31	0	2 230	悬移质		
1965	3.45	7-6	0.009 0	1-24	1.4					悬移质		
1966	5.4	8-10	0.006 0	3-26	1.99	16 500	8-10	0	1 800	悬移质	5 680	
1967	4.43	7-7	0.012	1-26	0	14 800	6-29	0	1 612	悬移质		
1968	4.57	8-11	0	1-1	1.99	18 200	7-8	0	2 210	悬移质	6 990	
1969	4.88	7-16	0	1-1	1.58	15 700	7-13	0	1 050	悬移质	3 300	
1970	3.22	9-26	0	1-1	0	10 100	8-3	0	1 329	悬移质		
1971	3.77	7-18	0.004 0	12-31	0	8 280	8-21	0	812	悬移质		
1972	6.04	5-9	0	1-1	1.44	7 780	6-30	0	484	悬移质	1 530	
1973	5.06	9-13	0.004 0	1-17	1.6	16 500	9-13	0	1 040	悬移质	3 280	
1974	4.03	7-5	0	1-6	1.74	12 000	8-13	0	1 300	悬移质	4 090	
1975	9.28	8-12	0.001 0	2-25	1.56	9 930	8-12	0	775	悬移质	2 440	
1976	2.95	8-31	0	1-1	1.3	9 480	7-21	0	495	悬移质	1 570	
1977	6.56	7-13	0	1-1	1.48	17 400	7-13	0	622	悬移质	1 960	

年份	含沙量(kg/m³)					输沙率(kg/s)					平均输沙量(万t)	备注
	最高	月日	最低	月日	平均	最大日均	月日	输沙模数	平均	泥沙类型		
1978	3.86	7-10	0	1-1	1.43	9 800	7-10	0	465	悬移质	1 470	
1979	3.15	8-4	0	4-1	0	8 720	9-15	0	708	悬移质		
1980	3.62	7-7	0.008 0	11-30	0	12 000	8-30	0	896	悬移质		
1981	7.46	8-30	0.014	5-12	0	22 200	7-19	0	1 060	悬移质		
1982	5.69	7-19	0	4-1	0	16 400	7-19	0	889	悬移质		
1983						12 400	8-5	0	1 117	悬移质		
1984	6.73	8-14	0	1-1	1.95	12 900	7-28	0	963	悬移质	3 050	
1985	4.82	7-4	0	4-12	0	10 200	7-5	0	692	悬移质		
1986	3.3	7-18	0.019	11-22	0	7 630	7-8	0	363	悬移质		
1987	3.71	7-15	0	1-1	1.53	11 100	7-24	0	660	悬移质	2 080	
1988	3.42	7-31	0	1-1	1.15	6 490	9-7	81	425	悬移质	1 340	
1989	4.15	7-13	0	1-1	1.19	15 500	7-13		521	悬移质	1 640	
1990	2.3	6-29	0	1-1	1.24	4 620	6-28		435	悬移质	1 370	
1991	3.3	8-15	0	1-1	1.57	9 960	8-15		683	悬移质	2 150	
1992	3.56	7-20	0	1-1	1.06	9 050	7-20		307	悬移质	972	
1993	2.6	7-23	0	1-1	1.24	6 000	8-16		630	悬移质	1 990	
1994	1.47	9-8	0	1-1	0.65	1 250	7-17	0	120	悬移质	379	
1995	3.18	8-18	0	1-1	0.89	4 500	8-18	0	317	悬移质	1 000	
1996	1.88	7-8	0	1-1	0.86	4 160	7-8	0	353	悬移质	1 120	
1997	2.82	7-17	0	1-1	1.09	5 370	7-17	0	248	悬移质	784	
1998	2.1	7-2	0	1-1	1.1	5 660	7-14		757	悬移质	2 390	
1999	1.79	9-13	0	1-1	0.89	4 200	7-21		435	悬移质	1 370	

续表

年份	含沙量(kg/m³)					输沙率(kg/s)					平均输沙量(万 t)	备注
	最高	月日	最低	月日	平均	最大日均	月日	输沙模数	平均	泥沙类型		
2000	2.03	6-29	0	1-1	0.971	4 570	7-18		354.3	悬移质	1 120	
2001	2.19	8-25	0	1-1	0.803	2 240	8-25		185.6	悬移质	585	
2002	1.61	8-16	0	1-1	0.68	3 130	8-18		221.7	悬移质	699	
2003	0.883	9-8	0	1-1	0.401	1 420	7-14		113.4	悬移质	358	
2004	1.49	9-10	0	1-1	0.372	3 840	9-10		98.86	悬移质	313	
2005	1.45	8-23	0	1-1	0.428	2 430	8-23		139	悬移质	438	
2006	0.469	7-13	0	1-1	0.148	311	7-13		10.7	悬移质	33.8	
2007	0.895	8-5	0	1-1	0.285	1 510	8-1		80.8	悬移质	255	
2008	0.532	8-20	0	5-14	0.176	698	8-19		46.4	悬移质	147	
2009	0.719	8-11	0	1-1	0.206	824	8-10		44.2	悬移质	139	
2010	0.427	7-26	0	1-1	0.164	807	7-29		51.9	悬移质	164	
2011	0.121	6-19	0	1-1	0.067	77.6	6-27		7.2	悬移质	22.7	
2012	0.515	7-10	0	1-1	0.071	732	7-10		24.8	悬移质	78.3	
2013	0.6	7-27	0	1-1	0.092	606	7-25		17.5	悬移质	55.1	
2014	0.136	9-22	0	1-1	0.056	216	9-21		16.6	悬移质	52.4	
2015	0.118	7-4	0	1-1	0.038	133	7-4		7	悬移质	22.1	
2016	0.144	6-30	0	1-1	0.056	199	7-2		15.5	悬移质	49.1	
2017	0.056	9-10	0	1-1	0.025	49.8	7-15		5.5	悬移质	17.4	
2018	0.647	7-21	0	1-1	0.143	805	7-21		32.5	悬移质	102	
2019	0.128	8-7	0	1-1	0.043	130	8-7		9.22	悬移质	29.1	
2020	0.628	8-30	0	1-1	0.148	961	8-26		71.8	悬移质	227	

5-24　南咀站含沙量输沙率历年特征值表

年份	含沙量(kg/m³)					输沙率(kg/s)					平均输沙量(万 t)	备注
	最高	月日	最低	月日	平均	最大日均	月日	输沙模数	平均	泥沙类型		
1955	1.42	7-22	0.006	12-26	0.536	10 500	6-25	0	1 340	悬移质	4 210	
1956	2.02	7-1	0.002	1-11	0.643	12 600	7-1	0	1 330	悬移质	4 220	
1957	2.86	8-11	0.01	1-10	0.691	35 800	8-11	0	1 310	悬移质	4 120	
1958	2.44	7-8	0.007	12-22	0.605	11 800	8-26	0	1 410	悬移质	4 450	
1959	4.4	7-29	0.01	1-22	0.445	10 000	7-29	0	846	悬移质	2 720	
1960	1.74	8-10	0.015	2-29	0.528	8 350	7-7	0	1 260	悬移质	3 970	
1961												
1962												
1963												
1964												
1965												
1966												
1967												
1968	3.19	8-12	0	1-1	0.759	11 200	8-12	0	1 760	悬移质	5 580	
1969	2.36	9-6	0.022	3-20	0.547	13 300	7-13	0	1 160	悬移质	3 670	
1970	1.97	8-4	0.015	3-19	0.62	8 410	5-30	0	1 370	悬移质	4 330	
1971	2.64	7-19	0.01	2-16	0.611	9 150	8-28	0	1 240	悬移质	3 900	
1972	2.48	7-17	0.012	1-16	0.573	9 050	7-17	0	1 060	悬移质	3 350	
1973	2.05	8-5	0.01	12-31	0.602	11 800	9-12	0	1 420	悬移质	4 490	
1974	2.39	8-13	0.009	1-4	0.791	10 800	7-6	0	1 630	悬移质	5 130	
1975	6.59	8-12	0.012	2-16	0.627	25 800	8-12	0	1 430	悬移质	4 510	
1976	2.11	9-1	0.017	1-2	0.508	8 630	9-1	0	1 010	悬移质	3 200	
1977	4.01	7-13	0.01	2-26	0.62	19 700	7-13	0	1 470	悬移质	4 630	

续表

年份	含沙量（kg/m³）					输沙率（kg/s）					平均输沙量（万 t）	备注
	最高	月日	最低	月日	平均	最大日均	月日	输沙模数	平均	泥沙类型		
1978	2.6	7-10	0.015	3-12	0.72	11 700	7-10	0	1 230	悬移质	3 880	
1979	2.36	8-2	0.011	3-5	0.79	10 200	8-2	0	1 440	悬移质	4 530	
1980	2.64	6-1	0.014	2-20	0.61	12 900	6-27	0	1 460	悬移质	4 620	
1981	4.69	8-31	0.01	2-8	0.91	21 300	8-31	0	1 710	悬移质	5 390	
1982	3.17	7-20	0.016	12-27	0.598	16 900	7-20	0	1 370	悬移质	4 320	
1983	2.18	9-12	0.007	3-11	0.66	12 000	9-12	0	1 610	悬移质	5 070	
1984	5.16	8-15	0.008	2-13	0.84	17 600	8-15	0	1 730	悬移质	5 470	
1985	2.86	7-5	0.011	2-3	0.69	12 800	7-5	0	1 380	悬移质	4 350	
1986	1.98	9-14	0.01	4-7	0.6	10 600	7-18	0	1 039	悬移质	3 280	
1987	2.53	7-16	0.014	1-1	0.73	13 000	7-16	0	1 510	悬移质	4 780	
1988	2.33	8-1	0.005	5-3	0.55	11 300	8-1	2 430	1 050	悬移质	3 310	
1989	2.24	7-13	0.01	12-6	0.56	13 500	7-13	312	1 340	悬移质	4 240	
1990	2.16	7-19	0.011	2-7	0.6	8 350	7-19		1 270	悬移质	3 990	
1991	1.99	8-9	0.016	1-15	0.64	13 600	7-4	0	1 360	悬移质	4 300	
1992	2.13	7-21	0.012	2-19	0.42	11 500	7-21		689	悬移质	2 180	
1993	1.23	7-2	0.01	12-30	0.33	13 300	7-25		1 096	悬移质	3 460	
1994	1.23	7-2	0.01	12-30	0.33	4 280	7-18	0	479	悬移质	1 510	
1995	2.44	8-19	0.008	2-1	0.49	12 600	8-19	0	1 009	悬移质	3 180	
1996	1.14	8-2	0.012	3-6	0.41	8 140	7-6	0	879	悬移质	2 780	
1997	2.17	7-9	0.013	1-17	0.51	9 820	7-18	0	717	悬移质	2 260	
1998	1.35	7-3	0.012	1-1	0.44	15 000	7-24		1 112	悬移质	3 510	
1999	1.42	9-13	0.01	2-14	0.39	5 840	6-28		878	悬移质	2 770	

年份	含沙量(kg/m³)					输沙率(kg/s)					平均输沙量(万 t)	备注
	最高	月日	最低	月日	平均	最大日均	月日	输沙模数	平均	泥沙类型		
2000	1.48	6-30	0.004	12-31	0.473	8 630	7-4		956.3	悬移质	3 020	
2001	1.96	8-26	0.004	1-1	0.443	7 850	8-26		731.6	悬移质	2 310	
2002	1.02	7-24	0	1-1	0.262	4 760	8-16		556.4	悬移质	1 750	
2003	1.45	6-26	0	1-1	0.237	16 600	7-11		516.5	悬移质	1 630	
2004	1.11	9-10	0	1-1	0.159	6 680	9-10		307.8	悬移质	973	
2005	0.96	8-23	0.004	1-12	0.215	5 440	8-23		419	悬移质	1 320	
2006	0.283	7-12	0	1-1	0.066	1 180	7-12		62.3	悬移质	0.02	
2007	0.674	8-6	0	1-1	0.157	4 660	8-6		282	悬移质	890	
2008	0.55	8-17	0.012	11-26	0.115	3 950	8-17		226	悬移质	714	
2009	0.613	8-10	0.01	10-29	0.118	2 980	8-11		195	悬移质	615	
2010	0.452	7-12	0.007	2-23	0.107	3 660	7-12		218	悬移质	689	
2011	0.636	6-20	0.01	11-25	0.074	2 440	6-20		93.5	悬移质	295	
2012	0.446	7-10	0.013	11-30	0.112	2 520	7-10		245	悬移质	776	
2013	0.79	7-26	0.014	11-29	0.119	3 980	7-26		193	悬移质	608	
2014	0.647	10-30	0.01	4-12	0.063	2 600	10-30		131	悬移质	414	
2015	0.195	6-4	0.011	2-16	0.044	856	6-4		75.9	悬移质	239	
2016	0.628	6-21	0.015	9-11	0.071	2 850	6-29		149	悬移质	470	
2017	0.242	6-14	0.01	11-5	0.053	1 000	6-14		111	悬移质	349	
2018	0.622	7-22	0.02	11-18	0.106	3 230	7-22		206	悬移质	651	
2019	0.136	6-24	0.021	4-6	0.058	681	6-24		98.6	悬移质	311	
2020	0.688	6-14	0.011	1-1	0.11	3 210	6-14		308	悬移质	974	

5-25　小河咀站含沙量输沙率历年特征值表

年份	含沙量(kg/m³)					输沙率(kg/s)					平均输沙量(万 t)	备注
	最高	月日	最低	月日	平均	最大日均	月日	输沙模数	平均	泥沙类型		
1955	0.228	5-31	0.012	4-2	0	2 340	6-26	0	0	悬移质		
1956	0.26	7-1	0.004	2-27	0.078	2 130	5-25	0	187	悬移质	592	
1957	0.285	7-31	0.008	1-1	0.094	2 660	8-10	0	252	悬移质	801	
1958	0.309	7-9	0.005	12-16	0.086	2 410	7-16	0	246	悬移质	776	
1959	0.296	8-19	0.011	1-21	0.078	1960	8-19	0	164	悬移质	517	
1960	0.412	7-11	0.014	4-24	0.091	4 570	7-11	0	196	悬移质	619	
1961	0.38	8-28	0.013	12-25	0	2 090	8-28	0	0	悬移质		
1962	0.27	5-31	0.011	1-26	0.087	2 600	5-31	0	273	悬移质	860	
1963	0.377	7-13	0.01	2-22	0.11	6 030	7-13	0	298	悬移质	941	
1964	0.391	9-19	0.014	5-10	0.108	3 050	9-19	0	412	悬移质	1 300	
1965	0.583	7-8	0.012	2-2	0.111	5 800	7-8	0	354	悬移质	1 120	
1966	0.578	9-5	0.015	12-10	0.128	3 670	9-9	0	306	悬移质	965	
1967	0.387	9-11	0.012	1-26	0.095	3 100	6-22	0	311	悬移质	982	
1968	0.366	9-20	0.011	3-11	0.099	3 120	9-20	0	343	悬移质	1 090	
1969	0.4	7-18	0.012	3-14	0.106	7 240	7-18	0	333	悬移质	1 050	
1970	0.705	7-16	0.01	1-29	0.111	10 500	7-16	0	353	悬移质	1 110	
1971	0.293	5-25	0.011	1-1	0.082	2 330	5-25	0	184	悬移质	581	
1972	0.315	5-8	0.008	12-31	0.075	1 670	5-8	0	144	悬移质	454	
1973	0.222	5-11	0.011	1-9	0.076	3 200	6-25	0	248	悬移质	782	
1974	0.412	6-23	0.011	12-31	0.108	4 010	7-2	0	271	悬移质	855	
1975	0.316	8-14	0.01	12-29	0.085	2 060	6-12	0	199	悬移质	627	
1976	0.333	7-2	0.01	1-17	0.076	2 420	7-2	0	184	悬移质	583	
1977	0.32	6-17	0.008	2-6	0.09	3 780	6-17	0	276	悬移质	870	

续表

年份	含沙量(kg/m³)					输沙率(kg/s)					平均输沙量(万t)	备注
	最高	月日	最低	月日	平均	最大日均	月日	输沙模数	平均	泥沙类型		
1978	0.2	5-21	0.011	1-1	0.057	1 010	5-21	0	101	悬移质	319	
1979	0.3	6-30	0.008	1-1	0.082	3 970	6-29	0	189	悬移质	596	
1980	0.25	8-5	0.009	2-18	0.077	3 200	8-5	0	256	悬移质	809	
1981	0.3	7-21	0.009	12-30	0.073	1 460	7-21	0	145	悬移质	456	
1982	0.218	5-15	0.008	1-26	0.06	1 610	6-16	0	183	悬移质	577	
1983	0.31	5-16	0.006	1-27	0.07	2 070	7-8	0	217	悬移质	685	
1984	0.39	6-3	0.006	1-1	0.074	4 090	6-3	0	160	悬移质	506	
1985	0.26	6-1	0.008	2-2	0.057	1 350	6-8	0	99.3	悬移质	313	
1986	0.33	4-15	0.005	2-10	0.049	1 290	4-15	0	93.1	悬移质	294	
1987	0.22	6-8	0.006	1-1	0.068	1 930	7-4	0	165	悬移质	521	
1988	0.21	5-25	0.006	2-21	0.05	2 030	8-30	0	103	悬移质	327	
1989	0.22	4-14	0.005	12-30	0.045	1 320	4-14	4	106	悬移质	333	
1990	0.56	6-16	0.005	1-1	0.063	5 400	6-16		145	悬移质	457	
1991	0.22	6-10	0.007	11-28	0.061	2 070	7-14	0	163	悬移质	513	
1992	0.32	5-17	0.009	1-1	0.055	2 360	5-17		113	悬移质	358	
1993	0.3	10-12	0.006	2-7	0.063	2 740	8-2		192	悬移质	606	
1994	0.3	10-12	0.006	2-7	0.066	3 480	10-12	0	150	悬移质	474	
1995	0.41	7-5	0.005	12-31	0.061	5 130	7-5	0	162	悬移质	511	
1996	0.38	7-21	0.002	12-21	0.075	6 630	7-21	0	193	悬移质	612	
1997	0.078	4-22	0.004	1-1	0.023	412	6-13		45.4	悬移质	143	
1998	0.154	6-15	0.005	2-19	0.043	1850	7-25		154	悬移质	486	
1999	0.263	7-2	0.004	1-1	0.046	4 920	7-2		129	悬移质	407	

续表

年份	含沙量（kg/m³）					输沙率（kg/s）					平均输沙量（万 t）	备注
	最高	月日	最低	月日	平均	最大日均	月日	输沙模数	平均	泥沙类型		
2000	0.084	6-7	0.003	1-3	0.027	579	6-9		62.23	悬移质	197	
2001	0.162	6-25	0.003	1-8	0.023	822	6-25		44.69	悬移质	141	
2002	0.099	7-25	0.004	1-2	0.024	998	5-15		70.89	悬移质	224	
2003	0.124	7-11	0.003	2-4	0.024	2 230	7-11		61.3	悬移质	193	
2004	0.201	7-23	0.004	1-13	0.042	3 190	7-23		90.43	悬移质	286	
2005	0.103	5-19	0.004	1-16	0.02	500	6-2		37.8	悬移质	119	
2006	0.11	5-12	0.003	2-4	0.016	474	5-12		22.4	悬移质	70.5	
2007	0.121	6-12	0.003	2-20	0.022	1 390	7-26		44.3	悬移质	140	
2008	0.097	11-8	0.003	1-7	0.019	1 170	11-8		37.5	悬移质	119	
2009	0.046	8-10	0.002	1-22	0.012	256	4-25		22.3	悬移质	70.2	
2010	0.121	7-13	0.002	2-15	0.021	1 580	7-13		49.8	悬移质	157	
2011	0.065	6-9	0.004	1-22	0.015	286	6-9		19	悬移质	59.9	
2012	0.268	5-11	0.004	1-21	0.026	1 680	7-20		63.3	悬移质	200	
2013	0.299	9-26	0.004	1-5	0.024	2 240	9-26		47.6	悬移质	150	
2014	0.271	7-18	0.01	1-1	0.035	4 890	7-18		91.4	悬移质	288	
2015	0.144	6-3	0.006	2-7	0.025	932	6-4		56.9	悬移质	180	
2016	0.08	1-6	0.008	2-15	0.025	775	6-30		69	悬移质	218	
2017	0.197	6-25	0.002	2-2	0.047	2 500	7-3		111	悬移质	350	
2018	0.04	8-17	0.002	3-3	0.02	118	9-30		35.8	悬移质	113	
2019	0.182	6-18	0.005	2-1	0.029	1 330	6-18		70.3	悬移质	222	
2020	0.257	9-15	0.009	8-2	0.036	2 470	9-18		128	悬移质	403	

5-26 沙头(二)站含沙量输沙率历年特征值表

年份	含沙量(kg/m³)					输沙率(kg/s)					平均输沙量(万 t)	备注
	最高	月日	最低	月日	平均	最大日均	月日	输沙模数	平均	泥沙类型		
1956	0.764	5-23	0.002 0	6-23	0.173	3 690	5-23	0	111	悬移质	352	
1957	1.15	5-26	0.007 0	1-19	0.147	2 070	5-26	0	94.8	悬移质	298	
1958	1.05	7-18	0.011	1-6	0.207	4 890	7-18	0	150	悬移质	473	
1959	1.02	6-13	0.01	1-7	0.156	4 400	6-4	0	107	悬移质	339	
1960	0.645	5-19	0.009 0	2-24	0.105							

5-27 草尾站含沙量输沙率历年特征值表

年份	含沙量(kg/m³)					输沙率(kg/s)					平均输沙量(万 t)	备注
	最高	月日	最低	月日	平均	最大日均	月日	输沙模数	平均	泥沙类型		
1968	4.91	8-12	0.013	2-27	0.89	8 940	8-12	0	943	悬移质	2 980	
1969	3.07	9-6	0.018	3-7	0.509	6 850	9-6	0	482	悬移质	1 520	
1970	2.28	8-2	0.012	1-21	0.542	4 770	8-2	0	558	悬移质	1 760	
1971	2.61	7-19	0.017	1-3	0.468	3 180	7-19	0	421	悬移质	1 330	
1972	1.8	7-17	0.015	1-14	0.416	2 560	6-29	0	345	悬移质	1 090	
1973	2.04	9-12	0.017	1-9	0.494	5 320	9-13	0	499	悬移质	1 570	
1974	3.63	8-13	0.017	1-4	0.71	7 660	8-13	0	664	悬移质	2 090	
1975	5.19	8-12	0.009	1-6	0.507	8 150	8-12	0	482	悬移质	1 520	
1976	1.76	9-1	0.016	1-14	0.388	3 090	7-22	0	352	悬移质	1 110	
1977	3.37	7-13	0	1-1	0.47	5 730	7-14	0	471	悬移质	1 480	
1978	2.15	7-11	0	1-1	0.5	3 370	7-11	0	402	悬移质	1 270	
1979	2.14	7-12	0	1-1	0.5	3 600	9-16	0	522	悬移质	1 650	
1980	2.38	6-1	0	1-1	0.46	3 410	6-27	0	518	悬移质	1 640	

年份	含沙量(kg/m³)					输沙率(kg/s)					平均输沙量(万 t)	备注
	最高	月日	最低	月日	平均	最大日均	月日	输沙模数	平均	泥沙类型		
1981	3.79	8-31	0	1-1	0.63	7 310	7-20	0	601	悬移质	1 890	
1982	2.9	7-20	0	1-1	0.457	5 900	7-20	0	521	悬移质	1 640	
1983	2.37	9-12	0 ·	1-1	0.5	5 000	9-12	0	594	悬移质	1 870	
1984	5.26	8-15	0	1-1	0.63	7 170	8-15	0	639	悬移质	2 020	
1985	2.35	7-5	0	1-1	0.48	4 070	7-5	0	470	悬移质	1 480	
1986	1.8	9-14	0	1-1	0.42	3 300	7-19	0	377	悬移质	1 190	
1987	2.1	7-16	0	1-1	0.5	4 400	7-24	0	507	悬移质	1 600	
1988	2.07	7-17	0	1-1	0.38	3 070	8-1	62	370	悬移质	1 170	
1989	1.82	7-14	0	1-1	0.4	4 070	7-14		454	悬移质	1 430	
1990	1.93	7-19	0	1-1	0.39	2 710	7-19		420	悬移质	1 330	
1991	1.65	7-4	0	1-1	0.4	3 580	7-4	0	440	悬移质	1 390	
1992	1.27	7-21	0	1-1	0.26	2 540	7-21		228	悬移质	720	
1993	1.31	7-24	0	1-1	0.34	3 560	7-25		371	悬移质	1 170	
1994	1	6-29	0	1-1	0.19	1 350	6-29	0	175	悬移质	553	
1995	2.02	8-19	0	1-1	0.31	3 500	8-19	0	336	悬移质	1 060	
1996	1	7-15	0	1-1	0.28	2 630	7-6		294	悬移质	931	
1997	1.5	7-9	0	1-1	0.29	3 010	7-18	0	256	悬移质	807	
1998	1.08	7-13	0	1-1	0.27	4 380	7-24		339	悬移质	1 070	
1999	1.36	9-13	0	1-1	0.28	2 210	6-29		302	悬移质	955	
2000	1.21	7-3	0	1-1	0.296	2 670	7-4		320.1	悬移质	1 010	
2001	1.75	8-26	0	1-1	0.265	2 580	8-26		254.5	悬移质	802	

续表

年份	含沙量(kg/m³)					输沙率(kg/s)					平均输沙量(万 t)	备注
	最高	月日	最低	月日	平均	最大日均	月日	输沙模数	平均	泥沙类型		
2002	0.833	7-24	0	1-1	0.176	1 960	8-17		198.9	悬移质	627	
2003	1.09	6-26	0	1-1	0.17	4 690	7-11		194	悬移质	612	
2004	1.13	9-10	0	1-1	0.119	2 320	9-10		119.8	悬移质	379	
2005	0.908	8-24	0	1-1	0.146	1 690	8-24		147	悬移质	463	
2006	0.274	7-12	0	1-1	0.034	377	7-12		24.5	悬移质	0.008 0	
2007	0.628	8-6	0	1-1	0.105	1 540	8-6		105	悬移质	0.033	
2008	0.41	8-17	0.012	11-30	0.081	980	8-17		84.2	悬移质	266	
2009	0.585	8-10	0.01	11-2	0.075	1 000	8-11		69.8	悬移质	220	
2010	0.304	7-13	0.014	11-28	0.081	849	7-13		133	悬移质	247	
2011	0.578	6-20	0.014	11-24	0.052	919	6-20		40.2	悬移质	127	
2012	0.397	6-28	0.011	11-30	0.076	777	6-28		87.8	悬移质	278	
2013	0.748	7-26	0.015	11-18	0.074	1 330	7-26		74.7	悬移质	236	
2014	0.547	10-30	0.007	11-19	0.045	709	10-30		52.1	悬移质	164	
2015	0.22	6-4	0.018	5-25	0.037	496	6-4		39.3	悬移质	124	
2016	0.498	6-21	0.016	9-11	0.05	1 060	6-29		59.5	悬移质	188	
2017	0.25	6-14	0.019	11-13	0.044	488	6-14		51.9	悬移质	164	
2018	0.556	7-22	0.023	10-18	0.072	1 090	7-22		77.1	悬移质	243	
2019	0.149	6-23	0.023	7-10	0.045	340	6-24		47.8	悬移质	151	
2020	0.596	6-14	0.016	11-30	0.074	986	6-23		107	悬移质	337	

5-28 城陵矶(七里山)站含沙量输沙率历年特征值表

年份	含沙量(kg/m³)					输沙率(kg/s)					平均输沙量(万 t)	备注
	最高	月日	最低	月日	平均	最大日均	月日	输沙模数	平均	泥沙类型		
1955	0.529	3-24	0.038	7-10	0.16	8 770	5-31	0	0		▶4 830	
1956	1.04	4-1	0.029	7-18	0.249	11 200	5-12	0	2 160		6 830	
1957	0.916	4-25	0.046	7-11	0.218	13 600	4-25	0	1900		5 990	
1958	0.769	5-8	0.031	9-9	0.22	13 900	5-8	0	2 050		6 470	
1959	1.7	2-8	0.067	1-23	0.257	8 640	7-8	0	2 050		6 480	
1960	1.58	3-20	0.063	8-7	0.213	16 000	3-20	0	1 730		5 480	
1961	0.852	3-7	0.064	1-25		11 900	4-21	0	2 180		6 880	
1962	0.793	4-14	0.031	7-26		9 520	4-14	0	1 760		5 560	
1963	1.7	4-23	0.032	5-29		18 900	4-23	0	1 630		5 130	
1964	0.898	3-7	0.039	7-12	0.186	14 500	4-11	0	1 990	悬移质	6 290	
1965	1.06	4-3	0.039	9-26							5 250	
1966	1.08	4-10	0.04	7-22		12 300	4-10	0	1 650		5 210	
1967	1.15	3-31	0.065	7-26							5 890	
1968	1.24	3-23	0.035	8-2	0.178	14 300	3-23	0	1 810	悬移质	5 730	
1969	0.899	1-13	0.035	8-2	0.215	8 970	4-29	0	1 770	悬移质	5 580	
1970	1.19	4-4	0.034	8-5	0.185	18 600	4-5	0	1 950	悬移质	6 150	
1971	0.384	5-26	0.069	10-17	0.163	9 160	6-1	0	1 230	悬移质	3 890	
1972	0.952	4-25	0.063	1-29	0.191	11 800	4-25	0	1 340	悬移质	4 240	
1973	0.803	4-6	0.038	7-21	0.129	9 560	4-6	0	1 370	悬移质	4 320	
1974	1.15	4-23	0.029	9-10	0.129	13 500	4-23	0	1 040	悬移质	3 290	
1975	0.592	4-18	0.027	6-30	0.143	6 960	4-19	0	1 230	悬移质	3 880	
1976	0.558	4-15	0.037	7-26	0.146	6 580	5-4	0	1 230	悬移质	3 900	
1977	0.56	4-9	0.052	6-28	0.132	6 200	4-17	0	1 240	悬移质	3 920	
1978	0.68	3-22	0.038	7-10	0.153	9 430	5-21	0	1 020	悬移质	3 200	
1979	0.91	4-20	0.042	12-25	0.159	7 790	6-30	0	1 220	悬移质	3 860	
1980	1.09	2-27	0.028	9-15	0.142	9 070	4-29	0	1 370	悬移质	4 340	

续表

年份	含沙量(kg/m³)					输沙率(kg/s)					平均输沙量(万 t)	备注
	最高	月日	最低	月日	平均	最大日均	月日	输沙模数	平均	泥沙类型		
1981	0.76	4-8	0.04	6-29	0.145	9 640	4-8	0	1 310	悬移质	4 140	
1982	0.535	2-13	0.038	9-25	0.129	6 020	6-22	0	1 250	悬移质	3 940	
1983	0.6	2-28	0.033	8-4	0.111	6 000	3-1	0	1 100	悬移质	3 460	
1984	1.1	4-5	0.033	6-29	0.131	11 300	4-5	0	1 120	悬移质	3 530	
1985	0.67	2-22	0.043	7-4	0.129	6 380	3-13	0	965	悬移质	3 040	
1986	0.82	4-15	0.034	12-12	0.123	7 480	4-15	0	827	悬移质	2 610	
1987	0.68	4-7	0.048	6-22	0.123	5 100	4-7	0	943	悬移质	2 980	
1988	0.55	2-28	0.036	9-17	0.104	4 400	3-3	49	779	悬移质	2 460	
1989	0.76	2-18	0.026	7-13		4 850	4-14	56	887	悬移质	2 800	
1990	0.4	2-24	0.02	5-18	0.125	4 960	6-17		994	悬移质	3 140	
1991	0.6	3-31	0.033	7-23	0.113	7 760	4-1	0	924	悬移质	2 910	
1992	0.77	3-22	0.026	7-18	0.102	11 100	3-22		849	悬移质	2 680	
1993	0.32	3-17	0.026	9-6	0.095	4 660	7-7		786	悬移质	2 480	
1994	0.4	4-27	0.022	6-28	0.104	6 510	4-28	0	950	悬移质	3 000	
1995	0.34	2-23	0.012	6-30	0.085	3 550	2-23	0	730	悬移质	2 300	
1996	0.8	3-30	0.02	8-15	0.084	6 620	3-30		692	悬移质	2 190	
1997	0.39	4-1	0.031	7-19	0.096	3 550	4-1	0	761	悬移质	2 400	
1998	0.65	3-10	0.014	7-13	0.76	13 000	3-11		968	悬移质	3 050	
1999	0.47	4-17	0.013	7-27	0.065	4 230	4-18		562	悬移质	1 770	
2000	0.474	3-12	0.017	7-20	0.075	3 920	3-12		612.9	悬移质	1 940	
2001	0.405	4-11	0.028	8-3	0.088	3 310	4-11		642.1	悬移质	2 020	
2002	0.279	3-7	0.02	6-13	0.081	3 570	5-16		756.5	悬移质	2 390	
2003	0.263	5-19	0.022	7-5	0.063	5 140	5-19		554.6	悬移质	1 750	
2004	0.298	3-28	0.015	9-7	0.061	2 920	5-17		452.1	悬移质	1 430	
2005	0.868	2-17	0.018	7-13	0.062	10 100	2-18		505	悬移质	1 590	
2006	0.483	4-14	0.024	2-2	0.067	5 140	4-14		481	悬移质	1 520	

续表

年份	含沙量(kg/m³)					输沙率(kg/s)					平均输沙量(万 t)	备注
	最高	月日	最低	月日	平均	最大日均	月日	输沙模数	平均	泥沙类型		
2007	0.216	6-12	0.016	7-11	0.054	2 320	6-12		355	悬移质	1 120	
2008	0.374	11-4	0.026	2-1	0.075	3 670	11-10		551	悬移质	1 740	
2009	0.357	3-7	0.025	1-26	0.082	3 810	3-7		528	悬移质	1 670	
2010	0.541	4-23	0.016	2-17	0.094	9 050	4-23		830	悬移质	2 620	
2011	0.322	6-12	0.028	2-3	0.099	3 200	6-12		462	悬移质	1 460	
2012	0.528	3-8	0.017	1-30	0.09	5 320	3-8		811	悬移质	2 560	
2013	0.458	3-28	0.022	7-26	0.128	6 310	4-7		918	悬移质	2 900	
2014	0.316	5-27	0.011	2-2	0.083	4 830	5-27		715	悬移质	2 260	
2015	0.531	11-16	0.014	7-13	0.094	6 320	11-16		778	悬移质	2 450	
2016	0.386	3-24	0.012	2-9	0.079	4 900	3-25		779	悬移质	2 460	
2017	0.392	3-24	0.015	10-9	0.058	5 700	7-3		511	悬移质	1 610	
2018	0.079	3-21	0.013	7-17	0.029	650	11-19		182	悬移质	575	
2019	0.29	3-9	0.013	7-26	0.041	4 600	3-8		374	悬移质	1 180	
2020	0.216	1-26	0.008	7-31	0.032	1 980	4-1		348	悬移质	1 100	